21世纪高等教育网络工程规划教材

21st Century High Education Planned Textbooks of Network Engineering

Windows网络编程
（第2版）

Windows Network Programming
(2nd Edition)

杨秋黎 金智 主编

汤望星 张杰 李晓黎 副主编

U0240216

人民邮电出版社

北京

图书在版编目（ＣＩＰ）数据

Windows网络编程 / 杨秋黎，金智主编. -- 2版. --
北京：人民邮电出版社，2015.1（2024.7重印）
21世纪高等教育网络工程规划教材
ISBN 978-7-115-37770-8

Ⅰ. ①W… Ⅱ. ①杨… ②金… Ⅲ. ①Windows操作系
统—网络软件—程序设计—高等学校—教材 Ⅳ.
①TP316.86

中国版本图书馆CIP数据核字（2014）第289900号

内 容 提 要

随着 Internet 技术的应用和普及，人类社会已经进入了网络时代。大多数应用程序都是运行在网络环境下，这就要求程序员能够在应用最广泛的 Windows 操作系统上开发网络应用程序。本教程结合大量的实例，介绍了开发 Windows 网络应用程序的必备知识，并完整地讲述了几个 Windows 网络应用程序实例的开发过程。这些实例包括局域网探测器、基于 P2P 技术的 BT 下载工具和基于 WinPcap 技术的网络数据包捕获、过滤和分析工具等。

本书可以作为大学本科、大学专科及高职相关专业的教材，也可作为广大 Windows 网络应用程序开发人员的参考资料。

◆ 主　　编　杨秋黎　金　智
　　副主编　汤望星　张　杰　李晓黎
　　责任编辑　邹文波
　　责任印制　沈　蓉　彭志环

◆ 人民邮电出版社出版发行　　北京市丰台区成寿寺路 11 号
　　邮编　100164　电子邮件　315@ptpress.com.cn
　　网址　http://www.ptpress.com.cn
　　北京九州迅驰传媒文化有限公司印刷

◆ 开本：787×1092　1/16
　　印张：24.75　　　　　　　　2015 年 1 月第 2 版
　　字数：654 千字　　　　　　 2024 年 7 月北京第 18 次印刷

定价：52.00 元

读者服务热线：(010) 81055256　印装质量热线：(010) 81055316
反盗版热线：(010) 81055315

前　言

　　随着 Internet 技术的应用和普及，人类社会已经进入了网络时代。大多数应用程序都是运行在网络环境下，这就要求程序员能够在应用最广泛的 Windows 操作系统上开发网络应用程序。因此，各高校许多专业都开设了相关的课程。

　　开发网络应用程序必须首先了解网络的组成和工作原理，编者在多年开发网络应用程序和研究相关课程教学的基础上，将本书分为 3 篇。第 1 篇介绍基础网络协议，由第 1～3 章组成，全面讲解了 Internet 与网络通信模型、TCP/IP 协议簇及其应用、IP 地址和子网规划。第 2 篇介绍网络编程的基本方法，由第 4～10 章组成，比较详尽地讲解了网络编程基础、Socket 编程基础、探测网络中的在线设备、NetBIOS 网络编程技术、高级 Socket 编程技术、安全套接层协议（SSL）以及基于 WinPcap 技术的网络数据包捕获、过滤和分析技术，内容涉及很多目前比较流行的经典网络编程技术，对读者今后的实际工作有很强的指导和借鉴作用。第 3 篇提供了两个实用的案例，包括局域网探测器和基于 P2P 技术的 BT 下载工具，读者可以通过这些系统学习开发 Windows 网络应用程序的过程和技术，也可以在实例的基础上稍加修改，独立使用。另外，本书每章都配有相应的习题，帮助读者理解所学习的内容，使读者加深印象、学以致用。

　　自本书第 1 版出版以来，受到了很多读者的欢迎和关注，反馈了大量意见和建议。在本教材第 2 版的编写过程中，编者充分考虑到读者的反馈，对第 1 版教材进行了很多修改和完善。新增了安全套接层协议（SSL）编程，并将开发工具从 Visual Studio 2005 过渡为目前比较流行的 Visual Studio 2012。

　　为了方便读者阅读和学习，编者根据本书内容另外提供实验、常见的 Windows Sockets 错误代码、使用 Visual Studio 2012 开发 Visual C++应用程序等内容。由于篇幅有限，这部分内容将不作为本书的内容出现。同时，本书还提供 PPT 课件、程序源代码等。读者可以登录人民邮电出版社教学服务与资源网（http://www.ptpedu.com.cn）免费下载。

　　本书在内容的选择、深度的把握上充分考虑初学者的特点，内容安排上力求做到循序渐进，不仅适合于教学，也适合于开发 Windows 网络应用程序的各类培训组织和个人用户学习与参考。

　　由于编写水平有限，书中难免有不足之处，敬请广大读者批评、指正。

编　者
2014 年 12 月

目　录

第 3 篇　实例应用

第 1 篇
基础协议

第1章
Internet 与网络通信模型概述

随着 Internet 技术的应用和普及，人类社会已经进入信息化的网络时代。TCP/IP 是 Internet 的通信协议，它的发展与 Internet 技术的普及是密不可分的。它采用信息打包的方法简化各种不同类型计算机之间的信息输入，所有接入 Internet 的计算机都必须支持 TCP/IP。当然，Internet 技术并不是一开始就这样成熟的，它经过了一个从无到有、从简单到完善的过程。本章介绍 Internet 的发展历史和现状，以及 TCP/IP 的概况和体系结构。

1.1　Internet 概述

Internet 是世界上最大、最流行的计算机网络，它把各个国家和地区的成千上万的计算机都通过相同的协议连接在一起。本节介绍 Internet 的发展历史、管理机构和协议标准。

1.1.1　Internet 的发展历史

从浏览新闻、查阅资料，到即时通信、网上购物和欣赏在线视频，Internet 的应用已经影响到人们生活的方方面面，而且还将对人们的工作和生活方式产生更深远的影响。据权威机构统计，截至 2014 年 1 月，我国移动互联网用户总数已达 8.38 亿。

然而，Internet 在产生之初却并非出自民用目的。1957 年，当时的苏联发射了斯普特尼克一号人造地球卫星，这也是人类第一颗人造地球卫星，作为回应，美国国防部成立了高级研究计划局（ARPA），研究如何将科学技术更好地应用于军事领域。正是这个组织推动了 Internet 的发展，因此追根溯源，Internet 也可以说是冷战的产物。

20 世纪 50 年代是一个谈核色变的时代，当时美国国防部最为关注的问题就是在遭受核打击的情况下如何能组织起有效的反击。因为一旦遭受核打击，重要的通信干线一定会被破坏，各军种很难实现统一调度、协同作战。1962 年，美国空军委托兰德公司的 Paul Baran 来研究如何在遭受核打击后保持对导弹和轰炸机的控制和指挥，建立一个在核打击下逃生的军事研究网络。这个网络必须是分散的，这样才能保证在任何一个地点被攻击后，军方都可以组织有效力量进行反击。

Baran 设想了很多方法，并最终确定了分组交换网络的方案。分组交换指将数据拆分成报文或包，并标明它的源地址和目的地址，然后将这些包从一台计算机传送到另一台计算机，直至最终要达到的计算机。如果包在任意一点丢失了，则源计算机会重新发送该消息。也就是说，任意一点被破坏都不会影响计算机之间的正常通信。这为 Internet 的产生提供了理论基础，但 Baran 并没有在真正的物理网络中实现他的构想。

1968 年，ARPA 和 BBN 公司签订了研发阿帕网（ARPANET）的合同。1969 年，BBN 公司构建了一个物理网络，把加州大学洛杉矶分校和斯坦福大学等地的 4 台计算机连接起来，这也是最早的 Internet 的雏形了，当时的网络带宽仅为 50kbit/s。

1972 年，BBN 公司的 Ray Tomlinson 开发了第 1 个电子邮件程序。同年，高级研究计划局（ARPA）更名为美国国防高级研究计划局（DARPA）。此时，阿帕网通过网络控制协议（NCP）来传输数据，可以实现在同一网络中运行的主机间的通信。

1973 年，DARPA 开始研发 TCP/IP 协议簇。这个新的协议簇允许不同类型的计算机可以在网络中互联，并且互相通信。

1974 年，Internet 名词首次在传输控制协议的文档中使用。

1976 年，Robert M. Metcalfe 博士发明了使用同轴电缆高速传输数据的以太网。这对于局域网的发展是一项关键技术。然后，信息包卫星计划实际应用于大西洋的信息包卫星网络，这就是 SATNET，它将美国和欧洲连接在一起。但令人感到奇怪的是，它使用由各国财团拥有的国际通信卫星组织的卫星，而不完全是美国政府拥有的卫星。SATNET 是在 AT&T 贝尔实验室开发的。后来，AT&T 贝尔实验室还发布了著名的 UNIX 操作系统。同年，美国国防部开始对 TCP/IP 进行实验，并很快决定将其应用于阿帕网。

1979 年，北卡罗莱纳州大学的一名研究生和其他程序员一起开发了新闻组（USENET），它通常应用于电子邮件和讨论组。

1981 年，美国国家基金会为无法访问 ARPANET 的机构创建了一个 56kbit/s 的骨干网络，叫做 CSNET，并计划在 CSNET 和 ARPANET 之间建立连接。

1983 年，因特网架构委员会（IAB）成立。从 1983 年 1 月 1 日起，每台连接到 ARPANET 的计算机都必须支持 TCP/IP。NCP 被彻底取代，TCP/IP 成为核心的 Internet 协议。威斯康星大学创建了域名系统（DNS），这样数据包就可以被传送到指定的域名（原来只能根据 IP 地址进行数据传输），服务器数据库会将域名转换为 IP 地址。这样，人们就可以方便地使用名称来访问服务器，不再需要记住枯燥的 IP 地址了。

1984 年，阿帕网被拆分成两个网络，即阿帕网和军用网络（MILNET），美国国防部继续对这两个网络提供支持。阿帕网用于支持高级科研工作，而军用网络则为军方需求提供服务。MCI 公司被授权采用 T1 线路对 CSNET 进行升级。T1 线路的带宽为 1.5Mbit/s，比原来的 56kbit/s 线路快了很多。IBM 提供了当时最先进的路由器来管理网络。新的网络（指针对 CSNET 升级后的网络）被称为 NSFNET（国家科学基金会网络）。

1985 年，美国国家科学基金会开始部署新的 T1 线路，并于 1988 年完成。

1986 年，互联网工程任务组（IETF）成立，这是松散的、自律的、志愿的民间学术组织，其主要任务是负责互联网相关技术规范的研发和制定。

1988 年，在美国国家科学基金会网络完成 T1 线路改造后，网络流量迅速增长，因此他们决定再次对网络进行升级。1990 年，IBM、Merit 和 MCI 公司联合成立了一个非赢利公司 ANS，致力于研究高速网络，并很快就研发出了支持带宽为 45Mbit/s 的 T3 线路。美国国家科学基金会立即将 T3 线路应用于它的所有站点。此时，美国国防部已经解散了阿帕网，取而代之的是国家科学基金会网络（NSFNET）。

1991 年，由 56kbit/s 线路组成的 CSNET 被停止使用。美国国家科学基金会建立了一个新的网络，叫作国家研究和教育网（NREN）。这个网络的目的是进行高速网络的研究，它并不被用于商业用途，也不被用来传输大量的数据。

1992 年，互联网学会成立。欧洲核子研究组织（CERN）发布了万维网（World Wide Web）的概念，并研发了早期的浏览器。

1993 年，美国国家科学基金会创建了国际互联网络信息中心（InterNIC），为 Internet 提供服务，包括目录和数据库服务、注册服务和信息服务。

上面介绍的都是 Internet 在国际上的发展和应用。事实上，在这段时间里，Internet 在国内的应用很少，只是从 20 世纪 80 年代中后期开始在一些高校和科研机构中初步建立了一些网络，具有代表性的是中关村地区教育与科研示范网络（NCFC），它由中国科学院主持，联合北京大学和清华大学共同实施，该项目于 1989 年 11 月正式启动。

1992 年 12 月，清华大学校园网（TUNET）建成并投入使用，这是中国第一个采用 TCP/IP 体系结构的校园网。

1993 年 3 月，中国科学院高能物理研究所接入美国斯坦福线性加速器中心（SLAC）的 64kbit/s 专线正式开通。这条专线是中国部分接入 Internet 的第一根专线。

1993 年 11 月，NCFC 主干网网络开通并投入运行，并于 1994 年 4 月与美国的 Internet 互联成功，成为我国最早的国际互联网络。

1995 年 1 月，原邮电部电信总局分别在北京、上海开通 64kbit/s 专线，开始向社会提供 Internet 接入服务，中国互联网进入商用化阶段。

在接下来的十几年间，Internet 的网络规模不断地发展和壮大，数以亿计的计算机连接到 Internet。与此同时，互联网上的应用也越来越丰富，除了传统意义上的上网查询资料、发送电子邮件外，即时通信、网上交易、网上银行、网上教育、网上招聘、网络多媒体等技术异军突起，从根本上改变了人们的工作和生活方式，也为社会创造了无限的商机。

短短几十年间，Internet 从高高在上的军方专利技术发展成为全民普及的大众化商业产品，并推动了信息技术的迅猛发展和应用。经过本节的简单介绍，读者在了解 Internet 发展史的同时，还可以初步接触一些 Internet 中常用的技术和概念。

1.1.2　Internet 的管理机构

Internet 技术标准中定义了互联网络中各主机之间相互通信时所要遵循的开放协议和过程。制定 Internet 标准的并不是某个政府组织，而是一个自发的、管理松散的国际合作组织。实际上没有任何组织或政府拥有和控制 Internet，但有一些独立的管理机构对 Internet 进行管理，包括制定标准和提供各种服务。在阅读 Internet 标准的相关文档时经常会接触到这些组织，本小节对主要的 Internet 管理机构及其职能进行简单的介绍。

1．Internet 协会

Internet 协会（Internet Society，ISOC）创立于 1992 年，是最权威的 Internet 全球协调和合作的国际化组织。它由 Internet 专业人员和专家组成，致力于调整 Internet 的生存能力和规模。它的重要任务是与其他组织合作，共同完成 Internet 标准与协议的制定。

该组织的首页如下。

```
http://www.isoc.org/
```

2．Internet 体系结构委员会

Internet 体系结构委员会（Internet Architecture Board，IAB）是 Internet 协会的一个技术顾问组，它负责控制所有 Internet 协议（即通常所称的 TCP/IP 协议簇）的发布工作，并监督 Internet

体系结构的发展。Internet 体系结构委员会下辖两个工作组，即 Internet 研究专门工作组（Internet Research Task Force，IRTF）和 Internet 工程任务组（Internet Engineering Task Force，IETF）。

IRTF 的主要职能是通过建立许多集中的、长期的小型研究小组来促进对未来互联网发展的重要研究。研究方向包括互联网协议、应用、架构和技术等相关领域。

IETF 的主要职能是负责互联网相关技术规范的研发和制定。IETF 制定的文件分为两种，一种是 Internet 草案（Internet Draft），另一种是 RFC。RFC 的全称是 Request For Comments，即意见征求书，但现在它的名字实际上和它的内容并不一致。RFC 是一系列以编号排定的文件，其中收集了有关 Internet 的信息，以及 UNIX 和 Internet 社群的软件文件，基本的 Internet 通信协议在 RFC 文件内都有详细说明。一般而言，RFC 被批准发布后，其内容作为协议的标准都不会再做改变。

3．Internet 工程指导小组

Internet 工程指导小组（Internet Engineering Steering Group，IESG）负责 IETF 活动和标准制定程序的技术管理工作，核准或纠正 IETF 各工作组的研究成果，有对工作组的设立终结权，确保非工作组草案在成为 RFC 时的准确性，并根据 ISOC 理事会批准的规定和程序对标准的制定过程进行管理。

4．Internet 数字分配机构

Internet 数字分配机构（Internet Assigned Numbers Authority，IANA）是负责协调 Internet 正常运作的机构，主要职责是分配和维护在 Internet 技术标准中的唯一编码和数值系统，需要分配的 Internet 资源如下。

- 域名：包括 DNS 域名根和.int，.arpa 域名以及 IDN（国际化域名）资源；
- 数字资源：包括全球的 IP 和 AS（自治系统）号，并将它们提供给各区域 Internet 注册机构；
- 协议分配：与各标准化组织一同管理协议编号系统。

5．Internet 网络信息中心

Internet 网络信息中心（Internet Network Information Center，InterNIC）负责向全体互联网络用户提供服务，其网址如下。

```
http://www.internic.net
```

该网站主要用于提供互联网域名登记服务的公开信息。

6．中国互联网络信息中心

中国互联网络信息中心（China Internet Network Information Center，CNNIC）是经国家主管部门批准，于 1997 年 6 月 3 日组建的管理和服务机构，负责管理、维护中国互联网地址系统，引领中国互联网地址行业发展，发布中国互联网权威统计信息，代表中国参与国际互联网社群。

1.1.3　国内 Internet 网络建设的现状

根据中国互联网络信息中心（CNNIC）的测算，截至 2014 年 6 月 30 日，我国网民数量已达到 6.32 亿人。

而作为 Internet 应用和普及的另一项重要指标，截至 2014 年 6 月 30 日，我国域名总数为 1915 万个。

据统计，截至 2012 年 6 月中国网民在即时通信、搜索引擎和网络音乐上使用率较高，均在 50%以上。商务交易类使用仍然处于较低的水平，其中网络购物普及率为 26%。网络应用的使用率排名情况如表 1.1 所示。

表 1.1　　　　　　截至 2012 年 6 月中国网络应用的使用率排名情况统计

排　　名	应　　用	普 及 率
1	即时通信	80.9%
2	搜索引擎	79.4%
3	网络音乐	75.2%
4	网络新闻	71.5%
5	网络视频	63.4%
6	网络游戏	63.2%
7	博客/个人空间	62.1%
8	微博	48.7%
9	电子邮件	47.9%
10	社交网络	47.6%
11	网络文学	39.5%
12	网络购物	37.8%
13	网上支付	32.5%
14	网上银行	32.4%
15	论坛/BBS	28.2%
16	团购	12.6%
17	旅行预订	8.2%
18	网络炒股	7.8%

随着需求的不断增加，我国在 Internet 网络建设方面的投入也在逐年加大。从 2013 年 12 月开始，中国进入真正的 4G 时代，4G 网络、终端、业务等基本就绪。这不仅会带动我国移动互联网用户的持续增长，更重要的是给不同的互联网应用带来新的发展机遇。

1.2　网络通信模型和协议簇

Internet 可以把世界上各种类型、品牌的硬件和软件集成在一起，实现互联和通信。如果没有统一的标准协议和接口，这一点是根本无法做到的。为了推动 Internet 的发展和普及，标准化组织制定了各种网络模型和标准协议，本节将介绍通用的 OSI 参考模型和 TCP/IP 层次模型。了解这些网络模型和通信协议的基本工作原理是管理和配置网络、开发网络应用程序的基础。

1.2.1　OSI 参考模型

ISO（International Organization for Standardization，国际标准化组织）是一个全球性的非政府组织，是国际标准化领域中一个十分重要的机构。为了使不同品牌、操作系统的网络设备（主机）能够在网络中相互通信，ISO 于 1981 年制定了"开放系统互联参考模型"，即 Open System Interconnection Reference Model，简称为 OSI 参考模型。

OSI 参考模型将网络通信的工作划分为 7 个层次，由低到高分别为物理层（Physical Layer）、数据链路层（Data Link Layer）、网络层（Network Layer）、传输层（Transport Layer）、会话层（Session Layer）、表示层（Presentation Layer）和应用层（Application Layer），如图 1.1 所示。

图 1.1　OSI 参考模型

物理层、数据链路层和网络层属于 OSI 参考模型中的低 3 层，负责创建网络通信连接的链路；其他 4 层负责端到端的数据通信。每一层都完成特定的功能，并为其上层提供服务。

在网络通信中，发送端自上而下地使用 OSI 参考模型，对应用程序要发送的信息进行逐层打包，直至在物理层将其发送到网络中；而接收端则自下而上地使用 OSI 参考模型，将收到的物理数据逐层解析，最后将得到的数据传送给应用程序，其具体过程如图 1.2 所示。

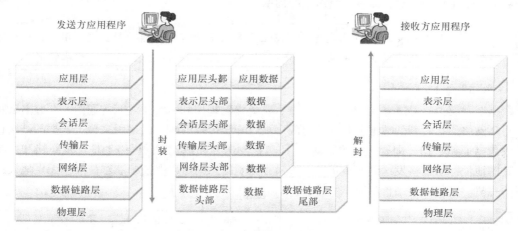

图 1.2　OSI 参考模型的通信过程

当然，并不是所有的网络通信都需要经过 OSI 模型的全部 7 层。例如，同一网段的 2 层交换机之间通信只需要经过数据链路层和物理层，而路由器之间的连接则只需要网络层、数据链路层和物理层。在发送方封装数据的过程中，每一层都会为数据包加上一个头部；在接收方解封数据时，又会逐层解析掉这个头部。因此，双方的通信必须在对等层次上进行，否则接收方将无法正确地解析数据。

在 OSI 参考模型中，对等层协议之间交换的信息单元统称为协议数据单元（Protocol Data Unit，PDU）。而在传输层及其下面各层中，PDU 还有各自特定的名称，具体如表 1.2 所示。

表 1.2　　　　　　　　　　　　PDU 在 OSI 参考模型中的特定名称

OSI 参考模型中的层次	PDU 的特定名称
传输层	数据段（Segment）
网络层	数据包（Packet）
数据链路层	数据帧（Frame）
物理层	比特（Bit）

下面对 OSI 参考模型中的 7 层结构进行详细的介绍。

1.　物理层

顾名思义，物理层就是用于定义网络通信中通信设备的机械、电气、功能和规程等特性的层次，用于建立、维护和拆除物理链路的连接。

物理层可以为数据端设备提供传送数据的物理通路。物理通路可以是一个物理媒体，也可以由多个物理媒体连接而成。一次完整的物理层数据传输过程如图 1.3 所示。

图 1.3　完整的物理层数据传输过程

激活物理连接指在两个通信设备之间建立起一条通路，可能是通过网线直接相连的，也可能需要多个网络设备参与。

在传送数据的过程中，一方面要保证数据可以在物理连接上正确地通过，另一方面还需要为传送数据提供足够的带宽，以减少信道上的拥塞。

带宽（Bandwidth）指在传输线路上固定时间内可以传输的数据量，用于标识线路的数据传送能力。在数字设备中，带宽的单位为 bit/s，即每秒可传输的比特数。

2. 数据链路层

数据链路层位于 OSI 参考模型的第 2 层，它负责物理层和网络层之间的通信。在数据链路层中，将从网络层接收到的数据分割成特定的可被物理层传输的帧。帧是用来传送数据的结构包，它不仅包括原始数据（即要传送的数据），还包括发送方和接收方的网络地址以及纠错和控制信息。其中地址标明帧将发送到的主机，而纠错和控制信息则可以保证帧能够被准确无误地被传送到目的主机。帧的简要结构如图 1.4 所示。

前导码 （7 字节）	帧首定界符 （1 字节）	目的地址 （6 字节）	源地址 （6 字节）	数据字段的长度 （2 字节）	要传送的数据 （0～100 字节）	填充字段 （0～46 字节）	校验和 （4 字节）

图 1.4　帧的简要结构

每个字段的说明如下。

- 前导码：内容是十六进制数 0xAA，作用是使接收节点进行同步并做好接收数据帧的准备。
- 帧首定界符：是 10101011 的二进制序列，标识帧的开始，以使接收器对实际帧的第一位定位。
- 目的地址和源地址：即发送和接收数据的两端主机的 MAC 地址。目的地址可以是单地址、组播地址和广播地址。
- 数据字段的长度：指定要传送数据的长度，以便接收方对数据进行处理。
- 要传送的数据：顾名思义，就是从源地址发送到目的地址的原始数据。
- 填充字段：有效帧从目的地址到校验和字段的最短长度为 64 字节，其中固定字段的长度为 18 字节。如果数据字段长度小于 46 字节时，就使用本字段来填充。
- 校验和：使用 32 位 CRC 校验，用于对传送数据进行校验。

数据链路层的主要功能如下。

（1）通信链路的建立、拆除和分离。当网络中的两个结点要进行通信时，发送方必须确认接收方是否已处在准备接受的状态。为此通信双方必须先要交换一些必要的信息，以建立一条基本的数据链路。在传输数据时要维持数据链路，而在通信完毕时要释放数据链路。

（2）对要传送的帧进行定界和同步，并对帧的收发顺序进行控制。

（3）寻址。即在数据链路层根据目的地址找到对应主机的方法，同时接收方也必须知道数据的发送方主机地址。

（4）对信道上的数据差错进行检测和恢复。

（5）流量控制。数据的发送与接收必须遵循一定的传送速率规则，可以使得接收方能及时地接收发送方发送的数据，并且当接收方来不及接收时，必须及时控制发送方数据的发送速率，使两方面的速率基本匹配。

数据链路层中常用的协议和技术包括局域网中的以太网（Ethernet）技术、点到点协议（PPP）、高级数据链路控制协议（High-Level Data Link Control，HDLC）、高级数据通信控制协议（Advanced Data Communications Control Protocol，ADCCP）等。

如果说这些协议和技术离我们的日常应用似乎比较远的话，那么与数据链路层相关的最为大家所熟知的两个概念就是 MAC 地址和网卡。网卡也称为网络适配器（Network Adapter）或者网络接口卡（NIC），每台连接到网络中的计算机都必须安装网卡。网卡和局域网之间的通信是通过电缆或双绞线以串行传输方式进行的。每个网卡都唯一对应一个 MAC（Media Access Control，介质访问控制）地址，其用来标识网卡的通信地址。

在 Windows 命令窗口中执行下面的命令，可以查看到网卡和 MAC 地址信息。

```
Ipconfig /all
```

运行结果如图 1.5 所示。

MAC 地址由 6 字节（即 48 位）十六进制数组成。在以字符串格式表现时，每个字节之间通常使用"-"或":"分隔，例如，下面都是有效的 MAC 地址。

```
00-16-D3-BD-6C-29
00:16:D3:BD:6C:29
```

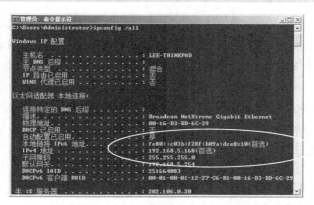

图 1.5　查看本地计算机的网卡和 MAC 地址信息

　　　　MAC 地址通常由网卡的生产厂家在制造网卡时烧制在芯片中，因此相对固定一些。虽然有些网卡允许用户修改 MAC 地址，但这种情况并不多见。因此，从理论上来讲，MAC 地址是全球唯一的。很多网络管理软件中使用 MAC 地址作为设备的唯一标识，因为 IP 地址和设备名称都是很容易被改变的。

3. 网络层

网络层位于 OSI 协议参考模型的第 3 层，它的主要功能如下。

（1）为传输层提供服务。

网络层提供的服务有两类：面向连接的网络服务和无连接的网络服务。

虚电路服务是网络层向传输层提供的一种使所有数据包按顺序到达目的节点的可靠的数据传送方式，进行数据交换的两个节点之间存在着一条为它们服务的虚电路；而数据报服务是不可靠的数据传送方式，源节点发送的每个数据包都要附加地址、序号等信息，目的节点收到的数据包不一定按序到达，还可能出现数据包丢失的现象。

（2）组包和拆包。

在网络层，数据传输的基本单位是数据包。在发送方，传输层的报文到达网络层时被分为多个数据块，在这些数据块的头部和尾部加上一些相关的控制信息后，即组成了数据包（组包）。数据包的头部包含源节点和目标节点的网络地址。在接收方，数据从低层到达网络层时，要将各数据包原来加上的包头和包尾等控制信息去掉（拆包），然后组合成报文，送给传输层。

（3）路由选择。

路由选择也叫做路径选择，是根据一定的原则和路由选择算法在多节点的通信子网中选择一条最佳路径。确定路由选择的策略称为路由算法。

在数据报方式中，网络节点要为每个数据包做出路由选择；而在虚电路方式中，只需在建立连接时确定路由。

（4）流量控制。

流量控制的作用是控制阻塞，避免死锁。

负责数据传输的网络层经典协议为 IP，负责控制的网络层经典协议包括 ICMP、ARP、DHCP 等，这些协议的具体情况将在第 2 章中介绍。另外，网络层还提供负责路由的协议，包括 IGP、RIP、OSRF 等，由于篇幅所限，本书将不对这些协议进行具体介绍。

网络层的主要网络设备包括路由器和三层交换机。

4. 传输层

传输层是 OSI 协议层次结构的核心，是唯一负责总体数据传输和控制的一层。在 OSI 7 层模型中传输层是负责数据通信的最高层，它下面的 3 层协议是面向网络通信的，而它上面的 3 层协议是面向信息处理的，因此传输层可以说是 OSI 模型中的中间层。

因为网络层不一定保证服务的可靠性，而用户也不能直接对通信子网加以控制，所以在网络层之上，加一层即传输层以改善传输质量。

传输层的主要功能如下。

- 为对话或连接提供可靠的传输服务。
- 在通向网络的单一物理连接上实现该连接的复用。
- 在单一连接上提供端到端的序号与流量控制、差错控制及恢复等服务。

传输层中包含的典型协议为 SPX、TCP 和 UDP。SPX 是顺序包交换协议，它是 Novell NetWare 网络的传输层协议；TCP 是传输控制协议，它是 TCP/IP 参考模型的传输层协议；UDP 是用户数据报协议，它可以提供一种基本的、低延时的数据报传输。

关于 TCP 和 UDP 的具体情况将在第 3 章中介绍。

5. 会话层

会话层负责在网络中的两个节点之间建立和维持通信。它提供的服务可使应用程序建立和维持会话，并能使会话获得同步。

会话层的功能主要如下。

- 建立通信链接，保持会话过程通信链接的畅通。
- 同步两个节点之间的对话，决定通信是否被中断以及通信中断时从何处重新发送。
- 支持校验点功能，会话在通信失效时可以从校验点恢复通信。这种能力对于传送大的文件极为重要。

6. 表示层

不同的计算机体系结构中使用的数据表示法也不同。为了使不同类型的计算机之间能够实现相互通信，就需要提供一种公共的语言。

表示层如同应用程序和网络之间的翻译官，主要解决用户信息的语法表示问题，即提供格式化的表示和数据转换服务，数据的压缩、解压、加密、解密都在该层完成。

7. 应用层

应用层是 OSI 参考模型的最高层，它可以向应用程序提供服务，这些服务按其向应用程序提供的特性分成组，并称为服务元素。

应用层并不是指运行在网络上的某个特定的应用程序，它可以为应用程序提供服务，包括文件传输、文件管理以及电子邮件的信息处理等。

应用层中包含的典型协议包括 FTP、Telnet、SMTP、HTTP、DNS 等。在管理和使用网络的过程中，经常会使用到应用层的这些协议。

1.2.2　TCP/IP 协议簇体系结构

TCP/IP 是 Internet 的基础网络通信协议，它规范了网络上所有网络设备之间数据往来的格式和传送方式。TCP 和 IP 是两个独立的协议，它们负责网络中数据的传输。TCP 位于 OSI 参考模型的传输层，而 IP 则位于网络层。

TCP/IP 中包含一组通信协议，因此被称为协议簇。TCP/IP 协议簇中包含网络接口层、网络层、传输层和应用层。TCP/IP 协议簇和 OSI 参考模型间的对应关系如图 1.6 所示。

OSI 参考模型　　　　　　　　　　　　　　　　　　　TCP/IP 协议簇

OSI 参考模型		TCP/IP 协议簇	
应用层		应用层	FTP、Telnet SMTP、SNMP、NFS
表示层			
会话层			
传输层		传输层	TCP、UDP
网络层		网络层	IP、ICMP、ARP、RARP
数据链路层		网络接口层	Ethernet 802.3、Token Ring 802.5、X.25、 Frame Relay、HDLC、PPP
物理层			未定义

图 1.6　TCP/IP 协议簇和 OSI 参考模型间的对应关系

1. 网络接口层

在 TCP/IP 参考模型中，网络接口层位于最低层。它负责通过网络发送和接收 IP 数据报。网络接口层包括各种物理网络协议，例如，局域网的 Ethernet（以太网）协议、Token Ring（令牌环）协议，分组交换网的 X.25 协议等。

2. 网络层

在 TCP/IP 参考模型中，网络层位于第 2 层。它负责将源主机的报文分组发送到目的主机，源主机与目的主机可以在一个网段中，也可以在不同的网段中。

网络层包括下面 4 个核心协议。

- IP（Internet Protocol，网际协议）：主要任务是对数据包进行寻址和路由，把数据包从一个网络转发到另一个网络。
- ICMP（Internet Control Message Protocol，网际控制报文协议）：用于在 IP 主机和路由器之间传递控制消息。控制消息是指网络是否连通、主机是否可达、路由是否可用等网络本身的消息，这些控制消息虽然并不传输用户数据，但是对于用户数据的传递起着重要的作用。
- ARP（Address Resolution Protocol，地址解析协议）：可以通过 IP 地址得知其物理地址（Mac 地址）的协议。在 TCP/IP 网络环境下，每个主机被都分配了一个 32 位的 IP 地址，这种互联网地址是在网际范围标识主机的一种逻辑地址。为了让报文在物理网络上传送，必须知道目的主机的物理地址，这样就存在 IP 地址向物理地址的转换问题。
- RARP（Reverse Address Resolution Protocol，逆向地址解析协议）：该协议用于完成物理地址向 IP 地址的转换。

关于这些协议的基本情况将在第 2 章中介绍。

3. 传输层

在 TCP/IP 参考模型中，传输层位于第 3 层。它负责在应用程序之间实现端到端的通信。传输层中定义了下面两种协议。

- TCP：是一种可靠的面向连接的协议，它允许将一台主机的字节流无差错地传送到目的主机。TCP 同时要完成流量控制功能，协调收发双方的发送与接收速度，达到正确传输的目的。
- UDP：是一种不可靠的无连接协议。与 TCP 相比，UDP 更加简单，数据传输速率也较高。当通信网的可靠性较高时，UDP 方式具有更高的优越性。

本书将在第 3 章中介绍 TCP 和 UDP 的具体情况。

4. 应用层

在 TCP/IP 参考模型中，应用层位于最高层，其中包括了所有与网络相关的高层协议。常用的应用层协议说明如下。

- Telnet（Teletype Network，网络终端协议）：用于实现网络中的远程登录功能。
- FTP（File Transfer Protocol，文件传输协议）：用于实现网络中的交互式文件传输功能。
- SMTP（Simple Mail Transfer Protocol，简单邮件传输协议）：用于实现网络中的电子邮件传送功能。
- DNS（Domain Name System，域名系统）：用于实现网络设备名称到 IP 地址的映射。
- SNMP（Simple Network Management Protocol，简单网络管理协议）：用于管理与监视网络设备。
- RIP（Routing Information Protocol，路由信息协议）：用于在网络设备之间交换路由信息。
- NFS（Network File System，网络文件系统）：用于网络中不同主机之间的文件共享。
- HTTP（Hyper Text Transfer Protocol，超文本传输协议）：这是互联网上应用最为广泛的一种网络协议。所有的 WWW 文件都必须遵守这个标准。设计 HTTP 的最初目的是为了提供一种发布和接收 HTML 页面的方法。

习　题

一、选择题

1. Internet 中的主要通信协议是（　　）。
　　A. HTML　　　　　　B. HTTP　　　　　C. ARPA　　　　　D. TCP/IP

2. OSI 参考模型将网络通信的工作划分为 7 个层次，下面不属于 OSI 参考模型的层次是
（　　）。
　　A. 网络层　　　　　B. 通信层　　　　　C. 会话层　　　　D. 物理层

3. 下面关于 OSI 参考模型的描述，正确的是（　　）。
　　A. OSI 参考模型的最高层为网络层
　　B. OSI 参考模型的最高层为数据链路层
　　C. 所有的网络通信都需要经过 OSI 模型的全部 7 层
　　D. 发送方和接收方的通信必须在对等层次上进行

4. 下面属于数据链路层的协议是（　　）。
　　A. TCP　　　　　　B. IP　　　　　　C. ARP　　　　　D. PPP

二、填空题

1. OSI 参考模型的英文全称为　【1】　，中文含义为　【2】　。

2. 在 OSI 参考模型中，对等层协议之间交换的信息单元统称为　【3】　，其英文缩写和全称为　【4】　。传输层 PDU 的特定名称为　【5】　，网络层 PDU 的特定名称为　【6】　，数据链路层 PDU 的特定名称为　【7】　，物理层 PDU 的特定名称为　【8】　。

3. TCP/IP 协议簇中包含　【9】　、　【10】　、　【11】　和　【12】　。

三、简答题

1. 按从低到高的顺序描述 OSI 参考模型的层次结构。

2. 简述 OSI 参考模型实现通信的工作原理。

3. 简述数据链路层中数据帧的结构。

第2章
TCP/IP 协议簇及其应用

本章将介绍 TCP/IP 协议簇中包含的常用网络协议及其应用，使读者了解它们的基本功能和工作原理，为后面基于这些协议编写网络应用程序奠定基础。

2.1 IP

IP（Internet Protocol，互联网协议）是实现网络之间互联的基础协议。接入 Internet 的不同国家和地区的、不同操作系统的、成千上万的计算机要实现相互通信，就要遵守共同的通信准则（协议），这就是 IP。本节将介绍 IP 的工作原理和关键机制。

2.1.1 IP 基础

IP 包含两个最基本的功能，即寻址和分片。

就好像必须拥有电话号码才能拨打或接听电话一样，连接到 Internet 的每个主机都至少有一个 IP 地址，从而将其与网络上的其他主机区分开来。源主机必须知道远程主机的 IP 地址才能向其发送数据。源主机可以向已知 IP 地址的目的主机发送数据包，并借助于网络中的网络设备寻找到达目的主机的路径，最终将数据包发送到目的地，这个过程即为寻址。

当发送或接收数据时（例如收取电子邮件或浏览网页），信息将被拆分成若干个小块，称为数据包。每个数据包都包含发送者和接收者的 IP 地址。数据包首先被发送到网关，网关读取数据包中的目的地址，然后将其转发到能够到达该目的地址的邻近的网关；每个网关都重复上面的过程，直到网关认定目的主机在其可以直接到达的网段或域中，则网关将数据包直接发送给目的计算机。

因为数据包可以通过 Internet 中不同的路径到达目的地址，所以数据包到达目的地址的顺序可能与发送时的顺序不同。IP 只负责发送数据包，而由 TCP（传输控制协议）负责将数据包按照正确的顺序进行排序。关于 TCP 的工作原理将在 2.2 节中介绍。

IP 是无连接的协议，也就是说在通信的两个端点之间不存在持续的连接。在 Internet 上传输的每个数据包都被看作是独立的数据单元，与其他的数据包没有任何关系。IP 在 OSI 通信协议的第 3 层，即网络层。目前应用最广泛的 IP 版本为 IPv4，但随着 IP 地址资源被大量占用，很多网络也开始支持 IPv6。IPv6 可以提供更多的长地址，因此能够支持更多的 Internet 用户。

使用 IP 发送数据包的示意图如图 2.1 所示。

IP 数据包的格式如图 2.2 所示。

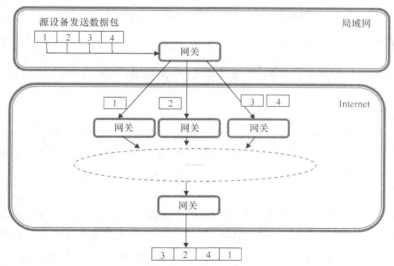

图 2.1 使用 IP 发送数据包的示意图

版本	包头长度	服务类型（TOS）		总长度	
标识				分段标志	分段偏移量
生存时间（TTL）		协议		包头校验和	
源地址					
目标地址					
选项				填充	
数据					

图 2.2 IP 数据包的格式

各字段的含义说明如下。

- 版本：目前使用的 IP 版本，大小为 4 位。
- 包头长度：用于指定数据包头的长度，大小为 4 位。
- 服务类型（TOS）：用于设置数据传输的优先权或者优先级，大小为 8 位。
- 总长度：用于指定数据包的总长度，等于包头长度加上数据长度，大小为 16 位。
- 标识：用于指定当前数据包的标识号，大小为 16 位。
- 分段标志：确定一个数据包是否可以分段，同时也指出当前分段后面是否还有更多分段，大小为 3 位。
- 分段偏移量：帮助目标主机查找分段在整个数据包中的位置，大小为 13 位。
- 生存时间（TTL）：设置数据包可以经过的最多路由器数，每经过一个路由器，该值会减 1。该值等于 0 时，数据包被丢弃。该字段的长度为 8 位。
- 协议：指定与该数据包相关联的上层协议，大小为 8 位。
- 包头校验和：检查传输数据的完整性，大小为 16 位。
- 源地址：发送数据包的计算机的 IP 地址，大小为 32 位。
- 目的地址：接收数据包的计算机的 IP 地址，大小为 32 位。
- 选项：指定 IP 数据包中的选项。关于选项的具体含义请参照 2.1.2 小节理解。

- 数据：数据包中传输的数据。

2.1.2　IP 的关键机制

IP 使用 4 种关键机制来提供服务，即服务类型(Type of Service，TOS)、生存时间(Time to Live，TTL)、选项和包头校验和。

1. 服务类型

服务类型代表提供服务的质量，它由一组抽象的参数组成，表示 Internet 中各网络提供的服务选择。网关可以根据服务类型来选择到达指定网络的实际传输参数、下一跳（即从网关跳转到的下一个地址）使用的网络或者路由一个 Internet 报文的下一个网关。

2. 生存时间

生存时间表示一个 Internet 报文生存期的上限，由报文的发送者来设置。可以把生存时间看作是数据包的寿命计数器。为了防止数据包在网络中无休止地被传递下去，或者由于传输路径造成死循环，每个 IP 数据包中都包含一个寿命计数器。数据包在网络传输的过程中，每经过一个路由器的处理，其中的寿命计数器就会递减 1。如果寿命计数器的值等于 0，并且报文还没有到达目的地，则该报文将会被丢失，发送者将会在稍后重新发送该报文。

为什么要在 IP 中使用生存时间的概念呢？因为 Internet 的结构是复杂的，从一个主机发送报文到另外一个主机可以有多种路径，这一点与现实生活中一样，比如开车前往一个地点就可以有多种路线可供选择。因为数据包在网络传输中的路径是由路由器或交换机等网络设备根据当时的网络情况选择的，所以每次传输的路径都可能不同。一旦数据包在传输过程中进入了环路，如果不终止它的话，它可能一直这样循环下去。如果网络中存在大量这样循环的数据包，那就是一种灾难。使用生存时间就可以解决这种问题，它可以将长时间无法到达目的地的数据包丢弃。

在网络管理过程中，网管员经常会使用 ping 命令来探测一个 IP 地址的在线状态。检测的方式就是向目标地址发送几个数据包，根据返回数据包的情况来判断其在线状态。如果目标 IP 地址在线，则可以从返回结果中看到 TTL 值，如图 2.3 所示。

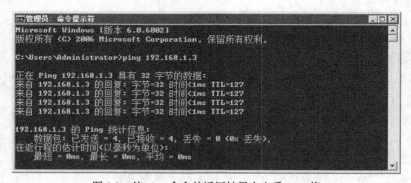

图 2.3　从 ping 命令的返回结果中查看 TTL 值

在 Windows 操作系统中，TTL 的默认值为 128，而大多数 Linux 操作系统的 TTL 默认值为 64。通过 TTL 值可以判断出本地计算机到达目标 IP 地址的路径长短，也可以大体判断出目标计算机上安装的操作系统。在图 2.3 中，目标地址 192.168.1.3 是局域网中的一个 IP 地址，4 个数据包的 TTL 值均为 127，表示从本地计算机到达 192.168.1.3 需要经过 1 个路由器(或者三层交换机)，而且目标计算机上安装的是 Windows 操作系统。

如果 ping 一个广域网上的 IP 地址，则返回结果中的 TTL 值就会比较小。例如，执行下面的命令，检查 www.baidu.com 的在线状态。

```
ping www.baidu.com
```

返回结果如图 2.4 所示。

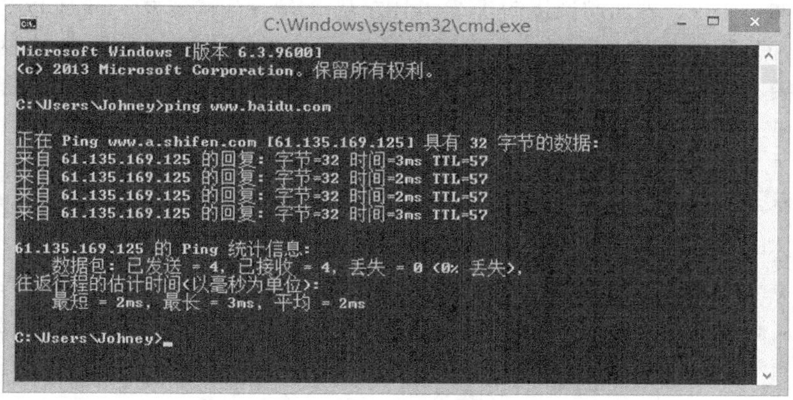

图 2.4　ping www.baidu.com 查看 TTL 值

可以看到，返回结果中 TTL 值为 57，可以判断目标计算机的操作系统为 Linux，从本地计算机到达目标计算机需要经过 9 个路由器（或者三层交换机）。

3. 选项

IP 中的选项包括提供时间戳、安全性和特定的路由等。在有些情况下，使用选项对于控制功能是有帮助的，但在大多数情况下不需要使用选项。

4. 包头校验和

包头校验和提供了一个验证方法，用于检测在网络中传输的报文中的信息是否正确。如果数据在传输过程中出现错误，则包头校验将会失败，一旦网络设备检测到这种错误，就会将报文丢弃。IP 并不提供有效的传输机制，端到端以及中继设备之间都没有确认机制。也就是说，IP 中并不包含数据的错误控制机制，也没有重新发送和流量控制机制，只有包头校验和。

当然，在 Internet 中通信和传输数据是有保障的，这部分功能（例如重新发送、流量控制等）由 TCP 和 UDP 负责处理。在 IP 中，只要发现数据包中的数据不正确，直接将其废弃就可以了。关于 TCP 和 UDP 的具体情况将在 2.2 小节中介绍。

2.2　TCP 和 UDP

TCP 和 UDP 是应用最广泛的两个传输层协议，它们的主要作用是将数据包通过路由功能传送到目的地址，从而为上层应用和应用层协议（如 HTTP、FTP、SMTP、TELNET、SNMP、SYSLOG 等）提供网络通信服务。本节将介绍这两种协议的基础和应用情况。

2.2.1　TCP 的网络功能

TCP（Transmission Control Protocol，传输控制协议）是面向连接的传输协议，通过序列确认和包重发机制提供可靠的数据流发送和应用程序的虚拟连接服务。TCP 和 IP 相结合，构成了

Internet 协议的核心。

1974 年 5 月，美国电气电子工程师学会（IEEE）发表了一篇名为《包交换网络互连协议》的文章，其中描述了在节点间使用包交换技术实现资源共享的网络互联协议。这个模型的核心控制部分是传输控制报文，它可以在计算机之间支持面向连接和报文服务的通信机制。传输控制报文后来被拆分成两个协议，即面向连接的 TCP 和网络层的 IP，这就是著名的 TCP/IP 的来源。

TCP 提供应用程序和 IP 之间的中间层通信服务。当应用程序需要使用 IP 在网络上发送大量数据时，不需要将数据拆分成一组数据块，然后提交一系列的 IP 请求，而只要提交一个请求到 TCP，由 TCP 来处理 IP 的细节。

IP 数据包是一个字节序列，由包头和后面的包体组成。包头中描述包的目的地址和用来转发到最终目的地址的路由，后者为可选项；包体中包含 IP 层要传输的数据。由于网络冲突、流量负载均衡和其他不可预见的网络行为，IP 包在传输过程中有可能被丢失或打乱顺序。TCP 可以检测到这些问题，并要求重新传输丢失的数据包、重新组织被打乱顺序的数据包，甚至可以帮助最小化网络冲突，从而减小发生其他问题的概率。一旦 TCP 层的接收者最终收到了组织好的最初传输数据的复本，它将发送一个报文给应用程序。这样，使用 TCP 的应用程序就不需要考虑底层网络通信的细节了。

TCP 被广泛应用于 Internet 上的很多经典应用程序，包括 E-mail、文件传输协议（FTP）、Secure SSH 和一些流媒体应用程序。

TCP 是一个精确传输协议，但并不是及时传输协议。使用 TCP 传输数据可能会导致相对较长的延时，通常用来等待打乱顺序的消息或者重新传输丢失的消息。因此，TCP 并不适用于一些对实时性要求很高的应用程序，如 VOIP（Voice over IP，在 IP 层实现语音通信的协议）。

TCP 是可靠的流传输服务，它可以保证从一个主机传送到另一个主机的数据流不会出现重复数据或丢失数据的情况。因为在 IP 中数据包的传输是不可靠的，所以在传输时需要使用一种叫作主动确认技术来确保数据包传输的可靠性。主动确认技术要求接收者在接收到数据后发一个确认消息，发送者会为发送的每个数据包保留一条记录，并且等待收到确认消息后再发送下一个数据包。发送者还会保留一个从发送数据包开始的计时器，如果计时器过期就重新传输数据包，这种情况下通常数据包已经丢失或者被破坏。

2.2.2　TCP 段结构

为了更高效地在网络中传输，消息被拆分成一个个消息单元，在网络上的计算机之间传递。消息单元被称为段（Segment）。例如，在浏览网页时，HTML 文件从 Web 服务器发送到客户端。Web 服务器端的 TCP 层将文件的字节序拆分成段，然后将它们独立地传递到 Web 服务器端的 IP 层。IP 层将 TCP 段封装成 IP 数据包，并为每个数据包都添加一个包头，其中包含要到达的目标地址。尽管每个数据包都拥有相同的目标地址，但它们可以经过不同的网络路径到达目标地址。当目标计算机上的客户端程序接收到这些数据包后，TCP 层将对各个段进行重组，以确保这些数据包的顺序和内容都是正确的，然后将它们以流的方式传递给应用程序。

从 Web 服务器向客户端计算机发送 HTML 文件的传输过程如图 2.5 所示。

图 2.5 中只包含数据在 TCP 层和 IP 层传输的过程。

TCP 段由段头和数据块两部分组成，具体结构如图 2.6 所示。

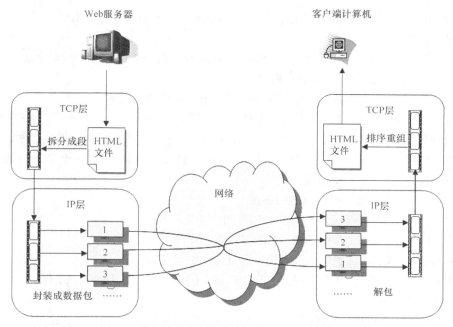

图 2.5   从 Web 服务器向客户端计算机发送 HTML 文件的传输过程

位偏移	0	1	2	3	4	5	6	7	8	9	10	11	12	13	14	15	16	17	18	19	20	21	22	23	24	25	26	27	28	29	30	31
0	源端口																	目标端口															
32	发送序列号																															
64	接收时的确认序列号																															
96	偏移值				保留				C W R	E C E	U R G	A C K	P S H	R S T	S Y N	F I N	窗口大小															
128	检验和																	紧急指针															
160 ……	可选项																															
……	用户数据																															

图 2.6   TCP 段的结构

段头中的字段说明如下。

- 源端口（16 位）：标识发送消息的端口。
- 目标端口（16 位）：标识接收消息的端口。
- 发送序列号（32 位）：本段中第 1 个数据字节的顺序号。
- 接收时的确认序列号（32 位）：指明接收方期望接收的下一个数据字节的顺序号。
- 偏移值（4 位）：指定 TCP 段头中 32 位字的数量。
- 保留（4 位）：为将来使用预留的位，目前使用时将这些位设置为 0。
- CWR：由发送消息的主机设置，以表明它收到带 ECE 标记的 TCP 数据包。
- ECE：表明了 TCP 的对等体在 3 次握手过程中是否具有拥塞通知能力。当 ECE 位的值等于 1 时，表示目的端发生了阻塞。因此在传回发送端的确认包中会将此位设置为 1，以通知发送端降低其数据的发送量。

- URG：表示发送的数据要立即被处理，无须等待接收设备缓存中的数据完成。
- ACK：确认从主机收到 TCP 数据。
- PSH：表示数据包中的数据必须迅速传播到上层协议进行处理。
- RST：由于不可能恢复的错误，造成 TCP 连接重置。当接收到的 TCP 段中 RST 位为 1 时，接收方必须终止连接，这将导致双方立刻重新设置连接，可能导致在传送中丢失数据。RST 不是正常关闭 TCP 连接的方式，它只表明一个异常条件。通常使用 FIN 标志关闭 TCP 连接。重新设置 TCP 连接的原因可能是主机崩溃等。
- SYN：打开主机之间虚拟电路的连接。
- FIN：结束 TCP 连接，不再需要数据传输。
- 窗口大小（16 位）：指定发送设备希望接收的字节数。
- 校验和（16 位）：根据报头和数据字段计算出的校验和。
- 紧急指针（16 位）：从发送序列号开始的偏置值，指向字节流中的一个位置，此位置之前的数据是紧急数据。
- 可选项（长度可变）：目前只有一个可选项，即建立连接时指定的最大段长。

2.2.3　TCP 的基本工作流程

两个主机使用 TCP 进行通信可以分为 3 个阶段，即建立连接阶段、数据传输阶段和断开连接释放资源阶段。本节将对 TCP 的工作流程进行简单的介绍，使读者在后面学习网络编程技术时能够了解它的基本工作原理。

1．TCP 的状态

TCP 连接由操作系统通过 Socket 开发接口来管理。在 TCP 连接的生存期间，它会经历如下的状态变化。

- LISTEN：服务器端等待远程客户端连接请求的状态。
- SYN-SENT：当要访问其他计算机的服务时，首先要发送一个同步信号给该端口，此时状态变为 SYN_SENT。如果连接成功了，状态就会变为 ESTABLISHED，因此 SYN_SENT 状态是非常短暂的。但如果发现 SYN_SENT 非常多且在向不同的机器发送数据，那这台计算机很可能中了冲击波或震荡波之类的病毒。
- SYN-RECEIVED：在收到和发送一个连接请求后等待对方对连接请求的确认。
- ESTABLISHED：代表一个打开的连接。
- FIN-WAIT-1：等待远程 TCP 的连接中断请求，或者等待对先前连接中断请求的确认。
- FIN-WAIT-2：从远程 TCP 等待发来的连接中断请求。
- CLOSE-WAIT：等待从本地用户发来的连接中断请求。
- CLOSING：等待远程 TCP 对连接中断的确认。
- LAST-ACK：等待对上次发向远程 TCP 的连接中断请求的确认。
- TIME-WAIT：等待足够的时间以确保远程 TCP 接收到连接中断请求的确认。
- CLOSED：没有任何连接状态。

TCP 连接过程是状态的转换，用户可以通过调用 OPEN、SEND、RECEIVE、CLOSE、ABORT 和 STATUS 等操作引发状态转换。

2. 建立连接

TCP 通过 3 次握手的方式来建立连接，如图 2.7 所示。

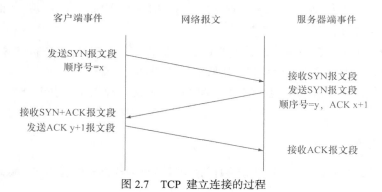

图 2.7　TCP 建立连接的过程

建立连接的过程说明如下。
- 客户端发送一个 SYN 报文段(SYN 为 1)指明希望连接的服务器端口和初始顺序号(ISN)。
- 服务器发回包含服务器的初始顺序号的 SYN 报文段（SYN 为 1）作为应答。同时，将确认号设置为客户端的 ISN 加 1 以对客户端的 SYN 报文段进行确认（ACK 字段也为 1，表示该报文是对 SYN = 1 的报文的应答）。
- 客户端必须将确认号设置为服务器的 ISN 加 1 以对服务器的 SYN 报文段进行确认，该报文通知目的主机双方已完成连接建立。

3. 数据传输

TCP 是一种可靠的传输协议，它使用序列号来标识数据中的每个字节。序列号中包含每个主机中发送的字节的顺序，从而使目的主机可以按照顺序对数据进行重组。每个字节的序列号是递增的。在建立连接时 3 次握手的前两次中，两端的主机会交换初始序列号（ISN）。初始序列号是随机的，不可预知的。

TCP 主要采用累计确认的机制。接收者收到数据后，会发送一个确认包，指定需要接收的下一个字节的序列号。例如，主机 A 向主机 B 发送 4 字节的数据，它们的序列号分别为 100、101、102 和 103，主机 B 在接收到这 4 字节后，会向主机 A 发送一个包含序列号 104 的确认包，表明它希望接收的下一个字节的序列号为 104。

除了累计确认外，接收者还可以发送选择确认包。通常在数据丢失或损坏时，接收者发送选择确认包来指定发送者重新发送指定的数据包。

TCP 使用序列号和确认机制可以丢弃重复数据、重新发送丢失的数据、按正确的顺序来整理数据，从而确保收到数据的正确性。TCP 使用检验和（Checksum）来验证数据的正确性。

TCP 还提供流量控制的功能。如果发送方主机的网卡带宽大于接收方主机的网卡带宽，则要对发送数据的流量进行控制，否则接收方将无法稳定地接收和处理数据。TCP 使用滑动窗口来控制流量。在每个 TCP 段中，接收者都要在"接收窗口大小"字段中指定当前连接希望接收的数据大小，单位是字节。发送方主机最多只能发送"接收窗口大小"字段中指定数量的数据，等收到确认信息后再发送下一组数据。

数据传输的过程是比较复杂的，由于篇幅所限，这里就不做深入介绍了。读者只要大致了解 TCP 数据传输的机制，就可以为后面学习 Windows 网络编程奠定理论基础了。

4. 断开连接

在多数情况下，TCP 使用 4 次握手来断开连接。当一方希望断开连接时，它会向对方发送一个 FIN 包；对方在收到 FIN 包后，会发送一个 ACK 确认包。因此，通常来说双向连接需要从每个 TCP 端点发送一对 FIN 和 ACK 段。

TCP 也可以使用 3 次握手的方式断开连接。当主机 A 发送 FIN 包后，主机 B 回复 FIN 加 ACK 包，将上面的两个步骤合并为一个步骤，然后主机 A 再回复 ACK 包。

如果两个主机同时发送 FIN 包，然后又都收到了对应的 ACK 包，则这种情况可以看作是 2 次握手。

2.2.4　UDP

UDP（User Datagram Protocol，用户数据报协议）可以提供一种基本的、低延时的数据报传输服务。

UDP 的主要作用是将网络数据流量压缩成数据报的形式进行传输。每个数据报的前 8 个字节用来包含报头信息，剩余字节则是具体的传输数据。

UDP 报头的具体格式如图 2.8 所示。

源端口号 （2字节）	目的端口号 （2字节）	校验和 （2字节）	信息长度 （2字节）

图 2.8　UDP 报头的具体格式

各部分的具体说明如下。

- 源端口号：表示发送主机上的连接号，源端口号和源 IP 地址的作用是标识报文的返回地址。
- 目的端口号：表示目的主机的连接号，指定报文接收主机上的应用程序的地址接口。
- 校验和：UDP 使用报头中的校验和来保证数据的安全。校验和首先在数据发送方通过特殊的算法计算得出，在传递到接收方之后，还需要再重新计算。如果某个数据报在传输过程中被第三方篡改或者由于线路噪声等原因受到损坏，发送和接收方的校验计算值将不会相符，由此 UDP 可以检测是否出错。
- 信息长度：指包括报头和数据部分在内的总字节数。因为报头的长度是固定的，所以该值主要被用来计算可变长度的数据部分。

UDP 使用端口号为不同的应用保留其各自的数据传输通道，UDP 和 TCP 正是采用这种机制实现对同一时刻内多个应用程序同时发送和接收数据的支持。

数据发送方将 UDP 数据报通过源端口发送出去，而数据接收方则通过目标端口接收数据。有的网络应用只能使用预先为其保留或注册的静态端口；而另外一些网络应用则可以使用未被注册的动态端口。因为 UDP 报头使用 2 字节存放端口号，所以端口号的有效范围是从 0 到 65 535。一般来说，大于 49 151 的端口号都代表动态端口。

常用的 TCP 和 UDP 端口如表 2.1 所示。

表 2.1　　　　　　　　　　　　　常用的 TCP 和 UDP 端口

端　口　号	协　　议	说　　明
21	TCP	FTP 服务器所开放的端口，用于上传、下载
22	TCP	PcAnywhere 建立的 TCP 连接的端口

端　口　号	协　　议	说　　明
23	TCP	Telnet 远程登录
25	TCP	SMTP 服务器所开放的端口，用于发送邮件
53	TCP	DNS 服务器所开放的端口
80	TCP	HTTP 端口，用于网页浏览
137	UDP	NetBios 命名服务
138	UDP	NetBios 数据报服务
139	TCP	NetBios 会话服务，当通过网上邻居传输文件时用 137、138 和 139 端口
161	UDP	简单网络管理协议 SNMP
443	TCP/UDP	HTTPS 网页浏览端口，能提供加密和通过安全端口传输的另一种 HTTP
1433	TCP	SQL Server 数据库服务器开放的端口

　　UDP 是一种不可靠的协议，在传送数据时，源主机和目的主机之间不建立连接。而 TCP 为了确保数据传输的准确和安全可靠，集成了各种安全保障功能，这在实际执行过程中会占用大量的系统开销。因此，UDP 具有 TCP 无法比拟的速度优势。

　　相对于可靠性而言，基于 UDP 的应用更注意性能。例如，我们经常使用 ping 命令来探测两台主机之间是否能够正常通信。在默认情况下，ping 命令将向目标主机发出 4 个 UDP 数据包，目标主机每接收到一个数据包都会向发送方返回一个数据包，表明它处于在线状态。因为在发送数据之前不需要建立连接关系，所以 ping 命令在发送 UDP 数据包之后很快就能收到回应的数据包。

　　与 TCP 相比，UDP 更适合发送数据量比较少、但对响应速度要求比较高的情况。

2.3　其他常用协议

　　除了前面介绍的 IP、TCP 和 UDP 外，还有一些常用的网络协议，包括 ARP、ICMP、Telnet、FTP、SMTP 等，了解这些协议的工作原理和使用方法可以帮助用户管理和使用网络，在开发网络应用程序时也经常会使用到这些协议。本节将对这些网络协议进行简单的介绍，如果读者对某些协议的细节感兴趣，可以查阅相关技术文档。

2.3.1　ARP

　　在 TCP/IP 网络中，每个主机都会被分配一个 32 位的 IP 地址，这是在网络层标识主机的逻辑地址。为了能够在物理网络上传送数据包，还必须知道目的主机的物理地址（即 MAC 地址）。

　　大多数应用程序都根据 IP 地址实现网络通信，那么如何将 IP 地址转换为对应的 MAC 地址呢？ARP（Address Resolution Protocol，地址解析协议）可以帮助用户实现此功能。

1. ARP

每个安装了 TCP/IP 的主机中都会维护一个 ARP 缓存表（简称 ARP 表），其中记录了当前网络中 IP 地址和 MAC 地址的对应关系。在 Windows 的命令窗口中，可以执行下面命令来维护和查看 ARP 表。

```
Arp -a
```

运行结果如图 2.9 所示。

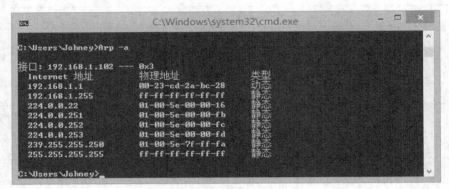

图 2.9 查看本地 ARP 缓存表

Internet 地址列中显示 IP 地址，物理地址列中显示 MAC 地址，类型列中显示 ARP 表项的类型，动态表示从网络中动态获取的 ARP 表项，静态表示静态绑定的 ARP 表项。

假定主机 A 要向主机 B 发送数据，并且它只知道主机 B 的 IP 地址，发送数据的过程如下。

（1）在发送数据之前，主机 A 会查询本地的 ARP 表，获取主机 B 的 IP 地址对应的 MAC 地址。

（2）如果 ARP 缓存表中没有找到目标 IP 地址，则主机 A 将会在网络中发送一个广播，目标 MAC 地址为 FF-FF-FF-FF-FF-FF，向当前网段中所有的主机通报自己的 IP 地址和 MAC 地址，并根据主机 B 的 IP 地址询问它对应的 MAC 地址。

（3）其他主机在收到这个广播消息后并不做出响应，只有主机 B 收到该消息后，会根据主机 A 提供的 MAC 地址向主机 A 发送消息，通报自己的 MAC 地址。

（4）主机 A 在收到主机 B 的消息后，将主机 B 的 IP 地址和 MAC 地址添加到本地 ARP 缓存表中。这样，下次主机 A 再向主机 B 发送消息时，就可以直接从本地的 ARP 缓存表中获取到它的 MAC 地址了。整个过程如图 2.10 所示。

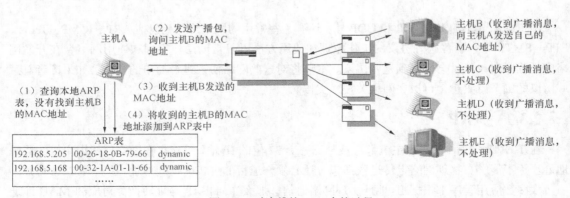

图 2.10 动态维护 ARP 表的过程

　　ARP 缓存表中的条目是有生存期的，在一段时间内，如果 ARP 缓存表中的某一行没有被使用，则系统会将其删除。这样可以减少 ARP 缓存表中记录的数量，提高查询的效率。

　　使用 Arp -d 命令可以手动删除 ARP 缓存表项中的条目，语法如下。

```
arp -d <IP 地址>
```

　　【例 2.1】 从本地 ARP 缓存表中删除 IP 地址为 192.168.0.1 的条目，命令如下。

```
Arp -d 192.168.0.1
```

　　使用 Arp -s 命令可以手动向 ARP 缓存表中添加一条 IP 地址与 MAC 地址的对应条目，类型为 static（静态），此项存在硬盘中，而不是缓存中。静态 ARP 缓存表在计算机重新启动后仍然存在，并且遵循静态条目优于动态条目的原则，因此如果静态条目的设置不正确，则可能导致无法进行正常的网络通信。

2. ARP 攻击

　　提到 ARP，很多人都会自然而然地联想到前些年曾经大规模爆发的 ARP 攻击。ARP 攻击是通过仿造 IP 地址和 MAC 地址对实现 ARP 欺骗。在图 2.10 所示的过程中，主机 A 向网络中发送广播包，询问主机 B 的 MAC 地址。如果主机 C 感染了 ARP 木马，则它会冒充主机 B 向主机 A 发送回应包，其中包含主机 B 的 IP 地址和仿造的 MAC 地址。主机 A 收到仿造的 MAC 地址后，将其保存到本地的 ARP 缓存表中，并且使用仿造的 MAC 地址与主机 B 通信，从而造成通信故障。

　　ARP 欺骗通常有如下两种情况。

　　（1）对路由器 ARP 缓存表的欺骗，感染 ARP 木马的主机会不断地向路由器发送一系列错误的内网 MAC 地址，使真实的地址信息无法通过更新保存在路由器上。因为路由器负责转发数据包，是主机连接 Internet 的关键设备，所以路由器被欺骗后，网络中的大量主机都无法正常上网。

　　（2）伪造网关，欺骗其他主机向假网关发送数据，而不是通过正确的路由器途径上网。

　　ARP 攻击的后果通常是很严重的，往往会造成网络的大面积掉线，没有经验的网络管理员通常很难定位问题所在。

　　由于篇幅所限，这里不讨论解决 ARP 攻击的具体方法。通常可以为计算机安装 360 的 ARP 防火墙，防止其遭受 ARP 攻击；也可以在路由器上采用静态 ARP 缓存表，由网络管理员手动指定 IP 地址和 MAC 地址的对应关系。

3. RARP

　　RARP（Reverse Address Resolution Protocol，反向地址解析协议）可以根据局域网中一个设备的 MAC 地址获取它的 IP 地址。

　　RARP 允许局域网上的主机从网关服务器的 ARP 缓存表中请求其 IP 地址。网络管理员在局域网网关路由器中创建并维护一个 MAC 地址对应 IP 地址的表。当配置一台新的主机时，RARP 客户机程序向路由器上的 RARP 服务器程序请求相应的 IP 地址。如果路由器上已经设置了该记录，则 RARP 服务器将 IP 地址返回给该主机，以供其日后使用。

　　　　RARP 广泛应用于无盘工作站，用于获取 IP 地址。普通计算机的 IP 地址保存在硬盘上，每次启动系统时可以从硬盘的配置文件中获得。但无盘工作站没有硬盘，因此它只能在每次启动时通过 RARP 协议向 RARP 服务器申请 IP 地址。

　　RARP 协议的工作过程如下。

　　（1）申请 IP 地址的主机在本地网络中发送一个 RARP 广播包，其中包括自己的 MAC 地址，希望任何收到该请求的 RARP 服务器为其分配一个 IP 地址。

（2）收到请求的 RARP 服务器将检查其 RARP 列表，判断是否存在该 MAC 地址对应的 IP 地址。如果存在，则给源主机发送一个响应数据包，并将此 IP 地址提供给对方主机使用；如果不存在，则 RARP 服务器对该请求不做响应。一个网段中可以存在多个 RARP 服务器。

（3）源主机收到 RARP 服务器发回的响应信息后，使用得到的 IP 地址进行通信。

（4）如果一直没有收到 RARP 服务器的响应信息，则表明初始化失败。

如果在前 2 步中遭受到 ARP 攻击，则 RARP 服务器返回的 IP 地址可能会被占用，因此导致申请主机无法正常上网。

2.3.2 ICMP

ICMP（Internet Control Message Protocol，Internet 控制报文协议），用于在 IP 主机、路由器之间传递控件消息，通常可以用来探测主机或网络设备的在线状态。

IP 并不是一个完全可靠的协议，发送控制消息的目的是对通信环境中出现的问题提供反馈功能。发送控制消息并不能使 IP 变得更加可靠，ICMP 并不保证数据报一定能发送成功，或者返回一个控制消息。在有些情况下，当数据报没有发送成功时，并不产生任何关于丢包的报告。

ICMP 通常用于在处理数据报的过程中报告错误信息，它可以让 TCP 等上层协议知道数据报并没有传送到目的地，从而帮助网络管理员发现和定位网络故障。

ICMP 报文可以分为差错报文和询问报文两种类型。在 ICMP 数据包中，使用类型和代码两个字段来描述 ICMP 报文的具体类型，如表 2.2 所示。

表 2.2　　　　　　　　　　　　　ICMP 报文中类型和代码的具体含义

类 型 字 段	代 码 字 段	描　　　述	报 文 类 型
0	0	回射应答（即 ping 应答）	询问报文
3		目标不可达（根据代码字段值不同，可以细分目标不可达的具体原因）	差错报文
	1	网络不可达	
	2	主机不可达	
	3	端口不可达	
	4	需要分片但设置了不分片比特	
	5	源站选路失败	
	6	无法识别目的网络	
	7	无法识别目的主机	
	8	源主机被隔离（已作废不用）	
	9	目的网络被强制禁止	
	10	目的主机被强制禁止	
	11	由于服务类型 TOS，网络不可达	
	12	由于服务类型 TOS，主机不可达	
	13	由于过滤，通信被强制禁止	
	14	主机越权	
	15	优先权中止生效	

续表

类 型 字 段	代 码 字 段	描　　　述	报 文 类 型
4	0	源端被关闭	差错报文
5		重定向（根据代码字段值不同，可以细分）	差错报文
	0	对网络重定向	
	1	对主机重定向	
	2	对服务类型和网络重定向	
	3	对服务类型和主机重定向	
8	0	回射请求（ping 请求）	询问报文
9	0	路由器通告	询问报文
10	0	路由器请求	询问报文
11		超时（根据代码字段值不同，可以细分）	差错报文
	0	传输期间生存时间为 0	
	1	在数据报组装期间生存时间为 0	
12		参数问题	差错报文
	0	不正确的 IP 头部	
	1	缺少必要的选项	
13	0	时间戳请求	询问报文
14	0	时间戳应答	询问报文
15	0	信息请求（已经作废）	询问报文
16	0	信息应答（已经作废）	询问报文
17	0	地址掩码请求	询问报文
18	0	地址掩码应答	询问报文

　　ping 命令利用 ICMP 的回射请求和回射应答报文来测试指定的目标主机是否可以到达。源主机首先向目标主机发送一个 ICMP 回射请求数据包，然后等待目标主机的应答。如果目标主机收到该回射请求包，则它会将包中的源地址和目标地址交换位置，并且将 ICMP 回射请求包中的数据保持不变地封装到新的 ICMP 回射应答包中，然后回发到源地址。如果校验正确，则源主机会认为目标主机是可达的，即物理连接畅通。如果在指定的时间内没有收到回射应答包，则源主机会认为 ICMP 报文超时。

　　ICMP 报文被封装在 IP 数据报内部，回射请求和回射应答报文的格式如图 2.11 所示。

IP数据包头部		
类型（0或8）	代码（0）	校验和
标识符		序列号
选项		

图 2.11　ICMP 回射请求和回射应答报文的格式

　　如果包中的类型字段为 8，并且代码字段为 0，则该报文为 ICMP 回射请求包；如果包中的类型字段和代码字段都为 0，则该报文为 ICMP 回射应答报文。校验和字段是包括整个 ICMP 数据包的校验和，其计算方法和 IP 头部校验和的计算方法相同。标识符字段用于标识当前的 ICMP 进程。

ICMP 简单、方便，是探测设备在线状态的重要手段之一，同时也有很多黑客利用 ICMP 发动攻击。利用一些 ICMP 攻击工具可以高速地发送大量的 ICMP 数据包，使目标网络的带宽瞬间被耗尽，或者针对主机的系统漏洞进行攻击，破坏主机的网络连接，从而使网络中大量主机无法正常通信。

2.3.3 Telnet

Telnet（Teletype Network，网络终端协议）是在 Internet 和局域网上应用的网络协议，用于提供双向交互式的通信功能。Telnet 可以提供对远程主机进行访问的命令行接口，到远程主机的连接是基于 TCP 的虚拟终端连接。

Telnet 是客户机/服务器结构的协议，它基于可靠的、面向连接的数据传输。通常，Telnet 使用 TCP 端口 23 来建立连接，Telnet 服务器应用程序会在该端口上监听连接请求。实现 Telnet 远程登录服务可以分为如下 4 个步骤。

（1）与远程主机建立一个 TCP 连接，用户需要指定远程主机的 IP 地址和域名。

（2）在本地终端上输入用户名和口令，然后输入控制命令，客户端会将它们以 NVT（Net Virtual Terminal）格式传送到远程主机。

（3）将远程主机输出的 NVT 格式的数据转化为本地可接受的格式，然后送回本地终端，包括命令的回显和命令的执行结果。

（4）本地终端断开连接，结束到远程主机的 TCP 连接。

这只是 Telnet 远程登录服务的基本工作流程，由于篇幅所限，这里就不对通信细节进行介绍了。在 Windows 命令窗口中执行 Telnet 命令可以实现远程登录功能，命令格式如下。

```
telnet [-a][-e escape char][-f log file][-l user][-t term][host [port]]
```

参数说明如下。

- -a：试图自动登录。除了使用当前已经登录的用户名之外，与-l 选项的功能相同。
- -e：指定 Escape 字符。Telnet 客户端将不发送 Escape 字符到远程主机。默认的 Escape 字符是 CTRL+]。
- -f：指定客户端登录的文件名。
- -l：指定远程系统上登录的用户名。
- -t：指定终端类型，包括 vt100、vt52、ansi 和 vtnt 等。
- host：指定要连接的远程主机的名称或 IP 地址。
- port：指定端口号或服务名。

 在 Windows 7 和 Windows 8 中，默认没有安装 Telnet 功能，所以直接使用 Telnet 命令是不行的。可以在"控制面板"/"程序和功能"中选择"打开或关闭 Windows 功能"，勾上"telnet 客户端"，单击"确定"按钮就可以正常使用 Telnet 命令了。

执行 Telnet 命令，可以打开如图 2.12 所示的界面。

图 2.12　Telnet 应用的界面

在"Microsoft Telnet >"提示符后面可以输入 Telnet 命令，具体的命令和含义如表 2.3 所示。

表 2.3　　　　　　　　　　　　　　　　Telnet 命令

Telnet 命令	简　　写	功　能　描　述
close	c	关闭当前连接
display	d	显示操作参数
open <主机名或 IP 地址> [<端口号>]	o	连接到指定主机的指定端口，默认端口为 23
quit	q	退出 Telnet
set	set	设置选项
send	sen	将字符串发送到服务器
status	st	显示状态信息
unset	u	解除设置选项
help	? 或者 h	显示帮助信息

2.3.4　FTP

FTP（File Transfer Protocol，文件传输协议）是 TCP/IP 网络中交换和管理文件的标准网络协议。FTP 基于客户机/服务器结构，用户使用 FTP 客户端可以连接到一个运行 FTP 服务器程序的远程计算机，查看它上面有哪些文件，并可以在本地计算机和远程计算机之间复制文件。

FTP 服务器程序在端口 20 和端口 21 上进行监听。FTP 客户端程序首先连接服务器的端口 21，该连接被称为控制连接，它在整个会话过程中都处于开放状态；当需要传输文件数据时，客户端程序将连接服务器的端口 20。

客户端通过控制连接使用 ASCII 码发送命令，通过发送回车和换行符来结束命令。例如，发送"RETR <文件名>"命令可以从服务器向客户端传送指定的文件。

在控制连接上，FTP 服务器使用 3 位 ASCII 码数字的状态编码和可选的文本信息来回应接收到的命令。例如，"200"或者"200 OK"表示最后一条命令执行成功。在控制连接上发送一个中断信息可以中止在数据连接上文件的传送。

FTP 支持两种运行模式，即主动模式和被动模式，它们的区别在于如何打开第 2 个连接。

1．主动模式

在主动模式下，客户端向服务器发送自己用于数据连接的 IP 地址和端口号，然后由服务器程序打开数据连接。

2．被动模式

当客户端在防火墙后面或者无法接收 TCP 连接时，通常建议采用被动模式。在被动模式下，服务器向客户端发送自己用于数据连接的 IP 地址和端口号，客户端则打开数据连接。

当使用 FTP 传送数据时，通常可以使用下面两种数据表示模式。

- ASCII 模式，只能传送纯文本。
- 二进制模式，发送方将文件按字节发送，接收方以字节流的方式接收并保存数据。通常称这种模式为 IMAGE 模式或 I 模式。

Internet 上有很多 FTP 站点，我们可以通过浏览器访问指定站点，浏览和下载资源。例如，在 IE 中访问下面的 FTP 站点。

```
ftp://ftp.turbolinux.com.cn/
```

运行结果如图 2.13 所示。

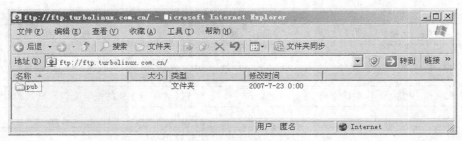

图 2.13　浏览 FTP 站点

可以看到，在 IE 中访问 FTP 站点与浏览本地文件夹类似。双击要下载的文件，可以打开下载文件的对话框，如图 2.14 所示。

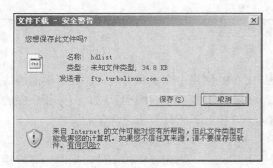

图 2.14　从 FTP 站点上下载文件

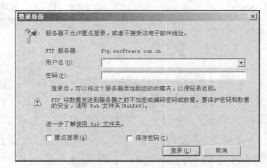

图 2.15　登录 FTP 站点

很多 FTP 站点是要求用户身份认证的，在访问这类 FTP 站点时会弹出如图 2.15 所示的对话框。如果 FTP 服务器允许匿名登录，则可以选中"匿名登录"复选框；否则需要输入用户名和密码，然后单击"登录"按钮。例如，下面就是一个要求用户身份认证的 FTP 站点。

ftp://ftp.esoftware.com.cn/

提示

如果经常需要访问指定的 FTP 站点，那么每次都在登录对话框中输入用户名和密码是比较麻烦的。此时可以使用一些 FTP 客户端工具，例如 CuteFTP。在这些 FTP 客户端工具中可以配置 FTP 站点、登录用户名和密码，很方便地查看、下载和上传数据。由于篇幅所限，这里就不对 FTP 客户端工具的使用方法做详细的介绍了。

2.3.5　SMTP 和 POP3

SMTP（Simple Mail Transfer Protocol，简单邮件传输协议）是一种可靠并且高效的电子邮件传输协议。POP3（Post Office Protocol 3，邮局协议版本 3）是规定计算机如何连接到邮件服务器进行邮件收发的协议。

本节将对这两种协议的基本工作原理做简单的介绍。

1. SMTP

电子邮件服务器和其他邮件传输代理使用 SMTP 发送和接收邮件消息，而客户端邮件应用程序通常只使用 SMTP 向邮件服务器发送消息，然后等待回复。在接收消息时，客户端邮件应用程序通常使用 POP3 或者 IMAP（Internet Message Access Protocol，交互式邮件存取协议）来访问邮件服务器上的邮箱账号。

使用 SMTP 创建消息、传送邮件的主要流程如下。

（1）客户端邮件应用程序使用 SMTP 向邮件服务器提交一封电子邮件。

（2）邮件服务器将邮件传送至一个邮件传输代理（MTA）。通常，MTA 和邮件服务器运行在同一台计算机上。TCP 端口 25 用于向邮件服务器提交数据。邮件服务器在域名系统 DNS 中查找目标邮件交换记录，然后通过 TCP 端口 25 向邮件传输代理传送数据。

邮件传输代理（Mail Transfer Agent，MTA）的功能是将信件转发给指定用户。

（3）邮件传输代理在收到消息后，将通过邮件分发代理（MDA）将邮件分发到相应的用户邮箱中。MDA 还可以解决发送后的一些问题，如病毒扫描和垃圾邮件过滤等。

2．POP3

客户端邮件应用程序可以使用 IMAP 或者 POP3 来接收邮件服务器上的邮件。

POP3 是基于客户端/服务器结构的网络协议，使用者通过它可以将接收到的邮件保存到邮件服务器上。POP3 支持离线邮件处理，用户可以定期检查服务器上的邮箱，并下载新的邮件。绝大多数客户端邮件应用程序都支持 POP3，如 Outlook Express 和 Foxmail 等。在 IE 和 Netscape 浏览器中也集成了 POP3。当用户使用 POP3 从邮件服务器上下载邮件后，该邮件将会从服务器上被删除掉，但也可以设置将下载后的邮件再保存一段时间。

POP3 中包括如下 3 种状态。

- 认证状态：当客户端应用程序与邮件服务器建立连接时，客户端向邮件服务器发送自己的身份信息，包括账户和密码等，由服务器进行验证。
- 处理状态：通过验证后，客户端由认证状态转为处理状态，它将从邮件服务器上获取到未读邮件的列表，然后发送 Quit 命令，退出处理状态，进入更新状态。
- 更新状态：在更新状态中，客户端应用程序将未读邮件下载到本地计算机，然后再返回到认证状态，确认身份后断开与服务器的连接。

POP3 基于 TCP 连接，它使用的默认通信端口为 110。

习　　题

一、选择题

1. 下面关于 IP 的描述，不正确的是（　　　）。
    A．IP 是无连接的协议，也就是说在通信的两个端点之间不存在持续的连接
    B．IP 在 OSI 通信协议的第 2 层，即数据链路层
    C．目前应用最广泛的 IP 版本为 IPv4
    D．IP 是 Internet Protocol 的缩写，是实现网络之间互联的基础协议
2. 下面（　　　）是传输控制协议的缩写。
    A．TCP　　　　　　　B．UDP　　　　　　　C．ARP　　　　　　　D．ICMP

3. 下面关于 TCP 的描述，不正确的是（　　　）。

    A. 它是面向连接的传输协议

    B. 它和 IP 相结合，构成了 Internet 协议的核心

    C. TCP 是一个精确传输协议，但并不是及时传输协议

    D. TCP 的主要作用是将网络数据流压缩成数据报的形式

4. 查看本地 ARP 缓存表的命令是（　　　）。

    A. Arp -a   B. Arp -d   C. Arp -g   D. Arp -s

5. 下面关于 RARP 的描述，正确的是（　　　）。

    A. 它是地址解析协议

    B. 它可以根据局域网中一个设备的 IP 地址获取它的 MAC 地址

    C. RARP 广泛应用于无盘工作站，用于获取 IP 地址

    D. RARP 允许局域网上的主机从本地 ARP 缓存表中请求其 IP 地址

6. ping 命令使用的协议为（　　　）。

    A. TCP   B. UDP   C. ARP   D. ICMP

7. Telnet 使用（　　　）端口来建立连接。

    A. TCP 端口 23   B. UDP 端口 23   C. TCP 端口 25   D. UDP 端口 25

8. 用于发送电子邮件的网络协议为（　　　）。

    A. EMAIL   B. SMTP   C. ICMP   D. POP3

二、填空题

1. IP 包含两个最基本的功能，即　【1】　和　【2】　。

2. IP 使用 4 种关键机制来提供服务，即　【3】　、　【4】　、　【5】　和　【6】　。

3. 两个主机使用 TCP 进行通信可以分为 3 个阶段，即　【7】　、　【8】　和　【9】　。

4. FTP 用于建立控制连接的端口为　【10】　；当需要传输文件数据时，客户端程序将连接服务器的端口　【11】　。

三、简答题

1. 简述 IP 生存时间的含义和作用。

2. 试列举 5 个常用的 TCP 或 UDP 端口号及其功能。

3. 简述 TCP 和 UDP 的区别。

4. 简述 ARP 欺骗的两种情况。

5. 简述 RARP 的工作过程。

6. 简述实现 Telnet 远程登录服务的步骤。

7. 简述 FTP 的两种连接模式。

四、操作题

1. 练习使用 ping 命令检测一个网站的在线状态，并通过返回的 TTL 值推断该网站使用服务器的操作系统类型，以及从本地计算机到达该服务器需要经过多少个三层交换机和路由器。

2. 练习使用 Telnet 命令远程登录网络中的网络设备或计算机。

3. 练习在 Outlook Express 或者 Foxmail 等邮件客户端应用程序中配置 SMTP 和 POP3 邮件服务器，并练习发送和接收电子邮件。

第3章
IP 地址和子网规划

使用过网络的读者对 IP 地址这个名词一定不陌生，它是为连接到网络上的计算机分配的一个地址。就好像是日常生活中写信时需要填写的通信地址一样，IP 地址标识了计算机在网络中的位置，只有配置了 IP 地址的计算机才能与网络中的其他计算机或网络设备相互通信。为了便于对网络中的 IP 地址进行管理，网络管理员需要将网络按其 IP 地址划分成不同的子网。按照网络的实际需要划分子网，计算子网中包含的 IP 地址，这是网络管理员的日常工作之一。

3.1　IP 地址

本节首先介绍 IP 地址的基本工作原理、分类和使用情况。

3.1.1　IP 地址的结构

在 Internet 中 IP 地址是唯一的，不存在两个相同 IP 地址的网络设备或计算机。在局域网中也是一样，如果两台计算机设置了相同的 IP 地址，则会出现 IP 地址冲突，在 Windows 操作系统中会弹出图 3.1 所示的提示对话框。不同操作系统弹出的对话框内容略有不同。

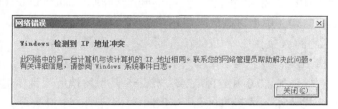

图 3.1　Windows 操作系统中提示 IP 地址冲突的对话框

在互相不连通的两个局域网中可以存在相同的 IP 地址，同时因为它们在物理上不连通，因此不会直接通信，也不会出现 IP 地址冲突。但如果它们同时要访问 Internet 时，就会被分配一个唯一的、不冲突的公网地址。

目前应用最广泛的 IP 地址是基于 IPv4 的，每个 IP 地址的长度为 32 位，即 4 字节。通常把 IP 地址中的每个字节使用一个十进制数字来表示，数字之间使用小数点 "." 分隔，因此 IPv4 中 IP 地址的格式如下。

```
xxx.xxx.xxx.xxx
```

这种 IP 地址表示法被称为点分十进制表示法。

因为 8 位二进制数的最大值为 $2^8 - 1 = 255$，所以 IPv4 中的 IP 地址中 XXX 表示 0 ~ 255 的十进制数字，例如 192.168.0.1、127.0.0.1 等。

图 3.2 中以二进制的格式表示了 192.168.0.1 的 IP 地址结构。

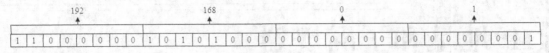

图 3.2　192.168.0.1 的二进制 IP 地址结构

3.1.2　IP 地址的分类

为了便于寻址和构造层次化的网络结构，在设计 IP 地址时规定每个 IP 地址都由两个标识码（ID）组成，即网络 ID 和主机 ID。同一个物理网络上的所有主机都使用同一个网络 ID，而 IP 地址中除了网络 ID 外的其他部分则是主机 ID，它可以唯一标识当前网络中的一台主机（可以是计算机、服务器或网络设备等）。根据网络 ID 的不同，IP 地址可以分为 5 种类型，即 A 类地址、B 类地址、C 类地址、D 类地址和 E 类地址。可以使用 4 个 8 位二进制数（即 32 位二进制数）表示一个 IP 地址。IP 地址可以分为网络 ID 和主机 ID 两部分。网络 ID 用于标识设备所在的网络；主机 ID 用于标识网络中的设备。

1．A 类 IP 地址

A 类 IP 地址的第 1 个字节为网络 ID，其他 3 字节则为主机 ID，而且网络 ID 的第 1 位必须为 "0"，其结构如图 3.3 所示。

图 3.3　A 类 IP 地址的结构

A 类 IP 地址的范围用二进制数来表示为 00000001 00000000 00000000 00000001 ~ 01111110 11111111 11111111 11111110，用十进制数来表示为 1.0.0.1 ~ 126.255.255.254。根据 A 类地址的网络 ID 可以计算出，可用的 A 类网络有 126 个，其网络 ID 范围为 1 ~ 126。

A 类地址中的主机 ID 部分为 24 位，如果所有位都可以不受限制地使用，则可以容纳 2^{24} 个地址。但是 A 类地址中 XXX.0.0.0 和 XXX.255.255.255 是保留地址（具体情况将在稍后介绍），因此可以使用下面的公式计算 A 类地址的每个网络中可以容纳的主机数量。

A 类地址的每个网络中可以容纳的主机数量 = $2^{24} - 2$ = 16 777 216 - 2 = 1 6777 214

使用下面的公式可以计算出整个 A 类地址可以容纳的主机数量。

A 类地址可以容纳的主机数量 = 126 × 16 777 214 = 2 113 929 216

2．B 类 IP 地址

B 类 IP 地址的前两个字节为网络 ID，后面两个字节则为主机 ID，而且网络 ID 的前两位必须为 "10"，其结构如图 3.4 所示。

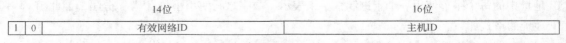

图 3.4　B 类 IP 地址的结构

B 类 IP 地址的范围用二进制数来表示为 10000000 00000000 00000000 00000001 ~ 10111111 11111111　11111111　11111110，用十进制数来表示为 128.0.0.1~191.255.255.254。B 类地址的网络 ID 有 14 位有效数字，使用下面的公式可以计算出可用的 B 类网络数量。

B 类网络数量 = 2^{14} = 26 384

B 类地址中的主机 ID 部分为 16 位，如果所有位都可以不受限制地使用，则可以容纳 2^{16} 个地址。但是 A 类地址中 XXX.0.0.0 和 XXX.255.255.255 是保留地址，因此可以使用下面的公式计算 B 类地址的每个网络中可以容纳的主机数量。

B 类地址的每个网络中可以容纳的主机数量 = 2^{16} - 2 = 65 536 -2 = 65 534

使用下面的公式可以计算出整个 B 类地址可以容纳的主机数量。

B 类地址可以容纳的主机数量 = 26 384 × 65 534 = 1 729 049 056

3. C 类 IP 地址

C 类 IP 地址的前 3 个字节为网络 ID，最后一个字节为主机 ID，而且网络 ID 的前 3 位必须为 "110"，其结构如图 3.5 所示。

			21位	8位
1	1	0	有效网络ID	主机ID

图 3.5　C 类 IP 地址的结构

C 类 IP 地址的范围用二进制数来表示为 11000000　00000000　00000000　00000001~11011111 11111111 11111111 11111110，用十进制数来表示为 192.0.0.1~223.255.255.254。C 类地址的网络 ID 有 21 位有效数字，使用下面的公式可以计算出可用的 C 类网络数量。

C 类网络数量 = 2^{21} = 2 097 152

C 类地址中的主机 ID 部分为 8 位，如果所有位都可以不受限制地使用，则可以容纳 2^8 个地址。但是 A 类地址中 XXX.0.0.0 和 XXX.255.255.255 是保留地址，因此可以使用下面的公式计算 C 类地址的每个网络中可以容纳的主机数量。

C 类地址的每个网络中可以容纳的主机数量 = 2^8 - 2 = 256 -2 = 254

使用下面的公式可以计算出整个 B 类地址可以容纳的主机数量。

C 类地址可以容纳的主机数量 = 2 097 152 × 254 = 532 676 608

4. D 类 IP 地址

D 类 IP 地址是专门保留的地址，它并不指向特定的网络，目前这一类地址被用在多点广播中。它的前 4 位必须为 "1110"，其结构如图 3.6 所示。

				28位
1	1	1	0	多播组号

图 3.6　D 类 IP 地址的结构

多点广播地址用来一次寻址一组计算机，它标识共享同一协议的一组计算机。

D 类 IP 地址的范围为 224.0.0.1～239.255.255.254。

5．E 类 IP 地址

E 类 IP 地址并没有公开使用，它是在设计时预留出来供将来使用的地址段，目前仅用于研究和实验。E 类 IP 地址以"11110"开始，即从 240.0.0.1 开始的后面的有效地址都是 E 类 IP 地址。

3.1.3　特殊的 IP 地址

根据应用范围的不同，可以将 IP 地址划分为公有地址和私有地址两种情形。公有地址由因特网信息中心（Internet Network Information Center，InterNIC）负责管理，这些 IP 地址分配给向 InterNIC 提出申请的组织。公有地址可以用来直接访问 Internet，因此它属于广域网范畴。私有地址属于非注册地址，专门为组织机构内部使用，因此它属于局域网范畴。目前预留的主要内部私有地址包括。

- A 类地址：10.0.0.0 ~ 10.255.255.255。
- B 类地址：172.16.0.0 ~ 172.31.255.255。
- C 类地址：192.168.0.0 ~ 192.168.255.255。

如果需要在使用私有地址的局域网中访问 Internet，则需要将私有地址转换为公有地址，这个转换过程被称为网络地址转换（Network Address Translation，NAT）。通常由路由器来执行 NAT 转换。

除了用于局域网的私有地址外，还有一些特殊的 IP 地址，这些 IP 地址通常具有特殊含义，不应作为普通的 IP 地址分配给用户使用。

1．127.0.0.1

127.0.0.1 表示本地计算机的 IP 地址。通常使用该地址来测试网络应用程序与本地计算机之间的通信。在 Windows 操作系统下，可以使用 localhost 来表示 127.0.0.1。当应用程序向该地址发送数据时，协议软件会立即返回，不进行任何网络传输。

2．0.0.0.0

0.0.0.0 并不是真正意义上的 IP 地址，它代表一个集合，包含所有在本机路由表中没有明确到达路径的主机和目的网络。换言之，当本地计算机不知道到达一个 IP 地址的路径时，该 IP 地址就包含在 0.0.0.0 集合中。

如果在本地计算机上配置了默认网关，则 Windows 操作系统会自动生成一个目的地址为 0.0.0.0 的缺省路由，即在访问所有不具有确定路由的 IP 地址时，都可以使用该缺省路由。

路由表是路由器或者其他网络设备上存储的表，该表中存有到达特定网络终端的路径，在某些情况下，还有一些与这些路径相关的度量，帮助路由器选择到达目的地址的最佳路径。

3．255.255.255.255

255.255.255.255 是受限制的广播地址，对本机而言，该地址表示本网段内的所有主机。路由器在任何情况下都不会转发目的地址等于 255.255.255.255 的数据包，因此这样的数据包仅会出现在本地网络中。

4．169.254.*.*

如果计算机使用 DHCP 功能自动获取 IP 地址，则当 DHCP 服务器发生故障或响应时间过长时，Windows 系统会分配一个这样的 IP 地址。

3.2　子　网　划　分

随着互联网技术的应用和普及，网络的规模也越来越大。根据网络规模和使用情况，可以将网络划分为广域网和局域网两种类型。为了能够对网络中众多的 IP 地址进行分组管理，也为了能够更方便地实现 IP 数据包的寻址，通常可以将网络划分为若干个子网，每个子网中包含指定数量的 IP 地址。本节将介绍子网的基本概念和划分子网的基本方法。

3.2.1　子网

广域网（WAN）又称为远程网，它覆盖的地理范围很大，能够连接多个城市或国家，并提供远距离通信。通常广域网的数据传输速率比局域网低，而信号的传播延迟却比局域网要大得多。现在最大的广域网就是互联网。如果商务网络对带宽和速度有特殊的要求，则可考虑租用电信专线。

相比而言，局域网（LAN）覆盖的地理范围要小很多，一般在 10km 以下。局域网通常是以一个公司、一个部门、一个学校等为单位来组建计算机网络的。

图 3.7 演示了 Internet 的主要框架结构。

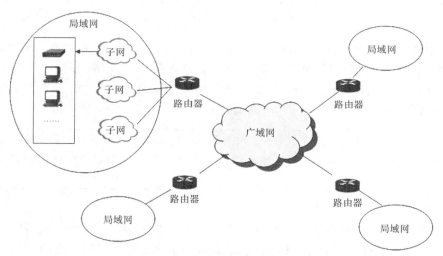

图 3.7　Internet 的主要框架结构

Internet 由若干个局域网组成，这些局域网通过广域网连接在一起。广域网上的每台计算机（或其他网络设备）都必须有一个或多个唯一的 IP 地址，通常广域网 IP 地址需要到 ISP（Internet 服务提供商）处交费后才能得到。而局域网上的计算机或网络设备的 IP 地址则由局域网的管理员自行分配，在同一个局域网中的计算机或其他网络设备的 IP 地址是唯一的，但在不同局域网中的 IP 地址可以重复，不会互相冲突。

广域网和局域网之间的计算机（或网络设备）需要通过路由器或者网关的 NAT（网络地址转换）进行通信。在局域网的外网出口处，通常需要安装防火墙，以防止非法设备入侵局域网，威胁网络安全。

在 3.1 小节中介绍了 IP 地址的结构和分类。IP 地址由网络 ID 和主机 ID 两个部分组成，其中网络 ID 就是用来标识 IP 地址所属的子网的。将 IP 地址分解成两个部分有一个好处，当数据包在网络中传输时，在没有到达目标子网之前，可以根据目标 IP 地址的网络信息（而不是主机信息）来选择路径。在大型网络中，这一优点是非常明显的，因为在路由器中无法保存大量的主机信息，而与主机信息相比，网络信息则要少很多。

仅通过 IP 地址中的网络 ID 来划分子网并不灵活，无法满足网络日常管理的需要。为了将 IP 网络划分成更小的子网，就需要在定义 IP 地址时指定其对应的子网掩码。子网掩码的作用是标识 IP 地址所属的子网。在相同子网中的计算机（或网络设备）可以直接通信，它们通常连接在二层交换机或者集线器等网络设备上；而不同子网中的计算机（或网络设备）则需要通过网关（通常是三层交换机或路由器等）实现数据转发。

3.2.2　子网掩码

要将同一个网络 ID 划分成多个子网，就需要占用原来的主机标识位来表示网络 ID。例如，一个 C 类地址的网络 ID 为 21 位，每个网络中可以容纳 254 个主机。如果需要将一个 C 类网络划分成两个子网，则需要占用原来的一个主机标识位，此时网络 ID 变成了 22 位，而主机 ID 变成了 7 位，每个子网中包含的主机数量为 $2^7 - 1 = 127$ 个。图 3.8 是划分 C 类子网的示意图。

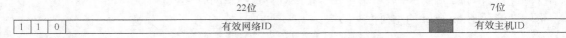

图 3.8　划分 C 类子网的示意图

图中主机 ID 中的灰色位表示被占用作为网络 ID 的主机标识位，也可以称为子网域。这种想法是可行的，但问题是计算机如何知道哪些主机标识位被占用作为网络 ID 呢？单从 IP 地址本身显然无法区分，于是就有了子网掩码的概念。子网掩码与 IP 地址一样，由 32 位二进制数组成。IP 地址中的网络 ID 位，其子网掩码中对应的位等于 1，其他的对应位等于 0。

　　子网掩码可以分为 3 个部分，即网络域、子网域和主机域。网络域和子网域的二进制数字必须全部以 1 开头。例如，11111111 11111111 11011111 00000000 不是有效的子网掩码。

1. 计算子网的数量

以 C 类网络为例，如果不划分子网，则子网掩码的前 24 位都是 1，而后 8 位都是 0，以十进制数表示即 255.255.255.0。如果占用 n 位主机 ID 作为子网域，则计算可能分配的子网数量的公式如下。

使用子网掩码可能分配的子网数量 ＝ 2^n

计算可用的子网数量的公式如下。

使用子网掩码可能分配的子网数量 ＝ $2^n - 2$

为什么可用的子网数量等于可能分配的子网数量减去 2 呢？下面通过一个例子来说明。假定占用 3 位主机 ID 作为子网域，则可能分配的子网数量为 $2^3 = 8$，子网域的可能取值如下。

```
000
001
010
011
100
```

```
101
110
111
```

因为 000 表示网络自身，而 111 表示广播地址，所以它们被保留不用，可用的子网数量要减 2。C 类网络中所有可能的子网掩码及其划分子网的数量如表 3.1 所示。

表 3.1　　　　　　　　　　　　　　　C 类网络中所有可能的子网掩码

主机 ID 中的子网域位数量	子 网 掩 码	所有可能的子网数量	可用的子网数量	说　明
0	255.255.255.0	1	0	没有划分子网
1	255.255.255.128	2	0	保留，没有可用的子网
2	255.255.255.192	4	2	有效。主机 ID 中的最高 2 位被占用作为网络 ID 的标识位，因此子网掩码中最后一位数字为 $2^7 + 2^6 = 128 + 64 = 192$
3	255.255.255.224	8	6	有效。主机 ID 中的最高 3 位被占用作为网络 ID 的标识位，因此子网掩码中最后一位数字为 $2^7 + 2^6 + 2^5 = 128 + 64 + 32 = 224$
4	255.255.255.240	16	14	有效。主机 ID 中的最高 4 位被占用作为网络 ID 的标识位，因此子网掩码中最后一位数字为 $2^7 + 2^6 + 2^5 + 2^4 = 128 + 64 + 32 + 16 = 240$
5	255.255.255.248	32	30	有效。主机 ID 中的最高 5 位被占用作为网络 ID 的标识位，因此子网掩码中最后一位数字为 $2^7 + 2^6 + 2^5 + 2^4 + 2^3 = 128 + 64 + 32 + 16 + 8 = 248$
6	255.255.255.252	64	62	有效。主机 ID 中的最高 6 位被占用作为网络 ID 的标识位，因此子网掩码中最后一位数字为 $2^7 + 2^6 + 2^5 + 2^4 + 2^3 + 2^2 = 128 + 64 + 32 + 16 + 8 + 4 = 252$
7	255.255.255.254	128	126	无效。在这种情况下，子网中不包含有效的 IP 地址，因此该子网掩码是无效的。具体情况将在稍后介绍

尽管子网域为全 0 或者全 1 的子网被保留，但许多类型的设备和软件可以分配到这些子网中的地址，并且能够正常工作。不过也有一些设备会把保留地址视为无效，有些软件也会将这些地址作为保留地址而不予处理。因此，如果网络管理员不确定是否可行，建议不要使用子网域为全 0 或全 1 的保留子网掩码。

因为 B 类 IP 地址中有 16 位的主机 ID，如果不划分子网，则子网掩码的前 16 位都是 1，而后面的 16 位都是 0，以十进制数表示即 255.255.0.0。如果子网掩码是 255.255.0.0，则该子网中 IP 地址的最后两个数字可以是 0 ~ 255 的任意值，B 类网络中所有可能的子网掩码及其划分子网的数量如表 3.2 所示。

表 3.2　　　　　　　　　　　　　　　B 类网络中所有可能的子网掩码

主机 ID 中的子网域位数量	子 网 掩 码	所有可能的子网数量	可用的子网数量	说　明
0	255.255.0.0	0	0	没有划分子网
1	255.255.128.0	2	0	保留。没有可用的子网

续表

主机 ID 中的子网域位数量	子 网 掩 码	所有可能的子网数量	可用的子网数量	说　明
2	255.255.192.0	4	2	有效。主机 ID 中的最高 2 位被占用作为网络 ID 的标识位，因此子网掩码中第 3 位数字为 $2^7 + 2^6 = 128 + 64 = 192$
3	255.255.224.0	8	6	有效。主机 ID 中的最高 3 位被占用作为网络 ID 的标识位，因此子网掩码中第 3 位数字为 $2^7 + 2^6 + 2^5 = 128 + 64 + 32 = 224$
4	255.255.240.0	16	14	有效。主机 ID 中的最高 4 位被占用作为网络 ID 的标识位，因此子网掩码中第 3 位数字为 $2^7 + 2^6 + 2^5 + 2^4 = 128 + 64 + 32 + 16 = 240$
5	255.255.248.0	32	30	有效。主机 ID 中的最高 5 位被占用作为网络 ID 的标识位，因此子网掩码中第 3 位数字为 $2^7 + 2^6 + 2^5 + 2^4 + 2^3 = 128 + 64 + 32 + 16 + 8 = 248$
6	255.255.252.0	64	62	有效。主机 ID 中的最高 6 位被占用作为网络 ID 的标识位，因此子网掩码中第 3 位数字为 $2^7 + 2^6 + 2^5 + 2^4 + 2^3 + 2^2 = 128 + 64 + 32 + 16 + 8 + 4 = 252$
7	255.255.254.0	128	126	有效。主机 ID 中的最高 7 位被占用作为网络 ID 的标识位，因此子网掩码中第 3 位数字为 $2^7 + 2^6 + 2^5 + 2^4 + 2^3 + 2^2 + 2^1 = 128 + 64 + 32 + 16 + 8 + 4 + 2 = 254$
8	255.255.255.0	256	254	有效。主机 ID 中的最高 8 位被占用作为网络 ID 的标识位，因此子网掩码中第 3 位 255，最后一位数字为 0
9	255.255.255.128	512	510	有效。主机 ID 中的最高 9 位被占用作为网络 ID 的标识位，因此子网掩码中第 3 位为 255，最后一位数字为 $2^7 = 128$
10	255.255.255.192	1024	1022	有效。主机 ID 中的最高 10 位被占用作为网络 ID 的标识位，因此子网掩码中第 3 位为 255，最后一位数字为 $2^7 + 2^6 = 128 + 64 = 192$
11	255.255.255.224	2048	2046	有效。主机 ID 中的最高 11 位被占用作为网络 ID 的标识位，因此子网掩码中第 3 位为 255，最后一位数字为 $2^7 + 2^6 + 2^5 = 128 + 64 + 32 = 224$
12	255.255.255.240	4096	4094	有效。主机 ID 中的最高 12 位被占用作为网络 ID 的标识位，因此子网掩码中第 3 位为 255，最后一位数字为 $2^7 + 2^6 + 2^5 + 2^4 = 128 + 64 + 32 + 16 = 240$
13	255.255.255.248	8192	8190	有效。主机 ID 中的最高 13 位被占用作为网络 ID 的标识位，因此子网掩码中第 3 位为 255，最后一位数字为 $2^7 + 2^6 + 2^5 + 2^4 + 2^3 = 128 + 64 + 32 + 16 + 8 = 248$
14	255.255.255.252	16384	16382	有效。主机 ID 中的最高 14 位被占用作为网络 ID 的标识位，因此子网掩码中第 3 位为 255，最后一位数字为 $2^7 + 2^6 + 2^5 + 2^4 + 2^3 + 2^2 = 128 + 64 + 32 + 16 + 8 + 4 = 252$
15	255.255.255.254	32768	32766	无效。在这种情况下，子网中不包含有效的 IP 地址，因此该子网掩码是无效的。具体情况将在稍后介绍

【例 3.1】 C 类地址子网掩码为 255.255.255.240，计算能够提供的子网数量，并演示计算方法。

因为子网掩码 255.255.255.240 对应的二进制数为 11111111 11111111 11111111 11110000，即每个网络中占用 4 位主机 ID 作为子网域，因此可用子网数量为 $2^4 - 2 = 14$。

2. 计算子网的网络地址和广播地址

前面已经介绍了使用子网掩码划分子网的方法，每个子网中都有两个特殊的 IP 地址，即网络地址和广播地址。网络地址是子网中最小的 IP 地址，其 IP 地址中主机 ID 的部分（二进制）均为 0；广播地址是子网中最大的 IP 地址，其 IP 地址中主机 ID 的部分（二进制）均为 1。

要计算网络地址和广播地址，首先要将 IP 地址和子网掩码转换为二进制。

计算网络地址的公式如下。

<网络地址> = <二进制 IP 地址> 按位与 <二进制子网掩码>

计算广播地址的公式如下。

<网络地址> = <二进制 IP 地址> 按位或 (按位取反<二进制子网掩码>)

即先对二进制子网掩码进行按位取反，然后再和 IP 地址进行按位与计算。

【例 3.2】 假定 IP 地址为 192.168.1.5，子网掩码为 255.255.255.192，计算该子网中的网络地址和广播地址。

首先将 192.168.1.5 转换为二进制，结果如下。

11000000 10101000 00000001 00000101

将 255.255.255.192 转换为二进制为，结果如下。

11111111 11111111 11111111 11000000

按照前面的公式计算网络地址，方法如下。

```
    11000000 10101000 00000001 00000101
    11111111   11111111   11111111   11000000      按位与

    11000000 10101000 00000001 00000000
```

将按位与的结果转换成点分法 IP 地址为 192.168.1.0。

按照前面的公式计算广播地址，方法如下。

```
    00000000 00000000 00000000 00111111      对子网掩码按位取反
    11000000 10101000 00000001 00000101      与 IP 地址执行按位或操作

    11000000 10101000 00000001 00111111
```

将结果转换成点分法 IP 地址为 192.168.1.63。

综上所述，如果计算机的 IP 地址为 192.168.1.5，子网掩码为 255.255.255.192，则它所在子网的网络地址为 192.168.1.0，广播地址为 192.168.1.63。

3. 计算子网中包含的有效主机的数量

子网掩码中主机 ID 的位数决定了它所划分的子网中包含的主机数量。以 C 类网络为例，如果不划分子网，则子网掩码的前 24 位都是 1，而后 8 位都是 0，以十进制数表示即 255.255.255.0。如果主机 ID 的位数为 n，则计算子网中所有主机数量的公式如下。

子网中所有主机数量 = 2^n

因为网络地址和广播地址不是有效的 IP 地址，所以计算子网中包含的有效 IP 地址数量的公式如下。

子网中包含的有效 IP 地址数量 = 2^n - 2

C 类网络中所有可能的子网掩码及每个子网中包含的主机数量如表 3.3 所示。

表 3.3　　　　　C 类网络中所有可能的子网掩码及每个子网中包含的主机数量

主机 ID 中的子网域位数量	子 网 掩 码	所有主机数量	有效主机数量
0	255.255.255.0	256	254
1	255.255.255.128	128	126
2	255.255.255.192	64	62
3	255.255.255.224	32	30
4	255.255.255.240	16	14
5	255.255.255.248	8	6
6	255.255.255.252	4	2

B 类网络中所有可能的子网掩码及每个子网中包含的主机数量如表 3.4 所示，表中没有列出与 C 类网络中重复的子网掩码。

表 3.4　　　　　B 类网络中所有可能的子网掩码及每个子网中包含的主机数量

主机 ID 中的子网域位数量	子 网 掩 码	所有主机数量	可用主机数量
0	255.255.0.0	65 536	65 534
1	255.255.128.0	32 768	32 766
2	255.255.192.0	16 384	16 382
3	255.255.224.0	8 192	8 190
4	255.255.240.0	4 096	4 094
5	255.255.248.0	2 048	2 046
6	255.255.252.0	1 024	1 022
7	255.255.254.0	512	510

A 类网络中所有可能的子网掩码及每个子网中包含的主机数量如表 3.5 所示，表中没有列出与 C 类网络和 B 类网络中重复的子网掩码。

表 3.5　　　　　A 类网络中所有可能的子网掩码及每个子网中包含的主机数量

主机 ID 中的子网域位数量	子 网 掩 码	所有主机数量	可用主机数量
0	255.0.0.0	16 777 216	16 777 214
1	255.128.0.0	8 388 608	8 388 606
2	255.192.0.0	4 194 304	4 194 302
3	255.224.0.0	2 097 152	2 097 150
4	255.240.0.0	1 048 576	1 048 574
5	255.248.0.0	524 288	524 286
6	255.252.0.0	262 144	262 142
7	255.254.0.0	131 072	131 070

【例 3.3】 B 类地址子网掩码为 255.255.255.248，计算每个子网内可用主机地址的数量，并演示。

255.255.255.248 对应的二进制数为 11111111 11111111 11111111 11111000，即每个子网内有 3

位数字表示主机 ID，因此子网内可用主机地址的数量为 $2^3 - 2 = 6$（去掉子网地址和广播地址）。

4．如何划分子网并确定子网掩码

网络管理员在组建一个网络时，其首要任务是根据实际情况将网络划分成若干个子网，并且确定每个子网的子网掩码。在划分子网之前，需要明确以下两点。

- 网络中需要划分多少个子网。这通常取决于物理位置的分布情况和行政部门的划分情况。比如，可以为每个楼层划分一个子网，也可以为每个部门划分一个子网。
- 每个子网中包含的主机数量。这取决于实际环境中每个楼层或者每个部门中拥有的主机数量。
- 划分的子网数和每个子网中包含的主机数量相乘应小于或等于要划分子网的网络中包含的主机数量。例如，对 C 类网络划分子网时，划分的子网数和每个子网中包含的主机数量相乘应小于或等于 254，否则就需要分配更多的 C 类网络用于划分子网。

在划分子网时，既要参考目前网络环境的实际需求，又要充分考虑未来网络发展的计划，预留一些子网，每个子网中也要充分预留 IP 地址。这样，在新增部门或设备时，就不需要对现有网络进行改造了。

可以使用下面的方法来确定子网掩码。

（1）确定需要划分的子网数量 n（包含实际使用的子网数量和预留的子网数量）。

（2）因为在划分子网时，子网域为全 0 或全 1 的子网在实际使用时被保留，因此至少要划分 $n + 2$ 个子网。

（3）将 $n + 2$ 转换为二进制数，得到二进制位数 m，这就是子网掩码中占用主机 ID 的子网域的位数。

（4）将子网掩码中子网域二进制表示的前 m 位设置为 1，然后将其转换为点分法的 IP 地址，这就是我们需要的子网掩码。

【例 3.4】　将一个 C 类网络划分为 4 个子网，计算出使用的子网掩码。

因为考虑到子网域为全 0 和全 1 的子网，因此需要划分至少 6 个子网。将 6 转换为二进制数为 110，因此在 C 类网络的子网掩码中占用主机 ID 的子网域有 3 位。由此计算得到的子网掩码二进制数 11111111 11111111 11111111 11100000，将其转换为点分法 IP 地址为 255.255.255.224。

如果是对 B 类网络进行划分，则得到的二进制子网掩码为 11111111 11111111 11100000 00000000，即 255.255.224.0；如果是对 A 类网络进行划分，则得到的二进制子网掩码为 11111111 11100000 00000000 00000000，即 255.224.0.0。

【例 3.5】　将一个 C 类网络划分为 3 个子网，计算出使用的子网掩码。

因为考虑到子网域为全 0 和全 1 的子网，因此需要划分至少 5 个子网。将 5 转换为二进制数为 101，因此在 C 类网络的子网掩码中有 3 位子网域。由此计算得到的子网掩码二进制数为 11111111 11111111 11111111 11100000，将其转换为点分法 IP 地址为 255.255.255.224。

从上面的实例中可以看到，划分 3 个子网和划分 4 个子网使用的子网掩码是相同的。事实上，子网掩码只能将网络划分为 $2^n - 2$ 个子网。因此，划分 3 个子网和划分 4 个子网的结果是一样的，都是将网络划分为 6（$2^3 - 2$）个子网，只不过预留的子网数量不同而已。

5. 计算每个子网的范围

前面已经介绍了计算子网的网络地址和广播地址的方法，只要知道子网中任意一个 IP 地址和子网掩码，就可以计算出子网的范围。

下面介绍在划分子网后怎么计算所有子网的范围。因为子网域决定了子网的数量和范围，所以只要枚举二进制子网掩码中子网域的所有可能取值，再去掉全 0 和全 1 的情况，就可以得到每个子网的范围。

【例 3.6】计算例 3.5 中所划分的所有子网的范围，这里假定要划分的 C 类网络为 192.168.0.0。

例 3.5 中计算得到的子网掩码为 255.255.255.224，转换成二进制数为 11111111 11111111 11111111 11100000，其中标注为黑体的部分为子网域。下面枚举子网域的所有可能取值。

```
11111111  11111111  11111111  00100000      十进制表示为 255.255.255.32
11111111  11111111  11111111  01000000      十进制表示为 255.255.255.64
11111111  11111111  11111111  01100000      十进制表示为 255.255.255.96
11111111  11111111  11111111  10000000      十进制表示为 255.255.255.128
11111111  11111111  11111111  10100000      十进制表示为 255.255.255.160
11111111  11111111  11111111  11000000      十进制表示为 255.255.255.192
```

可以看到，C 类网络被划分为 6 个子网，每个子网中包含 30 个有效的 IP 地址。每个子网的有效 IP 地址（去掉网络地址和广播地址）范围如下。

```
255.255.255.33 ~ 255.255.255.62
255.255.255.65 ~ 255.255.255.94
255.255.255.97 ~ 255.255.255.126
255.255.255.129 ~ 255.255.255.158
255.255.255.161 ~ 255.255.255.190
255.255.255.193 ~ 255.255.255.222
```

3.2.3 CIDR 表示法

CIDR（Classless Inter-Domain Routing，无类别内部域路由）是一种比 IP 地址更加灵活的分配和指定 Internet 地址的方法。

在 3.1.2 小节已经介绍了传统的 IP 地址分类方法，每个 IP 地址中都包括两部分，第 1 部分标识网络，被称为网络 ID；第 2 部分用于标识该网络中某个主机的地址，被称为主机 ID。网络 ID 中包含的位数越多，则该网络中包含的 IP 地址就越少；反之亦然。

这种地址分类方法存在一些不足之处。

（1）首先，它无法恰如其分地体现用户的具体需求，比如 A 类网络太大，实际使用时会浪费很多空间；而 C 类网络又太小，其中只能包含 254 个主机地址。这样，很多用户都会申请 B 类网络，从而导致 B 类网络的数量无法满足需求。

（2）其次，就是地址空间的浪费问题。如果很小的独立网络（比如包含 40 个节点）获取了 C 类网段后，则剩余的 200 多个地址就会闲置不用。

CIDR 表示法以标识网络 ID 的位数作为网络前缀，取代了 A 类、B 类和 C 类等地址中固定的网络 ID 位数，格式如下。

网络号/网络 ID 的位数

【例 3.7】使用 CIDR 表示法来描述一个子网，其网络号为 192.168.1.0，网络 ID 的位数为 25，代码如下。

```
192.168.1.0/25
```

CIDR 表示法和子网掩码的表示方式是可以相互转换的，例如，标准 A、B、C 类网络的子网掩码和 CIDR 表示法如表 3.6 所示。

表 3.6　标准 A、B、C 类网络的子网掩码和 CIDR 表示法

地址分类	十进制子网掩码	二进制子网掩码	子网 ID 位数	网 络 前 缀
A 类	255.0.0.0	11111111 00000000 00000000 00000000	8	/8
B 类	255.255.0.0	11111111 11111111 00000000 00000000	16	/16
C 类	255.255.255.0	11111111 11111111 11111111 00000000	24	/24

【例 3.8】计算 192.168.2.0/18 的子网掩码。

因为 IP 地址中的网络前缀为/18，所以其对应的二进制子网掩码为 11111111 11111111 11000000 00000000，转换为十进制子网掩码为 255.255.192.0。

【例 3.9】使用子网掩码 255.255.255.240 对 192.168.1.0/24 划分子网，计算其可用子网数以及每个子网内可用主机地址数。

因为 IP 地址中的网络前缀为/24，所以其对应的二进制为 11111111 11111111 11111111 00000000，转换为十进制子网掩码为 255.255.255.0。子网掩码 255.255.255.240 对应的二进制为 11111111 11111111 11111111 11110000，即在子网掩码中有 24 个 1。在主机 ID（总共 8 位）中，有 4 位补占用来划分子网，因此可用子网数为 $2^4 = 16$。在主机 ID 中，还剩下 4 位表示每个子网中的主机，因此每个子网内可用主机的地址数为 $2^4 - 2 = 14$（去掉网络地址和广播地址）。

3.2.4　单播、组播和广播地址

在发送消息时，需要指定接收方的目的地址。发送方使用 IP 地址的不同形式可以进行一对一（单播）、一对多（组播）和一对所有（广播）的通信方式。

1. 单播

单播是指对特定的主机进行数据传送，因此在数据链路层的数据头中应该指定非常具体的目的地址，即网卡的 MAC 地址；而且在 IP 分组报头中必须指定接收方的 IP 地址。

例如，主机 A 的 IP 地址为 192.168.5.205，MAC 地址为 00-26-18-0B-79-66；主机 B 是 Web 服务器，它的 IP 地址为 192.168.5.168，MAC 地址为 00-32-1A-0B-79-66。由主机 A 向主机 B 发送一个访问网页的请求，其帧结构如图 3.9 所示。

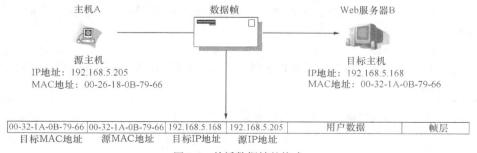

图 3.9　单播数据帧的格式

如果发送方主机和接收方主机不在同一个网络中，则帧中使用的目标 MAC 地址应改为与源 IP 地址位于同一网络中的路由器接口的 MAC 地址。

单播主要具有如下的优点。

（1）服务器可以及时地响应客户端的请求。

（2）服务器可以针对每个客户的不同请求发送不同的数据，易于实现个性化的服务。

单播的主要不足之处如下。

（1）服务器针对每个客户端发送数据流，如果需要向 10 个客户端发送相同的内容，则服务器需要逐一发送，重复 10 次相同的工作。服务器流量 = 客户端数量 × 客户端流量。在客户端数量或流量较大的情况下，服务器应用程序的负载压力就会过大。

（2）现在的网络带宽是金字塔结构的，城际和省际主干带宽仅相当于所有用户带宽之和的 5%。如果全部使用单播协议，将造成主干网络的拥堵，使主干网络不堪重负。

2. 组播

组播是主机之间"一对一组"的通信模式，即加入了同一组的主机可以接收到该组内的所有数据。主机可以向路由器申请加入或退出指定的组，网络中的路由器和交换机可以有选择地复制并传输数据，即只将组内数据传输给该组中的主机。组播可以大大节省网络带宽，无论有多少个目标地址，在整个网络的任何一条链路上只传送单一的数据包。

在 3.1.2 小节中已经介绍了组播 IP 地址即 D 类 IP 地址，其范围为 224.0.0.1～239.255.255.254。与单播地址一样，组播 IP 地址也需要相应的组播 MAC 地址在本地网络中实际传送帧。组播 MAC 地址以十六进制值 01-00-5E 打头。

通常情况下，IP 组播使用 UDP 发送数据包。因为 UDP 是不可靠的传输协议，所以基于组播的应用程序就会遇到数据包丢失和乱序的问题。根据端到端传输的延迟和可靠性等因素，可以将组播应用程序分为 3 大类。

（1）实时交互应用程序，比如视频会议系统。这类应用程序对可靠性的要求相对较低，偶尔的数据丢失导致视频不清楚是可以接受的，但它对传输延迟的要求很高。

（2）实时非交互型应用程序，比如数据广播。这类应用程序对传输延迟的要求相对较低，但在一定延迟范围内，却对可靠性提出更高要求。

（3）非实时应用程序，比如硬盘映像应用程序，它可以用于同时恢复众多硬盘的内容。对这类应用程序来说可靠性是最基本的要求，在满足可靠性要求的前提下，必须保证传输延迟在可以接受的范围之内。

例如，主机 A 的 IP 地址为 192.168.5.205，MAC 地址为 00-26-18-0B-79-66；一个组播 MAC 地址为 01-00-5E-0F-66-0B。主机 A 向组播 MAC 地址 01-00-5E-0F-66-0B 发送一个消息，其帧结构如图 3.10 所示。

与单播相比，组播没有纠错机制，发生丢包错包后难以弥补，但可以通过一定的容错机制和 QoS 加以弥补。

有几个常用的特殊组播地址，如表 3.7 所示。

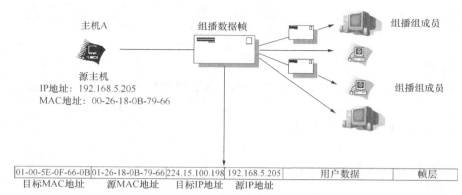

01-00-5E-0F-66-0B	01-26-18-0B-79-66	224.15.100.198	192.168.5.205	用户数据	帧层
目标MAC地址	源MAC地址	目标IP地址	源IP地址		

图 3.10　组播数据帧的结构

表 3.7　　　　　　　　　　　　　常用的特殊组播地址

组 播 地 址	子 网 掩 码
224.0.0.1	该子网中所有的系统组，包括所有主机和网关
224.0.0.2	该子网中所有的路由器
224.0.0.9	RIPv2 的专用 IP 地址。RIP（Routing Information Protocol）是一种相对古老的、在小型以及同介质网络中得到了广泛应用的路由协议

3. 广播

广播分组的目标 IP 地址的主机部分全部为 1，这意味着本地网络中所有的主机都将接收并查看到该分组消息。比较常见的广播应用是 ARP 和 DHCP 等网络协议。

例如，C 类子网 192.168.1.0，子网掩码为 255.255.255.0，其广播地址为 192.168.1.255（主机部分为 IP 地址的后 8 位，因为全部为 1，所以广播地址的最后一位数字为 255）。以此类推，如果 B 类子网 172.16.0.0，子网掩码为 255.255.0.0，则其广播地址为 172.16.255.255；如果 A 类子网 10.0.0.0，子网掩码为 255.0.0.0，其广播地址为 10.255.255.255。

在以太网帧中，与广播 IP 地址对应的广播 MAC 地址为 FF-FF-FF-FF-FF-FF。例如，主机 A 的 IP 地址为 192.168.5.205，MAC 地址为 00-26-18-0B-79-66。从主机 A 发送一个广播消息，其帧结构如图 3.11 所示。

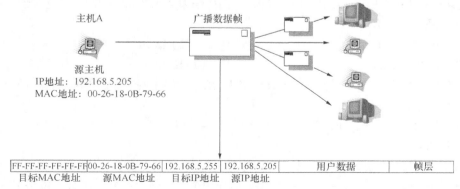

FF-FF-FF-FF-FF-FF	00-26-18-0B-79-66	192.168.5.255	192.168.5.205	用户数据	帧层
目标MAC地址	源MAC地址	目标IP地址	源IP地址		

图 3.11　广播数据帧的结构

习　题

一、选择题

1. 目前应用最广泛的 IP 地址是基于 IPv4 的，每个 IP 地址的长度为（　　）位。

    A. 4　　　　　　　　B. 8　　　　　　　　C. 16　　　　　　　　D. 32

2. 128.168.1.100 是（　　）类地址。

    A. A　　　　　　　　B. B　　　　　　　　C. C　　　　　　　　D. D

3. C 类网络的默认子网掩码是（　　）。

    A. 255.0.0.0　　　　　　　　　　　　　　B. 255.255.0.0

    C. 255.255.255.0　　　　　　　　　　　　D. 255.255.255.255

4. 下面的 IP 地址中，（　　）是 A 类私有地址。

    A. 1.0.0.1　　　　　B. 10.0.0.1　　　　C. 172.16.0.1　　　　D. 192.168.0.1

5. 下面的选项中，（　　）是表示本地计算机的 IP 地址。

    A. 0.0.0.0　　　　　　　　　　　　　　　B. 255.255.255.255

    C. 255.255.255.0　　　　　　　　　　　　D. 127.0.0.1

6. 假定子网掩码为 255.255.0.0，则下面 IP 地址不属于同一网段的是（　　）。

    A. 172.16.25.2　　　　　　　　　　　　　B. 172.16.16.201

    C. 172.25.16.200　　　　　　　　　　　　D. 172.16.25.168

7. C 类 IP 地址的子网掩码为 255.255.255.248，则能提供子网数为（　　）。

    A. 16　　　　　　　B. 32　　　　　　　C. 30　　　　　　　D. 128

8. 假定某公司申请到一个 C 类 IP 地址，但要连接 6 个子公司的网络，最大的一个子公司有 26 台计算机，每个子公司在一个网段中，则子网掩码应设为（　　）。

    A. 255.255.255.0　　　　　　　　　　　　B. 255.255.255.128

    C. 255.255.255.192　　　　　　　　　　　D. 255.255.255.224

9. 一台 IP 地址为 10.110.9.113/21 的主机在启动时发出的广播 IP 是（　　）。

    A. 10.110.9.255　　　　　　　　　　　　　B. 10.110.15.255

    C. 10.110.255.255　　　　　　　　　　　　D. 10.255.255.255

10. 某计算机的 IP 地址为 10.110.12.29，子网掩码为 255.255.255.224，与它属于同一网段的主机 IP 地址是（　　）。

    A. 10.110.12.0　　　　　　　　　　　　　B. 10.110.12.30

    C. 10.110.12.31　　　　　　　　　　　　D. 10.110.12.32

11. 如果 C 类子网的掩码为 255.255.255.224，则包含的子网位数、子网数目、每个子网中主机数目正确的是（　　）。

    A. 2，2，62　　　B. 3，6，30　　　C. 4，14，14　　　D. 5，30，6

二、填空题

1. A 类 IP 地址的范围为　【1】　～　【2】　。

2. B 类 IP 地址的前两个字节为网络 ID，后面两个字节则为主机 ID，而且网络 ID 的前两位必须为　【3】　。

3．C 类地址的每个网络中可以容纳的主机数量为　　【4】　　。

4．A 类私有 IP 地址的范围为　　【5】　　～　　【6】　　。

5．子网掩码中可以分为 3 个部分，即　　【7】　　、　　【8】　　和　　【9】　　。

6．CIDR 表示法以标识网络 ID 的位数作为网络前缀，其格式为　　【10】　　。

三、简答题

1．简述 IPv4 地址的结构和表示方法。

2．简述 IP 地址的分类。

3．简述单播地址、组播地址和广播地址的定义和作用。

第 2 篇
网络编程

第4章
网络编程基础

本章首先介绍网络编程相关的基本概念，重点分析进程通信、Internet 中网间进程的标识方法以及网络协议的特征。接着从网络编程的角度，分析 TCP/IP 协议簇中高效的用户数据报协议（UDP）和可靠的传输控制协议（TCP）的特点。最后详细说明网络应用程序的客户机/服务器交互模式。

透彻地理解这些网络编程相关的基本概念，是十分重要的，能使我们的思路从过去所学的网络构造原理转移到网络应用的层面上来，为理解后续章节的内容打下基础。

4.1 网络编程相关的基本概念

4.1.1 网络编程与进程通信

1. 进程与线程的基本概念

进程是操作系统理论中最重要的概念之一，简单地说，进程是处于运行过程中的程序实例，是操作系统调度和分配资源的基本单位。

一个进程实体由程序代码、数据和进程控制块 3 部分构成。程序代码规定了进程所做的计算；数据是计算的对象；进程控制块是操作系统内核为了控制进程所建立的数据结构，是操作系统用来管理进程的内核对象，也是系统用来存放关于进程的统计信息的地方。系统给进程分配一个地址空间，用来装入进程的所有可执行模块或动态链接库（Dynamic Linking Library，DLL）模块的代码和数据。进程还包含动态分配的内存空间，如线程堆栈和堆分配空间。多个进程可以在操作系统的协调下，在内存中并发地运行。

各种计算机应用程序在运行时，都以进程的形式存在，网络应用程序也不例外。在 Windows 操作系统中，可以同时打开多个浏览器的窗口访问多个网站，同时运行 Foxmail 电子邮件程序查看自己的邮箱，同时使用迅雷下载文件，它们都会在 Windows 桌面上打开一个窗口。每一个窗口中运行的网络应用程序，都是一个网络应用进程。网络编程就是要开发网络应用程序，所以了解进程的概念是非常重要的。

Windows 系统不但支持多进程，还支持多线程。在 Windows 系统中，进程是分配资源的单位，但不是执行和调度资源的单位。进程若要完成某项操作，它必须拥有一个在它的环境中运行的线程，该线程负责执行包含在进程的地址空间中的代码。实际上，单个进程可能包含若干个线程，所有这些线程都"同时"执行进程地址空间中的代码。为此，每个线程都有它自己的一组 CPU 寄存器和它自己的堆栈。每个进程至少拥有一个线程，来执行进程的地址空间中的代码。如果没有线程，那么进程就没有存在的理由了，系统就会自动撤销该进程和它的地址空间。若要使所有这些线程都能运行，操作系统就要为每个线程安排一定的 CPU 时间。它通过一种循环方式为线程提供时间片（称为量程 quantum），造成一种假象，仿佛所有线程都是同时运行的一样。

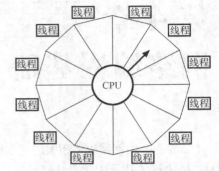

当创建一个进程时，系统会自动创建它的第一个线程，称为主线程。然后，该线程可以创建其他的线程，而这些线程又能创建更多的线程。

图 4.1 所示为在单 CPU 的计算机上，CPU 分时地运行各个线程。如果计算机拥有多个 CPU，那么操作系统就要使用更复杂的算法来实现 CPU 上线程负载的平衡。

图 4.1　单 CPU 分时地运行进程中的各个线程

2．网络应用进程在网络体系结构中的位置

从计算机网络体系结构的角度来看，网络应用进程处于网络层次结构的最上层。图 4.2 所示为网络应用程序在网络体系结构中的位置。

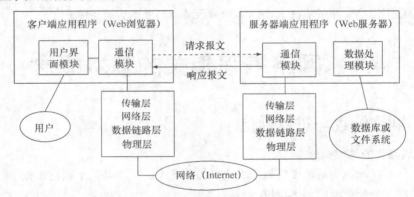

图 4.2　网络应用程序在网络体系结构中的位置

从功能上，可以将网络应用程序分为两部分。一部分是专门负责网络通信的模块，它们与网络协议栈相连接，借助网络协议栈提供的服务完成网络上数据信息的交换；另一部分是面向用户或者进行其他处理的模块，它们接收用户的命令，或者对借助网络传输过来的数据进行加工。这两部分模块相互配合，来实现网络应用程序的功能。例如，在图 4.2 中，客户端应用程序（Web 浏览器）就分为两部分：用户界面部分接收用户输入的网址，把它转交给通信模块；通信模块按照网址与 Web 服务器连接，通过 HTTP 和 Web 服务器通信，接收服务器发回的网页，然后把它交给浏览器的用户界面部分。用户界面模块解释网页中的超文本标记，把页面显示给用户。服务器端的应用程序其实也分为两部分，通信模块负责与客户端进行通信，另一部分负责操作服务器端的文件系统或数据库。

要注意网络应用程序这两部分的关系。通信模块是网络分布式应用的基础，其他模块则对网络交换的数据进行加工处理，从而满足用户的种种需求。网络应用程序最终要实现网络资源的共享，共享的基础就是必须能够通过网络轻松地传递各种信息。

由此可见，网络编程首先要解决网间进程通信的问题，然后才能在通信的基础上开发各种应用功能。

3. 实现网间进程通信必须解决的问题

进程通信的概念最初来源于单机应用程序。由于每个进程都在自己的地址范围内运行，为了保证两个相互通信的进程之间既不互相干扰，又能协调一致地工作，操作系统为进程通信提供了相应的设施。例如，UNIX 系统中的管道（Pipe）、命名管道（Named Pipe）和软中断信号（Signal）；UNIX system V 中的消息（Message）、共享存储区（Shared Memory）和信号量（Semaphore）等，但它们都仅限于用在本机进程之间的通信上。

网间进程通信是指网络中不同主机中的应用进程之间的相互通信，当然，可以把同机进程间的通信看作是网间进程通信的特例。网间进程通信必须解决以下问题。

（1）网间进程的标识问题。在同一主机中，不同的进程可以用进程号（Process ID）唯一标识。但在网络环境下，各主机独立分配的进程号已经不能唯一地标识一个进程。例如，主机 A 中某进程的进程号是 5，在 B 机中也可以存在 5 号进程，进程号不再唯一了，因此，在网络环境下，仅仅说"5 号进程"就没有意义了。

（2）与网络协议栈连接的问题。网间进程的通信实际是借助网络协议栈实现的。应用进程把数据交给下层的传输层协议实体，调用传输层提供的传输服务，传输层及其下层协议将数据层层向下递交，最后由物理层将数据变为信号，发送到网上，经过各种网络设备的寻径和存储转发，才能到达目的端主机，目的端的网络协议栈再将数据层层上传，最终将数据送交接收端的应用进程，这个过程是非常复杂的。但是对于网络编程来说，必须要有一种非常简单的方法，来与网络协议栈连接。这个问题是通过定义 Socket 网络编程接口来解决的。关于 Socket 网络编程接口的具体情况将在第 5 章和第 8 章进行讲解。

（3）多重协议的识别问题。现行的网络体系结构有很多，如 TCP/IP、IPX/SPX 等，操作系统往往支持众多的网络协议。不同协议的工作方式不同，地址格式也不同，因此网间进程通信还要解决多重协议的识别问题。

（4）不同的通信服务的问题。随着网络应用的不同，网间进程通信所要求的通信服务也会有所不同。例如，文件传输服务，传输的文件可能很大，要求传输非常可靠、无差错、无乱序、无丢失；下载了一个程序，如果丢了几个字节，这个程序可能就不能用了。但对于网上聊天这样的应用，要求就不高。因此，要求网络应用程序能够有选择地使用网络协议栈提供的网络通信服务功能。在 TCP/IP 协议簇中，传输层有 TCP 和 UDP 这两个协议，TCP 提供可靠的数据流传输服务，UDP 提供不可靠的数据报传输服务。深入了解它们的工作机制，对于网络编程是非常必要的。

以上问题的解决方案将在后续章节中详细讲述。

4.1.2　Internet 中网间进程的标识

1. 传输层在网络通信中的地位

图 4.3 所示为基于 TCP/IP 协议栈的进程之间的通信情况。

Internet 是基于 TCP/IP 协议栈的，TCP/IP 协议栈的特点是两头大、中间小。在应用层，有众多的应用进程，分别使用不同的应用层协议；在网络接口层，有多种数据链路层协议，可以和各种物理网相接；在网络层，只有一个 IP 实体。在发送端，所有上层的应用进程的信息都要汇聚到 IP 层；在接收端，下层的信息又从 IP 层分流到不同的应用进程。

网络层的 IP，在 Internet 中起着非常重要的作用。它用 IP 地址统一了 Internet 中各种主机的物理地址，用 IP 数据报统一了各种物理网的帧，实现了异构网的互连。粗略地说，在 Internet 中，每一台主机都有一个唯一的 IP 地址，利用 IP 地址可以唯一地定位 Internet 中的一台计算机，实现计算机之间的通信。但是最终进行网络通信的不是整个计算机，而是计算机中的某个应用进程。每个主机中有许多应用进程，仅有 IP 地址是无法区别一台主机中的多个应用进程的。从这个意义上讲，网络通信的最终地址就不仅仅是主机的 IP 地址了，还必须包括可以描述应用进程的某种标识符。

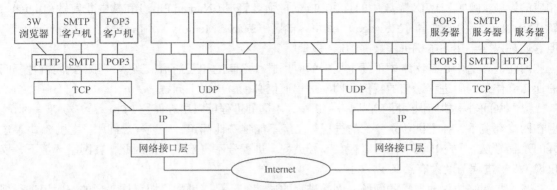

图 4.3　基于 TCP/IP 协议栈的进程间的通信

按照 OSI 7 层协议的描述，传输层与网络层在功能上的最大区别是传输层提供进程通信的能力。TCP/IP 提出了传输层协议端口（Protocol Port）的概念，成功地解决了通信进程的标识问题。

传输层是计算机网络中通信主机内部进行独立操作的第 1 层，是支持端到端的进程通信的关键的一层。如图 4.3 所示，应用层的多个进程通过各自的端口复用 TCP 或 UDP，TCP 或 UDP 再复用网络层的 IP，经过通信子网的存储转发，将数据传送到目的端的主机。而在目的端主机中，IP 将数据分发给 TCP 或 UDP，再由 TCP 或 UDP 通过特定的端口传送给相应的进程。对于网络协议栈来说，在发送端是自上而下地复用，在接收端是自下而上地分用，从而实现了网络中应用进程之间的通信。

2. 端口的概念

端口是 TCP/IP 协议簇中，应用层进程与传输层协议实体间的通信接口，在 OSI 7 层协议的描述中，将它称为应用层进程与传输层协议实体间的服务访问点（SAP）。应用层进程通过系统调用与某个端口进行绑定，然后就可以通过该端口接收或发送数据，因为应用进程在通信时，必须用到一个端口，它们之间有着一一对应的关系，所以可以用端口来标识通信的网络应用进程。

类似于文件描述符，每个端口都拥有一个叫作端口号（Port Number）的整数型标识符，用于区别不同的端口。由于 TCP/IP 协议簇传输层的两个协议，即 TCP 和 UDP，是完全独立的两个软件模块，因此各自的端口号也相互独立。如 TCP 有一个 255 号端口，UDP 也可以有一个 255 号端口，二者并不冲突。图 4.4 所示为 UDP 和 TCP 的报文格式。

图 4.4 所示的上半部分是 UDP 的报头格式，下半部分是 TCP 的报头格式。从 TCP 或 UDP 的报头格式来看，端口标识符是一个 16 位的整数，所以，TCP 和 UDP 都可以提供 65 535 个端口供应用层的进程使用，这个数量是不小的。端口与传输层的协议是密不可分的，必须区别是 TCP 的端口，还是 UDP 的端口，两种协议的端口之间没有任何联系。端口是操作系统可分配的一种资源。

从实现的角度讲，端口是一种抽象的软件机制，包括一些数据结构和 I/O 缓冲区。应用程序（即进程）通过系统调用与某端口建立绑定（Binding）关系后，传输层传给该端口的数据都被相应进程接收，相应进程发给传输层的数据都通过该端口输出。在 TCP/IP 的实现中，端口操作类似于一般的 I/O 操作，进程获取一个端口，相当于获取本地唯一的 I/O 文件，可以用一般的读写原语访问它。

源端口	目标端口
UDP 长度	UDP 校验和

源端口		目标端口	
序号			
确认号			
数据偏移	保留	U R G / A C K / P S H / R S T / S Y N / F I N	窗口
校验和		紧急指针	
选项			填充

图 4.4 UDP 与 TCP 的报文格式

3. 端口号的分配机制

端口号的分配是一个重要问题。

假如网络中两主机的两个进程甲、乙要通信，并且甲首先向乙发送信息，那么，甲进程必须知道乙进程的地址，包括网络层地址和传输层的端口号。IP 地址是全局分配的，能保证全网的唯一性，并且在通信之前，甲就能知道乙的 IP 地址；但端口号是由每台主机自己分配的，只有本地意义，无法保证全网唯一，所以甲在通信之前是无法知道乙的端口号的。这个问题如何解决呢？

由于在 Internet 的应用程序开发中，大多都采用客户机/服务器（C/S）的模式，在这种模式下，客户机与服务器的通信总是由客户机首先发起，因此只需要让客户机进程事先知道服务器进程的端口号就行了。另一方面，在 Internet 中，众所周知的为大家所接受的服务是有限的。基于这两方面的考虑，TCP/IP 采用了全局分配（静态分配）和本地分配（动态分配）相结合的方法。对 TCP 或者 UDP，将它们的全部 65 535 个端口号分为保留端口号和自由端口号两部分。

保留端口的范围是 0～1 023，又称为众所周知的端口或熟知端口（Well-known Port），只占少数，采用全局分配或集中控制的方式，由一个公认的中央机构根据需要进行统一分配，静态地分配给 Internet 上著名的众所周知的服务器进程，并将结果公布于众。由于一种服务使用一种应用层协议，也可以说把保留端口分配给了一些应用层协议。表 4.1 列举了一些应用层协议分配到的保留端口号。

表 4.1　　　　　　　　　一些典型的应用层协议分配到的保留端口

TCP 的保留端口		UDP 的保留端口	
FTP	21	DNS	53
HTTP	80	TFTP	69
SMTP	25	SNMP	161
POP3	110	……	

这样，每一个标准的服务器都拥有了一个全网公认的端口号，在不同的服务器类主机上，使用相同应用层协议的服务器的端口号也相同。例如，所有的 3W 服务器默认的端口号都是 80，FTP 服务器默认的端口号都是 21。

其余的端口号，1024～65535，称为自由端口号，采用本地分配，又称为动态分配的方法，由每台计算机在网络进程通信时，动态地、自由地分配给要进行网络通信的应用层进程。具体地说，当需要访问传输层服务时，应用进程向本地操作系统提出申请，操作系统返回一个本地唯一的端口号，进程再通过合适的系统调用将自己与该端口号联系起来（绑定），然后通过它进行网络通信。

具体来说，TCP 或 UDP 端口的分配规则如下。

端口 0：不使用或者作为特殊的用途。

端口 1～255：保留给特定的服务。TCP 和 UDP 均规定，小于 256 的端口号才能分配给网上众所周知的服务。

端口 256～1023：保留给其他的服务，如路由。

端口 1024～4999：可以用作任意客户机的端口。

端口 5000～65535：可以用作用户的服务器端口。

我们可以描述一下在这样的端口分配机制下，客户机进程 C 与服务器进程 S 第一次通信的情景。图 4.5 所示为客户机与服务器第一次通信的情况。

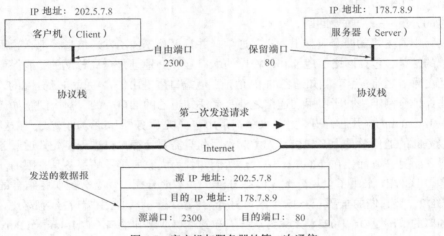

图 4.5　客户机与服务器的第一次通信

Client 进程（简称 C）要与远地 Server 进程（简称 S）通信。C 首先向操作系统申请一个自由端口号，因为每台主机都要进行 TCP/IP 的配置，其中主要的一项就是配置 IP 地址，所以自己的 IP 地址是已知的。C 使用的传输层协议是已经确定的，这样，通信的一端就完全确定了。S 的端口号是保留端口，是众所周知的；C 当然也知道；S 的 IP 地址也是已知的（在客户端输入网址请求访问一个网站的时候，网址当中都包含对方的主机域名）。S 采用的传输层协议必须与 C 一致，这样，通信的另一端也就完全确定了下来，C 就可以向 S 发起通信了。

如此看来，这种端口的分配机制能够保证客户机第一次成功地将信息发送到服务器。但是接着又有另一个问题：服务器进程是要为多个客户机进程服务的。如果当某个客户机第一次成功地连接到服务器后，服务器就接着用这个保留端口继续与该客户机通信，那么其他申请连接的客户机就只能等待了，这就无法实现服务器进程同时为多个客户机服务的要求。但实际的情况是，一个网站的 WWW 服务器，可以同时为千百个人服务，这是怎么回事呢？

原来，在 TCP/IP 的端口号分配机制中，服务器的保留端口是专门用来监听客户端的连接请求的，当服务器从保留端口收到一个客户机的连接请求后，立即创建另外一个线程，并为这个线程分配一个服务器端的自由端口号，然后用这个线程继续与那个客户机进行通信；而服务器的保留端口就又可以接收另一个客户机的连接请求了，这就是所谓"偷梁换柱"的办法。

4. 进程的网络地址的概念

网络通信中通信的两个进程分别处在不同的计算机上。在 Internet 中，两台主机可能位于不同的网络中，这些网络通过网络互连设备（网关、网桥和路由器等）连接。因此要在 Internet 中定位一个应用进程，需要以下三级寻址。

（1）某一主机总是与某个网络相连，必须指定主机所在的特定网络地址，称为网络 ID。

（2）网络上每一台主机应有其唯一的地址，称为主机 ID。

（3）每一主机上的每一应用进程应有在该主机上的唯一标识符。

在 TCP/IP 中，主机 IP 地址就是由网络 ID 和主机 ID 组成的，IPv4 中用 32 位二进制数值表示；应用进程是用 TCP 或 UDP 的 16 位端口号来标识的。

综上所述，在 Internet 中，用一个三元组可以在全局中唯一地标识一个应用层进程。

应用层进程 =（传输层协议，主机的 IP 地址，传输层的端口号）

这样一个三元组，叫作一个半相关（Half-association），它标识了 Internet 中进程间通信的一个端点，也把它称为进程的网络地址。

5. 网络中进程通信的标识

在 Internet 中，一个完整的网间进程通信需要由两个进程组成，两个进程是通信的两个端点，并且只能使用同一种传输层协议。也就是说，不可能通信的一端用 TCP，而另一端用 UDP。因此一个完整的网间通信需要一个五元组在全局中唯一地来标识。

（传输层协议，本地机 IP 地址，本地机传输层端口，远地机 IP 地址，远地机传输层端口）

这个五元组称为一个全相关（Association），即两个协议相同的半相关才能组合成一个合适的全相关，或完全指定一对网间通信的进程。

4.1.3　网络协议的特征

在网络分层体系结构中，各层之间是严格单向依赖的，各层次的分工和协作集中体现在相邻层之间的接口上。"服务"是描述相邻层之间关系的抽象概念，是网络中各层向紧邻上层提供的一组服务。下层是服务的提供者，上层是服务的请求者和使用者。服务的表现形式是原语（Primitive）操作，一般以系统调用或库函数的形式提供。系统调用是操作系统内核向网络应用程序或高层协议提供的服务原语。网络中的 n 层总要向 $n+1$ 层提供比 $n-1$ 层更完备的服务，否则 n 层就没有存在的价值。

在 OSI 的术语中，网络层及其以下各层又称为通信子网，只提供点到点通信，没有程序或进程的概念。而传输层实现的是"端到端"通信，引进了网间进程通信的概念，同时也要解决差错控制、流量控制、报文排序和连接管理等问题，为此，传输层以不同的方式向应用层提供不同的服务。

编程者应了解常用网络传输协议的基本特征，掌握与协议行为类型有关的背景知识，知道特定协议在程序中的行为方式。

1. 面向消息的协议与基于流的协议

（1）面向消息的协议。面向消息的协议以消息为单位在网上传送数据，消息在发送端一条一条地发送，在接收端也只能一条一条地接收，每一条消息是独立的，消息之间存在着边界。例如，在图 4.6 中，甲工作站向乙工作站发送了 3 条消息，分别是 128 字节、64 字节和 32 字节；乙作为接收端，尽管缓冲区是 256 字节，足以接收甲的 3 条消息，而且这 3 条消息已经全部到达了乙的缓冲区，乙仍然必须发出 3 条读取命令，分别返回 128 字节、64 字节和 32 字节这 3 条消息，而不能用一次读取调用来返回这 3 个数据包，这称为"保护消息边界"（Preserving Message Boundaries）。保护消息边界是指传输协议把数据当作一条独立的消息在网上传输，接收端只能接收独立的消息。也就是说，存在保护消息边界，接收端一次只能接收发送端发出的一个数据包。UDP 就是面向消息的。面向消息的协议适于交换结构化数据，网络游戏就是一个好例子。玩家们交换的是一个个带有地图信息的数据包。

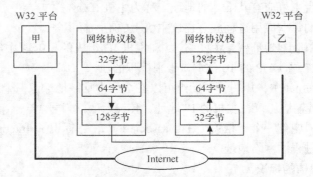

图 4.6　保护消息边界的数据报传输服务

（2）基于流的协议。基于流的协议不保护消息边界，将数据当作字节流连续地传输，不管实际消息边界是否存在。如果发送端连续发送数据，接收端有可能在一次接收动作中接收两个或者更多的数据包。在发送端，允许系统将原始消息分解成几条小消息分别发送，或把几条消息积累在一起，形成一个较大的数据包，一次送出。多次发送的数据统一编号，从而把它们联系在一起。接收端会尽量地读取有效数据。只要数据一到达，网络堆栈就开始读取它，并将它缓存下来等候进程处理。在进程读取数据时，系统尽量返回更多的数据。在图 4.7 中，甲发送了 3 个数据包，分别是 128 字节、64 字节和 32 字节；甲的网络堆栈可以把这些数据聚合在一起，分两次发送出去。是否将各个独立的数据包累积在一起，受许多因素的影响，如网络允许的最大传输单元和发送的算法。在接收端，乙的网络堆栈把所有进来的数据包聚集在一起，放入堆栈的缓冲区，等待应用进程读取。进程发出读的命令，并指定了进程的接收缓冲区，如果进程的缓冲区有 256 字节，系统马上就会返回全部 224（128＋64＋32）字节。如果接收端只要求读取 20 字节，系统就会只返回 20 字节。TCP 是基于流的协议。

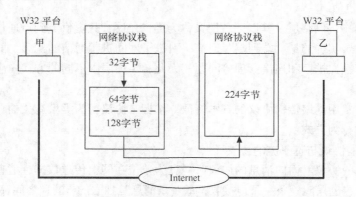

图 4.7　无消息边界的流传输服务

流传输，把数据当作一串数据流，不认为数据是一个一个的消息。但是有很多人在使用 TCP

通信时，并不清楚 TCP 是基于流的传输，当连续发送数据的时候，他们认为 TCP 会丢包。其实不然，因为当使用的缓冲区足够大时，就有可能会一次接收到两个甚至更多的数据包。

2. 面向连接的服务和无连接的服务

一个协议可以提供面向连接的服务，或者提供无连接的服务。

面向连接的服务是电话系统服务模式的抽象，即每一次完整的数据传输都要经过建立连接、使用连接和终止连接的过程。在数据传输过程中，各数据分组不携带目的地址，而使用连接号（Connect ID）。本质上，连接是一个管道，收发数据不但顺序一致，而且内容相同。TCP 提供面向连接的虚电路传输服务，使用面向连接的协议，在进行数据交换之前，通信的对等实体必须进行握手，相互传送连接信息，这一方面确定了通信的路径，另一方面还可以相互协商，做好通信的准备，如准备收发的缓冲区，从而保证通信双方都是活动的，可彼此响应。建立连接需要很多开销，另外，大部分面向连接的协议为了保证投递无误，还要执行额外的计算来验证正确性，这又进一步增加了开销。

无连接的服务是邮政系统服务的抽象，每个分组都携带完整的目的地址，各分组在系统中独立传送。无连接的服务不能保证分组到达的先后顺序，不进行分组出错的恢复与重传，不保证传输的可靠性。无连接协议在通信前，不需要建立连接，也不管接收端是否正在准备接收。无连接的服务类似于邮政服务，发信人把信投入邮箱即可；至于收信人是否想收到这封信，或邮局是否会因为暴风雨未能按时将信件投递到收信人处等，发信人都不得而知。UDP 就是无连接的协议，提供无连接的数据报传输服务。

3. 可靠性和次序性

在设计网络应用程序时，必须了解协议是否能提供可靠性和次序性。可靠性保证了发送端发出的每个字节都能到达既定的接收端，不出错、不丢失、不重复，保证数据的完整性，称为保证投递。次序性是指对数据到达接收端的顺序进行处理。保护次序性的协议保证接收端收到数据的顺序就是数据的发送顺序，称为按序递交。

可靠性和次序性与协议是否面向连接密切相关。多数情况下，面向连接的协议做了许多工作，能确保数据的可靠性和次序性。而无连接的协议不必去验证数据完整性，不必确认收到的数据，也不必考虑数据的次序，因而简单、快速得多。

网络编程时，要根据应用的要求，选择适当的协议，对于要求大量的可靠的数据传输，应当选择面向连接的协议，如 TCP，否则选择 UDP。

4.1.4　高效的用户数据报协议

传输层的用户数据报协议（User Datagram Protocol，UDP）建立在网络层的 IP 之上，为应用层进程提供无连接的数据报传输服务，这是一种尽力传送的无连接的不保障可靠的传输服务，是一种保护消息边界的数据传输。

UDP 在传输前没有建立连接的过程。如果一个客户机向服务器发送数据，这一数据会立即发出，不管服务器是否已准备好接收数据。如果服务器收到了客户机的数据，它不会确认收到与否。

UDP 特别简单，从图 4.4 中的 UDP 简单的协议报头就可以看出这一点。由于没有差错控制、流量控制，也就不能保证传输的可靠；在传输之前也不需要连接，数据报之间就没有任何联系，是相互独立的，因而也就省去了建立连接和撤销连接的开销，传输是高效的。

基于 UDP 的应用程序在高可靠性、低延迟的网络中运行得很好，随着网络基础设施的进步，网络底层的传输越来越可靠，UDP 也能很好地工作。但是，要在低可靠性的网络中运行，应用程序必须自己采取措施，解决可靠性的问题。

在网络层协议的基础上，UDP 唯一增加的功能是提供了 65 535 个端口，以支持应用层进程通过它进行进程间的通信。

UDP 的传输效率高，适用于交易型的应用程序，交易过程只有一来一往两次数据报的交换，如果使用 TCP，面向连接，开销就过大。例如，TFTP、SNMP、DNS 等应用进程，都使用 UDP 提供的进程之间的通信服务。

4.1.5　可靠的传输控制协议

1.　可靠性是很多应用的基础

TCP 实现了看起来不太可能的一件事：底层使用 IP 提供的不可靠的无连接的数据报传输服务，但却为上层应用程序提供了一个可靠的数据传输服务。TCP 必须解决 Internet 中的数据报丢失和延迟问题，以提供有效的数据传输，同时还不能让底层的网络和路由器过载。

可靠性是很多应用的基础，如编程者可能要编写一个应用程序，来向某个 I/O 设备（如打印机）发送数据，应用程序会直接写数据到设备上，而不需要验证数据是否正确到达设备，这是因为应用程序依赖底层计算机系统来确保可靠传输。Internet 软件必须保证迅速而又可靠的通信。数据必须按发送的顺序传递，不能出错，不能出现丢失或重复现象。

应用程序发送和接收数据时就要和传输协议打交道，传输控制协议（TCP）是 TCP/IP 协议簇中的传输层协议，负责提供可靠的传输服务。TCP 的出名是因为它很好地解决了一个困难的问题，没有哪个通用的传输协议比 TCP 工作得更好。因此，大部分 Internet 应用都建立在 TCP 的基础之上。

2.　TCP 为应用提供的服务

传输控制协议（Transmission Control Protocol，TCP）是 TCP/IP 协议簇中主要的传输协议。TCP 建立在网络层的 IP 之上，为应用层进程提供一个面向连接的、端到端的、完全可靠的（无差错、无丢失、无重复或失序）全双工的流传输服务，允许网络中的两个应用程序建立一个虚拟连接，并在任何一个方向上发送数据，把数据当作一个双向字节流进行交换，然后终止连接。每一个 TCP 连接可靠地建立，从容地终止，在终止发生之前的所有数据都会被可靠地传递。

IP 为 TCP 提供的是无连接的、尽力传送的、不可靠的传输服务，TCP 为了实现为应用层进程提供可靠的传输服务，采取了一系列的保障机制。

由 TCP 形成的进程之间的通信通路，就好像一根无缝的连接两个进程的管道，一个进程将数据从管道的一端注入，数据流经管道，会原封不动地出现在管道的另一端。TCP 提供的是流的传输服务，TCP 对所传输的数据的内部结构一无所知，把应用层进程向下递交的数据看成一个字节流，不做任何处理，只是原封不动地将它们传送到对方的应用层进程，就尽到了它的责任。

3.　TCP 利用 IP 数据报实现了端对端的传输服务

TCP 被称作一种端对端（End To End）协议，这是因为它提供一个直接从一台计算机上的应用进程到另一远程计算机上的应用进程的连接。应用进程能请求 TCP 构造一个连接，通过这个连接发送和接收数据，以及关闭连接。由 TCP 提供的连接叫作虚连接（Virtual Connection），虚连接是由软件实现的。事实上，底层的 Internet 系统并不对连接提供硬件或软件支持，只是两台计算机上的 TCP 软件模块通过交换消息来实现连接的幻象。

TCP 使用 IP 数据报来携带消息，每一个 TCP 消息封装在一个 IP 数据报后，通过 Internet 传输。当数据报到达目的主机时，IP 将数据报的内容传给 TCP。尽管 TCP 使用 IP 数据报来携带消息，但 IP 并不阅读或干预这些消息。因而，TCP 只把 IP 看作一个包通信系统，这一通信系统负责连接作为一个连接的两个端点的主机，而 IP 只把每个 TCP 消息看作数据来传输。

图 4.8 演示了 TCP 如何在网络中传输数据。其中的两台主机和一个路由器说明了 TCP 和 IP 之间的关系。在一个虚连接的每一端都要有 TCP 软件，但中间的路由器不需要。从 TCP 的角度来看，整个 Internet 是一个通信系统，这个系统能够接收和传递消息而不会改变和干预消息的内容。

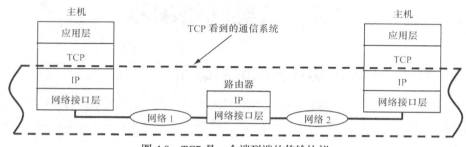

图 4.8　TCP 是一个端到端的传输协议

4. 三次握手

为确保连接的建立和终止都是可靠的，TCP 使用三次握手（3-Way Handshake）的方式来建立连接。三次握手是在包丢失、重复和延迟的情况下确保非模糊协定的充要条件。图 4.9 所示为建立连接的三次握手过程，其中交换了 3 个消息，前两个被称为 SYN 段。

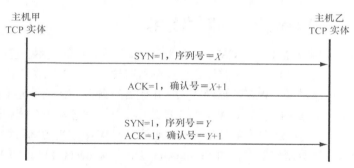

图 4.9　TCP 的三次握手过程

第 1 个消息 SYN 位=1，序列号=X，表示甲要向乙发送数据，看乙是否同意，X 表示所发数据的起始编号。在第 2 个消息中，ACK 位 = 1，确认号 = $X+1$，表示乙方已经做好接收数据的准备，并告诉甲，发送的数据应从 $X+1$ 开始编号；另外，第 2 个消息中，SYN 位 = 1，序列号 = Y，表示乙也要向甲发送数据，看甲是否同意，Y 表示所发数据的起始编号。在第 3 个消息中，ACK 位 = 1，确认号 = $Y+1$，表示甲方已经做好接收数据的准备，并告诉乙，发送的数据应从 $Y+1$ 开始编号。

像其他消息一样，TCP 重发丢失的 SYN 段。另外，握手确保 TCP 不会打开或关闭一个连接，直到两端达到一致。创建一个连接的三次握手中要求每一端产生一个随机 32 位序列号。如果在计算机重新启动之后，一个应用尝试建立一个新的 TCP 连接，TCP 就选择一个新的随机数。因为每一个新的连接用的是一个新的随机序列号，一对应用程序就能通过 TCP 进行通信，关闭连接，然后建立一个新连接，而又不受老连接的重复或延迟包的影响。

究竟选择 TCP 还是 UDP，决定于应用层程序对于可靠性和效率的两方面的需求。

由于各种应用五花八门，各有特点，每种应用层进程之间进行通信时，会话的过程和所交换的数据的结构都是不同的，由每种应用的具体要求来决定。应用层协议就是为了解决这个问题而制定的，一种应用层协议就具体地规定了这种应用中客户机与服务器进程交换数据的结构，以及它们会话的过程。因此，每一种应用都要规定一种相应的应用层协议，这就是应用层协议特别多的原因。

4.2 三类网络编程

4.2.1 基于 TCP/IP 协议栈的网络编程

基于 TCP/IP 协议栈的网络编程是最基本的网络编程方式，主要是使用各种编程语言，利用操作系统提供的 Socket 网络编程接口，直接开发各种网络应用程序。本书主要讲解这种网络编程的相关技术。

这种编程方式由于直接利用网络协议栈提供的服务来实现网络应用，所以层次比较低，编程者有较大的自由度，在利用 Socket 实现了网络进程通信以后，可以自由地编写各种网络应用程序。这种编程首先要深入了解 TCP/IP 的相关知识，要深入掌握 Socket 网络编程接口，更重要的是要深入了解网络应用层协议，例如，要想编写出电子邮件程序，就必须深入了解 SMTP 和邮局协议第 3 版（Post Office Protocol 3，POP3）。有时甚至需要自己开发合适的应用层协议。

4.2.2 基于 WWW 应用的网络编程

WWW 又称为万维网或 Web，WWW 应用是 Internet 上最广泛的应用。它用 HTML 来表达信息，用超链接将全世界的网站连成一个整体，用浏览器这种统一的形式来浏览，为人们提供了一个图文并茂的多媒体信息世界。WWW 已经深入应用到各行各业。无论是电子商务、电子政务、数字企业、数字校园，还是各种基于 WWW 的信息处理系统、信息发布系统和远程教育系统，都统统采用了网站的形式。这种巨大的需求催生了各种基于 WWW 应用的网络编程技术，首先出现了一大批所见即所得的网页制作工具，如 Frontpage、Dreamweaver、Flash 和 Firework 等，然后是一批动态服务器页面的制作技术，如 ASP、JSP 和 PHP 等。

其中，ASP（Active Server Page）是一个基于 Web 服务器端的开发环境，内含于微软公司的 Internet 信息服务系统（IIS）中。ASP 可以结合 HTML 页面、脚本语言、ASP 对象和 ActiveX 组件，建立动态的、交互的、高性能的 Web 服务器应用程序，因而得到了广泛的应用。这方面的书籍非常多，本书就不再赘述了。

4.2.3 基于.NET 框架的 Web Services 网络编程

21 世纪是网络的世纪，电子商务、电子政务、数字校园和数字企业等 Internet 上的应用层出不穷。巨大的网络编程需求，急需建立一个更高效、更可靠、更安全的软件平台。微软公司的可扩展标记语言（eXtensible Markup Language，XML）、Web 服务架构，以及.NET 平台就是在这种背景下推出的。IT 业界领先的公司都已认识到它的重要性，表现出极大的兴趣，正在共同努力开发行业标准。

2000 年～2010 年这 10 年，被比尔·盖茨称为全新的"数字时代"。数字的智能设备无处不在，并被网络连接起来，新的应用不断推出，深刻地改变了人类的工作和生活方式。微软公司的.NET技术可以把整个 Internet 当作计算的舞台，为人们提供统一、有序、有结构的 XML Web 服务。

1. 关于.NET 平台

微软公司在 2000 年 7 月公布的.NET 平台集成了微软公司 20 世纪 90 年代后期的许多技术，包括 COM+组件服务、ASP Web 开发框架、XML 和 OOP 面向对象设计等。.NET 支持新的 Web服务协议，如简单对象访问协议（Simple Object Access Protocol，SOAP），Web 服务说明语言（Web Services Description Language，WSDL），统一说明、发现和集成规范（Universal Description Discovery and Integration，UDDI）以及以 Internet 为中心的理念。

（1）.NET 平台有 4 组产品。

① 开发工具：包括一组语言（C#和 VB.NET）、一组开发工具（Visual Studio.NET）、一个综合类库，这些用于创建 Web 服务、Web 应用程序和 Windows 应用程序，还有一个内置于框架中用于执行对象的公用语言运行期环境（Common Language Runtime，CLR）。

② 专用服务器：提供一组.NET 企业级服务器，原来称为 SQL Server、Exchange Server 等，提供关系型数据存储、E-mail 和 BtoB 的商务功能。

③ Web 服务。

④ 设备：是全新的.NET 驱动的数字化智能设备，包括从 Tablet-PC、蜂窝电话到游戏机等设备。

（2）.NET 的策略是使软件成为一种服务。除了以 Web 为中心外，微软的.NET 顺应了软件工业的趋势，包括以下几个方面。

① 分布式计算：更好的与厂商无关的开放性，提供了采用开放的 Internet 协议的远程体系结构，例如，HTTP、XML 和简单对象访问协议（SOAP）等。

② 组件化：COM 模型使软件的即插即用成为现实，但是开发部署非常复杂，微软的.NET要真正实现软件的即插即用。

③ 企业级别的服务：开发伸缩自如的企业级别的程序，无需编写代码即可管理事务与安全。

④ Web 范型转移：近年来，Web 程序开发的中心从连接（TCP/IP）向呈现（HTML）和可编程性（XML 和 SOAP）转移，.NET 则使软件以服务的形式销售和发行。

这些都有助于互操作性、可伸缩性、易得性和可管理性等指标的实现。

（3）.NET 平台由 3 层软件构成。

① 顶层是开发工具 VS.NET，用于 Web 服务和其他程序的开发。它是 VS 6.0 的换代产品，支持 4 种语言和跨语言调试的集成开发环境。

② 中间层包括 3 部分：.NET 服务器、.NET 服务构件和.NET 框架。.NET 框架是中心，是一个全新的开发和运行期基础环境，极大地改变了 Windows 平台上的商务程序的开发模式，包括CLR 和一个所有.NET 语言都可以使用的类框架。

③ 底层是 Windows 操作系统。

（4）.NET 框架的设计支持如下目标。

① 简化组件的使用：COM 技术使编程者可以将任何语言开发的二进制组件（一个 DLL 或EXE）集成到程序中，实现软件的即插即用，但必须遵守 COM 身份、标识（Identify）、生命期和二进制布局的规则，还需编写创建 COM 组件必需的底层代码。.NET 则不需要，只要编写一个.NET的类，就成为配件的一部分，支持即插即用，不需要使用注册表进行组件的注册，以及编写相关的底层代码。

② 实现语言的集成：支持语言无关性和语言集成，通过公共类型系统（Common Type System，CTS）规范实现。.NET 中的一切都是从根类 System Object 继承的某个类的一个对象。每个语言编译器都满足公共语言规范（Common Language Specification，CLS）所规定的最小规则集，并且产生服从 CTS 的代码，使不同的.NET 语言可以混合使用。

③ 支持 Internet 的互操作：.NET 使用 SOAP，这是一个分布计算的、开放的、简单的、轻量级的协议，其基础是 XML 和 HTTP 标准。

④ 简化软件的开发：以前的软件开发需要不停地换语言，从 Windows API、MFC、ATL 系统、COM 接口和各种开发环境起，各种 API 和类库没有一致的、共同的地方。.NET 提供了一套框架类，允许任何语言使用，无需在每次更换语言时学习新的 API。

⑤ 简化组件的部署：安装软件时容易删除、覆盖和移动其他程序使用的共享的 DLL，使程序无法运行。.NET 采用了全局配件缓冲（Global Assembly Cache，GAC）的机制注册，消除了 DLL 噩梦，除去了与组件相关的注册表设置，引入了安装卸载的零影响的概念。在.NET 中安装程序时，只要把文件从光盘的一个目录中，复制到计算机的另一个目录中，程序就会自动运行。

⑥ 提高可靠性：.NET 的类支持运行期的类型的识别、内容转储的功能，CLR 在类型装载和执行之前，对其验证，减少低级编程错误和缓冲区溢出的机会，支持 CLR 中的异常，提供一致的错误处理机制。所有.NET 兼容语言中的异常处理都是一样的，.NET 运行期环境会跟踪不再使用的对象，释放其内存。

⑦ 提高安全性：Windows NT/2000 操作系统使用访问控制表和安全身份来保护资源，但不提供对访问可执行代码的某一部分进行验证的安全基础设施。.NET 可以进一步保护对于可以执行的代码的某一部分的访问，而不是传统地保护整个可执行文件，如可以在方法实现之前，加入安全属性的信息，在方法中编写代码，显式地引发安全检查。

2. 关于 Web 服务

Web 服务是松散耦合的可复用的软件模块，在 Internet 上发布后，能通过标准的 Internet 协议在程序中访问，具有以下的特点。

（1）可复用：它是对于面向对象设计的发展和升华；基于组件的模型允许开发者复用其他人创建的代码模块，可以组合或扩展它们，形成新的软件。

（2）松散耦合：只需要简单协调，允许自由配置。

（3）封装：一个 Web 服务是一个自包含的小程序，完成单个的任务，Web 服务的模块用其他软件可以理解的方式来描述输入和输出，其他软件知道它能做什么，如何调用它的功能，以及返回什么结果。

（4）Web 服务可以在程序中访问：Web 服务不是为了直接与人交互而设计的，不需要有图像化的用户界面；Web 服务在代码级工作，可被其他的软件调用，并与其他的软件交换数据。

（5）Web 服务在 Internet 上发布：使用现有的广泛使用的传输协议，如 HTTP，不需要调整现有的 Internet 结构。

Web 服务是 Internet 相关技术发展的产物。Internet 要满足商业机构将其企业运营集成到分布应用软件环境中的要求，就必须做到以下几点。

（1）使分布式计算模式独立于提供商、平台和编程语言。

（2）提供足够的交互能力，适合各种场合应用。

（3）编程者易于实现和发布应用程序。

要实现 Web 服务就涉及 Web 服务的基本结构和运行机理。

Web 服务用发现机制来定位服务，即实现松散耦合，基本结构包括如下 3 部分。

（1）Web 服务目录：可接受来自程序的查询，并且返回结果，是有效的定位 Web 服务的手段。Web 服务提供者使用 Web 服务目录发布自己能提供的 Web 服务，供客户查找。

（2）Web 服务发现：统一说明、发现和集成规范（UDDI）定义了一种发布和发现 Web 服务相关信息的标准方法。Web 服务发现是定位或发现特定的 Web 服务文档的过程，文档用 Web 服务说明语言（WSDL）来表示。Web 服务发现通过 .disco 文件实现，当一个 Web 服务出现后，为之发布一个.disco 文件，它是一个 XML 文档，其中包括指向描述 Web 服务的其他资源的链接，程序可以动态地使用这些链接获取说明文档，最终得知 Web 服务的详细信息。

（3）Web 服务说明：Web 服务的基本结构建立在通过基于 XML 的消息进行通信的基础上，而消息必须遵守 Web 服务说明的约定，它是一个用 WSDL 表示的 XML 文档，定义 Web 服务可以理解的消息格式。服务说明很像 Web 服务与客户之间的协议，定义了服务的行为，并指示使用它的客户如何与之交互；服务的行为取决于服务定义和支持的消息样式，这些样式指示了在服务使用者给 Web 服务发送了一个格式正确的消息后，可能得到的预期结果。

Web 服务建立在服务的提供者、注册处和请求者 3 个角色的交互上，交互的内容包括发布、查找和绑定 3 个操作，这些角色和操作都围绕 Web 服务本身和服务说明两个产品展开。Web 服务的运行机理是，服务提供者有一个可以通过网络访问的软件模块，即 Web 服务的实现，它为此 Web 服务定义了服务说明，并把它发布给服务的请求者，或服务的注册处；服务请求者用查找操作从本地或注册处得到服务说明，并使用说明中的信息与服务提供者实现绑定，然后与 Web 服务交互，调用其中的操作。服务的提供者和服务的请求者是 Web 服务的逻辑基础。一个 Web 服务既可以是提供者，也可以是请求者。

提供者从商业的角度来说是服务的拥有者，从 Web 服务的架构来说是拥有服务的平台。请求者是需要某种功能的商业机构，从商业的角度来说，是查找调用服务的应用程序，包括使用的浏览器，或无用户界面的应用程序。从 Web 服务的架构来说，服务的注册处是供提供者发布服务说明的地方，供请求者找到服务以及与服务绑定的信息，包括开发时的静态绑定和运行时的动态绑定。

Web 服务的开发的生命周期，包括 4 个阶段。

（1）创建：开发测试 Web 服务的实现，包括服务接口说明的定义和服务实现说明的定义。

（2）安装：把服务接口和服务实现的定义发到服务请求者或服务注册处，把服务的可执行程序放到 Web 服务器的可执行环境中。

（3）运行：Web 服务等待调用请求，被不同的请求者通过网络访问或调用，服务请求者此时可以查找或绑定操作。

（4）管理：对 Web 服务应用程序进行监督、检查和控制，包括安全性、性能和服务质量管理等。.NET 平台和 Web 服务的网络编程理念极大地推动了网络应用的发展。

4.3　客户机/服务器交互模式

4.3.1　网络应用软件的地位和功能

网络硬件与协议软件的结合，形成了一个能使网络中任意一对计算机上的应用程序相互通信的基本通信结构。Internet 通信是由底层物理网络和各层通信协议实现的，但最有趣和最有用的功能都是由高层应用软件提供的。应用软件为用户提供的高层服务就是用户眼中看到的 Internet。例如，一般用户都知道，利用 Internet 能收发电子邮件、浏览网站信息，以及在计算机之间传输文件。

网络应用软件为用户提供了使用 Internet 的界面，为人们提供了种种方便。例如，要想浏览一个网页，只需要在 IE 浏览器的地址栏中输入一个网址或单击一个超链接。又如，应用软件使用符号名字来标识 Internet 上可用的物理资源和抽象资源，能为计算机和输入输出设备定义名字，也能为抽象的对象（如文件、电子邮件信箱、数据库等）定义名字。符号名字帮助用户在最高层次上区分和定位信息与服务，使用户不必理解或记忆底层软件协议所使用的低级地址。离开了网络应用软件，人们就很难使用 Internet。

其实 Internet 仅仅提供一个通用的通信构架，它只负责传送信息，而信息传过去有什么作用，利用 Internet 究竟提供什么服务，由哪些计算机来运行这些服务，如何确定服务的存在，如何使用这些服务等问题，都要由应用软件和用户解决。就是说，Internet 虽然提供了通信能力，却并不指定进行交互的计算机，也没有指定计算机利用通信所提供的服务。另外，底层协议软件并不能启动与一台远程计算机的通信，也不知道何时接收从一台远程计算机来的通信。这些都取决于高层应用软件和用户。Internet 的这些特点与电话系统是很相像的。

就像电话系统一样，Internet 上的通信也需要一对应用程序协同工作。一台计算机上的应用程序启动与另一台计算机上应用程序的通信，然后另一台计算机上的应用程序对到达的请求做出应答。通信中必须有两个应用程序参加。那么，网络中两个应用程序的通信应该使用什么模式呢？

4.3.2　客户机/服务器模式

在计算机网络环境中，运行于协议栈之上并借助协议栈实现通信的网络应用程序称为网络应用进程。进程就是运行中的程序，往往通过位于不同主机中的多个应用进程之间的通信和协同工作，来解决具体的网络应用问题。网络应用进程通信时，普遍采用客户机/服务器交互模式（Client-Server Paradigm of Interaction），简称 C/S 模式。这是 Internet 上应用程序最常用的通信模式，即客户向服务器发出服务请求，服务器接收到请求后，提供相应的服务。C/S 模式的建立基于以下两点：首先，建立网络的起因是网络中软硬件资源、运算能力和信息不均等，需要共享，从而造就拥有众多资源的主机提供服务，资源较少的客户请求服务这一非对等关系；其次，网间进程通信完全是异步的，相互通信的进程间既不存在父子关系，又不共享内存缓冲区，因此需要一种机制为希望通信的进程间建立联系，为二者的数据交换提供同步。

C/S 模式过程中服务器处于被动服务的地位。首先服务器方要先启动，并根据客户请求提供相应服务，服务器的工作过程如下。

（1）打开一通信通道，并告知服务器所在的主机，它愿意在某一公认的地址上（熟知端口，如 FTP 为 21）接收客户请求。

（2）等待客户的请求到达该端口。

（3）服务器接收到服务请求，处理该请求并发送应答信号。为了能并发地接收多个客户的服务请求，要激活一个新进程或新线程来处理这个客户请求（如 UNIX 系统中用 fork、exec）。服务完成后，关闭此新进程与客户的通信通路，并终止。

（4）返回第（2）步，等待并处理另一客户请求。

（5）在特定的情况下，关闭服务器。

客户方采取的是主动请求方式，其工作过程如下。

（1）打开一通信通道，并连接到服务器所在主机的特定监听端口。

（2）向服务器发送请求报文，等待并接收应答，然后继续提出请求。与服务器的会话按照应用协议进行。

（3）请求结束后，关闭通信通道并终止。

从上面描述的过程可知，客户机和服务器都是运行于计算机中网络协议栈之上的应用进程，借助网络协议栈进行通信。服务器运行于高档的服务器类计算机上，借助网络，可以为成千上万的客户机服务；客户机软件运行于用户的 PC 上，有良好的人机界面，通过网络请求得到服务器的服务，共享网络的信息和资源。例如，在著名的 WWW 应用中，IE 浏览器是客户机，IIS 则是服务器。表 4.2 列出了一些著名的网络应用。

表 4.2　　　　　　　　　　　　　　　一些著名的网络应用

网　络　应　用	客户机软件	服务器软件	应用层协议
电子邮件	Foxmail	电子邮件服务器	SMTP、POP3
文件传输	CutFTP	文件传输服务器	FTP
WWW 浏览	IE 浏览器	IIS 服务器	HTTP

C/S 模式所描述的是进程之间服务与被服务的关系。客户机是服务的请求方，服务器是服务的提供方。有时客户机和服务器的角色可能不是固定的，一个应用进程可能既是客户机，又是服务器。当 A 进程需要 B 进程的服务时就主动联系 B 进程，在这种情况下，A 是客户机而 B 是服务器。可能在下一次通信中，B 需要 A 的服务，这时 B 是客户机而 A 是服务器。

4.3.3　客户机与服务器的特性

客户端软件和服务器软件通常还具有以下一些主要特点。

1．客户端软件

（1）在进行网络通信时临时成为客户机，但它也可在本地进行其他的计算。

（2）被用户调用，只为一个会话运行。在打算通信时主动向远地服务器发起通信。

（3）能访问所需的多种服务，但在某一时刻只能与一个远程服务器进行主动通信。

（4）主动地启动与服务器的通信。

（5）在用户的计算机上运行，不需要特殊的硬件和很复杂的操作系统。

2．服务器软件

（1）是一种专门用来提供某种服务的程序，可同时处理多个远地客户机的请求。

（2）当系统启动时即自动调用，并且连续运行着，不断地为多个会话服务。

（3）接收来自任何客户机的通信请求，但只提供一种服务。

（4）被动地等待并接收来自多个远端客户机的通信请求。

（5）在共享计算机上运行，一般需要强大的硬件和高级的操作系统支持。

3．基于 Internet 的 C/S 模式的应用程序的特点

（1）客户机和服务器都是软件进程，C/S 模式是网络上通过进程通信建立分布式应用的常用模型。

（2）非对称性：服务器通过网络提供服务，客户机通过网络使用服务，这种不对称性体现在软件结构和工作过程上。

（3）对等性：客户机和服务器必有一套共识的约定，必与某种应用层协议相联，并且必须在通信的两端实现协议。例如，浏览器和 WWW 服务器就都基于超文本传输协议（HTTP）。

（4）服务器的被动性：服务器必须先行启动，时刻监听，日夜值守，及时服务，只要有客户机请求，就立即处理并响应、回传信息，但决不主动提供服务。

（5）客户机的主动性：客户机可以随时提出请求，通过网络得到服务，也可以关机离开，一次请求与服务的过程是由客户机首先激发的。

（6）一对多：一个服务器可以为多个客户机服务；客户机也可以打开多个窗口，连接多个服务器。

（7）分布性与共享性：资源在服务器端组织与存储，通过网络为分散的多个客户机使用。

4.3.4　容易混淆的术语

1. 服务器程序与服务器类计算机

对服务器这个术语有时会产生一些混淆。通常这个术语指一个被动地等待通信的进程，而不是运行它的计算机。然而，由于对运行服务器进程的机器往往有许多特殊的要求，不同于普通的 PC，因此经常将主要运行服务器进程的机器（硬件）不严格地称为服务器。硬件供应商加深了这种混淆，因为他们将那类具有快速 CPU、大容量存储器和强大操作系统的计算机称为服务器。

本书中用服务器（Server）这个术语来指那些运行着的服务程序。用服务器类计算机（Server-Class Computer）这一术语来称呼那些运行服务器软件的强大的计算机。例如，"这台机器是服务器"这句话应理解为："这台机器（硬件）主要是用来运行服务器进程（软件）的"，或者"这台机器性能好，正在运行或者适合运行服务器软件"。其他书籍中，服务器（Server）一词有时指的是硬件，即"运行服务器软件"的机器。

2. 客户机与用户

"客户机"（Client）和服务器都指的是应用进程，即计算机软件。

"用户"（User）指的是使用计算机的人。

图 4.10 说明了这些概念的区别。

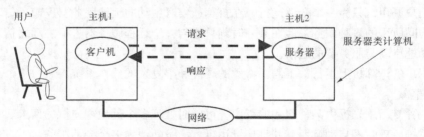

图 4.10　用户和客户机、服务器和服务器类计算机

4.3.5　客户机与服务器的通信过程

客户机与服务器的通信过程一般如下所述。

（1）在通信可以进行之前，服务器应先行启动，并通知它的下层协议栈做好接收客户机请求的准备，然后被动地等待客户机的通信请求。我们称服务器处于监听状态。

（2）一般是先由客户机向服务器发送请求，服务器向客户机返回应答。客户机随时可以主动启动通信，向服务器发出连接请求，服务器接收这个请求后，建立它们之间的通信关系。

（3）客户机与服务器的通信关系一旦建立，客户机和服务器都可发送和接收信息。信息在客户机与服务器之间可以沿任一方向或两个方向传递。在某些情况下，客户机向服务器发送一系列请求，服务器相应地返回一系列应答。例如，一个数据库客户机程序可能允许用户同时查询一个以上的记录。在另一些情况下，只要客户机向服务器发送一个请求，建立了客户机与服务器的通信关系，服务器就不断地向客户机发送数据。例如，一个地区气象服务器可能不间断地发送包含最新气温和气压的天气报告。要注意到服务器既能接收信息，又能发送信息。例如，大多数文件服务器都被设置成向客户机发送一组文件。就是说，客户机发出一个包含文件名的请求，而服务器通过发送这个文件来应答。然而，文件服务器也可被设置成向它输入文件，即允许客户机发送一个文件，服务器接收并储存于磁盘。所以，在 C/S 模式中，虽然通常安排成客户机发送一个或多个请求而服务器返回应答的方式，但其他的交互也是可能的。

4.3.6　网络协议与 C/S 模式的关系

客户机与服务器作为两个软件实体，它们之间的通信是虚拟的，是概念上的；实际的通信要借助下层的网络协议栈来进行。在发送端，信息自上向下传递，每层协议实体都加上自己的协议报头，传到物理层，将数据变为信号传输出去；在接收端，信息自下向上传递，每层协议实体按照本层的协议报头进行处理，然后将本层报头剥去。例如，在 Internet 中，客户机与服务器借助传输层协议（TCP 或 UDP）来收发信息。传输层协议接着使用更低层的协议来收发自己的信息。因此，一台计算机，不论是运行客户机程序还是服务器程序，都需要一个完整的协议栈。大多数的应用进程都是使用 TCP/IP 进行通信。一对客户机与服务器使用 TCP/IP 协议栈，分别通过传输协议在 Internet 上进行交互通信。

必须正确理解网络应用进程和应用层协议的关系。为了解决具体的应用问题而彼此通信的进程称为"应用进程"。应用层协议并不解决用户的各种具体应用问题，而是规定了应用进程在通信时所必须遵循的约定。从网络体系结构的角度来说，应用层协议虽然居于网络协议栈的最高层，但却在应用进程之下；应用层协议是为应用进程提供服务的，它往往帮助应用进程组织数据。例如，HTTP 将客户机发往服务器的数据组织成 HTTP 请求报文，把服务器回传的网页组织成 HTTP 响应报文。

由于应用层协议往往在应用进程中实现，所以有的书籍并不严格区分应用层协议和它对应的应用进程。在图 4.2 中，没有单独画出应用层协议，而是把客户机和服务器直接放在应用层，就表示应用层协议的实现包含在客户机和服务器软件之中。从这个意义上来说，TCP/IP 的应用层协议实体相互通信使用的也是 C/S 模式。

4.3.7　错综复杂的 C/S 交互

客户机与服务器之间的交互是任意的，在实际的网络应用中，往往形成错综复杂的 C/S 交互局面，这是 C/S 模式最有趣也是最有用的功能。

客户机应用访问某一类服务时并不限于一个服务器。在 Internet 的各种服务中，在不同计算机上运行的服务器程序会提供不同的信息。例如，一个日期服务器程序可能给出它所运行的计算机的当前日期和时间，处于不同时区的计算机上的服务器程序会给出不同的回答。同一个客户机应用能够先是某个服务器程序的客户机，以后又与另一台计算机上的服务器程序通信，成为另一个服务器程序的客户机。例如，用户使用 IE 浏览器，先浏览雅虎网站，再浏览搜狐网站，就是这种情况。

　　C/S 交互模式的任意性还体现在应用的角色可以转变，提供某种服务的服务器程序能成为另一个服务的客户机。例如，一个文件服务器在需要记录文件访问的时间时可能成为一个时间服务器的客户机。这就是说，当文件服务器在处理一个文件请求时，向一个时间服务器发出请求，询问时间，并等待应答，然后再继续处理文件请求。

　　进一步分析，在 C/S 模式中，存在着 3 种一个与多个的关系。

　　（1）一个服务器同时为多个客户机服务：在 Internet 上的各种服务器，如 WWW 服务器、电子邮件服务器和文件传输服务器等，都能同时为多个客户机服务。例如，在一个网吧中，几十个人都在浏览网易网站的页面，但每个人都感觉不到别人对自己的影响。其实，今天 Internet 上的服务器，往往同时接待着成千上万个客户机。但服务器所在的计算机可能只有一个通往 Internet 的物理连接。

　　（2）一个用户的计算机上同时运行多个连接不同服务器的客户机：有经验的网友都知道，在 Windows 的桌面上，可以同时打开多个浏览器的窗口，每个窗口连接一个网站，这样可以加快下载的速度。当在一个窗口中浏览的时候，可能另一个窗口正在下载页面文件或图像。在这里，一个浏览器的窗口，就是一个浏览器软件的运行实例，就是一个作为客户机的应用进程，它与一个服务器建立一个连接关系，支持与该服务器的会话。这样，用户的 PC 中就同时运行着多个客户机，分别连接着不同的服务器。同样，用户的 PC 也只有一个通往 Internet 的物理连接。

　　（3）一个服务器类的计算机同时运行多个服务器：一套足够强大的计算机系统能够同时运行多个服务器进程。在这样的系统上，对应提供的每种服务都有一个服务器程序在运行。例如，一台计算机可能同时运行文件服务器和 WWW 服务器。图 4.11 说明了两台计算机上的客户机程序访问第 3 台计算机上的两个服务器。虽然一台计算机上能运行多种服务，但它与 Internet 只需有一个物理连接。

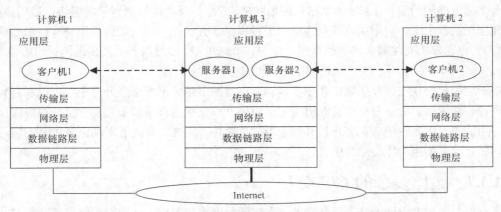

图 4.11　一台计算机中的多个服务器被多个计算机的客户机访问

　　一台服务器类计算机能够同时提供多种服务，每种服务需要一个独立的服务器程序。在一台计算机上运行多种服务是实际可行的，经验告诉我们，对服务器的需求往往很分散，一个服务器可能在很长一段时间里一直处于空闲状态。空闲的服务器在等待请求到来时是不占用计算机的 CPU 等计算资源的。这样，如果对服务的要求量比较小，将多个服务器合并到一台计算机上，会在不明显降低性能的情况下大幅度地降低开销。

　　让一台计算机运行多种服务是很有用的，因为这样硬件可以被多个服务所共享。将多个服务器合并到一台大型的服务器类的计算机上也有助于减轻系统管理员的负担，因为对系统管理员来说计算机系统减少了。当然，要获得最佳性能，必须将每个服务器和客户机程序分别运行在不同的计算机上。

要实现 C/S 模式中这 3 种一对多的关系，需要两方面的支持。首先，这台计算机必须拥有足够的硬件资源，尤其是服务器类计算机，必须具有足够的能力，要拥有快速的处理器和足够的内存与外存。其次，这台计算机必须运行支持多个应用程序并发执行的操作系统平台，例如，UNIX 或 Windows 操作系统。下一小节将详细分析多任务、多线程的运行机制。

4.3.8　服务器如何同时为多个客户机服务

一套计算机系统如果允许同时运行多个应用程序，则称系统支持多个应用进程的并发执行，这样的操作系统称为多任务的操作系统。多任务的操作系统能把多个应用程序装入内存，为它们创建进程、分配资源，让多个进程宏观上同时处于运行过程中，这种状态称为并发（Concurrency）。如果一个应用进程又具有一个以上的控制线程，则称系统支持多个线程的并发执行。如前所述，一个线程是进程中的一个相对独立的执行和调度单位，它执行进程的一部分代码，多个线程共享进程的资源。Windows 就是一个支持多进程、多线程的操作系统。并发性是 C/S 交互模式的基础，正是由于这种支持，才能形成上面所述的错综复杂的 C/S 交互局面，因为并发允许多个客户机获得同一种服务，而不必等待服务器完成对上一个请求的处理。

考察一个需要很长时间才能满足请求的服务，可以更好地理解并发服务的重要性。例如，一个客户机请求获得文件传输服务器的远程文件，客户机在请求中发送文件名，服务器则返回这个文件。如果客户机请求的是个小文件，服务器能在几毫秒内送出整个文件；如果客户机请求的是一个包含许多高分辨率数字图像的大文件，服务器可能需要好几分钟才能完成传送。如果文件服务器在一段时间内只能处理一个请求，在服务器向一个客户机传送文件的时候，其他客户机就必须等待；反之，如果文件服务器可以并发地同时处理多个客户机的请求，当请求到达时，服务器将它交给一个控制线程，它能与已有的线程并发执行。本质上，每个请求由一个独立的服务器副本执行。这样，短的请求能很快得到服务，而不必等待其他请求的完成。

大多数并发服务器是动态操作的，在设计并发服务器时，可以让主服务器线程为每个到来的客户机请求创建一个新的子服务线程。一般服务器程序代码由两部分组成，第一部分代码负责监听并接收客户机请求，还负责为客户机请求创建新的服务线程；另一部分代码负责处理单个客户机请求，如与客户机交换数据，提供具体的服务。

当一个并发服务器开始执行时，首先运行服务器程序的主线程，主线程运行服务器程序的第一部分代码，监听并等待客户机请求到达。当一个客户机请求到达时，主线程接收了这个请求，就立即创建一个新的子服务线程，并把处理这个请求的任务交给这个子线程。子服务线程运行服务器程序的第二部分代码，为该请求提供服务。当完成服务时，子服务线程自动终止，并释放所占的资源。与此同时，主线程仍然保持运行，使服务器处于活动状态。也就是说，主线程在创建了处理请求的子服务线程后，继续保持监听状态，等待下一个请求到来。因此，如果有 N 个客户机正在使用一台计算机上的服务，则共存在 $N+1$ 个提供该服务的线程：一个主线程在监听等待更多的客户机请求，同时，其他 N 个子服务线程分别与不同的客户机进行交互。

由于 N 个子服务线程针对不同的数据集合，都在运行服务器程序的第二部分代码，所以可以把它们看成一个服务器的 N 个副本。图 4.12 所示为服务器创建多个线程来为多个客户机服务。

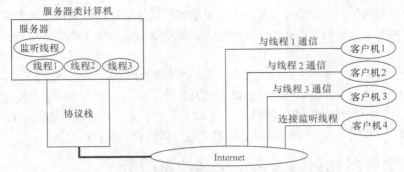

图 4.12　服务器创建多个线程来为多个客户机服务

4.3.9　标识一个特定服务

如上所述，在一台服务器类计算机中可以并发地运行多个服务器进程。考察它们与下层协议栈的关系：它们都运行在协议栈之上，都要借助协议栈来交换信息，协议栈就是多个服务器进程传输数据的公用通道，或者说，下层协议被多个服务器进程复用，如图 4.13 所示，在 Internet 中的实际情况就是这样。

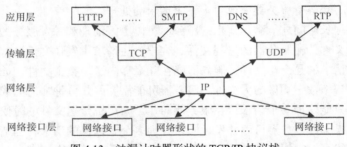

图 4.13　沙漏计时器形状的 TCP/IP 协议栈

这就自然有了一个问题，既然在一个服务器类计算机中运行着多个服务器，如何能让客户机无二义性地指明所希望的服务？

这个问题是由传输协议栈提供的一套机制来解决的，这种机制必须赋给每个服务一个唯一的标识，并要求服务器和客户机都使用这个标识。当服务器开始执行时，它在本地的协议栈软件中登记，指明它所提供的服务的标识。当客户机与远程服务器通信时，客户机在提出请求时，通过这个标识来指定所希望的服务。客户机端机器的传输协议栈软件将该标识传给服务器端机器。服务器端机器的传输协议栈则根据该标识来决定由哪个服务器程序来处理这个请求。

作为服务标识的一个实例，下面来看一下 Internet 中的 TCP/IP 协议栈是如何解决这个问题的。

如前所述，TCP 使用一个 16 位整型数值来标识服务，称为协议端口号（Protocol Port Number），每个服务都被赋予一个唯一的协议端口号。服务器通过协议端口号来指明它所提供的服务，然后被动地等待通信。客户机在发送请求时通过协议端口号来指定它所希望的服务，服务器端计算机的 TCP 软件通过收到信息的协议端口号来决定由哪个服务器来接收这个请求。

如果一个服务器存在多个副本，客户机是怎样与正确的副本进行交互的呢？进一步说，收到的请求是怎样被传给正确的服务器副本的呢？这个问题的答案在于传输协议用来标识服务器的方法。前面说过，每个服务被赋予一个唯一的标识，每个来自客户端的请求包含了服务标识，这使得服务器端计算机的传输协议有可能将收到的请求匹配到正确的服务器。在实际应用中，大多数传输协议给每个客户机也赋以一个唯一的标识，并要求客户机在提出请求时包含这个标识。服务器端计算机上的传输协议软件使用客户机和服务器的标识来选择正确的服务器副本。作为一个实例，下面来看一下 TCP 连接中所使用的标识。TCP 要求每个客户机选择一个没有被赋给任何服务的本地协议端口号。当客户机发送一个 TCP 段时，它必须将它的本地协议端口号放入 SOURCE PORT 域中，将服务器的协议端口号放入 DESTINATION PORT 域中。在服务器端计算机上，TCP 使用源协议端口号和目的协议端口号的组合（同时也用客户机和服务器 IP 地址）来标识特定的通信。这样，信息可以从多个客户机到达同一个服务器而不引起问题。TCP 将每个收到的段传给处理该客户机的服务器副本。总之，传输协议给每个客户机也给每个服务器赋予一个标识。服务器端的计算机上的协议软件使用客户机标识和服务器标识的结合来选择正确的并发服务器的副本。

4.4　P2P 模式

4.4.1　P2P 技术的兴起

C/S 模式开始流行于 20 世纪 90 年代，该模式将网络应用程序分为两部分，服务器负责数据管理，客户机完成与用户的交互。该模式具有强大的数据操纵和事务处理能力、很高的数据安全性和完整性约束。

随着应用规模的不断扩大，软件复杂度不断提高，面对巨大的用户群，单服务器成了性能的瓶颈。尤其是出现了 DOS（Denial of Service，拒绝服务）攻击后，更突显了 C/S 模式的问题。服务器是网络中最容易受到攻击的节点，只要海量地向服务器提出服务要求，就能导致服务器瘫痪，以致所有的客户机都不能正常工作。

计算机网络上的信息不停地增长，搜索引擎在网上搜索并索引到的 Web 页面，不足其百分之一，服务器上的搜索引擎，不能提供最新的动态信息，人们得到的可能是数月前的信息。C/S 模式无法满足及时、准确地查询网络信息的需求。

对网络的访问集中在有限的服务器上，流量非常不平衡。C/S 模式也无法满足平衡网络流量的需求。

此外，客户机的硬件性能不断提高，但在 C/S 模式中，客户端只做一些简单的工作，造成资源的巨大浪费。C/S 模式不能满足有效利用客户系统资源的需求。

为了解决这些问题，就出现了 P2P 技术。

4.4.2　P2P 的定义和特征

P2P 是 Peer-to-Peer 的简写，Peer 的意思是"同等的人"，P2P 网络称为"对等网"，也称为"点对点"。在 P2P 网络中，每一个 Peer 都是一个对等点。目前，还没有一个统一的 P2P 网络的定义，下面是几种比较流行的定义。

Clay Shirky 的定义：P2P 计算是指能够利用广泛分布在 Internet 边缘的大量计算、存储、网络带宽、信息、人力等资源的技术。

P2P 工作组的定义：通过系统间直接交换来共享计算机资源和服务。

SUN 的定义：P2P 是指那些有利于促进 Internet 上信息、带宽和计算等资源有效利用的广泛技术。

可以看出，P2P 技术就是一种在计算机之间直接进行资源和服务的共享，不需要服务器介入的网络技术。在 P2P 网络中，每台计算机同时充当着 Server 和 Client 的角色，当需要其他电脑的文件和服务时，两台电脑直接建立连接，本机是 Client；而当响应其他电脑的资源要求时，本机又成为提供资源与服务的 Server。

P2P 系统具有以下特征。

（1）分散性。该系统是全分式的系统，不存在瓶颈。

（2）规模性。该系统可以容纳数百万乃至数千万台计算机。

（3）扩展性。用户可以随时加入该网络。服务的需求增加，系统的资源和服务能力也同步扩充，理论上其可扩展性几乎可以认为是无限的。

（4）Servent 性。每个节点同时具有 Server 和 Client 的特点，称之为 Servent。

（5）自治性。节点来自不同的所有者，不存在全局的控制者，节点可以随时加入或退出 P2P 系统。

（6）互助性。

（7）自组织性。大量节点通过 P2P 协议自行组织在一起，不存在任何管理角色。

4.4.3　P2P 的发展

P2P 的发展分为三代，第一代以 Napster 系统为代表，它是一个 mp3 共享的系统，mp3 文件交换者的计算机既是文件的提供者，也是文件的请求者。有一个中央索引服务器统一管理，对等点必须连接到该服务器。2001 年 2 月，Napster 的用户基数达到 160 万，mp3 文件的交换量达到 27 亿。但由于 RIAA（美国唱片协会）关于版权的诉讼，该系统被关闭。

随后出现的 Gnutella 系统是第一个真正的 P2P 系统，它使用纯分布式的结构，没有索引服务器，基于泛洪（Flooding）机制进行资源查找。

第二代 P2P 使用基于分布式哈希表（Distributer Hash Table，DHT）的协议，如 Chord、CAN、Pastry、Kademlia 等，这些协议不使用中央索引服务器，将索引路由表通过分布式哈希表分别存放在参与本 P2P 网络的计算机中，每个节点既请求服务，又提供服务。

第三代 P2P 采用混合型的覆盖网络结构，不需要专门的服务器，网络中所有的对等点都是服务器，并且承担很小的服务器功能，如维护和分发可用文件列表，通过计算快速获得资源所在的位置，将任务分布化等。目前流行的 BitTorrent 和 eMule 等均属此类。

4.4.4　P2P 的关键技术

P2P 具有以下关键技术。

（1）资源定位。P2P 网络中的节点会频繁地加入和离开，如何从大量分散的节点中高效地定位资源和服务是一个重要的问题，在复杂的硬件环境下进行点对点的通信，需要在物理网络上建立一个高效的逻辑网络，以实现端对端的定位、握手和建立稳定的连接。这个逻辑网络称为覆盖网络（Overlay Network）。

（2）安全性与信任问题。这是影响 P2P 大规模商用的关键问题。在分布式系统中，必须将安全性内嵌到分散化系统中。

（3）联网服务质量问题（Quality of Service，QoS）。用户需要的信息在多个节点同时存放，必须选择处理能力强、负载轻、带宽高的节点，来保证信息获得的质量。还应排斥无用的共享信息，提高用户获得有用信息的效率。

（4）标准化。只有标准化，才能使 P2P 网络互联互通和大规模发展。

4.4.5　P2P 系统的应用与前景

目前，P2P 系统主要应用在大范围的共享、存储、搜索、计算等方面。

（1）分布式计算及网格计算。如加州大学伯克利分校主持的 SETI@HOME 项目，称为在家搜索地外文明，通过各种形式的客户端程序，参与检测地外文明的微弱呼叫信号，然后将世界各地的计算结果汇集到服务器上。该系统的运算速度已经远远超过当今最快的计算机了。IBM 最强的计算机造价在 11 亿美元，而本系统的造价只有 50 万美元，它将大部分的计算功能分散到世界各地的使用者。有很多基于 P2P 方式的协同处理与服务共享平台，例如 JXTA、Magi、Groove、.NETMy Service 等。

（2）文件共享与存储共享。文件共享包括音频、视频、图像等多种形式，这是 P2P 网络最普通的应用。

存储共享是利用整个网络中闲散的内存和磁盘空间，将大型的计算工作分散到多台计算机上共同完成，有效地增加数据的可靠性和传输速度。目前提供文件和其他内容共享的 P2P 网络很多，如 Napster、Gnotella、Freenet、CAN、eDonkey、eMule、BitTorrent 等。

（3）即时通信交流，如 ICQ、OICQ、Yahoo Messenger 等。

（4）安全的 P2P 通信与信息共享，利用 P2P 无中心的特性可以为隐私保护和匿名通信提供新的技术手段。如 CliqueNet、Crowds、Onion Routing 等。

（5）语音与流媒体。由于 P2P 技术的使用，大量的用户同时访问流媒体服务器，也不会造成服务器因负载过重而瘫痪。Skype 与 Coolstream 是其中的典型代表。

许多著名的计算机公司都在努力发展 P2P 技术。

（1）IBM、微软、Ariba 在合作开展一个名为 UDDI 的项目，以将 B2B 电子商务标准化。

（2）Eazel 正在建立下一代的 Linux 桌面。

（3）Jabber 已经开发了一种基于 XML、开放的即时信息标准，被认为是建立了未来使用 P2P 数据交换的标准。

（4）Lotus Notes 的开发者创建了 Groove，试图"帮助人们以全新的方式沟通"。

（5）英特尔公司也在推广它的 P2P 技术，以帮助更有效地使用芯片的计算能力。

总之，P2P 作为一种新的网络应用技术，克服了 C/S 模式中服务器的瓶颈，展现出巨大的优势和价值，使网络资源能够充分利用，实现了用户之间的直接交流和资源共享，是 21 世纪最有前途的网络应用技术之一。

习　　题

一、选择题

1. 下面关于进程控制块的描述，不正确的是（　　　）。

 A. 是进程实体的一部分

 B. 规定了进程所做的计算和计算的对象

 C. 是操作系统内核为了控制进程所建立的数据结构

D. 是操作系统用来管理进程的内核对象，也是系统用来存放关于进程的统计信息的地方

2. 为 FTP 保留的端口为（　　　）。

A. 23　　　　　B. 21　　　　　C. 25　　　　　D. 80

二、填空题

1. 一个进程实体由__【1】__、__【2】__和__【3】__3 部分构成，

2. P2P 是__【4】__的简写。

三、简答题

1. 简述 TCP/IP 通信中端口的概念。

2. 简述 C/S 模式中服务器的工作过程。

3. 简述 P2P 系统的特征。

第5章
Socket 编程基础

在开发网络应用程序时，最重要的问题就是如何实现不同主机之间的通信。在 TCP/IP 网络环境中，可以使用 Socket 接口来建立网络连接、实现主机之间的数据传输。本章将介绍使用 Socket 接口来编写网络应用程序的基本方法。

5.1 Socket 网络编程接口的产生与发展

处于应用层的客户机与服务器的交互，必须使用网络协议栈进行通信才能实现。应用程序与协议软件进行交互时，必须说明许多细节，如它是服务器还是客户机，是被动等待还是主动启动通信。进行通信时，应用程序还必须说明更多的细节，如发送方必须说明要传送的数据，接收方必须说明接收的数据应放在何处。

5.1.1 Socket 编程接口起源于 UNIX 操作系统

在美国政府的支持下，加州大学伯克利（Berkeley）分校开发并推广了一个包括 TCP/IP 互联协议的 UNIX，称为 BSD UNIX（Berkeley Software Distribution UNIX）操作系统，Socket 编程接口是这个操作系统的一个部分。许多计算机供应商将 BSD 系统移植到他们的硬件上，并将其作为商业操作系统产品的基础，广泛地应用于各种计算机上。

当然，TCP/IP 标准并没有定义与该协议进行交互的应用程序编程接口（API），它只规定了应该提供的一般操作，并允许各个操作系统去定义用来实现这些操作的具体 API。也就是说，一个协议标准可能只是建议某个操作在应用程序发送数据时是需要的，而由应用程序编程接口来定义具体的函数名和每个参数的类型。

虽然协议标准允许操作系统设计者开发自己的应用程序编程接口，但由于 BSD UNIX 操作系统的广泛使用，大多数人仍然接受了 Socket 编程接口。后来的许多操作系统并没有另外开发一套其他的编程接口，而是选择了对于 Socket 编程接口的支持。例如，Windows 操作系统，各种 UNIX 系统（如 Sun 公司的 Solaris），以及各种 Linux 系统都实现了 BSD UNIX Socket 编程接口，并结合自己的特点有所发展。各种编程语言也纷纷支持 Socket 编程接口，使它广泛用在各种网络编程中。这样，就使 Socket 编程接口成为事实上的标准，成为开发网络应用软件的强有力工具。

Socket 广泛用于网络编程，非常需要一个公众可以接受的 Socket 规范。最早的 Socket 规范是由美国的 Berkeley 大学开发的，当时的环境是 UNIX 操作系统，使用 TCP/IP。这个规范规定了一系列与 Socket 使用有关的库函数，为在 UNIX 操作系统下不同计算机中的应用程序进程之间，使用 TCP/IP 协议簇进行网络通信提供了一套应用程序编程接口，这个规范得以实现并广泛流传，在开发各种网络应用中广泛使用。由于这个 Socket 规范最早是由 Berkeley 大学开发的，一般将它称为 Berkeley Sockets 规范。

5.1.2　Socket 编程接口的发展

微软公司以 UNIX 操作系统的 Berkeley Sockets 规范为范例，定义了 Windows Socktes 规范，全面继承了 Socket 网络编程接口。详细内容将在 5.2 节介绍。

Linux 操作系统中的 Socket 网络编程接口几乎与 UNIX 操作系统的 Socket 网络编程接口一样。本章着重介绍三大操作系统的 Socket 网络编程接口的共性问题。

5.2　Socket 的工作原理和基本概念

5.2.1　Socket 协议的工作原理

Socket 的中文翻译是套接字，它是 TCP/IP 网络环境下应用程序与底层通信驱动程序之间运行的开发接口，它可以将应用程序与具体的 TCP/IP 隔离开来，使得应用程序不需要了解 TCP/IP 的具体细节，就能够实现数据传输。

在网络应用程序中，实现基于 TCP 的网络通信与现实生活中打电话有很多相似之处。如果两个人希望通过电话进行沟通，则必须要满足下面的条件。

（1）拨打电话的一方需要知道对方的电话号码。如果对方使用的是内部电话，则还需要知道分机号码。而被拨打的电话则不需要知道对方的号码。

（2）被拨打的电话号码必须已经启用，而且将电话线连接到电话机上。

（3）被拨打电话的主人有空闲时间可以接听电话，如果长期无人接听，则会自动挂断电话。

（4）双方必须使用相同的语言进行通话。这一条看似有些多余，但如果真的一个说汉语，另一个却说英语，那是没有办法正常沟通的。

（5）在通话过程中，物理线路必须保持通畅，否则电话将会被挂断。

（6）在通话过程中，任何一方都可以主动挂断电话。

在网络应用程序中，Socket 通信是基于客户端/服务器结构的。客户端是发送数据的一方，而服务器则时刻准备着接收来自客户端的数据，并对客户端做出响应。下面是基于 TCP 的两个网络应用程序进行通信的基本过程。

（1）客户端（相当于拨打电话的一方）需要了解服务器的地址（相当于电话号码）。在 TCP/IP 网络环境中，可以使用 IP 地址来标识一个主机。但仅仅使用 IP 地址是不够的，如果一台主机中运行了多个网络应用程序，那么如何确定与哪个应用程序通信呢？在 Socket 通信过程中借用了 TCP 和 UDP 中端口的概念，不同的应用程序可以使用不同的端口进行通信，这样一个主机上就可以同时有多个应用程序进行网络通信了。这有些类似于电话分机的作用。

（2）服务器应用程序必须早于客户端应用程序启动，并在指定的 IP 地址和端口上执行监听操作。如果该端口被其他应用程序所占用，则服务器应用程序无法正常启动。服务器处于监听状态就类似于电话接通电话线、等待拨打的状态。

（3）客户端在申请发送数据时，服务器端应用程序必须有足够的时间响应才能进行正常通信。否则，就好像电话已经响了，却无人接听一样。在通常情况下，服务器应用程序都需要具备同时处理多个客户端请求的能力，如果服务器应用程序设计得不合理或者客户端的访问量过大，都有可能导致无法及时响应客户端的情况。

（4）使用 Socket 协议进行通信的双方还必须使用相同的通信协议，Socket 支持的底层通信协议包括 TCP 和 UDP 两种。在通信过程中，双方还必须采用相同的字符编码格式，而且按照双方约定的方式进行通信。这就好像在通电话的时候双方都采用对方能理解的语言进行沟通一样。

（5）在通信过程中，物理网络必须保持畅通，否则通信将会中断。

（6）通信结束之前，服务器端和客户端应用程序都可以中断它们之间的连接。

5.2.2　什么是 Socket

在 5.2.1 小节中通过日常生活中接打电话的例子介绍了使用基于 TCP 的 Socket 通信的工作原理。

为什么把网络编程接口叫作套接字（Socket）编程接口呢？Socket 这个词，字面上的意思，是凹槽、插座和插孔的意思。这让人联想到电插座和电话插座，这些简单的设备，给我们带来了很大的方便。

TCP 是基于连接的通信协议，两台计算机之间需要建立稳定的连接，并在该连接上实现可靠的数据传输。如果 Socket 通信是基于 UDP 的，则数据传输之前并不需要建立连接，这就好像发电报或者发短信一样，即使对方不在线，也可以发送数据，但并不能保证对方一定会收到数据。UDP 提供了超时和重试机制，如果发送数据后指定的时间内没有得到对方的响应，则视为操作超时，而且应用程序可以指定在超时后重新发送数据的次数。

图 5.1　Socket 编程的层次结构

Socket 编程的层次结构如图 5.1 所示。可以看到，Socket 开发接口位于应用层和传输层之间，可以选择 TCP 和 UDP 两种传输层协议实现网络通信。

5.2.3　Socket 的服务方式和类型

根据基于的底层协议不同，Socket 开发接口可以提供面向连接和无连接两种服务方式。

在面向连接的服务方式中，每次完整的数据传输都要经过建立连接、使用连接和关闭连接的过程。连接相当于一个传输管道，因此在数据传输过程中，分组数据包中不需要指定目的地址。TCP 提供面向连接的虚电路。基于面向连接服务方式的应用包括 Telnet 和 FTP 等。

在无连接服务方式中，每次数据传输时并不需要建立连接，因此每个分组数据包中必须包含完整的目的地址，并且每个数据包都独立地在网络中传输。无连接服务不能保证分组的先后顺序，不能保证数据传输的可靠性。UDP 提供无连接的数据报服务。基于无连接服务的应用包括简单网络管理协议（SNMP）等。

在 Socket 通信中，套接字分为 3 种类型，即流式套接字（SOCK_STREAM）、数据报式套接字（SOCK_DGRAM）和原始套接字（SOCK_RAW）。

1. 流式套接字

流式套接字提供面向连接的、可靠的数据传输服务，可以无差错地发送数据。传输数据可以是双向的字节流，即应用程序采用全双工方式，通过套接字同时传输和接收数据。

应用程序可以通过流传递有序的、不重复的数据。所谓"有序"指数据包按发送顺序送达目的地址，所谓"不重复"指一个特定的数据包只能获取一次。

如果必须保证数据能够可靠地传送到目的地，并且数据量很大时，可以采用流式套接字传输数据。文件传输协议（FTP）即采用流式套接字传输数据。

2. 数据报式套接字

数据报式套接字提供无连接的数据传输服务。数据包被独立发送，数据可能丢失或重复。流式套接字和数据报式套接字的区别如表 5.1 所示。

表 5.1　　　　　　　　流式套接字和数据报式套接字的区别

比较项目	流式套接字	数据报式套接字
建立和释放连接	√	×
保证数据到达	√	×
按发送顺序接收数据	√	×
通信数据包含完整的目的地址信息	×	√

3. 原始套接字

原始套接字是公开的 Socket 编程接口，使用它可以在 IP 层上对 Socket 进行编程，发送和接收 IP 层上的原始数据包，例如 ICMP、TCP 和 UDP 等协议的数据包。

5.3　WinSock 编程基础

WinSock 是 Windows 环境下的网络编程接口，它最初基于 UNIX 环境下的 BSD Socket，是一个与网络协议无关的编程接口。在 Visual Studio 2012 中可以使用 WinSock API 开发网络应用程序，实现计算机之间的通信。

5.3.1　构建 WinSock 应用程序框架

WinSock 包含两个主要的版本，即 WinSock1 和 WinSock2。在使用 WinSock 1.1 时，需要引用头文件 winsock.h 和库文件 wsock32.lib，代码如下。

```
#include <winsock.h>
#pragma comment(lib, "wsock32.lib")
```

如果使用 WinSock 2.2 实现网络通信的功能，则需要引用头文件 winsock2.h 和库文件 ws2_32.lib，代码如下。

```
#include <winsock2.h>
#pragma comment(lib, "ws2_32.lib")
```

下面是使用 WinSock 2.2 实现网络通信的应用程序框架。

```
#include <winsock2.h>
#pragma comment(lib, "ws2_32.lib")
// 主函数
int _tmain(int argc, _TCHAR* argv[])
{
    // WSADATA 结构体主要包含了系统所支持的 Winsock 版本信息
    WSADATA wsaData;
```

```
// 初始化 Winsock 2.2
if(WSAStartup(MAKEWORD(2,2), &wsaData) != 0)
{
    printf("WSAStartup 无法初始化! ");
    return 0;
}
// 使用 WinSock 实现网络通信
// ……
// 最后应该做一些清除工作
if(WSACleanup() == SOCKET_ERROR)
    printf("WSACleanup 出错! ");
    return 0;
}
```

结构体 WSADATA 用于存储调用 WSAStartup()函数后返回的 Windows Socket 数据，它的定义代码如下。

```
typedef struct WSAData {
    WORD              wVersion;
    WORD              wHighVersion;
#ifdef _WIN64
    unsigned short        iMaxSockets;
    unsigned short        iMaxUdpDg;
    char FAR *            lpVendorInfo;
    char              szDescription[WSADESCRIPTION_LEN+1];
    char              szSystemStatus[WSASYS_STATUS_LEN+1];
#else
    char              szDescription[WSADESCRIPTION_LEN+1];
    char              szSystemStatus[WSASYS_STATUS_LEN+1];
    unsigned short        iMaxSockets;
    unsigned short        iMaxUdpDg;
    char FAR *        lpVendorInfo;
#endif
} WSADATA, FAR * LPWSADATA;
```

在 32 位操作系统平台中，结构体 WSADATA 的各字段说明如表 5.2 所示。

表 5.2   结构体 **WSADATA** 的各字段含义

字 段	含 义
wVersion	Windows Sockets DLL 期望调用者使用的 Windows Sockets 规范的版本，为 WORD 类型。高位字节中存储副版本号，低位字节中存储主版本号。可以使用 MAKEWORD()函数返回该值，例如 MAKEWORD(2, 2)
wHighVersion	Windows Sockets DLL 可以支持的 Windows Sockets 规范的最高版本
szDescription	以 null 结尾的 ASCII 字符串。Windows Sockets DLL 将对 Windows Sockets 实现的描述复制到该字符串中，最多可以包含 256 个字符
szSystemStatus	以 null 结尾的 ASCII 字符串。Windows Sockets DLL 将有关状态或配置信息复制到该字符串中
iMaxSockets	单个进程可以打开的最大 Socket 数量。Windows Sockets 可以提供一个全局的 Socket，为每个进程分配 Socket 资源。程序员可以使用该数字作为 Windows Sockets 是否可以被应用程序使用的原始依据

续表

字　　段	含　　义
iMaxUdpDg	Windows Sockets 应用程序能够发送或接收的最大 UDP 数据包大小，单位为字节。如果实现方式没有限制，则 iMaxUdpDg 等于 0
lpVendorInfo	指向销售商数据结构的指针

WSAStartup()函数用于初始化 Windows Sockets，并返回 WSADATA 结构体。只有调用 WSAStartup()函数后，应用程序才能调用其他 Windows Sockets API 函数，实现网络通信。WSAStartup()的函数原型如下。

```
int WSAStartup(
    IN WORD wVersionRequested,
    OUT LPWSADATA lpWSAData
    );
```

参数说明如下。

- wVersionRequested，Windows Sockets DLL 规定调用者可以使用的 Windows Sockets 规范的版本，为 WORD 类型。高位字节中存储副版本号，低位字节中存储主版本号。可以使用 MAKEWORD()函数返回该值，例如 MAKEWORD(2, 2)。
- lpWSAData，指向 WSADATA 结构体的指针，用于接收 Windows Sockets 执行的数据。

如果执行成功，则函数返回 0，否则可以调用 WSAGetLastError()函数返回错误代码。常见的错误代码如表 5.3 所示。

表 5.3　　　　　　　　　　　　调用 WSAStartup()函数的常见错误代码

字　　段	含　　义
WSASYSNOTREADY	表示网络通信所依赖的网络子系统还没有准备好
WSAVERNOTSUPPORTED	表示所需要的 Windows Sockets API 的版本未由当前的 Windows Sockets 提供
WSAEINVAL	表示指定的 Windows Sockets 版本不被该 DLL 支持

【例 5.1】　通过一个控制台应用程序实例来演示初始化 Windows Sockets 并返回结果的方法。假定项目名称为 WSAStartup，主程序 WSAStartup.cpp 的代码如下。

```
#include "stdafx.h"
#include <winsock2.h>
#pragma comment(lib, "ws2_32.lib")
#include <stdlib.h>

int _tmain(int argc, _TCHAR* argv[])
{
    // WSADATA 结构体主要包含了系统所支持的 Winsock 版本信息
    WSADATA wsaData;
    // 初始化 Winsock 2.2
    if( WSAStartup(MAKEWORD(2,2), &wsaData) != 0)
    {
        printf("WSAStartup 无法初始化! ");
        return 0;
    }
    // 显示 wsaData 中的数据
```

```
      printf("Version: %d.%d\n", LOBYTE(wsaData.wVersion), HIBYTE(wsaData.wVersion));
      printf("High Version: %d.%d\n", LOBYTE(wsaData.wHighVersion), HIBYTE(wsaData.
wHighVersion));
      printf("Description: %s\n", wsaData.szDescription);
      printf("System Status: %s", wsaData.szSystemStatus);
      // 最后应该做一些清除工作
      if(WSACleanup() == SOCKET_ERROR)
        printf("WSACleanup 出错! ");
      printf("\n\n");
      system("pause");
      return 0;
}
```

程序首先调用 WSAStartup() 函数对 Windows Sockets 进行初始化，然后调用 printf() 函数显示返回的 wsaData 结构体中的数据。运行结果如图 5.2 所示。

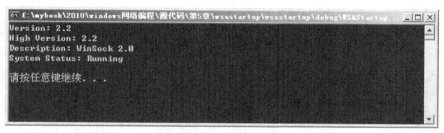

图 5.2　实例 WSAStartup 的运行结果

wsaData.wVersion 和 wsaData.wHighVersion 都是 WORD 类型，用于表示 Windows Sockets 的版本。其中高位字节中存储副版本号，低位字节中存储主版本号。调用 LOBYTE() 函数可以返回 WORD 类型数据的低位字节，从而获取主版本号；调用 HIBYTE() 函数可以返回 WORD 类型数据的高位字节，从而获取副版本号。

5.3.2　IP 地址的表示形式

对于网络管理员或普通用户而言，IP 地址常用点分法来表示。即使用 4 个 0～255 的整数表示 IP 地址，每个整数之间使用小数点（.）分隔，例如 192.168.0.1。在第 3 章中已经对 IP 地址的这种表示形式做了详细的介绍。

但是在计算机中并不使用点分法来保存 IP 地址，因为这样会浪费存储空间，而且不便于根据 IP 地址和子网掩码计算子网的信息。事实上，在计算机中使用无符号长整型（unsigned long）数来存储和表示 IP 地址，而且分为网络字节顺序（Network Byte Order, NBO）和主机字节顺序（Host Byte Order, HBO）两种格式。在网络程序设计时必须了解 IP 地址的这两种表示形式。

1. 网络字节顺序格式

在网络传输过程中，IP 地址被保存为 32 位二进制数。TCP/IP 规定，在低位存储地址中保存数据的高位字节，这种存储顺序格式被称为网络字节顺序。数据按照 32 位二进制数为一组进行传输，因为采用网络字节顺序，所以数据的传输顺序是由高位至低位进行的。

为了使通信双方都能够理解数据分组所携带的源地址、目的地址、分组长度等二进制数据，不同类型（比如路由器、交换机或者计算机等）和不同操作系统的设备在发送每个分组数据之前，都必须将二进制数据转换为 TCP/IP 标准的网络字节顺序格式。

在 Visual C++中使用结构体 in_addr 来保存网络字节顺序格式的 IP 地址，它的定义代码如下。

```
struct in_addr {
   union {
       struct { u_char s_b1,s_b2,s_b3,s_b4; } S_un_b;
       struct { u_short s_w1,s_w2; } S_un_w;
       u_long S_addr;
   } S_un;
```

参数说明如下。

- S_un_b，由 4 个 u_char 变量组成的主机格式 IP 地址。
- S_un_w，由 2 个 u_short 变量组成的主机格式 IP 地址。
- S_addr，以 u_long 变量表示的主机格式 IP 地址。

使用 inet_addr()和 inet_ntoa()两个函数可以实现点分法 IP 地址字符串和网络字节顺序格式 IP 地址之间的转换。

inet_addr()函数的功能是将点分法 IP 地址字符串转换为 in_addr 结构体中的 IP 地址格式，函数原型如下。

```
unsigned long inet_addr(
  const char* cp
);
```

参数 cp 表示点分法 IP 地址字符串。如果调用 inet_addr()函数时没有出现错误，则函数返回 unsigned long 类型的网络字节顺序格式 IP 地址；如果参数 cp 不是有效的 IP 地址字符串，则 inet_addr()函数返回 INADDR_NONE。

inet_ntoa()函数的功能是将 in_addr 结构体中的 IP 地址转换为点分法 IP 地址字符串，函数原型如下。

```
char FAR* inet_ntoa(
  struct in_addr in
);
```

参数 in 是 in_addr 结构体类型，表示要进行转换的 IP 地址，返回结果为 char*类型的 IP 地址。

2. 主机字节顺序格式

不同的主机在对 IP 地址进行存储时使用的格式也不同。有些操作系统的 IP 地址存储顺序与网络字节顺序格式相同，而 Intel x86 系列主机的主机字节顺序格式则与网络字节顺序格式正好相反。

可以使用 htonl()、htons()、ntohl()和 ntohs()这 4 个函数来实现主机字节顺序格式和网络字节顺序格式之间的转换。

htonl()函数的功能是将 u_long 类型的主机字节顺序格式 IP 地址转换为 TCP/IP 网络字节顺序格式，函数原型如下。

```
u_long htonl(
  u_long hostlong
);
```

htons()函数的功能是将 u_short 类型的主机字节顺序格式 IP 地址转换为 TCP/IP 网络字节顺序格式，函数原型如下。

```
u_short htons(
  u_short hostshort
);
```

ntohl()函数的功能是将 u_long 类型的 TCP/IP 网络字节顺序格式 IP 地址转换为主机字节顺序格式，函数原型如下。

```
u_long ntohl(
  u_long netlong
);
```

ntohs()函数的功能是将 u_short 类型的 TCP/IP 网络字节顺序格式 IP 地址转换为主机字节顺序格式，函数原型如下。

```
u_short ntohs(
  u_short netshort
);
```

本章将在后面结合实例介绍这些函数的具体使用方法。

5.4 面向连接的 Socket 编程

在 5.3.1 小节中已经介绍了构建 WinSock 应用程序框架的方法，但程序中并没有实现网络通信的具体功能。本节将介绍面向连接的 Socket 编程的基本方法。

5.4.1 面向连接的 Socket 通信流程

面向连接的 Socket 通信是基于 TCP 的。网络中的两个进程以客户机/服务器模式进行通信，具体步骤如图 5.3 所示。

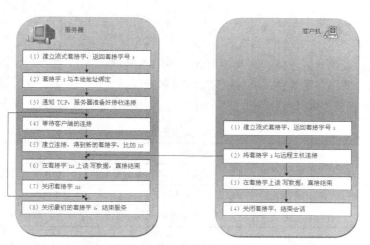

图 5.3 服务器和客户机进程实现面向连接的 Socket 通信的过程

服务器程序要先于客户机程序启动，每个步骤中调用的 Socket 函数如下。

（1）调用 WSAStartup()函数加载 Windows Sockets 动态库，然后调用 socket()函数创建一个流式套接字，返回套接字号 s。

（2）调用 bind()函数将套接字 s 绑定到一个已知的地址，通常为本地 IP 地址。

（3）调用 listen()函数将套接字 s 设置为监听模式，准备好接收来自各个客户机的连接请求。

（4）调用 accept()函数等待接受客户端的连接请求。

（5）如果接收到客户端的请求，则 accept()函数返回，得到新的套接字 ns。

（6）调用 recv()函数接收来自客户端的数据，调用 send()函数向客户端发送数据。

（7）与客户端的通信结束后，服务器程序可以调用 shutdown()函数通知对方不再发送或接收数据，也可以由客户端程序断开连接。断开连接后，服务器进程调用 closesocket()函数关闭套接字 ns。此后服务器程序返回第 4 步，继续等待客户端进程的连接。

（8）如果要退出服务器程序，则调用 closesocket()函数关闭最初的套接字 s。

客户端程序在每一步骤中使用的函数如下。

（1）调用 WSAStartup()函数加载 Windows Sockets 动态库，然后调用 socket()函数创建一个流式套接字，返回套接字号 s。

（2）调用 connect()函数将套接字 s 连接到服务器。

（3）调用 send()函数向服务器发送数据，调用 recv()函数接收来自服务器的数据。

（4）与服务器的通信结束后，客户端程序可以调用 shutdown()函数通知对方不再发送或接收数据，也可以由服务器程序断开连接。断开连接后，客户端进程调用 closesocket()函数关闭套接字。

下面将具体介绍这些函数的使用方法。

5.4.2　socket()函数

socket()函数用于创建与指定的服务提供者绑定套接字，函数原型如下。

```
SOCKET socket(
  int af,
  int type,
  int protocol
);
```

参数说明如下。

- af，指定协议的地址家族，通常使用 AF_INET。
- type，指定套接字的类型，具体取值如表 5.4 所示。
- protocol，套接字使用的协议。

表 5.4　　　　　　　　　　　　　　　套接字类型的取值

套接字类型	说　　　明
SOCK_STREAM	提供顺序、可靠、双向和面向连接的字节流数据传输机制，使用 TCP
SOCK_DGRAM	支持无连接的数据报，使用 UDP
SOCK_RAW	原始套接字，可以用于接收本机网卡上的数据帧或者数据包

如果函数执行成功，则返回新 Socket 的句柄；如果调用失败，则返回 INVALID_SOCKET。

【例 5.2】　使用 socket()函数创建一个 TCP Socket，代码如下。

```
// WSADATA 结构体主要包含了系统所支持的 Winsock 版本信息
WSADATA wsaData;
```

```
// 初始化 Winsock 2.2
if(WSAStartup(MAKEWORD(2,2), &wsaData) != 0)
{
    printf("WSAStartup 无法初始化! ");
    return 0;
}
// 显示 wsaData 中的数据
printf("Version: %d.%d\n", LOBYTE(wsaData.wVersion), HIBYTE(wsaData.wVersion));
printf("High Version: %d.%d\n", LOBYTE(wsaData.wHighVersion), HIBYTE(wsaData.
wHighVersion));
printf("Description: %s\n", wsaData.szDescription);
printf("System Status: %s", wsaData.szSystemStatus);
// 创建 TCP Socket
SOCKET s = socket(AF_INET, SOCK_STREAM, IPPROTO_TCP);
if(s == INVALID_SOCKET)
{
    printf("socket error!");
}
// 使用 TCP Sockets 进行通信
...
// 最后应该做一些清除工作
if(WSACleanup() == SOCKET_ERROR)
    printf("WSACleanup 出错! ");
```

5.4.3　bind()函数

bind()函数可以将本地地址与一个 Socket 绑定在一起，函数原型如下。

```
int bind(
    SOCKET s,
    const struct sockaddr FAR* name,
    int namelen
);
```

参数说明如下。

- s，标识一个未绑定的 Socket 的描述符。
- name，绑定到 Sockets 的 sockaddr 结构体地址。
- namelen，参数 name 的长度。

如果未发生错误，则函数返回 0；否则返回 SOCKET_ERROR。

bind()函数应用在未连接的 Socket 上，在调用 connect()函数和 listen()函数之前被调用。它既可以应用于基于连接的流 Socket，也可以应用于无连接的数据报套接字。当调用 socket()函数创建 Socket 后，该 Socket 就存在于一个命名空间中，但并没有为其指定一个名称。调用 bind()函数可以为未命名的 Socket 指定一个名称。

当使用 Internet 地址家族时，名称由地址家族、主机地址和端口号 3 部分组成。

在 Winsock 2.2 中，参数 name 必须是指向 sockaddr 结构体的指针。如果应用程序不关心分配给它的本地地址，则可以将地址设置为 ADDR_ANY，这就允许底层服务提供者使用任何适当的网络地址。对于 TCP/IP 而言，端口可以指定为 0，此时服务提供者会为应用程序分配一个 1 024～5 000 之间的唯一端口值。

【例 5.3】 使用 bind()函数绑定 TCP Socket 到本地地址的 9001 端口，代码如下。

```
// 初始化 Winsock 2.2
   ...
//创建 TCP Socket
   ...
// 指定绑定的地址
struct sockaddr_in addr;
// 地址的长度
int addr_len = sizeof(struct sockaddr_in);
int port = 9901;                                    // 端口号
int errCode;                                        // 错误代码
// 定义服务器地址
addr.sin_family = AF_INET;                          // 地址家族
addr.sin_port = htons(port);                        // 端口
addr.sin_addr.s_addr = htonl(INADDR_ANY);   // 地址
// 绑定到 Socket
errCode = bind(s,(SOCKADDR*)&addr,addr_len);
if(errCode == SOCKET_ERROR)
{
   printf("bind error!");
   exit(1);
}
// 监听和接收数据
// 最后应该做一些清除工作
   ...
```

5.4.4　listen()函数

listen()函数可以将套接字设置为监听接入连接的状态，函数原型如下。

```
int listen(
  SOCKET s,
  int backlog
);
```

参数说明如下。

- s，指定一个已经绑定（执行了 bind()函数）但尚未连接的套接字。
- backlog，指定等待连接队列的最大长度。

如果函数执行成功，则返回 0；否则返回 SOCKET_ERROR。可以调用 WSAGetLastError()函数获取错误代码，具体错误代码的说明如表 5.5 所示。

表 5.5　　　　　　　　　　调用 listen()函数的错误代码

错　误　代　码	说　　　明
WSANOTINITIALISED	在调用 listen()函数之前没有成功调用 WSAStartup()函数对 WinSock 进行初始化
WSAENETDOWN	网络子系统故障
WSAEADDRINUSE	本地 Socket 地址已经使用，并且标识为不可重用

错 误 代 码	说　　明
WSAEINPROGRESS	存在一个阻塞的 Windows Sockets 1.1 调用，或者 Windows Sockets 还在处理一个回调函数
WSAEINVAL	Socket 尚未绑定
WSAEISCONN	Socket 已经连接
WSAEMFILE	没有有效的 Socket 描述符
WSAENOBUFS	没有足够的缓冲区空间
WSAENOTSOCK	指定描述符并不是一个 Socket
WSAEOPNOTSUPP	引用的 Socket 并不支持 listen 操作

【例 5.4】　使用 listen()函数设置套接字的监听状态，代码如下。

```
// 初始化 Winsock 2.2
...
// 创建 TCP Socket
...
// 指定绑定的地址
...
// 定义服务器地址
...
// 绑定到 Socket
...
// 切换到监听状态
errCode = listen(s, 3);
if(errCode == SOCKET_ERROR)
{
    printf("listen error!");
    exit(1);
}
// 监听和接收数据
// 最后应该做一些清除工作
...
```

5.4.5　accept()函数

在服务器端调用 listen()函数监听接入连接后，可以调用 accept()函数来等待接受连接请求。accept()的函数原型如下。

```
SOCKET accept(
  SOCKET s,
  struct sockaddr FAR* addr,
  int FAR* addrlen
);
```

参数说明如下。

● s，通过调用 listen()函数设置为监听状态的 Socket。

- addr，输出参数，用于接收接入地址信息。这是一个可选参数，如果不关注接入地址，则可以使用 NULL。
- addrlen，输出参数，指定接入地址的长度。这也是一个可选参数。

如果函数调用成功，则返回一个新建的 Socket 的句柄，该 Socket 用于实现服务器和客户端之前的通信。如果调用失败，则返回 INVALID_SOCKET。可以调用 WSAGetLastError()函数获取错误代码，具体错误代码的说明如表 5.6 所示。

表 5.6　　　　　　　　　　　　调用 accept()函数的错误代码

错 误 代 码	说　　明
WSANOTINITIALISED	在调用 accept()函数之前没有成功调用 WSAStartup()函数对 WinSock 进行初始化
WSAENETDOWN	网络子系统故障
WSAEFAULT	参数 addrlen 太小或者 addr 不是有效的地址
WSAEINTR	指定 Socket 已经关闭
WSAEINPROGRESS	存在一个阻塞的 Winsock 调用，或者 Windows Sockets 正在处理回调函数
WSAEINVAL	在调用 accept()函数之前，并没有调用 listen()函数
WSAEMFILE	没有有效的 Socket 描述符
WSAENOBUFS	没有足够的缓冲区空间
WSAENOTSOCK	指定描述符并不是一个 Socket
WSAEOPNOTSUPP	引用的 Socket 并不支持基于连接的服务
WSAEWOULDBLOCK	当前 Socket 被标识为非阻塞，并且没有被接受的连接

【例 5.5】　使用 accept()函数在处于监听状态的套接字上接受接入连接，代码如下。

```
// 初始化 Winsock 2.2
...
// 创建 TCP Socket
...
// 指定绑定的地址
...
// 定义服务器地址
...
// 绑定到 Socket
...
// 切换到监听状态
...
SOCKET sockAccept;                    // 执行 accept()函数后新建的用于实际通信的套接字
struct sockaddr_in from;              // 用于接收接入地址
int len = sizeof(from);               // 接入地址的长度
// 等待接受接入请求
sockAccept = accept(s, (struct sockaddr *)&from, &len);
if(sockAccept == INVALID_SOCKET){
    printf("accept :%d", WSAGetLastError());    // 打印错误编码
}
else {
```

```
        printf("%s\n", inet_ntoa(from.sin_addr));      // 打印接入地址
}
// 最后应该做一些清除工作
...
```

5.4.6　recv()函数

调用 recv()函数可以从已连接的 Socket 中接收数据。recv()的函数原型如下。

```
int recv(
  SOCKET s,
  char* buf,
  int len,
  int flags
);
```

参数说明如下：

- s，已连接的 Socket。
- buf，用于接收数据的缓冲区。
- len，buf 缓冲区的长度，单位为字节。
- flags，用于影响函数的行为，其可选值如表 5.7 所示。

表 5.7　　　　　　　　　　　　　参数 **flags** 的可选值

参数 flags 的可选值	说　　明
MSG_PEEK	数据将复制到缓冲区 buf 中，但并不从输入队列中移除这些数据
MSG_OOB	处理带外（Out of Band，OOB）数据

如果函数调用成功，则返回接收数据的字节数；如果连接已经关闭，则返回 0；否则返回 SOCKET_ERROR，此时可以调用 WSAGetLastError()函数获取错误代码，具体错误代码的情况如表 5.8 所示。

表 5.8　　　　　　　　　　　　调用 recv()函数的错误代码

错　误　代　码	说　　明
WSANOTINITIALISED	在调用此函数之前没有成功调用 WSAStartup()函数对 WinSock 进行初始化
WSAENETDOWN	网络子系统故障
WSAEFAULT	参数 buf 太小无法容纳收到的数据
WSAECONN	Socket 没有连接
WSAEINTR	阻塞的调用通过调用 WSACancelBlockingCall()函数取消
WSAEINPROGRESS	存在一个阻塞的 Winsock 调用，或者 Windows Sockets 正在处理回调函数
WSAENETRESET	在接收数据过程中检测到故障，从而导致连接中断
WSAENOTSOCK	指定描述符并不是一个套接字
WSAEOPNOTSUPP	将 flags 参数设置为 MSG_OOB，但 Socket 并不是流类型（SOCK_STREAM），即 Socket 的通信方式不支持 OOB 数据，或者 Socket 是单向的，只支持发送操作
WSAESHUTDOWN	Socket 已经关闭
WSAEWOULDBLOCK	当前 Socket 被标识为非阻塞，并且接收操作应该是阻塞的
WSAEMSGSIZE	消息的数据量太大，无法全部存储到缓冲区中，因此被截断

续表

错 误 代 码	说　　明
WSAEINVAL	Socket 没有被绑定，或者未指定 flags 参数，或者 len 参数小于等于 0 等
WSAECONNABORTED	由于超时或者其他故障导致连接中断，Socket 应该被关闭，并且不再可用
WSAETIMEOUT	由于网络故障或者因对端系统故障而无法影响，导致连接被删除
WSAECONNRESET	远端执行关闭操作将连接重置，应用程序将关闭 Socket，并且不再使用

关于 recv()函数的具体使用方法将在 5.4.7 小节中结合 send()函数一起介绍。

5.4.7　send()函数

调用 send()函数可以在已连接的 Socket 上发送数据。send()的函数原型如下。

```
int send(
  SOCKET s,
  const char FAR* buf,
  int len,
  int flags
);
```

参数说明如下。

- s，已连接的 Socket。
- buf，包含要发送数据的缓冲区。
- len，buf 缓冲区的长度，单位为字节。
- flags，用于影响函数的行为，其可选值如表 5.9 所示。

表 5.9　　　　　　　　　　　　　　　　参数 flags 的可选值

参数 flags 的可选值	说　　明
0	指定该函数没有特殊的行为
MSG_DONTROUTE	指定数据不选择路由
MSG_OOB	从带外（Out of Band，OOB）发送数据

如果函数调用成功，则返回发送数据的字节数，可能小于参数 len 中指定的数据长度。如果出现错误，返回 SOCKET_ERROR，此时可以调用 WSAGetLastError()函数获取错误代码，具体错误代码的说明如表 5.10 所示。

表 5.10　　　　　　　　　　　　　　　调用 send()函数的错误代码

错 误 代 码	说　　明
WSANOTINITIALISED	在调用此函数之前没有成功调用 WSAStartup()函数对 WinSock 进行初始化
WSAENETDOWN	网络子系统故障
WSAEACCESS	请求的地址为广播地址，但并未调用 setsocket()函数将 flags 参数设置为 SO_BROADCAST
WSAEINTR	Socket 已关闭
WSAEINPROGRESS	存在一个阻塞的 Winsock 调用，或者 Windows Sockets 正在处理回调函数
WSAEFAULT	参数 buf 太小无法容纳要发送的数据
WSAENETRESET	在发送数据过程中检测到故障，从而导致连接中断

错 误 代 码	说　　明
WSAENOBUFS	没有足够的缓冲区空间
WSAENOTSOCK	指定描述符并不是一个 Socket
WSAEOPNOTSUPP	将 flags 参数设置为 MSG_OOB，但 Socket 并不是流类型（SOCK_STREAM），即套接字的通信方式不支持 OOB 数据，或者 Socket 是单向的，只支持接收操作
WSAESHUTDOWN	Socket 已经关闭
WSAEWOULDBLOCK	当前 Socket 被标识为非阻塞，并且接收操作应该是阻塞的
WSAEMSGSIZE	消息的数据量大于底层通信所支持的最大值
WSAEHOSTUNREACH	此时从当前主机到无法到达远端主机
WSAEINVAL	Socket 没有被绑定，或者未指定 flags 参数等
WSAECONNABORTED	由于超时或者其他故障导致连接中断，Socket 应该被关闭，并且不再可用
WSAECONNRESET	远端执行关闭操作将连接重置，应用程序将关闭套接字，并且不再使用
WSAETIMEOUT	由于网络故障或者因对端系统故障而无法影响，导致连接被删除
WSAEPROTONOSUPPORT	使用不支持的网络协议

【例 5.6】　演示在客户端使用 recv()函数和 send()函数发送和接收数据的方法，代码如下。

```
// 初始化 Winsock
WSADATA wsaData;
int iResult = WSAStartup(MAKEWORD(2,2), &wsaData);
if (iResult != NO_ERROR)
  printf("Error at WSAStartup()\n");

// 创建连接到服务器的 SOCKET 对象
SOCKET ConnectSocket;
ConnectSocket = socket(AF_INET, SOCK_STREAM, IPPROTO_TCP);
if (ConnectSocket == INVALID_SOCKET) {
  printf("Error at socket(): %ld\n", WSAGetLastError());
  WSACleanup();
  return;
}

// 构建地址信息
sockaddr_in clientService;
clientService.sin_family = AF_INET;
clientService.sin_addr.s_addr = inet_addr("127.0.0.1");
clientService.sin_port = htons(27015);

// 连接到服务器
if   (connect(ConnectSocket,(SOCKADDR*)&clientService,sizeof(clientService))   ==
SOCKET_ERROR) {
  printf("Failed to connect.\n");
  WSACleanup();
  return;
}

// 声明和初始化变量
```

```
int bytesSent;
int bytesRecv = SOCKET_ERROR;
char sendbuf[32] = "Client: Sending data.";
char recvbuf[32] = "";

// 发送数据
bytesSent = send(ConnectSocket, sendbuf, strlen(sendbuf), 0);
printf("Bytes Sent: %ld\n", bytesSent);

// 接收数据
while(bytesRecv != SOCKET_ERROR) {
  bytesRecv = recv(ConnectSocket, recvbuf, 32, 0);
  if (bytesRecv == 0 || bytesRecv == WSAECONNRESET) {
    printf("Connection Closed.\n");
    break;
  }
  printf("Bytes Recv: %ld\n", bytesRecv);
}

// 释放资源
WSACleanup();
```

5.4.8   closesocket()函数

closesocket()函数用于关闭一个 Socket，释放其所占用的所有资源。closesocket()的函数原型如下。

```
int closesocket(
  SOCKET s
);
```

参数 s 表示要关闭的 Socket。如果没有发生错误，则 closesocket()函数返回 0；否则返回 SOCKET_ERROR，此时可以调用 WSAGetLastError()函数获取错误代码，具体错误代码的说明如表 5.11 所示。

表 5.11　　　　　　　　　　　　调用 closesocket()函数的错误代码

错　误　代　码	说　　　　明
WSANOTINITIALISED	在调用此函数之前没有成功调用 WSAStartup()函数对 WinSock 进行初始化
WSAENETDOWN	网络子系统故障
WSAENOTSOCK	指定描述符并不是一个 Socket
WSAEINPROGRESS	存在一个阻塞的 Winsock 调用，或者 Windows Sockets 正在处理回调函数
WSAEINTR	阻塞的调用通过调用 WSACancelBlockingCall()函数取消
WSAEWOULDBLOCK	当前 Socket 被标识为非阻塞，并且操作应该是阻塞的

关闭 Socket 后，如果再引用该 Socket 将会生成 WSAENOTSOCK 错误。

5.4.9   shutdown()函数

shutdown()函数用于禁止在指定的 Socket 上发送和接收数据，函数原型如下。

```
int shutdown(
```

```
  SOCKET s,
  int how
);
```

参数 s 表示要关闭的 Socket，参数 how 指定禁用的操作。当参数 how 被设置为 SD_RECEIVE 时，将不允许在 Sockets 上再次调用 recv()函数接收数据；当参数 how 被设置为 SD_SEND 时，将不允许在 Sockets 上再次调用 send()函数发送数据；当参数 how 被设置为 SD_BOTH 时，在套接字 s 上将禁止发送和接收数据。

如果没有发生错误，则 shutdown()函数返回 0；否则返回 SOCKET_ERROR，此时可以调用 WSAGetLastError()函数获取错误代码，具体错误代码的说明如表 5.12 所示。

表 5.12　　　　　　　　　　　　调用 shutdown()函数的错误代码

错　误　代　码	说　　　明
WSANOTINITIALISED	在调用此函数之前没有成功调用 WSAStartup()函数对 WinSock 进行初始化
WSAENETDOWN	网络子系统故障
WSAEINVAL	参数 how 无效
WSAEINPROGRESS	存在一个阻塞的 Winsock 调用，或者 Windows Sockets 正在处理回调函数
WSAENOTCONN	Socket 未连接
WSAENOTSOCK	指定描述符并不是一个 Socket

shutdown()函数并不会关闭 Socket，在调用 closesocket()函数之前，所有与该 Socket 相关的资源都不会被释放。

断开与 Socket 的连接有两种方式，即优雅断开（Graceful Disconnect）和中断断开（Abortive Disconnect）。

如果采用优雅断开方式，则在关闭 Socket 之前要确定 Socket 上的数据已经发送和接收完成，在调用 closesocket()函数之前，应该调用 shutdown()函数禁用 Socket；如果采用中断断开方式，则系统会将还没有发送的数据都丢弃掉，直接断开 Socket 的连接。

5.4.10　connect()函数

connect()函数用于建立到 Socket 的连接，该 Socket 必须处于监听状态，函数原型如下。

```
int connect(
  SOCKET s,
  const struct sockaddr FAR* name,
  int namelen
);
```

参数说明如下。
- s 表示一个未连接的 Socket 句柄。
- name 指定要建立连接的 Socket 的名称。
- namelen 指定 Socket 名的长度。

当函数调用成功时，返回 0；否则返回 SOCKET_ERROR。

下面是使用 connect()函数连接服务器 Socket 的演示程序。

```
SOCKET    s;
```

```
u_long    ServerIP;
u_short   ServerPort;
int       retValue;
// 设置服务器地址
SOCKADDR_IN   serverAddr;
serverAddr.sin_family = AF_INET;
serverAddr.sin_addr.S_un.S_addr = htonl(ServerIP);
serverAddr.sin_port = htons(ServerPort);
int len = sizeof(serverAddr);
// 连接服务器
retValue = connect(s, (LPSOCKADDR)&serverAddr, sizeof(serverAddr));
if(retValue == SOCKET_ERROR)
{
// 调用 connect()函数的处理
}
```

5.4.11 TCP Socket 服务器应用程序编程实例

本节介绍通过 Windows 控制台应用程序来实现 TCP Socket 服务器应用程序的方法。服务器应用程序启动时将在 TCP 端口 9990 上进行监听。收到客户端应用程序发送来的数据后，服务器应用程序将向客户端发送一个表示收到数据的字符串。如果服务器收到字符串"quit"，则退出应用程序。服务器程序的运行界面如图 5.4 所示。

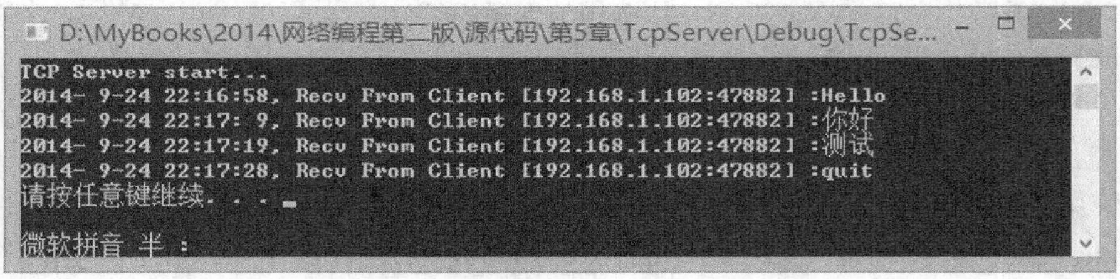

图 5.4 服务器程序的运行界面

实现服务器程序的项目为 TcpServer，下面介绍服务器程序的实现过程。

1. 头文件和常量定义

在主程序 TcpServer.cpp 中，需要包含如下的头文件。

```
#include "stdafx.h"            // 默认包含的头文件，用于实现头文件的预编译
#include <WINSOCK2.H>          // 用于管理 Windows Sockets 版本 2 函数的头文件
#include <iostream>            // 用于管理输入输出流的头文件
```

为了在程序中使用 Windows Sockets 库，需要在 TcpServer.cpp 中执行下面的语句，引用 WS2_32.lib 库文件。

```
#pragma comment(lib,"WS2_32.lib")
```

常量 BUF_SIZE 用于定义服务器接收数据的缓冲区大小，代码如下。

```
#define BUF_SIZE    64         // 缓冲区大小
```

下面介绍的代码都包含在_tmain()函数中。

2. 声明变量

程序需要使用的变量如下。

```
int _tmain(int argc, _TCHAR* argv[])
{
    WSADATA wsd;                    // WSADATA 变量，用于初始化 Windows Sockets
    SOCKET  sServer;                // 服务器 Socket，用于监听客户端请求
    SOCKET  sClient;                // 客户端 Socket，用于实现与客户端的通信
    int     retVal;                 // 调用各种 Socket 函数的返回值
    char    buf[BUF_SIZE];          // 用于接受客户端数据的缓冲区
    …
}
```

在服务器程序中，需要声明两个 SOCKET 对象，一个用于监听所有客户端请求，另一个用于和一个客户端程序进行通信。

3. 初始化 Socket 环境

程序首先调用 WSAStartup()函数，对 Socket 环境进行初始化，代码如下。

```
int _tmain(int argc, _TCHAR* argv[])
{
    …
    // 初始化 Socket 动态库
    if(WSAStartup(MAKEWORD(2,2),&wsd) != 0)
    {
      printf("WSAStartup failed !\n");
      return 1;
    }
    …
}
```

4. 创建用于监听的 Socket

初始化 Socket 环境后，程序调用 socket()函数创建用于监听的 Socket，代码如下。

```
int _tmain(int argc, _TCHAR* argv[])
{
    …
    // 创建用于监听的 Socket
    sServer = socket(AF_INET,SOCK_STREAM,IPPROTO_TCP);
    if(INVALID_SOCKET == sServer)
    {
      printf("socket failed !\n");
      WSACleanup();
      return -1;
    }
    …
}
```

socket()函数中的参数指定了创建的 Socket sServer 是基于 TCP 的。

5. 设置服务器 Socket 地址

在将 Socket 与本地监听地址绑定起来之前，需要设置服务器的 Socket 地址，代码如下。

```
int _tmain(int argc, _TCHAR* argv[])
```

```
{
    …
    // 设置服务器 Socket 地址
    SOCKADDR_IN addrServ;
    addrServ.sin_family = AF_INET;
    addrServ.sin_port = htons(9990);          // 监听端口为 9990
    addrServ.sin_addr.S_un.S_addr = htonl(INADDR_ANY);
    …
}
```

服务器监听地址为 INADDR_ANY，即在任意本地地址（0.0.0.0）上进行监听。监听端口号为 9990。

6. 绑定 Sockets Server 到本地地址

前面已经创建了用于监听的 Sockets Server，也定义了服务器的本地监听地址，现在可以使用下面的代码将它们绑定在一起。

```
int _tmain(int argc, _TCHAR* argv[])
{
    …
    retVal = bind(sServer,(const struct sockaddr*)&addrServ,sizeof(SOCKADDR_IN));
    if(SOCKET_ERROR == retVal)
    {
      printf("bind failed !\n");
      closesocket(sServer);
      WSACleanup();
      return -1;
    }
    …
}
```

7. 在 Sockets Server 上进行监听

将 Socket 与本地监听地址绑定后，就可以调用 listen()函数在该 Socket 上进行监听了，代码如下。

```
int _tmain(int argc, _TCHAR* argv[])
{
    …
    retVal = listen(sServer,1);
    if(SOCKET_ERROR == retVal)
    {
      printf("listen failed !\n");
      closesocket(sServer);
      WSACleanup();
      return -1;
    }
    …
}
```

8. 接受来自客户端的请求

调用 accept()函数可以等待来自客户端的连接请求，代码如下。

```
int _tmain(int argc, _TCHAR* argv[])
{
```

```
…
printf("TCP Server start...\n");
sockaddr_in addrClient;                           // 客户端地址
int addrClientlen = sizeof(addrClient);
sClient = accept(sServer,(sockaddr FAR*)&addrClient,&addrClientlen);
if(INVALID_SOCKET == sClient)
{
  printf("accept failed !\n");
  closesocket(sServer);
  WSACleanup();
  return -1;
}
…
}
```

　　程序首先打印字符串 "TCP Server start..."，表示初始化操作已经完成，准备接收来自客户端的连接请求，然后调用 accept()函数接受来自客户端的请求，参数 addrClient 用于获取客户端的连接地址（包括 IP 地址和端口号）。

　　当执行 accept()函数后，程序处于阻塞状态，只有当客户端连接请求到达时，程序才会继续执行。

9. 在服务器与客户端之间发送和接收数据

　　程序使用 while 循环接收来自客户端的数据，在屏幕输出接收数据的时间、客户端连接地址和接收数据的内容。如果接收到的字符串为 "quit"，则退出 while 循环；否则向客户端发送回显字符串，表明服务器程序已经接收到客户端发送的字符串。

　　在服务器程序中实现与客户端发送和接收数据功能的代码如下。

```
int _tmain(int argc, _TCHAR* argv[])
{
…
    // 循环接收客户端的数据，直接客户端发送 quit 命令后退出。
    while(true)
    {
        ZeroMemory(buf,BUF_SIZE);                    // 清空接收数据的缓冲区
        retVal = recv(sClient,buf,BUFSIZ,0);
        if(SOCKET_ERROR == retVal)
        {
            printf("recv failed !\n");
            closesocket(sServer);
            closesocket(sClient);
            WSACleanup();
            return -1;
        }
        // 获取当前系统时间
        SYSTEMTIME st;
        GetLocalTime(&st);
        char sDateTime[30];
        sprintf(sDateTime,
"%4d-%2d-%2d  %2d:%2d:%2d",st.wYear,st.wMonth,st.wDay,st.  wHour,st.wMinute,
st.wSecond);
        // 打印输出的信息
        printf("%s, Recv From Client [%s:%d] :%s\n", sDateTime, inet_ntoa(addrClient.
```

```
sin_addr), addrClient.sin_port, buf);
              // 如果客户端发送"quit"字符串，则服务器退出
              if(strcmp(buf, "quit") == 0)
              {
                  retVal = send(sClient,"quit",strlen("quit"),0);
                  break;
              }
              // 否则向客户端发送回显字符串
              else
              {
                  char    msg[BUF_SIZE];
                  sprintf(msg, "Message received - %s", buf);
                  retVal = send(sClient, msg, strlen(msg),0);      // 向客户端发送回显字符串
                  if(SOCKET_ERROR == retVal)
                  {
                      printf("send failed !\n");
                      closesockets(Server);
                      closesockets(Client);
                      WSACleanup();
                      return -1;
                  }
              }
          }
          …
      }
```

10. 释放资源

当服务器程序接收到来自客户端的"quit"字符串后，将退出 while 循环，并释放占用的资源，代码如下。

```
int _tmain(int argc, _TCHAR* argv[])
{
    …

    // 释放 Socket
    closesockets(Server);
    closesockets(Client);
    WSACleanup();

    // 暂停，按任意键退出
    system("pause");
    return 0;
    …
}
```

运行服务器程序后，可以执行 netstat-nao 来查看服务器程序是否处于监听状态，如图 5.5 所示。

可以看到，在 0.0.0.0 的 9990 端口上有一个 TCP 连接正处于 LISTENING（监听）状态，管理该连接的进程编号（PID）为 2552。打开 Windows 任务管理器，可以看到 PID 为 2552 的进程为 TcpServer（32 位），如图 5.6 所示。

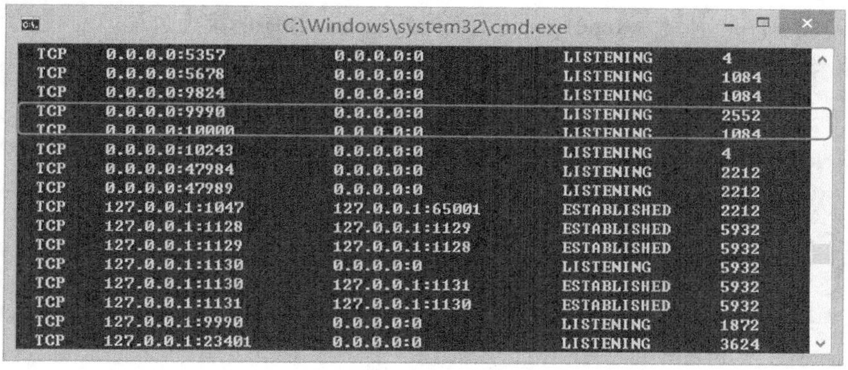

C:\Windows\system32\cmd.exe
TCP 0.0.0.0:5357 0.0.0.0:0 LISTENING 4
TCP 0.0.0.0:5678 0.0.0.0:0 LISTENING 1084
TCP 0.0.0.0:9824 0.0.0.0:0 LISTENING 1084
TCP 0.0.0.0:9990 0.0.0.0:0 LISTENING 2552
TCP 0.0.0.0:10000 0.0.0.0:0 LISTENING 1084
TCP 0.0.0.0:10243 0.0.0.0:0 LISTENING 4
TCP 0.0.0.0:47984 0.0.0.0:0 LISTENING 2212
TCP 0.0.0.0:47989 0.0.0.0:0 LISTENING 2212
TCP 127.0.0.1:1047 127.0.0.1:65001 ESTABLISHED 2212
TCP 127.0.0.1:1128 127.0.0.1:1129 ESTABLISHED 5932
TCP 127.0.0.1:1129 127.0.0.1:1128 ESTABLISHED 5932
TCP 127.0.0.1:1130 0.0.0.0:0 LISTENING 5932
TCP 127.0.0.1:1130 127.0.0.1:1131 ESTABLISHED 5932
TCP 127.0.0.1:1131 127.0.0.1:1130 ESTABLISHED 5932
TCP 127.0.0.1:9990 0.0.0.0:0 LISTENING 1872
TCP 127.0.0.1:23401 0.0.0.0:0 LISTENING 3624

图 5.5　查看服务器程序的监听状态

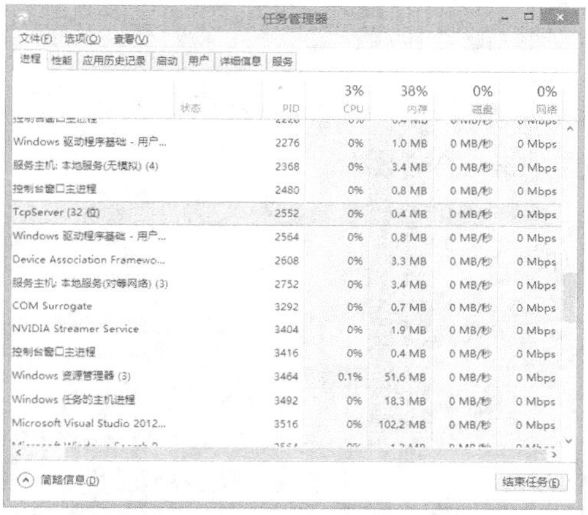

图 5.6　查看管理 TCP 连接的进程信息

5.4.12　TCP Socket 客户端应用程序编程实例

本节介绍通过 Windows 控制台应用程序来实现 TCP Socket 客户端应用程序的方法。客户端应用程序启动时将自动连接到指定服务器的 TCP 端口 9990，然后提示用户输入向服务器发送的字符串。

收到客户端应用程序发送来的数据后，服务器应用程序将向客户端发送一个表示收到数据的字符串。如果服务器收到字符串“quit”，则退出应用程序。服务器程序的运行界面如图 5.7 所示。

D:\MyBooks\2014\网络编程第二版\源代码\第5章\TcpClient\...
Please input a string to send: Hello
Recv From Server: Message received - Hello
Please input a string to send: 你好
Recv From Server: Message received - 你好
Please input a string to send: 测试
Recv From Server: Message received - 测试
Please input a string to send: quit
Recv From Server: quit
quit!
请按任意键继续. . .
微软拼音 半 :

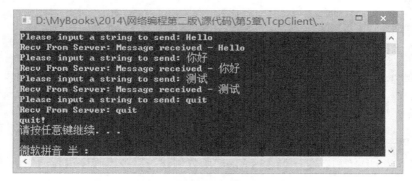

图 5.7　服务器程序的运行界面

实现客户端程序的项目为 TcpClient，下面介绍服务器程序的实现过程。

1. 头文件和常量定义

在主程序 TcpServer.cpp 中，需要包含如下的头文件。

```
#include "stdafx.h"              // 默认包含的头文件，用于实现头文件的预编译
#include <WINSOCK2.H>            // 用于管理 Windows Sockets 版本 2 函数的头文件
#include <string>                // 程序中使用到 std::string
#include <iostream>              // 用于管理输入输出流的头文件
```

为了在程序中使用 Windows Sockets 库，需要在 TcpClient.cpp 中执行下面的语句，引用 WS2_32.lib 库文件。

```
#pragma comment(lib,"WS2_32.lib")
```

常量 BUF_SIZE 用于定义服务器接收数据的缓冲区大小，代码如下。

```
#define BUF_SIZE   64            // 缓冲区大小
```

下面介绍的代码都包含在_tmain()函数中。

2. 声明变量

在程序需要使用的变量如下。

```
int _tmain(int argc, _TCHAR* argv[])
{
    WSADATA     wsd;             // 用于初始化 Windows Sockets
    SOCKET      sHost;           // 与服务器进行通信的 Socket
    SOCKADDR_IN servAddr;        // 服务器地址
    char        buf[BUF_SIZE];   // 用于接受数据缓冲区
    int         retVal;          // 调用各种 Socket 函数的返回值
    …
}
```

请参照注释理解变量的含义。

3. 初始化 Socket 环境

程序首先调用 WSAStartup()函数，对 Socket 环境进行初始化，代码如下。

```
int _tmain(int argc, _TCHAR* argv[])
{
    …
    // 初始化 Socket 动态库
    if(WSAStartup(MAKEWORD(2,2),&wsd) != 0)
    {
     printf("WSAStartup failed !\n");
     return 1;
    }
    …
}
```

4. 创建用于通信的 Socket

初始化 Socket 环境后，程序调用 socket()函数创建与服务器程序进行通信的 Socket，代码如下。

```
int _tmain(int argc, _TCHAR* argv[])
{
    …
    // 创建 Socket
    sHost = socket(AF_INET,SOCK_STREAM,IPPROTO_TCP);
    if(INVALID_SOCKET == sHost)
    {
        printf("socket failed !\n");
        WSACleanup();
        return -1;
    }
    …
}
```

socket()函数中的参数指定了创建的 SocketsHost 是基于 TCP 的。

5. 设置服务器 Socket 地址

在连接到服务器程序之前，需要在客户端设置服务器的 Socket 地址，代码如下。

```
int _tmain(int argc, _TCHAR* argv[])
{
    …
    // 设置服务器地址
    servAddr.sin_family = AF_INET;
    // 用户需要根据实际情况修改
    servAddr.sin_addr.S_un.S_addr = inet_addr("192.168.1.102");
    // 在实际应用中，建议将服务器的 IP 地址和端口号保存在配置文件中
    servAddr.sin_port = htons(9990);
    // 计算地址的长度
    int sServerAddlen = sizeof(servAddr);
    …
}
```

这里假定服务器的监听地址为 192.168.1.102，监听端口号为 9990。读者可以根据实际情况进行设置。

6. 连接到服务器

调用 connect()函数可以将客户端程序连接到服务器，代码如下。

```
int _tmain(int argc, _TCHAR* argv[])
{
    …
    // 连接服务器
    retVal = connect(sHost,(LPSOCKADDR)&servAddr,sizeof(servAddr));
    if(SOCKET_ERROR == retVal)
    {
     printf("connect failed !\n");
     closesocket(sHost);
     WSACleanup();
     return -1;
    }
    …
}
```

7．在客户端与服务器之间发送和接收数据

程序使用 while 循环向服务器程序发送数据，然后接收来自服务器的回显数据。向服务器发送字符串 "quit"，则退出 while 循环。在服务器程序中实现与客户端发送和接收数据功能的代码如下。

```
int _tmain(int argc, _TCHAR* argv[])
{
    …
    // 循环向服务器发送字符串，并显示反馈信息。
    // 发送 "quit" 将使服务器程序退出，同时客户端程序自身也将退出
    while(true)
    {
        // 向服务器发送数据
        printf("Please input a string to send: ");
        std::string str;
        // 接收输入的数据
        std::getline(std::cin, str);
        // 将用户输入的数据复制到 buf 中
        ZeroMemory(buf,BUF_SIZE);
        strcpy(buf,str.c_str());
        // 向服务器发送数据
        retVal = send(sHost,buf,strlen(buf),0);
        if(SOCKET_ERROR == retVal)
        {
            printf("send failed !\n");
            closesocket(sHost);
            WSACleanup();
                return -1;
        }
        // 接收服务器回传的数据
        retVal = recv(sHost,buf,sizeof(buf)+1,0);
        printf("Recv From Server: %s\n",buf);
        // 如果收到"quit"，则退出
        if(strcmp(buf, "quit") == 0)
        {
            printf("quit!\n");
            break;
        }
    }
    …
}
```

8．释放资源

当程序退出 while 循环时，将释放占用的资源，代码如下。

```
int _tmain(int argc, _TCHAR* argv[])
{
    …
    // 释放资源
    closesocket(sHost);
    WSACleanup();
```

```
    // 暂停，按任意键继续
    system("pause");
    return 0;
    …
}
```

运行服务器程序后，再运行客户端程序。然后在客户端计算机的命令窗口中可以执行 netstat –nao，可以查看客户端程序的状态，如图 5.8 所示。

C:\Windows\system32\cmd.exe			
TCP	127.0.0.1:65001	0.0.0.0:0	LISTENING	2212
TCP	127.0.0.1:65001	127.0.0.1:1047	ESTABLISHED	2212
TCP	192.168.1.102:139	0.0.0.0:0	LISTENING	4
TCP	192.168.1.102:1069	111.221.72.65:443	ESTABLISHED	3464
TCP	192.168.1.102:2880	122.193.207.23:80	TIME_WAIT	0
TCP	192.168.1.102:2882	123.129.208.88:80	TIME_WAIT	0
TCP	192.168.1.102:2883	192.168.1.102:9990	ESTABLISHED	1912
TCP	192.168.1.102:9990	192.168.1.102:2883	ESTABLISHED	2552
TCP	[::]:135	[::]:0	LISTENING	816
TCP	[::]:445	[::]:0	LISTENING	4
TCP	[::]:554	[::]:0	LISTENING	2072
TCP	[::]:1025	[::]:0	LISTENING	584
TCP	[::]:1026	[::]:0	LISTENING	368
TCP	[::]:1027	[::]:0	LISTENING	596
TCP	[::]:1028	[::]:0	LISTENING	1452
TCP	[::]:1031	[::]:0	LISTENING	692

图 5.8　查看客户端程序的连接状态

可以看到，在 192.168.1.102 的 9990 端口上有一个 TCP 连接正处于 ESTABLISHED（建立连接）状态。

5.5　面向非连接的 Socket 编程

与面向连接的网络通信相比，面向非连接的网络通信不需要在服务器和客户端之间建立连接。本节将介绍面向非连接的 Socket 编程的基本方法。

5.5.1　面向非连接的 Socket 通信流程

面向非连接的 Socket 通信是基于 UDP 的。网络中的两个进程以客户机/服务器模式进行通信，具体步骤如图 5.9 所示。

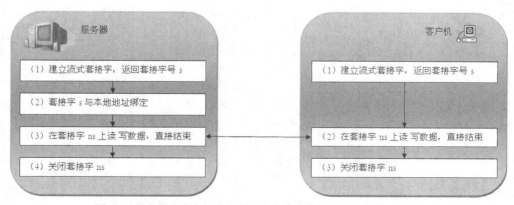

图 5.9　服务器和客户机进程实现面向非连接的 Socket 通信的过程

可以看到，面向非连接的 Socket 通信流程比较简单，在服务器程序中不需要调用 listen()和 accept()函数来等待客户端的连接；在客户端程序中也不需要与服务器建立连接，而是直接向服务器发送数据。

5.5.2 sendto()函数

使用 sendto()函数可以实现发送数据的功能，函数原型如下。

```
int sendto(
  SOCKET s,
  const char* buf,
  int len,
  int flags,
  const struct sockaddr* to,
  int tolen
);
```

参数说明如下：

- s，指定一个 Socket 句柄。
- buf，包含要传输数据的缓冲区。
- len，缓冲区中数据的长度，单位为字节。
- flags，指定调用函数的方式。如果等于 0，则表示函数无特殊行为；等于 MSG_DONT-ROUTE 表示要求传输层不要将数据路由出去；等于 MSG_OOB 表示该数据应该带外（Out of Band，OOB）发送。
- to，指定接收数据的目标地址。
- tolen，指定地址长度。

如果函数调用成功，则返回发送数据的字节数；否则返回 SOCKET_ERROR。

【例 5.7】 演示使用 sendto()函数发送数据报的方法，代码如下。

```
#include "stdafx.h"
#include <WINSOCK2.H>                      // 用于管理 Windows Sockets 版本函数的头文件

#pragma comment(lib,"WS2_32.lib")

int _tmain(int argc, _TCHAR* argv[])
{
    WSADATA wsaData;                        // WSADATA 变量，用于初始化 Windows Sockets
    SOCKET SendSocket;                      // 发送消息的 Socket
    sockaddr_in RecvAddr;                   // 服务器端地址
    int Port = 27015;                       // 服务器端监听地址
    char SendBuf[1024];                     // 发送数据的缓冲区
    int BufLen = 1024;                      // 缓冲区大小
    // 初始化 Socket
    WSAStartup(MAKEWORD(2,2), &wsaData);
    // 创建 Socket 对象
    SendSocket = socket(AF_INET, SOCK_DGRAM, IPPROTO_UDP);
    // 设置服务器地址
    RecvAddr.sin_family = AF_INET;
```

```
    RecvAddr.sin_port = htons(Port);
    RecvAddr.sin_addr.s_addr = inet_addr("192.168.1.102");
    // 向服务器发送数据报
    printf("Sending a datagram to the receiver...\n");
    sendto(SendSocket,
        SendBuf,
        BufLen,
        0,
        (SOCKADDR *) &RecvAddr,
        sizeof(RecvAddr));
    // 发送完成，关闭 Socket
    printf("Finished sending. Closing socket.\n");
    closesocket(SendSocket);
    // 释放资源，并退出
    printf("Exiting.\n");
    WSACleanup();
    return 0;
}
```

5.5.3　recvfrom()函数

使用 recvfrom ()函数可以实现接收数据的功能，函数原型如下。

```
int recvfrom(
  SOCKET s,
  char* buf,
  int len,
  int flags,
  struct sockaddr* from,
  int* fromlen
);
```

参数说明如下。

- s，指定一个 Socket 句柄。
- buf，包含要接收数据的缓冲区。
- len，缓冲区中数据的长度，单位为字节。
- flags，指定调用函数的方式。如果等于 0，则表示函数无特殊行为；等于 MSG_PEEK 表示会使有用的数据被复制到接收缓冲区中；等于 MSG_OOB 表示该数据应该带外（Out of Band，OOB）处理。
- from，指定发送数据的主机地址。
- tolen，指定地址长度。

如果函数调用成功，则返回发送数据的字节数；否则返回 SOCKET_ERROR。

【例 5.8】 演示使用 recvfrom()函数接收数据报的方法，代码如下。

```
#include "stdafx.h"
#include <stdio.h>
#include "winsock2.h"

#pragma comment(lib,"WS2_32.lib")

int _tmain(int argc, _TCHAR* argv[])
```

```
{
    WSADATA wsaData;                              // WSADATA 变量，用于初始化 Windows Sockets
    SOCKET RecvSocket;                            // 发送消息的 SOCKET
    sockaddr_in RecvAddr;                         // 服务器端地址
    int Port = 27015;                            // 服务器端监听地址
    char RecvBuf[1024];                          // 发送数据的缓冲区
    int  BufLen = 1024;                          // 缓冲区大小
    sockaddr_in SenderAddr;                       // 发送者的地址
    int SenderAddrSize = sizeof(SenderAddr);
    // 初始化 Winsock
    WSAStartup(MAKEWORD(2,2), &wsaData);
    // 创建接收数据报的 Socket
    RecvSocket = socket(AF_INET, SOCK_DGRAM, IPPROTO_UDP);
    // 将 Socket 与指定端口和 0.0.0.0 绑定
    RecvAddr.sin_family = AF_INET;
    RecvAddr.sin_port = htons(Port);
    RecvAddr.sin_addr.s_addr = htonl(INADDR_ANY);
    bind(RecvSocket, (SOCKADDR *) &RecvAddr, sizeof(RecvAddr));
    // 调用 recvfrom()函数在绑定的 Socket 上接收数据
    printf("Receiving datagrams...\n");
    recvfrom(RecvSocket,
            RecvBuf,
            BufLen,
            0,
            (SOCKADDR *)&SenderAddr,
            &SenderAddrSize);
    // 关闭 Socket，结束接收数据
    printf("Finished receiving. Closing socket.\n");
    closesocket(RecvSocket);
    // 释放资源，退出
    printf("Exiting.\n");
    WSACleanup();
    return 0;
}
```

5.6 Socket 选项

前面介绍了 Socket 编程的基本方法。在有些情况下，需要对 Socket 的行为和属性进行进一步的控制，例如修改缓冲区的大小等，这就需要设置 Socket 选项。

5.6.1 调用 getsockopt()函数获取 Socket 选项

getsockopt()的函数原型如下。

```
int getsockopt(
  SOCKET s,
  int level,
  int optname,
```

```
    char* optval,
    int* optlen
);
```

参数说明如下。

- s，Socket 描述符。
- level，选项的级别，包括 SOL_SOCKET 和 IPPROTO_TCP 两个级别。
- optname，Socket 选项的名称。
- optval，用于接收 Socket 值数据的缓冲区。
- optlen，optval 缓冲区的大小。

如果函数调用成功，则返回 0；否则返回 SOCKET_ERROR。可以调用 WSAGetLastError() 函数获取具体的错误信息，如表 5.13 所示。

表 5.13　　　　　　　　　　　　　调用 getsockopt()函数的错误代码

错 误 代 码	说　　　明
WSANOTINITIALISED	在调用此函数之前没有成功调用 WSAStartup()函数对 WinSock 进行初始化
WSAENETDOWN	网络子系统故障
WSAEFAULT	参数 optval 或 optlen 指定的缓冲区太小，无法容纳要发送的数据
WSAEINPROGRESS	存在一个阻塞的 Windows Sockets 1.1 调用，或者 Windows Sockets 还在处理一个回调函数
WSAEINVAL	参数 level 无效
WSAENOPROTOOPT	指定的选项无效或者不被指定的协议家族支持
WSAENOTSOCK	指定描述符并不是一个 Socket

当选项级别被设置为 SOL_SOCKET 时，使用 getsockopt()函数可以获取的 Socket 选项如表 5.14 所示。

表 5.14　　　　　　　　　　　　SOL_SOCKET 级别的 Socket 选项

选　项　名	数 据 类 型	说　　　明
SO_ACCEPTCONN	BOOL	如果为真，则表明该 Socket 正处于监听状态
SO_BROADCAST	BOOL	如果为真，则表明该 Socket 被设置为允许传送广播消息
SO_CONDITIONAL_ACCEPT	BOOL	返回当前 Socket 的状态
SO_DEBUG	BOOL	如果为真，则表明允许输出调试信息
SO_DONTLINGER	BOOL	如果为真，则禁用 SO_LINGER 选项
SO_DONTROUTE	BOOL	如果为真，则禁用路由选择
SO_ERROR	int	收到错误状态
SO_GROUP_ID	GROUP	保留
SO_GROUP_PRIORITY	int	保留
SO_KEEPALIVE	BOOL	如果为真，则表示已发送 Keep-alive 消息
SO_LINGER	LINGER 结构体	返回当前的拖延值（linger）选项，即在关闭 Socket 时，如果存在未发送的数据，则等待指定的时间

续表

选 项 名	数据类型	说 明
SO_MAX_MSG_SIZE	unsigned int	对于基于消息的 Socket 类型而言（例如 SOCK_DG-RAM），表示消息的最大值。对于基于流的 Socket 该选项没有意义
SO_OOBINLINE	BOOL	如果为真，则表示可以在常规数据流中接收带外数据
SO_PROTOCOL_INFO	WSAPROTOCOL_INFO	返回绑定到该 Socket 的协议信息
SO_RCVBUF	int	获取或设置用于接收数据的缓冲区大小
SO_REUSEADDR	BOOL	指定是否允许 Socket 绑定到一个已使用的地址
SO_SNDBUF	int	获取或设置用于发送数据的缓冲区大小
SO_TYPE	int	获取 Socket 的类型，例如 SOCK_DGRAM 或 SOCK_STREAM

这些属性可以描述 Socket 本身的属性和特征。

【例 5.9】 演示使用 getsockopt()函数获取 Socket 属性的方法，代码如下。

```
#include "stdafx.h"
#include <stdlib.h>
#include "winsock2.h"

#pragma comment(lib,"WS2_32.lib")

int _tmain(int argc, _TCHAR* argv[])
{
    // 声明变量
    WSADATA wsaData;                       // 用于初始化 Windows Sockets 环境
    SOCKET ListenSocket;                   // 用于监听的 Socket
    sockaddr_in service;                   // 服务器地址
    // 初始化 Winsock
    int iResult = WSAStartup(MAKEWORD(2,2), &wsaData);
    if(iResult != NO_ERROR)
     printf("Error at WSAStartup\n");
    // 创建监听 Socket
    ListenSocket = socket(AF_INET, SOCK_STREAM, IPPROTO_TCP);
    if (ListenSocket == INVALID_SOCKET) {
       printf("Error at socket()\n");
      WSACleanup();
      return -1;
    }
    // 将 Socket 绑定到本地的端口 27015
    hostent* thisHost;
    char* ip;
    u_short port;
    port = 27015;
    thisHost = gethostbyname("");
    ip = inet_ntoa (*(struct in_addr *)*thisHost->h_addr_list);
    service.sin_family = AF_INET;
```

```
service.sin_addr.s_addr = inet_addr(ip);
service.sin_port = htons(port);
if ( bind(ListenSocket,(SOCKADDR*) &service, sizeof(service))  == SOCKET_ERROR)
{
  printf("bind failed\n");
 closesocket(ListenSocket);
 return -1;
}
// 调用 getsockopt(), 获取 SO_ACCEPTCONN 参数值
int optVal;
int optLen = sizeof(int);
if (getsockopt(ListenSocket,
        SOL_SOCKET,
        SO_ACCEPTCONN,
        (char*)&optVal,
        &optLen) != SOCKET_ERROR)
 printf("SockOpt Value: %ld\n", optVal);
// 启动监听模式
if (listen( ListenSocket, 100 ) == SOCKET_ERROR) {
  printf("error listening\n");
}
// 在监听模式下调用 getsockopt(), 获取 SO_ACCEPTCONN 参数值
if (getsockopt(ListenSocket,
        SOL_SOCKET,
        SO_ACCEPTCONN,
        (char*)&optVal,
        &optLen) != SOCKET_ERROR)
 printf("SockOpt Value: %ld\n", optVal);
// 释放资源
WSACleanup();
system("pause");
return 0;
}
```

运行结果如图 5.10 所示。

图 5.10　使用 getsockopt()函数获取 Socket 属性

可以看到，在 Socket 处于监听模式前，获取 SO_ACCEPTCONN 选项的值为 0；在 Socket 处于监听模式后，SO_ACCEPTCONN 选项值为 1。

5.6.2　调用 setsockopt()函数设置 Socket 选项

setsockopt()的函数原型如下。

```
int setsockopt(
  SOCKET s,
```

```
    int level,
    int optname,
    const char* optval,
    int optlen
);
```

参数说明如下。

- s，Socket 描述符。
- level，选项的级别，包括 SOL_SOCKET 和 IPPROTO_TCP 两个级别。
- optname，Socket 选项的名称。
- optval，用于接收 Socket 值数据的缓冲区。
- optlen，optval 缓冲区的大小。

如果函数调用成功，则返回 0；否则返回 SOCKET_ERROR。这些参数可以描述 Socket 本身的属性和特征。

【例 5.10】 演示使用 setsockopt()函数设置 Socket 属性的方法，代码如下。

```
#include "stdafx.h"
#include <stdlib.h>
#include "winsock2.h"

#pragma comment(lib,"WS2_32.lib")

int _tmain(int argc, _TCHAR* argv[])
{
    // 声明变量
    WSADATA wsaData;                     // 用于初始化 Windows Sockets 环境
    SOCKET ListenSocket;                 // 用于监听的 Socket
    sockaddr_in service;                 // 服务器地址
    // 初始化 Winsock
    int iResult = WSAStartup(MAKEWORD(2,2), &wsaData);
    if(iResult != NO_ERROR)
      printf("Error at WSAStartup\n");
    // 创建监听 Socket
    ListenSocket = socket(AF_INET, SOCK_STREAM, IPPROTO_TCP);
    if (ListenSocket == INVALID_SOCKET) {
      printf("Error at socket()\n");
     WSACleanup();
     return;
    }
    // 将 Socket 绑定到本地的端口 27015
    hostent* thisHost;
    char* ip;
    u_short port;
    port = 27015;
    thisHost = gethostbyname("");
    ip = inet_ntoa (*(struct in_addr *)*thisHost->h_addr_list);
    service.sin_family = AF_INET;
    service.sin_addr.s_addr = inet_addr(ip);
    service.sin_port = htons(port);
    if ( bind(ListenSocket,(SOCKADDR*) &service, sizeof(service))  == SOCKET_ERROR)
```

```
        {
            printf("bind failed\n");
            closesocket(ListenSocket);
            return-1;
        }
        // 调用 setsockopt()函数, 将 SO_KEEPALIVE 参数设置为 TRUE
        // 并在调用前后调用 getsockopt()函数比较 SO_KEEPALIVE 参数的值
        BOOL bOptVal = TRUE;
        int bOptLen = sizeof(BOOL);
        int iOptVal;
        int iOptLen = sizeof(int);
        if (getsockopt(ListenSocket, SOL_SOCKET, SO_KEEPALIVE, (char*)&iOptVal,
&iOptLen) != SOCKET_ERROR) {
          printf("SO_KEEPALIVE Value: %ld\n", iOptVal);
        }
        if (setsockopt(ListenSocket, SOL_SOCKET, SO_KEEPALIVE, (char*)&bOptVal,
bOptLen) != SOCKET_ERROR) {
          printf("Set SO_KEEPALIVE: ON\n");
        }
        if (getsockopt(ListenSocket, SOL_SOCKET, SO_KEEPALIVE, (char*)&iOptVal,
&iOptLen) != SOCKET_ERROR) {
          printf("SO_KEEPALIVE Value: %ld\n", iOptVal);
        }
        // 释放资源
        WSACleanup();
        system("pause");
        return 0;
    }
```

运行结果如图 5.11 所示。

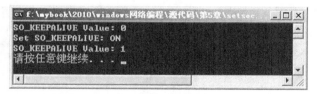

图 5.11　使用 setsockopt()函数设置 Socket 属性

可以看到, 在调用 setsockopt()函数之前, SO_KEEPALIVE 选项的值为 0; 在调用 setsockopt()函数后, SO_KEEPALIVE 选项的值被设置为 1。

习　　题

一、选择题

1. 下面不属于 Socket 类型的是（　　）。

    A．SOCK_STREAM　　　　　　　　B．SOCK_DGRAM

    C．SOCK_TCP　　　　　　　　　　D．SOCK_RAW

2. 在 Visual C++中，通常使用 WinSock 2.2 实现网络通信的功能，则需要引用头文件为(　　)。

    A. winsock.h   B. winsock2.h   C. winsock22.h   D. winsock2.2.h

3. 将 u_long 类型的主机字节顺序格式 IP 地址转换为 TCP/IP 网络字节顺序格式的函数是(　　)。

    A. htonl   B. htons   C. ntohl   D. ntohs

4. 下面属于 Socket 级别的是(　　)。

    A. SOL_SOCKET   B. SOCKET_LEVEL

    C. TCP_IP   D. SQL_SOCKET

二、填空题

1. 根据基于的底层协议不同，Socket 开发接口可以提供　【1】　和　【2】　两种服务方式。

2. 在 Visual Studio 2012 中，通常使用 WinSock 2.2 实现网络通信的功能，则需要引用库文件　【3】　。

3. 在计算机中使用无符号长整型（unsigned long）数来存储和表示 IP 地址，而且分为　【4】　和　【5】　两种格式。

4. 在 Visual C++中使用结构体　【6】　来保存网络字节顺序格式的 IP 地址。

5. 用于获取 Socket 选项的函数是　【7】　。

三、简答题

1. 简述基于 TCP 的两个网络应用程序进行通信的基本过程。

2. 简述流式 Socket 和数据报式 Socket 的区别。

3. 简述服务器和客户机面向连接的 Socket 通信流程。

第6章
探测网络中的在线设备

要对一个网络进行管理，首先应该知道网络中包括哪些设备和这些设备的在线状态。通常应用程序从获取本地网络信息开始，计算本地子网中包含的所有可能的 IP 地址，然后使用类似 Ping 命令的功能来发现本地网络。本章将介绍获取本地网络信息和探测网络中在线设备的方法。

6.1　获取本地计算机的网络信息

本节介绍如何获取本地计算机的网络信息，包括 IP 地址、子网掩码、默认网关、MAC 地址、网络适配器信息、计算机名、域名、DNS 服务器、网络接口信息等。

6.1.1　使用 ipconfig 命令获取本地网络信息

在 Windows 操作系统中，可以使用 ipconfig 命令获取本地网络信息。在命令窗口中执行 ipconfig 命令，运行结果如图 6.1 所示。

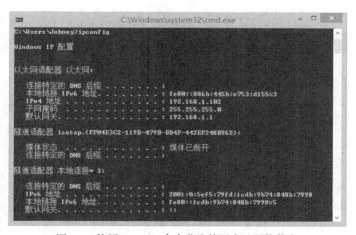

图 6.1　使用 ipconfig 命令获取简要本地网络信息

从返回结果中可以看到，本地计算机的 IP 地址为 192.168.1.102，子网掩码为 255.255.255.0，默认网关为 192.168.1.1。这只是简要的本地网络信息，要查看更详细的信息，可以执行下面的命令。

```
ipconfig /all
```

运行结果如图 6.2 所示。

图 6.2　使用 ipconfig /all 命令获取详细的本地网络信息

除了 IP 地址、子网掩码和默认网关外，在详细的本地网络信息中还包括主机名、是否启用 IP 路由功能、是否启用 WINS 代理、网络适配器描述信息、物理地址、是否启用 DHCP 功能、DNS 服务器等。

本章稍后将介绍如何使用 Visual C++实现类似 ipconfig 命令的功能。

6.1.2　获取本地网络信息的开发接口 IP Helper API

在 Visual C++中，可以使用 IP Helper API 来获取和修改本地网络信息。另外，IP Helper API 还可以提供通知机制，可以在本地计算机网络配置发生变化时提醒指定的应用程序。

IP Helper API 可以实现的主要功能如下。

- 获取网络配置的信息。
- 管理网络适配器（Network Adapter），也就是通常所说的网卡，它位于数据链路层。
- 管理网络接口（Interface）。接口表示节点上对应连接的部分，它位于 IP 层，因此可以在接口上绑定 IP 地址。在 IP Helper API 中，网络适配器和接口是一一对应的。
- 管理 IP 地址。
- 使用 ARP。
- 获取 IP 和 ICMP 中的信息。
- 管理路由信息。
- 接收网络事务的通知信息。

- 接收 TCP 和 UDP 信息。

IP Helper API 对应的动态链接库为 IPHLPAPI.dll，从 Windows 98 开始，所有 Windows 操作系统的 System32 目录下都带有这个库文件。它对应的静态链接库为 IPHLPAPI.lib，在安装 Visual Studio 2012 时会安装该文件，其默认位置为"C:\Program Files (x86)\Microsoft SDKs\Windows\v7.1A\Lib\x64"（笔者使用的是 64 位 Windows8.1，其他操作系统的位置可能会略有不同）。

在 Visual C++项目中，可以使用下面的语句引用 IPHLPAPI.lib。

```
#pragma comment(lib, "IPHLPAPI.lib")
```

也可以在项目属性对话框中选择"配置属性"/"链接器"/"输入"，然后在右侧的"附加依赖项"中输入 IPHLPAPI.lib，如图 6.3 所示。

图 6.3　在项目属性对话框中添加 IPHLPAPI.lib 库文件

关于 IP Helper API 的具体使用方法将在后面的小节中结合具体实例介绍。

6.1.3　获取本地网络适配器信息

在 iphlpapi.h 中声明了 GetAdaptersInfo()函数，调用该函数可以返回本地网络适配器的基本信息，函数原型如下。

```
DWORD GetAdaptersInfo(
  PIP_ADAPTER_INFO pAdapterInfo,
  PULONG pOutBufLen
);
```

GetAdaptersInfo()函数中包含两个参数，第一个参数 pAdapterInfo 是指向一个缓冲区指针，其中使用 IP_ADAPTER_INFO 结构体保存获取到的网络适配器信息；第 2 个参数 pOutBufLen 是一个指向 ULONG 变量的指针，保存 pAdapterInfo 缓冲区的大小。

GetAdaptersInfo()函数的返回值为 DWORD 类型，如果函数调用成功，则返回 ERROR_SUCCESS；否则将返回错误编码，如表 6.1 所示。

GetAdaptersInfo()函数的返回值

返回值常量	说　　明
ERROR_BUFFER_OVERFLOW	pOutBufLen 参数中指定的缓冲区太小，无法容纳网络适配器信息
ERROR_INVALID_PARAMETER	pOutBufLen 参数为 NULL，或者调用进程没有读/写 pOutBufLen 变量指向的内存空间的权限，或者调用进程没有写 pAdapterInfo 参数指向的内存空间的权限
ERROR_NO_DATA	本地计算机上没有网络适配器的信息
ERROR_NOT_SUPPORTED	本地计算机上的操作系统不支持 GetAdaptersInfo()函数

　　PIP_ADAPTER_INFO 是指定结构体 IP_ADAPTER_INFO 的指针，它在 iptypes.h 中声明，定义代码如下。

```
typedef struct _IP_ADAPTER_INFO {
    struct _IP_ADAPTER_INFO* Next;
    DWORD ComboIndex;
    char AdapterName[MAX_ADAPTER_NAME_LENGTH + 4];
    char Description[MAX_ADAPTER_DESCRIPTION_LENGTH + 4];
    UINT AddressLength;
    BYTE Address[MAX_ADAPTER_ADDRESS_LENGTH];
    DWORD Index;
    UINT Type;
    UINT DhcpEnabled;
    PIP_ADDR_STRING CurrentIpAddress;
    IP_ADDR_STRING IpAddressList;
    IP_ADDR_STRING GatewayList;
    IP_ADDR_STRING DhcpServer;
    BOOL HaveWins;
    IP_ADDR_STRING PrimaryWinsServer;
    IP_ADDR_STRING SecondaryWinsServer;
    time_t LeaseObtained;
    time_t LeaseExpires;
} IP_ADAPTER_INFO, *PIP_ADAPTER_INFO;
```

　　结构体中定义的成员变量说明如表 6.2 所示。

表 6.2　　　　　　　　　　　结构体 IP_ADAPTER_INFO 中定义的成员变量

成 员 变 量	说　　明
Next	指定网络适配器链表中的下一个网络适配器
ComboIndex	预留变量
AdapterName	网络适配器的名称
Description	网络适配器的描述信息
AddressLength	网络适配器 MAC 地址的长度
Address	网络适配器的 MAC 地址
Index	网络适配器索引。当一个网络适配器被禁用然后又重新启用后，该适配器的索引将发生变化。因此该值并不是网络适配器的唯一标识

续表

成 员 变 量	说　　明
Type	网络适配器的类型，包括 MIB_IF_TYPE_OTHER 、 MIB_IF_TYPE_ETHERNET 、MIB_IF_TYPE_TOKE NRING、MIB_IF_TYPE_FDDI、MIB_IF_TYPE_PPP、MIB_IF_TYPE_ LOOPBACK 和 MIB_IF_TYPE_ SLIP 等。这些值在 IPIfCons.h 中定义
DhcpEnabled	指定该网络适配器上是否启用了 DHCP
CurrentIpAddress	预留变量
IpAddressList	与此网络适配器相关联的 IP 地址列表
GatewayList	该网络适配器上定义的 IP 地址的默认网关
DhcpServer	该网络适配器上定义的 DHCP 服务器的 IP 地址
HaveWins	标明该网络适配器是否启用了 WINS
PrimaryWinsServer	主 WINS 服务器的 IP 地址
SecondaryWinsServer	从 WINS 服务器的 IP 地址
LeaseObtained	当前的 DHCP 租借获取的时间，只有在启用 DHCP 时生效
LeaseExpires	当前的 DHCP 租借失效的时间，只有在启用 DHCP 时生效

【例 6.1】 下面通过一个实例来介绍如何使用 Visual C++编写获取本地网络信息的程序。实例是一个控制台项目，运行界面如图 6.4 所示。

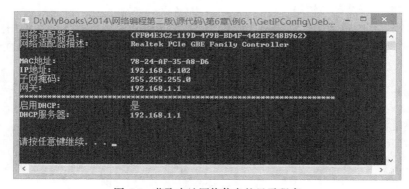

图 6.4　获取本地网络信息的显示程序

从返回结果中可以看到，本实例中可以获取到的信息包括网络适配器名、网络适配器描述、MAC 地址、IP 地址、子网掩码、网关和是否启动 DHCP 等。

下面介绍使用 IP Helper API 获取本地网络适配器信息的具体代码。首先创建一个 Win32 控制台应用程序，项目名称为 GetIPConfig，其主文件名为 GetIPConfig.cpp。

1．声明头文件

在 GetIPConfig.cpp 中需要声明程序中使用的头文件，并引用 IPHLPAPI.lib，代码如下。

```
#include "stdafx.h"
#pragma comment(lib, "IPHLPAPI.lib")
#include <winsock2.h>
#include <iphlpapi.h>
#include <stdio.h>
```

具体说明如下。

- stdafx.h，这是创建项目时默认创建的头文件，用户实现头文件的预编译。
- iphlpapi.lib，这是 IP Helper API 开发包的静态链接库，项目中必须引用它才能通过链接，否则在编译应用程序时会报链接错误。
- winsock2.h，用于初始化和管理 Windows Socket。要使用 IP Helper API 开发包，必须包含 Winsock2.h，否则在编译应用程序时会报很多奇怪的、与代码无关的错误。
- stdio.h，标准输入输出头文件。因为在获取并显示本地网络信息后，应用程序会直接退出。这里调用 system（"pause"）语句要求用户按任意键退出，因此需要包含 stdio.h。

2. 声明变量

在主函数_tmain()中，首先需要声明程序中使用的变量，代码如下。

```
// 指定获取到的网络信息结构体链表的指针
IP_ADAPTER_INFO *pAdapterInfo;
// 保存获取到的网络信息结构体链表的长度
ULONG  ulOutBufLen;
// 返回调用编码
DWORD dwRetVal;
// 在轮循所有网络适配器信息时使用的单个结构体变量
PIP_ADAPTER_INFO pAdapter;
```

每个变量的含义请参照注释内容理解。

3. 获取本地网络适配器信息

在获取本地信息的过程中，需要两次调用 GetAdaptersInfo()函数。第 1 次调用可以获取返回数据的大小，第 2 次调用使用前面获取到的数据大小作为参数，获取实际的 IP_ADAPTER_INFO 结构体内容，具体代码如下。

```
// 为 pAdapterInfo 分配空间
pAdapterInfo = (IP_ADAPTER_INFO *)malloc(sizeof(IP_ADAPTER_INFO));
ulOutBufLen = sizeof(IP_ADAPTER_INFO);
// 第 1 次调用 GetAdaptersInfo()，获取返回结果的大小保存到 ulOutBufLen 中
if(GetAdaptersInfo(pAdapterInfo, &ulOutBufLen) != ERROR_SUCCESS)
{
   free(pAdapterInfo);
   pAdapterInfo = (IP_ADAPTER_INFO *)malloc(ulOutBufLen);
}
// 第 2 次调用 GetAdaptersInfo()，获取本地网络信息保存到结构体 pAdapterInfo 中
if((dwRetVal = GetAdaptersInfo(pAdapterInfo, &ulOutBufLen)) != ERROR_SUCCESS)
{
   printf("GetAdaptersInfo Error! %d\n", dwRetVal);
}
```

4. 显示本地网络适配器信息

现在本地网络信息已经读取到 pAdapterInfo 链表中，因为本地计算机上可能安装多个网络适配器，所以需要使用 for 语句循环处理 pAdapterInfo 链表中的每个 IP_ADAPTER_INFO 结构体，并显示其中的网络信息，代码如下。

```
// 从 pAdapterInfo 获取并显示本地网络信息
pAdapter = pAdapterInfo;
while(pAdapter)
{
```

```
      printf("网络适配器名: \t\t%s\n", pAdapter->AdapterName);
      printf("网络适配器描述: \t%s\n\n", pAdapter->Description);
      printf("MAC 地址: \t\t");
      // 处理 MAC 地址
      for(int i=0; i<pAdapter->AddressLength; i++)
      {
         if(i==(pAdapter->AddressLength -1))
            printf("%.2X\n",(int)pAdapter->Address[i]);
         else
            printf("%.2X-",(int)pAdapter->Address[i]);
      }
      printf("IP 地址: \t\t%s\n", pAdapter->IpAddressList.IpAddress.String);
      printf("子网掩码: \t\t%s\n", pAdapter->IpAddressList.IpMask.String);
      printf("网关: \t\t\t%s\n", pAdapter->GatewayList.IpAddress.String);
printf("***************************************************************\n");
      if(pAdapter->DhcpEnabled)
      {
         printf("启用 DHCP: \t\t 是\n");
         printf("DHCP 服务器: \t\t%s\n", pAdapter->DhcpServer.IpAddress.String);
      }
      else
      {
         printf("启用 DHCP: \t\t 否\n");
      }
      // 处理下一个网络适配器
      pAdapter = pAdapter->Next;
   }
```

关于 IP_ADAPTER_INFO 结构体的成员变量的含义，可以参照表 6.2 理解。每处理完一条记录后，都执行 pAdapter = pAdapter->Next 语句，将指针指向下一条记录。

5. 释放资源

处理完成后，需要释放 pAdapter 链表所占用的内存空间，代码如下。

```
// 释放资源
if(pAdapterInfo)
   free(pAdapterInfo);
```

6. 暂停程序，等待用户响应

在显示本地网络信息后，程序处于暂停状态，等待用户响应，代码如下。

```
printf("\n\n");
system("pause");
return 0;
```

system ("pause")语句的功能是暂停系统的工作，并在控制台输出"按任意键继续…"。用户按任意键后，程序继续运行，执行 return 0 语句退出_tmain()函数。

6.1.4　获取本地主机名、域名和 DNS 服务器信息

在 iphlpapi.h 中声明了 GetNetworkParams()函数，调用该函数可以返回本地的网络参数信息，包括本地的主机名、域名和 DNS 服务器列表等。GetNetworkParams()的函数原型如下。

```
DWORD GetNetworkParams(
  _ _out  PFIXED_INFO pFixedInfo,
  _ _in   PULONG pOutBufLen
);
```

GetNetworkParams()函数中包含两个参数：第一个参数 pFixedInfo 是输出参数，它是一个指向缓冲区的指针，缓冲区中使用 FIXED_INFO 结构体保存获取到的本地网络参数信息；第 2 个参数 pOutBufLen 是一个指向 ULONG 变量的指针，保存 pFixedInfo 缓冲区的大小。

GetNetworkParams() 函数的返回值为 DWORD 类型，如果函数调用成功，则返回 ERROR_SUCCESS；否则将返回错误编码，如表 6.3 所示。

表 6.3 GetNetworkParams()函数的返回值

返回值常量	说　　明
ERROR_BUFFER_OVERFLOW	pOutBufLen 参数中指定的缓冲区太小，无法容纳本地网络参数信息
ERROR_INVALID_PARAMETER	pOutBufLen 参数为 NULL，或者调用进程没有读/写 pOutBufLen 变量指向的内存空间的权限，或者调用进程没有写 pAdapterInfo 参数指向的内存空间的权限
ERROR_NO_DATA	本地计算机上没有本地网络参数的信息
ERROR_NOT_SUPPORTED	本地计算机上的操作系统不支持 GetNetworkParams()函数

PFIXED_INFO 是指定结构体 FIXED_INFO 的指针，它在 iptypes.h 中声明，定义代码如下。

```
typedef struct {
  char            HostName[MAX_HOSTNAME_LEN + 4];
  char            DomainName[MAX_DOMAIN_NAME_LEN + 4];
  PIP_ADDR_STRING  CurrentDnsServer;
  IP_ADDR_STRING  DnsServerList;
  UINT            NodeType;
  char             ScopeId[MAX_SCOPE_ID_LEN + 4];
  UINT            EnableRouting;
  UINT            EnableProxy;
  UINT            EnableDns;
}FIXED_INFO, *PFIXED_INFO;
```

结构体中定义的成员变量说明如表 6.4 所示。

表 6.4 结构体 FIXED_INFO 中定义的成员变量

成　员　变　量	说　　明
HostName	本地计算机的主机名。如果本地计算机注册到某个域，则 HostName 中将包含域名
DomainName	本地计算机注册到的域的名称
CurrentDnsServer	预留变量，请使用 DnsServerList 获取 DNS 服务器信息
DnsServerList	指定本地计算机上定义的 DNS 服务器列表
NodeType	本地计算机的节点类型，包括以下值 • BROADCAST_NODETYPE，广播解析节点 • PEER_TO_PEER_NODETYPE，点对点解析节点 • MIXED_NODETYPE，广播和点对点解析相结合 • HYBRID_NODETYPE，先广播再点对点解析

续表

成 员 变 量	说　　　明
ScopeId	DHCP 域名
EnableRouting	指定本地计算机是否启用了路由功能
EnableProxy	指定本地计算机是否为 ARP 代理
EnableDns	指定本地计算机是否启用了 DNS

下面通过一个实例来介绍如何使用 Visual C++编写获取本地网络参数信息的程序。实例是一个控制台项目，运行界面如图 6.5 所示。

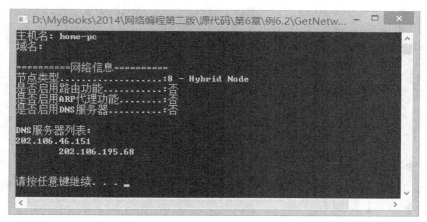

图 6.5　获取本地网络参数信息的演示程序

【例 6.2】下面介绍使用 IP Helper API 获取本地网络参数信息的具体代码。首先创建一个 Win32 控制台应用程序，项目名称为 GetNetworkParams，其主文件名为 GetNetworkParams.cpp。

1. 声明头文件

在 GetNetworkParams.cpp 中需要声明程序中使用的头文件，并引用 iphlpapi.lib，代码如下。

```
#include "stdafx.h"
#include <winsock2.h>
#include <iphlpapi.h>
#include <stdio.h>
#pragma comment(lib, "IPHLPAPI.lib")
```

在 6.1.3 小节中已经介绍了这些文件的具体含义，请参照理解。

2. 声明变量

在主函数_tmain()中，首先需要声明程序中使用的变量，代码如下。

```
// 定义保存本地计算机网络参数信息的结构体指针
FIXED_INFO* FixedInfo;
// 保存获取到的本地计算机网络参数信息结构体链表的长度
ULONG    ulOutBufLen;
// 调用 GetNetworkParams()函数的返回值
DWORD    dwRetVal;
// 保存所有 DNS 服务器的 IP 地址列表
IP_ADDR_STRING* pIPAddr;
```

每个变量的含义请参照注释内容理解。

3. 获取本地网络参数信息

在获取本地网络参数信息的过程中，需要两次调用 GetNetworkParams()函数。第 1 次调用可以获取返回数据的大小，第 2 次调用使用前面获取到的数据大小作为参数，获取实际的 FIXED_INFO 结构体内容，具体代码如下。

```
// 为 FixedInfo 结构体分配内存空间
FixedInfo = (FIXED_INFO*) GlobalAlloc(GPTR, sizeof(FIXED_INFO ));
// 初始化 ulOutBufLen 变量值
ulOutBufLen = sizeof( FIXED_INFO );
// 第 1 次调用 GetNetworkParams()函数，获取返回数据的大小到 ulOutBufLen 中
if(ERROR_BUFFER_OVERFLOW==GetNetworkParams(FixedInfo, &ulOutBufLen)) {
  GlobalFree(FixedInfo);
  FixedInfo = (FIXED_INFO*)GlobalAlloc(GPTR, ulOutBufLen);
}
// 第 2 次调用 GetNetworkParams()函数，以前面获取的 ulOutBufLen 作为参数，
if(dwRetVal=GetNetworkParams(FixedInfo, &ulOutBufLen)!= ERROR_SUCCESS){
    printf("调用 GetNetworkParams()函数失败。返回值：%08x\n", dwRetVal);
}
```

4. 显示本地网络参数信息

现在本地网络参数信息已经读取到 FixedInfo 链表中，接下来需要从 FixedInfo 链表中获取并显示网络参数信息，代码如下。

```
…
else {
   printf("主机名：%s\n", FixedInfo->HostName);
   printf("域名：%s\n", FixedInfo->DomainName);

   printf("\n=========网络信息=========\n");
   // 生成节点类型字符串
   char* NodeType;
   switch(FixedInfo->NodeType)
   {
      case BROADCAST_NODETYPE:
        NodeType="Broadcase Node";
        break;
      case PEER_TO_PEER_NODETYPE:
        NodeType="Peer to Peer Node";
        break;
      case MIXED_NODETYPE:
        NodeType="Mixed Node";
        break;
      case HYBRID_NODETYPE:
        NodeType="Hybrid Node";
        break;
      default:
        NodeType="Unknown Node";
        break;
   }
```

```
printf("节点类型.......... :%d - %s\n", FixedInfo->NodeType, NodeType);
printf("是否启用路由功能..... %s\n", (FixedInfo->EnableRouting != 0) ? "是" : "
否");
printf("是否启用 ARP 代理功能  %s\n", (FixedInfo->EnableProxy != 0) ? "是" : "否
");
printf("是否启用 DNS 服务器....%s\n", (FixedInfo->EnableDns != 0) ? "是" : "否");
printf("\nDNS 服务器列表:\n");
printf("%s\n", FixedInfo->DnsServerList.IpAddress.String);
pIPAddr = FixedInfo->DnsServerList.Next;
while (pIPAddr){
    printf("\t%s\n", pIPAddr->IpAddress.String);
    pIPAddr = pIPAddr->Next;
}
}
```

关于 FIXED_INFO 结构体中成员变量的含义，可以参照表 6.4 理解。DnsServerList 的类型为 IP_ADDR_STRING 结构体，它的定义代码如下。

```
typedef struct _IP_ADDR_STRING {
    struct _IP_ADDR_STRING* Next;
    IP_ADDRESS_STRING IpAddress;
    IP_MASK_STRING IpMask;
    DWORD Context;
} IP_ADDR_STRING, *PIP_ADDR_STRING;
```

结构体中定义的成员变量说明如表 6.5 所示。

表 6.5　　　　　　　　　　　结构体 **IP_ADDR_STRING** 中定义的成员变量

成 员 变 量	说　　明
Next	指向链表中下一个 IP_ADDR_STRING 结构体的指针
IpAddress	IP 地址，通过 IpAddress.String 属性可以获取 IP 地址字符串
IpMask	子网掩码，通过 IpMask.String 属性可以获取子网掩码字符串
Context	网络 IP 地址标识（NTE）

5. 暂停程序，等待用户响应

在显示本地网络参数信息后，程序处于暂停状态，等待用户响应，代码如下。

```
printf("\n\n");
system("pause");
return 0;
```

6.1.5　获取本地计算机网络接口的基本信息

在 IP Helper API 中，网络适配器和接口是一一对应的。网络适配器属于数据链路层，而接口属于 IP 层。通过调用 GetInterfaceInfo()函数获取本地计算机网络接口的基本信息。

1. 获取本地计算机的网络接口数量

可以通过调用 GetNumberOfInterfaces()函数获取本地计算机的网络接口数量，函数原型如下。

```
DWORD GetNumberOfInterfaces(
  _ _out  PDWORD pdwNumIf
);
```

参数 pdwNumIf 用于接受获取到的本地计算机网络接口数量。函数的返回值为 DWORD 类型，如果调用成功，则返回 NO_ERROR；否则表示调用失败。

【例 6.3】 在程序中调用 GetNumberOfInterfaces()函数获取本地计算机的网络接口数量的代码如下。

```
#include "stdafx.h"
#include <winsock2.h>
#include <iphlpapi.h>
#include <stdio.h>
#pragma comment(lib, "IPHLPAPI.lib")
int _tmain(int argc, _TCHAR* argv[])
{
    // 用于获取接口数量
    DWORD dwNumIf;
    // 返回值
    DWORD    dwRetVal;

    if(dwRetVal = GetNumberOfInterfaces(&dwNumIf) == NO_ERROR)
    {
        printf("本地网络接口数量为：%d", dwNumIf);
    }
    else
    {
        printf("调用 GetNumberOfInterfaces()函数时出现错误。");
    }
    printf("\n\n");
    system("pause");
    return 0;
}
```

运行结果如图 6.6 所示。

图 6.6　调用 GetNumberOfInterfaces()函数获取本地计算机的网络接口数量

此函数只有在 Windows 2000 及更高版本的 Windows 操作系统上才能使用。而且在返回的接口数量中包含环回（loopback）接口的数量，因此获取的结果要大于使用 GetAdaptersInfo 函数获取到的物理网络适配器的数量。

2. 获取本地计算机网络接口的基本信息
可以通过调用 GetInterfaceInfo()函数获取本地计算机网络接口的基本信息，函数原型如下。

```
DWORD GetInterfaceInfo(
  _ _out    PIP_INTERFACE_INFO pIfTable,
  _ _inout  PULONG dwOutBufLen
);
```

参数 pIfTable 用于接收获取到的本地计算机网络接口的基本信息，参数 dwOutBufLen 表示接收到数据的大小。

参数 pIfTable 的类型为 PIP_INTERFACE_INFO，其中包含本地计算机上 IPv4 网络接口适配器的链表，定义代码如下。

```
typedef struct _IP_INTERFACE_INFO {
  LONG                NumAdapters;
  IP_ADAPTER_INDEX_MAP Adapter[1];
}IP_INTERFACE_INFO, *PIP_INTERFACE_INFO;
```

NumAdapters 表示网络适配器的数量，Adapter 是 IP_ADAPTER_INDEX_MAP 结构体数组，每个结构体中包含网络适配器的索引和名称。IP_ADAPTER_INDEX_MAP 的定义代码如下。

```
typedef struct _IP_ADAPTER_INDEX_MAP {
  ULONG Index;
  WCHAR Name[MAX_ADAPTER_NAME];
}IP_ADAPTER_INDEX_MAP, *PIP_ADAPTER_INDEX_MAP;
```

Index 表示网络适配器索引号，Name 表示网络适配器名称。

GetInterfaceInfo()函数的返回值为 DWORD 类型，如果调用成功，则返回 NO_ERROR；否则将返回错误编码，如表 6.6 所示。

表 6.6　　　　　　　　　　　　　　　GetInterfaceInfo()函数的返回值

返回值常量	说　　明
ERROR_INSUFFICIENT_BUFFER	pOutBufLen 参数中指定的缓冲区太小，无法容纳 pIfTable 中包含的网络接口信息
ERROR_INVALID_PARAMETER	pOutBufLen 参数为 NULL，或者调用进程没有读/写 pOutBufLen 变量指向的内存空间的权限
ERROR_NO_DATA	本地计算机上没有网络适配器，或者网络适配器被禁用
ERROR_NOT_SUPPORTED	本地计算机上的操作系统不支持 GetInterfaceInfo()函数

【例 6.4】　下面介绍使用 IP Helper API 获取本地网络接口信息的具体代码。

首先创建一个 Win32 控制台应用程序，项目名称为 GetInterfaceInfo，其主文件名为 GetInterfaceInfo.cpp。在 GetInterfaceInfo.cpp 中需要声明程序中使用的头文件，并引用 iphlpapi.lib，代码如下。

```
#include "stdafx.h"
#include <winsock2.h>
#include <iphlpapi.h>
#include <stdio.h>
#pragma comment(lib, "iphlpapi.lib")
```

在 6.1.3 小节中已经介绍了这些文件的具体含义，请参照理解。

程序中定义了两个宏 MALLOC 和 FREE，用于分配和释放内存空间，代码如下。

```
// 分配内存空间
#define MALLOC(x) HeapAlloc(GetProcessHeap(), 0, (x))
// 释放内存空间
#define FREE(x) HeapFree(GetProcessHeap(), 0, (x))
```

HeapAlloc()函数用于从堆中分配一块内存空间，GetProcessHeap()函数用于获取当前进程的堆句柄。

在主函数 _tmain()中，首先需要声明程序中使用的变量，代码如下。

```
// 保存网络接口信息的结构体指针
PIP_INTERFACE_INFO pInfo;
// 保存获取数据的长度
ULONG ulOutBufLen = 0;
// 返回结果
DWORD dwRetVal = 0;
// _tmain()函数的返回结果
int iReturn = 1;
```

每个变量的含义请参照注释内容理解。

在获取本地信息的过程中，需要两次调用 GetInterfaceInfo()函数。第 1 次调用可以获取返回数据的大小，第 2 次调用使用前面获取到的数据大小作为参数，获取实际的 IP_INTERFACE_INFO 结构体内容，具体代码如下。

```
// 第 1 次调用 GetInterfaceInfo，获取数据大小，保存到 ulOutBufLen 变量中
dwRetVal = GetInterfaceInfo(NULL, &ulOutBufLen);
if (dwRetVal == ERROR_INSUFFICIENT_BUFFER) {
  pInfo = (IP_INTERFACE_INFO *) MALLOC(ulOutBufLen);
  if (pInfo == NULL) {
    printf("无法分配 GetInterfaceInfo 函数需要的内存空间。\n");
    return 1;
  }
}
// 第 2 次调用 GetInterfaceInfo 函数，获取需要的实际数据
dwRetVal = GetInterfaceInfo(pInfo, &ulOutBufLen);
if (dwRetVal == NO_ERROR) {
  printf("网络适配器数量: %ld\n\n", pInfo->NumAdapters);
  for (int i = 0; i < (int) pInfo->NumAdapters; i++) {
    printf("网络适配器索引[%d]: %ld\n", i,
        pInfo->Adapter[i].Index);
    printf("网络适配器名称[%d]: %ws\n\n", i,
        pInfo->Adapter[i].Name);
  }
  iReturn = 0;
}
else if (dwRetVal == ERROR_NO_DATA) {
  printf("本地计算机上没有支持 IPv4 的网络适配器。\n");
  iReturn = 0;
}
else {
  printf("GetInterfaceInfo 调用失败: %d\n", dwRetVal);
  iReturn = 1;
}
```

在显示本地网络接口信息后，程序处于暂停状态，等待用户响应，代码如下。

```
// 释放内存空间
```

```
FREE(pInfo);
// 按任意键继续
system("pause");
return (iReturn);
```

程序的运行结果如图 6.7 所示。

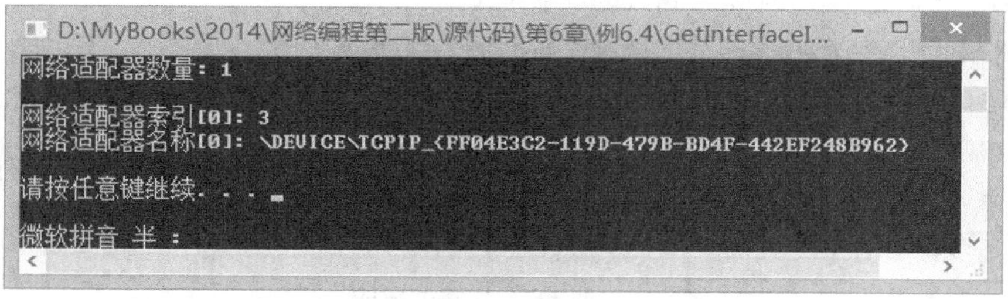

图 6.7　获取本地计算机网络接口信息的演示程序

虽然这里获取到的网络适配器索引和名称并不是最终用户希望看到的内容，但是使用这个索引作为参数调用后面介绍的其他函数，可以获取到网络接口的明细信息。

6.1.6　获取本地计算机 IP 地址表

可以通过调用 GetIpAddrTable()函数获取本地计算机网络接口和 IP 地址的映射表，函数原型如下。

```
DWORD GetIpAddrTable(
  __out    PMIB_IPADDRTABLE pIpAddrTable,
  __inout  PULONG pdwSize,
  __in     BOOL bOrder
);
```

参数 pIpAddrTable 用于接受获取到的本地计算机网络接口和 IP 地址的映射表，参数 pdwSize 表示接收到数据的大小，参数 bOrder 表示获取到的映射表中是否按 IP 地址的升序排列。

参数 pIpAddrTable 的类型为 PMIB_IPADDRTABLE 结构体，其中包含本地计算机上网络接口和 IP 地址映射表，定义代码如下。

```
typedef struct _MIB_IPADDRTABLE {
  DWORD         dwNumEntries;
  MIB_IPADDRROW table[ANY_SIZE];
}MIB_IPADDRTABLE, *PMIB_IPADDRTABLE;
```

dwNumEntries 表示映射表中记录的数量，table 是 MIB_IPADDRROW 结构体数组，每个结构体中包含网络接口和 IP 地址的映射记录。MIB_IPADDRROW 的定义代码如下。

```
typedef struct _MIB_IPADDRROW {
  DWORD          dwAddr;
  DWORD          dwIndex;
  DWORD          dwMask;
  DWORD          dwBCastAddr;
  DWORD          dwReasmSize;
  unsigned short unused1;
  unsigned short wType;
}MIB_IPADDRROW, *PMIB_IPADDRROW;
```

参数说明如下。

- dwAddr，网络字节序格式的 IP 地址。
- dwIndex，与 IP 地址相关联的网络编号序号。
- dwMask，网络字节序格式的子网掩码。
- dwBCastAddr，网络字节序格式的广播地址。
- dwReasmSize，已收到的数据报重装后的最大长度。
- unused1，预留字段。
- wType，IP 地址的类型或状态，具体取值情况如表 6.7 所示。

表 6.7　　　　　　　　　　　MIB_IPADDRROW 结构体中 wType 字段的取值

取　值　常　量	对应的数值	说　　　　明
MIB_IPADDR_PRIMARY	0x0001	主 IP 地址
MIB_IPADDR_DYNAMIC	0x0004	动态 IP 地址
MIB_IPADDR_DISCONNECTED	0x0008	断开连接的接口对应的 IP 地址
MIB_IPADDR_DELETED	0x0040	被删除的 IP 地址
MIB_IPADDR_TRANSIENT	0x0080	临时地址

GetIpAddrTable()函数的返回值为 DWORD 类型，如果调用成功，则返回 NO_ERROR；否则将返回错误编码。

【例 6.5】　下面介绍使用 IP Helper API 获取本地 IP 地址表的具体代码。首先创建一个 Win32 控制台应用程序，项目名称为 GetIpAddrTable，其主文件名为 GetIpAddrTable.cpp。

在 GetIpAddrTable.cpp 中需要声明程序中使用的头文件，并引用 iphlpapi.lib，代码如下。

```
#include "stdafx.h"
#include <winsock2.h>
#include <iphlpapi.h>
#include <stdio.h>
#pragma comment(lib, "iphlpapi.lib")
#pragma comment(lib, "ws2_32.lib")
```

ws2_32.lib 是 Windows Sockets 应用程序接口，用于支持 Internet 和网络应用程序。这里引用它可以调用 inet_ntoa()函数，将 IP 地址从 DWORD 类型转换为字符串。在 6.1.3 小节中已经介绍了其他文件的具体含义，请参照理解。

程序中定义了两个宏 MALLOC 和 FREE，用于分配和释放内存空间，代码如下。

```
// 分配内存空间
#define MALLOC(x) HeapAlloc(GetProcessHeap(), 0, (x))
// 释放内存空间
#define FREE(x) HeapFree(GetProcessHeap(), 0, (x))
```

在主函数_tmain()中，首先需要声明程序中使用的变量，代码如下。

```
// 网络接口与 IP 地址映射表
PMIB_IPADDRTABLE pIPAddrTable;
// 获取数据的大小
DWORD dwSize = 0;
// 调用 GetIPAddrTable()函数的返回值
```

```
DWORD dwRetVal = 0;
// 保存 IP 地址的结构体
IN_ADDR IPAddr;
// 用于获取错误信息
LPVOID lpMsgBuf;
```

每个变量的含义请参照注释内容理解。

IN_ADDR 的定义代码如下。

```
typedef struct in_addr IN_ADDR;
```

它实际上就是结构体 in_addr。

因为调用 GetIpAddrTable() 函数获取到的 IP 地址是 DWORD 类型的，所以将借助 IN_ADDR 结构体将其转换为用户可以理解的字符串格式。具体方法稍后介绍。

变量 lpMsgBuf 用于在调用 GetIpAddrTable() 函数出现错误时保存获取到的错误描述信息。

在获取本地网络信息的过程中，需要两次调用 GetIpAddrTable() 函数。第 1 次调用可以获取返回数据的大小，第 2 次调用使用前面获取到的数据大小作为参数，获取实际的网络接口与 IP 地址映射表内容，具体代码如下。

```
// 分配内存空间
pIPAddrTable = (MIB_IPADDRTABLE *) MALLOC(sizeof (MIB_IPADDRTABLE));
// 第 1 次调用 GetIpAddrTable() 函数，获取数据的大小到 dwSize
if (pIPAddrTable) {
  if (GetIpAddrTable(pIPAddrTable, &dwSize, 0) ==
  ERROR_INSUFFICIENT_BUFFER) {
  FREE(pIPAddrTable);
  pIPAddrTable = (MIB_IPADDRTABLE *) MALLOC(dwSize);

  }
  if (pIPAddrTable == NULL) {
  printf("GetIpAddrTable()函数内存分配失败\n");
  exit(1);
  }
}
// 第 2 次调用 GetIpAddrTable() 函数，获取实际数据
if ( (dwRetVal = GetIpAddrTable(pIPAddrTable, &dwSize,0))!= NO_ERROR){
  printf("GetIpAddrTable()调用失败: %d\n", dwRetVal);
  if (FormatMessage(FORMAT_MESSAGE_ALLOCATE_BUFFER | FORMAT_MESSAGE_FROM_SYSTEM|
FORMAT_MESSAGE_IGNORE_INSERTS, NULL, dwRetVal, MAKELANGID(LANG_NEUTRAL, SUBLANG_
DEFAULT), (LPTSTR) & lpMsgBuf, 0, NULL)) {
          printf("\t 错误信息: %s", lpMsgBuf);
          LocalFree(lpMsgBuf);
      }
      exit(1);
  }
```

接下来需要显示 pIPAddrTable 结构体中获取到的 IP 地址信息，代码如下。

```
printf("\t 记录数量: %ld\n", pIPAddrTable->dwNumEntries);
for (i=0; i < (int)pIPAddrTable->dwNumEntries; i++) {
  printf("\n\t 接口序号[%d]:\t%ld\n", i, pIPAddrTable->table[i].dwIndex);
  IPAddr.S_un.S_addr = (u_long) pIPAddrTable->table[i].dwAddr;
```

```
            printf("\tIP 地址[%d]:     \t%s\n", i, inet_ntoa(IPAddr) );
            IPAddr.S_un.S_addr = (u_long) pIPAddrTable->table[i].dwMask;
            printf("\t 子网掩码[%d]:     \t%s\n", i, inet_ntoa(IPAddr) );
            IPAddr.S_un.S_addr = (u_long) pIPAddrTable->table[i].dwBCastAddr;
            printf("\t 广播地址[%d]:  \t%s (%ld%)\n", i, inet_ntoa(IPAddr),pIPAddrTable->
table[i].dwBCastAddr);
            printf("\t 重组报文最大数量[%d]:\t%ld\n", i, pIPAddrTable->table[i]. dwReasm
Size);
            printf("\t 类型和状态[%d]:", i);
        if (pIPAddrTable->table[i].wType & MIB_IPADDR_PRIMARY)
          printf("\t 主 IP 地址");
        if (pIPAddrTable->table[i].wType & MIB_IPADDR_DYNAMIC)
          printf("\t 动态 IP 地址");
        if (pIPAddrTable->table[i].wType & MIB_IPADDR_DISCONNECTED)
          printf("\t 断开连接的接口对应的 IP 地址");
        if (pIPAddrTable->table[i].wType & MIB_IPADDR_DELETED)
          printf("\t 删除的 IP 地址");
        if (pIPAddrTable->table[i].wType & MIB_IPADDR_TRANSIENT)
          printf("\t 临时地址");
        printf("\n");
    }
```

程序中使用 inet_ntoa()函数将 DWORD 类型的 IP 地址转换为字符串，以方便用户查看。

在显示本地网络接口信息后，程序处于暂停状态，等待用户响应，代码如下。

```
// 释放内存空间
if (pIPAddrTable) {
  FREE(pIPAddrTable);
  pIPAddrTable = NULL;
}
printf("\n");
system("pause");
return 0;
```

程序的运行结果如图 6.8 所示。

图 6.8　获取本地计算机 IP 地址表信息的演示程序

6.1.7　添加和删除 IP 地址

一个网络适配器上可以定义多个 IP 地址。调用 AddIPAddress()函数可以向指定的网络适配器中添加 IP 地址，调用 DeleteIPAddress()函数可以删除指定的 IP 地址。

AddIPAddress()的函数原型如下。

```
DWORD AddIPAddress(
  _ _in   IPAddr Address,
  _ _in   IPMask IpMask,
  _ _in   DWORD IfIndex,
  _ _out  PULONG NTEContext,
  _ _out  PULONG NTEInstance
);
```

参数说明如下。

- Address：指定要添加的 IP 地址。
- IpMask：指定 IP 地址对应的子网掩码。
- IfIndex：指定添加 IP 地址的网络适配器的索引。
- NTEContext：如果调用 AddIPAddress()函数成功，则指向一个与这个 IP 地址关联的网络表接口。之后可以在 DeleteIPAddress()函数中使用该接口来删除指定的 IP 地址。
- NTEInstance：如果调用成功，则指向与该 IP 地址相关联的网络表接口实例。

如果调用成功，则 AddIPAddress()函数返回 0；否则返回错误代码，错误代码的具体情况如表6.8 所示。

表 6.8　　　　　　　　　　　　AddIPAddress()函数的返回值

返回值常量	说　　明
ERROR_DEV_NOT_EXIST	IfIndex 参数中指定的网络适配器不存在
ERROR_DUP_DOMAINNAME	要添加的 IP 地址已经存在
ERROR_GEN_FAILURE	通用错误，比如将 IP 地址设置为广播地址等
ERROR_INVALID_HANDLE	非管理员用户调用该函数
ERROR_INVALID_PARAMETER	参数无效，例如在非回环接口上设置回环地址
ERROR_NOT_SUPPORTED	在当前版本的 Windows 上不支持该函数
其他	通过 FormatMessage()函数获取错误的具体信息

提示　　　　调用 AddIPAddress()函数添加的 IP 地址并不持久。当重新启动计算机或者手动重置网卡时，添加的 IP 地址将会消失。

DeleteIPAddress()的函数原型如下。

```
DWORD DeleteIPAddress(
  __in  ULONG NTEContext
);
```

参数 NTEContext 是前面调用 AddIPAddress()函数时返回的与 IP 地址相关联的网络表接口。也就是说，DeleteIPAddress()函数只能删除使用 AddIPAddress()函数添加的临时 IP 地址。

【例 6.6】 下面介绍使用 IP Helper API 获取、添加和删除 IP 地址的具体代码。

首先创建一个 Win32 控制台应用程序，项目名称为 AddIPAddress，其主文件名为AddIPAddress.cpp。

在 AddIPAddress.cpp 中需要声明程序中使用的头文件，并引用 lib 文件，代码如下。

```
#include "stdafx.h"
#include <winsock2.h>
#include <ws2tcpip.h>
#include <iphlpapi.h>
#include <stdio.h>
#pragma comment(lib, "iphlpapi.lib")
#pragma comment(lib, "ws2_32.lib")
```

程序中定义了两个宏 MALLOC 和 FREE，用于分配和释放内存空间，代码如下。

```
// 分配内存空间
#define MALLOC(x) HeapAlloc(GetProcessHeap(), 0, (x))
// 释放内存空间
#define FREE(x) HeapFree(GetProcessHeap(), 0, (x))
```

在主函数_tmain()中，首先需要声明程序中使用的变量，代码如下。

```
// 调用 GetIpAddrTable()函数中使用的结构体
PMIB_IPADDRTABLE pIPAddrTable;
// 获取数据的大小
DWORD dwSize = 0;
// 调用 GetIPAddrTable()函数的返回值
DWORD dwRetVal = 0;
// 保存 IP 地址的结构体
IN_ADDR IPAddr;
// IP 地址对应的接口索引
DWORD ifIndex;
// 要添加的 IP 地址和子网掩码
UINT iaIPAddress;
UINT iaIPMask;
// 用于处理添加 IP 地址的返回变量
ULONG NTEContext = 0;
ULONG NTEInstance = 0;
// 用于输出错误信息的变量
LPVOID lpMsgBuf;
```

每个变量的含义请参照注释内容理解。

程序中使用命令行参数的形式指定要添加的 IP 地址和子网掩码。为了确保添加的 IP 地址符合要求的格式，需要对命令行参数进行验证，代码如下。

```
    // 验证命令行参数的数量
    if (argc != 3) {
      printf("usage: %s IPAddress SubnetMask\n", argv[0]);
      exit(1);
    }
    // 验证命令行参数中 IP 地址的格式是否正确
    iaIPAddress = inet_addr(argv[1]);
    if (iaIPAddress == INADDR_NONE) {
     printf("usage: %s IPAddress SubnetMask\n", argv[0]);
     exit(1);
    }
```

```
// 验证命令行参数中子网掩码的格式是否正确
iaIPMask = inet_addr(argv[2]);
if (iaIPMask == INADDR_NONE) {
  printf("usage: %s IPAddress SubnetMask\n", argv[0]);
  exit(1);
}
```

在获取本地网络信息的过程中，需要两次调用 GetIpAddrTable() 函数。第 1 次调用可以获取返回数据的大小，第 2 次调用使用前面获取到的数据大小作为参数，获取实际的网络接口与 IP 地址映射表内容，具体代码如下。

```
// 分配内存空间
pIPAddrTable = (MIB_IPADDRTABLE *) MALLOC(sizeof (MIB_IPADDRTABLE));
if (pIPAddrTable == NULL) {
  printf("Error allocating memory needed to call GetIpAddrTable\n");
  exit (1);
}
else {
  dwSize = 0;
    // 第 1 次调用 GetIpAddrTable() 函数，获取数据的大小保存到 dwSize
  if (GetIpAddrTable(pIPAddrTable, &dwSize, 0) ==
  ERROR_INSUFFICIENT_BUFFER) {
    FREE(pIPAddrTable);
    pIPAddrTable = (MIB_IPADDRTABLE *) MALLOC(dwSize);

  }
  if (pIPAddrTable == NULL) {
    printf("Memory allocation failed for GetIpAddrTable\n");
    exit(1);
  }
}
// 调用 GetIpAddrTable() 函数，获取地址表数据
if ((dwRetVal = GetIpAddrTable(pIPAddrTable, &dwSize, 0)) == NO_ERROR) {
  // 获取当前 IP 地址对应的接口索引，在后面添加 IP 地址时使用
  ifIndex = pIPAddrTable->table[0].dwIndex;
  printf("\n\tInterface Index:\t%ld\n", ifIndex);
  IPAddr.S_un.S_addr = (u_long) pIPAddrTable->table[0].dwAddr;
  printf("\tIP Address:       \t%s (%lu%)\n", inet_ntoa(IPAddr),
    pIPAddrTable->table[0].dwAddr);
  IPAddr.S_un.S_addr = (u_long) pIPAddrTable->table[0].dwMask;
  printf("\tSubnet Mask:     \t%s (%lu%)\n", inet_ntoa(IPAddr),
    pIPAddrTable->table[0].dwMask);
  IPAddr.S_un.S_addr = (u_long) pIPAddrTable->table[0].dwBCastAddr;
  printf("\tBroadCast Address:\t%s (%lu%)\n", inet_ntoa(IPAddr),
    pIPAddrTable->table[0].dwBCastAddr);
  printf("\tReassembly size: \t%lu\n\n",
    pIPAddrTable->table[0].dwReasmSize);
} else {
  printf("调用 GetIpAddrTable 失败: %d.\n", dwRetVal);
    if (pIPAddrTable)
    FREE(pIPAddrTable);
  exit(1);
```

```
    }
    // 释放资源
    if (pIPAddrTable) {
      FREE(pIPAddrTable);
      pIPAddrTable = NULL;
    }
```

获取当前 IP 地址的目的是获取 IP 地址对应的网络接口索引，并保存到变量 ifIndex 中。在后面调用 AddIPAddress() 函数添加 IP 地址时，需要使用到 ifIndex，指定与 IP 地址相关联的网络接口。

添加 IP 地址的代码如下。

```
    // 添加 IP 地址
    if ((dwRetVal = AddIPAddress(iaIPAddress,
                                  iaIPMask,
                                  ifIndex,
                                  &NTEContext, &NTEInstance)) == NO_ERROR) {
     printf("\tIPv4 地址成功添加.\n", argv[1]);
    } else {
     printf("调用 AddIPAddress()函数失败: %d\n", dwRetVal);

     if (FormatMessage(FORMAT_MESSAGE_ALLOCATE_BUFFER | FORMAT_MESSAGE_FROM_SYSTEM |
    FORMAT_MESSAGE_IGNORE_INSERTS,    NULL,    dwRetVal,    MAKELANGID(LANG_NEUTRAL,
SUBLANG_DEFAULT), (LPTSTR) & lpMsgBuf, 0, NULL)) {
            printf("\错误: %s", lpMsgBuf);
            LocalFree(lpMsgBuf);
            exit(1);
        }
    }
```

删除 IP 地址的代码如下。

```
    // 删除刚刚添加的 IP 地址
    if ((dwRetVal = DeleteIPAddress(NTEContext)) == NO_ERROR) {
      printf("\tIPv4 地址%s 被成功删除.\n", argv[1]);
    } else {
      printf("\t 调用 DeleteIPAddress()函数失败: %d\n", dwRetVal);
      exit(1);
    }
```

在调用 DeleteIPAddress() 函数时使用了前面调用 AddIPAddress() 函数时得到的变量 NTEContext。

因为程序中使用了命令行参数，所以在调试和运行程序之前需要配置命令行参数。在系统菜单中选择"项目"→"AddIPAddress 属性"，打开项目属性对话框，如图 6.9 所示。

在左侧的目录树中选择"配置属性"→"调试"，在右侧的列表中的命令参数栏中输入"192.168.0.1 255.255.255.0"，表示要添加的 IP 地址和子网掩码。

如果在 Windows 7 或 Windows 8 里运行本实例，需要以管理员身份运行才能成功添加和删除 IP 地址。

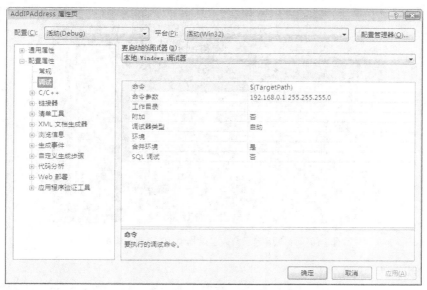

图 6.9 配置命令行参数

6.2 扫描子网中的地址

通过 6.1 节中介绍的方法，现在已经可以获取到本地计算机的基本网络配置信息，包括 IP 地址、MAC 地址、网络适配器、网络接口信息等。但要探测到网络中的在线设备，就需要了解子网的设计和划分原理，并根据指定的子网计算出其所包含的所有 IP 地址，然后使用 Ping 的方式来探测该 IP 地址是否在线。

6.2.1 计算指定子网内包含的所有 IP 地址

要扫描一个子网，首先需要计算该子网中包含的所有 IP 地址。可以根据子网中的一个 IP 地址和子网掩码计算出该子网的网络地址（该子网中最小的 IP 地址）和广播地址（该子网中最大的 IP 地址）。

将 IP 地址与子网掩码执行按位与运算，即可计算出子网地址，公式如下。

> <子网地址> = <IP 地址> & <子网掩码>

将子网掩码执行按位非操作，然后再将结果与 IP 地址执行按位或运算，即可计算出子网的广播地址，公式如下。

> <广播地址> = <IP 地址> | （~<子网掩码>）

【例 6.7】 下面通过一个实例程序来演示计算指定子网内包含所有 IP 地址的方法。实例是一个控制台项目，运行界面如图 6.10 所示。

本实例的项目名称为 CalculateSubnet，其主文件名为 CalculateSubnet.cpp。

程序中使用 2 个命令行参数来指定要计算的子网。第 1 个参数用于指定 IP 地址，第 2 个参数用于指定子网掩码。在调试和运行程序之前需要配置命令行参数，具体方法可以参照 6.1.7 小节理解。

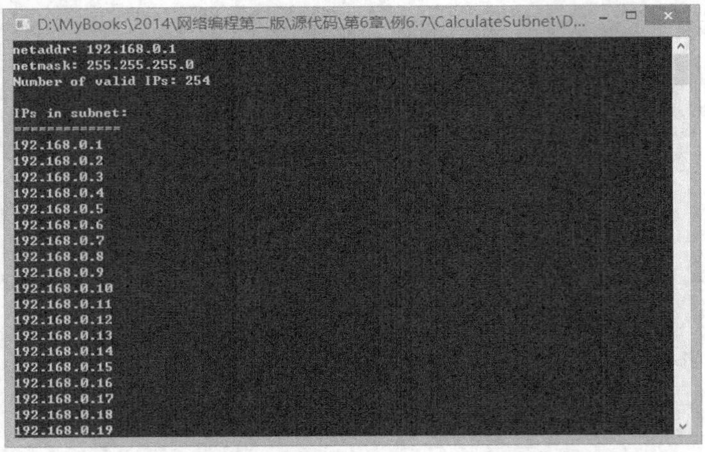

图 6.10　计算指定子网内包含所有 IP 地址的演示程序

1. 声明头文件

在 CalculateSubnet.cpp 中需要声明程序中使用的头文件，并引用 ws2_32.lib，代码如下。

```
#include "stdafx.h"
#include "winsock2.h"
#pragma comment(lib, "ws2_32.lib")
```

ws2_32.lib 是 Windows Sockets 应用程序接口，用于支持 Internet 和网络应用程序。

2. 判断命令行参数的数量

在主函数 _tmain() 中，首先要判断命令行参数的数量。如果没有正确地指定命令行参数，则程序无法计算子网中包含的 IP 地址，代码如下。

```
int _tmain(int argc, _TCHAR* argv[])
{
   if(argc != 3)
   {
      printf("Usage: CalculateSubnet netaddr netmask\r\nExample: CalculateSubnet 192.168.0.0 255.255.255.0");
      return 1;
   }
   ...
}
```

_tmain() 函数有两个参数，argc 表示命令行参数的数量，argv[] 数组表示命令行参数的具体内容。可执行程序本身是第 1 个参数，因此在本例中如果命令行参数正确，则参数 argc 的值应该等于 3。

3. 判断 IP 地址是否合法

判断 IP 地址是否合法的标准如下。

- 字符串中必须包含 3 个符号 "."。
- 被符号 "." 分隔的 4 个字符串的长度必须小于或等于 3。
- 被符号 "." 分隔的 4 个字符串必须可以转换成整数。
- 被符号 "." 分隔的 4 个字符串转换成的整数不得大于 255。

程序中使用 IsValidIP() 函数判断 IP 地址是否合法，代码如下。

```
// 判断指定的 IP 地址是否有效
bool IsValidIP(char* ip)
{
   std::string sip = ip;
   // 查找第 1 个符号（.）的位置
   int pos = (int)sip.find_first_of(".");
   // 如果没有找到，则返回 false
   if(pos == 0)
     return false;
   // s1 是 IP 地址中的第 1 个数字
   std::string s1 = sip.substr(0, pos);
   sip = sip.substr(pos+1, sip.length() - pos);
   if(s1.length() > 3)
     return false;
   // 判断是否每个字符都是数字
   for(int i=0; i<(int)s1.length(); i++)
   {
      int c = s1.c_str()[i];
      if(!isdigit(c))
        return false;
   }
   // 判断是否在 1~255 之间
   int a = atoi(s1.c_str());
   if(a<1 || a>255)
     return false;

   // s2 是 IP 地址中的第 2 个数字
   pos = (int)sip.find_first_of(".");
   std::string s2 = sip.substr(0, pos);
   sip = sip.substr(pos + 1, sip.length() - pos);
   if(s2.length() > 3)
     return false;
   // 判断是否每个字符都是数字
   for(int i=0; i<(int)s2.length(); i++)
   {
      int c = s2.c_str()[i];
      if(!isdigit(c))
        return false;
   }
   // 判断是否在 0~255 之间
   a = atoi(s2.c_str());
   if(a>255)
     return false;
   // s3 是 IP 地址中的第 3 个数字
   pos = (int)sip.find_first_of(".");
   std::string s3 = sip.substr(0, pos);
   sip = sip.substr(pos + 1, sip.length() - pos);
   if(s3.length() > 3)
     return false;
   // 判断是否每个字符都是数字
   for(int i=0; i<(int)s3.length(); i++)
   {
```

```
      int c = s3.c_str()[i];
      if(!isdigit(c))
         return false;
   }
   // 判断是否在 0~255 之间
   a = atoi(s3.c_str());
   if(a>255)
      return false;
   // s4 是 IP 地址中的第 4 个数字
   pos = (int)sip.find_first_of(".");
   std::string s4 = sip.substr(0, pos);
   sip = sip.substr(pos + 1, sip.length() - pos);
   if(s4.length() > 3)
      return false;
   // 判断是否每个字符都是数字
   for(int i=0; i<(int)s4.length(); i++)
   {
      int c = s4.c_str()[i];
      if(!isdigit(c))
         return false;
   }
   // 判断是否在 0~254 之间
   a = atoi(s4.c_str());
   if(a>254)
      return false;
   // 通过上面所有检测后，确定该字符串为合法 IP 地址
   return true;
}
```

在_tmain()函数中调用 IsValidIP()函数，判断两个命令行参数是否合法，代码如下。

```
if(!IsValidIP(argv[1]))
{
   printf("%s is not a valid ip.\n", argv[1]);
   return 1;
}
if(!IsValidIP(argv[2]))
{
   printf("%s is not a valid ip.\n", argv[2]);
   return 1;
}
```

4. 计算网络地址和广播地址

计算子网网络地址和广播地址的代码如下。

```
…
printf("netaddr: %s\n", argv[1]);
printf("netmask: %s\n", argv[2]);
unsigned long lnetaddr = ntohl(inet_addr(argv[1]));
unsigned long lnetmask = ntohl(inet_addr(argv[2]));
unsigned long l_first_netaddr = lnetaddr & lnetmask;
unsigned long l_broadcast = lnetaddr | ~lnetmask;
…
```

程序首先调用 printf()函数显示两个参数的值，然后调用 inet_addr()函数将 IP 地址和子网掩码转换为网络字节顺序格式，再调用 ntohl()函数将其转换为主机字节顺序格式。

根据前面介绍的计算公式计算网络地址 l_first_netaddr 和广播地址 l_broadcast。

5. 显示 IP 地址的数量和列表

网络地址是子网中最小的 IP 地址，广播地址是子网中最大的 IP 地址，子网中所有有效的 IP 地址都位于网络地址和广播地址之间。因为网络地址和广播地址都是 unsigned long 类型，所以只要使用 for 循环语句依次处理它们之间的所有整数即可，代码如下。

```
// 计算子网中包含有效 IP 地址的数量
long num = l_broadcast - l_first_netaddr - 1;
printf("Number of valid IPs: %d\n\n", num);
// 显示子网中的 IP 地址
printf("IPs in subnet: \n============\n");
for(unsigned long i=l_first_netaddr+1; i<l_broadcast; i++)
{
    // 保存 IP 地址的结构体
    in_addr IPAddr;
    IPAddr.S_un.S_addr = ntohl(i);
    printf("%s\n", inet_ntoa(IPAddr));
}
```

在显示 IP 地址字符串时，首先调用 ntohl()函数将网络字节顺序格式 IP 地址转换为 in_addr 格式，然后调用 inet_ntoa()函数将 in_addr 格式的 IP 地址转换为点分法字符串。

6.2.2　实现 ping 的功能

使用 ping 命令可以检测指定设备的在线状态。但在程序中通常不会直接执行 ping 命令，而是通过 Socket 编程的方式向目标 IP 地址发送 ICMP 请求包，然后等待返回结果。本节将介绍如何使用这种方法检测指定 IP 地址在线状态。

1. 定义 ICMP 数据包结构

在 2.3.2 小节中已经介绍了 ICMP 数据包的格式，ICMP 数据包包含在 IP 数据包内部。为了在程序中对 ICMP 数据包进行处理，需要使用结构体来描述 IP 数据包头和 ICMP 数据包头的结构。

结构体 IpHeader 用于定义 IP 数据包的结构，代码如下。

```
// IP 数据包头结构
typedef struct iphdr {
    unsigned int h_len:4;              // 包头长度
    unsigned int version:4;            // IP 版本
    unsigned char tos;                 // 服务类型(TOS)
    unsigned short total_len;          // 包的总长度
    unsigned short ident;              // 包的唯一标识
    unsigned short frag_and_flags;     // 标识
    unsigned char ttl;                 // 生存时间（TTL）
    unsigned char proto;               // 传输协议(TCP, UDP 等)
    unsigned short checksum;           // IP 校验和
    unsigned int sourceIP;             // 发送 ICMP 包的源 IP 地址
```

```
        unsigned int destIP;                        // 接收 ICMP 包的目标 IP 地址
    }IpHeader;
```

结构体 IcmpHeader 用于定义 ICMP 数据包的结构，代码如下。

```
// 执行 ping 操作时，定义发送 IP 数据包中包含的 ICMP 数据头结构
typedef struct _ihdr {
    BYTE i_type;                          // 类型
    BYTE i_code;                          // 编码
    USHORT i_cksum;                       // 检验和
    USHORT i_id;                          // 编号
    USHORT i_seq;                         // 序列号
    ULONG timestamp;                      // 时间戳
}IcmpHeader;
```

2. 填充 ICMP 请求包

调用 fill_icmp_data()函数可以填充 ICMP 请求包的内容，代码如下。

```
// 填充 ICMP 请求包
void fill_icmp_data(char * icmp_data, int datasize){

    IcmpHeader *icmp_hdr;
    char *datapart;
    // 将缓冲区转换为 icmp_hdr 结构
    icmp_hdr = (IcmpHeader *)icmp_data;
    // 填充各字段的值
    icmp_hdr->i_type = ICMP_ECHO;                       // 将类型设置为 ICMP 响应包
    icmp_hdr->i_code = 0;                               // 将编码设置为 0
    icmp_hdr->i_id = (USHORT)GetCurrentThreadId();      // 将编号设置为当前线程的编号
    icmp_hdr->i_cksum = 0;                              // 将校验和设置为 0
    icmp_hdr->i_seq = 0;                                // 将序列号设置为 0
    datapart = icmp_data + sizeof(IcmpHeader);          // 定义到数据部分
    // 在数据部分随便填充一些数据
    memset(datapart,'E', datasize - sizeof(IcmpHeader));
}
```

程序首先将参数 icmp_data 指定的缓冲区转换为 icmp_hdr 结构体，然后设置 icmp_hdr 结构体中各个字段的值，最后将数据部分随便填充一些数据，这里使用字符"E"来填充。具体情况请参照注释理解。

3. 解析 ICMP 回应包

如果接收到 ICMP 回应包，则需要对数据包进行解析，并计算发送请求包和接收回应包的时间差，代码如下。

```
// 对返回的 IP 数据包进行解码，定位到 ICMP 数据
// 因为 ICMP 数据包含在 IP 数据包中
int decode_resp(char *buf, int bytes, struct sockaddr_in *from, DWORD tid)
{
    IpHeader *iphdr;              // IP 数据包头
```

```
    IcmpHeader *icmphdr;              // ICMP 包头
    unsigned short iphdrlen;          // IP 数据包头的长度
    iphdr = (IpHeader *)buf;          // 从 buf 中获取 IP 数据包头的指针
    // 计算 IP 数据包头的长度
    iphdrlen = iphdr->h_len * 4 ;     // number of 32-bit words * 4 = bytes
    // 如果指定的缓冲区长度小于 IP 包头加上最小的 ICMP 包长度
    // 则说明它包含的 ICMP 数据不完整,或者不包含 ICMP 数据
    if (bytes < iphdrlen + ICMP_MIN) {
        return -1;
    }
    // 定位到 ICMP 包头的起始位置
    icmphdr = (IcmpHeader *)(buf + iphdrlen);
    // 如果 ICMP 包的类型不是回应包, 则不处理
    if (icmphdr->i_type != ICMP_ECHOREPLY) {
        return -2;
    }
    // 发送的 ICMP 包 ID 和接收到的 ICMP 包 ID 应该对应
    if (icmphdr->i_id != (USHORT)tid){
        return -3;
    }
    // 返回发送 ICMP 包和接收回应包的时间差
    int time = GetTickCount() - (icmphdr->timestamp);
    if(time >= 0)
        return time;
    else
        return -4;  // 时间值不对
}
```

decode_resp()函数的参数说明如下。

* buf，接收数据包的缓冲区。
* bytes，接收到数据的长度。
* from，发送数据包的 IP 地址。
* tid，用于接收 ICMP 数据包的线程 ID。

程序的运行过程如下。

（1）计算 IP 数据包头的长度。

（2）如果指定的缓冲区长度小于 IP 包头加上最小的 ICMP 包长度，则说明它包含的 ICMP 数据不完整或者不包含 ICMP 数据，函数返回-1。

（3）定位到 ICMP 包头的起始位置。

（4）判断 ICMP 包的类型，如果不是 ICMP 回应包，则不处理。

（5）发送 ICMP 包的线程 ID 和接收到 ICMP 包的线程 ID 应该对应，否则函数返回-3。

（6）获取 ICMP 包中自带的时间戳，计算并返回发送 ICMP 包和接收回应包的时间差。

4．执行 ping 操作

ping()函数可以实现执行 ping 操作的功能，代码如下。

```
// 执行 ping 一个 IP 地址的操作
// 参数 ip 为 IP 地址字符串
```

```
// 参数 timeout 指定 ping 超时时间
int ping(const char *ip, DWORD timeout)
{
    WSADATA wsaData;                    // 初始化 Windows Socket 的数据
    SOCKET sockRaw = NULL;              // 用于执行 ping 操作的 Socket
    struct sockaddr_in dest,from;       // socket 通信的地址
    struct hostent *hp;                 // 保存主机信息
    int datasize;                       // 发送数据包的大小
    char *dest_ip;                      // 目的地址
    char *icmp_data = NULL;             // 用来保存 ICMP 包的数据
    char *recvbuf = NULL;               // 用来保存应答数据
    USHORT seq_no = 0;
    int ret = -1;
    // 初始化 Socket
    if (WSAStartup(MAKEWORD(2,1),&wsaData) != 0){
        ret = -1000;                    // WSAStartup 错误
        goto FIN;
    }
    // 创建原始 Socket
    sockRaw = WSASocket (AF_INET,
        SOCK_RAW,
        IPPROTO_ICMP,
        NULL, 0,WSA_FLAG_OVERLAPPED);
    // 如果出现错误，则转到最后
    if (sockRaw == INVALID_SOCKET) {
        ret = -2;                       // WSASocket 错误
        goto FIN;
    }
    // 设置 Socket 的接收超时选项
    int bread = setsockopt(sockRaw,SOL_SOCKET,SO_RCVTIMEO,(char*)&timeout,
        sizeof(timeout));
    // 如果出现错误，则转到最后
    if(bread == SOCKET_ERROR) {
        ret = -3;// setsockopt 错误
        goto FIN;
    }
    // 设置 Socket 的发送超时选项
    bread = setsockopt(sockRaw,SOL_SOCKET,SO_SNDTIMEO,(char*)&timeout,
        sizeof(timeout));
    if(bread == SOCKET_ERROR) {
        ret = -4;// setsockopt 错误
        goto FIN;
    }
    memset(&dest,0,sizeof(dest));

    unsigned int addr=0;                // 将 IP 地址转换为网络字节序
    hp = gethostbyname(ip);             // 获取远程主机的名称
    if (!hp){
        addr = inet_addr(ip);
```

```
}
if ( (!hp) && (addr == INADDR_NONE) ) {
    ret = -5; // 域名错误
    goto FIN;
}
// 配置远程通信地址
if (hp != NULL)
    memcpy(&(dest.sin_addr),hp->h_addr,hp->h_length);
else
    dest.sin_addr.s_addr = addr;

if (hp)
    dest.sin_family = hp->h_addrtype;
else
    dest.sin_family = AF_INET;
dest_ip = inet_ntoa(dest.sin_addr);

// 准备要发送的数据
datasize = DEF_PACKET_SIZE;
datasize += sizeof(IcmpHeader);
char icmp_dataStack[MAX_PACKET];
char recvbufStack[MAX_PACKET];
icmp_data = icmp_dataStack;
recvbuf = recvbufStack;
// 未能分配到足够的空间
if (!icmp_data) {
    ret = -6; //
    goto FIN;
}
memset(icmp_data,0,MAX_PACKET);
// 准备要发送的数据
fill_icmp_data(icmp_data,datasize);              // 设置报文头
((IcmpHeader*)icmp_data)->i_cksum = 0;
DWORD startTime = GetTickCount();
 ((IcmpHeader*)icmp_data)->timestamp = startTime;
 ((IcmpHeader*)icmp_data)->i_seq = seq_no++;
 ((IcmpHeader*)icmp_data)->i_cksum = checksum((USHORT*)icmp_data,
   datasize);
// 发送数据
int bwrote;
bwrote = sendto(sockRaw,icmp_data,datasize,0,(struct sockaddr*)&dest,
  sizeof(dest));
if (bwrote == SOCKET_ERROR){
    if (WSAGetLastError() != WSAETIMEDOUT)
    {
        ret = -7; // 发送错误
          goto FIN;
    }
}
if (bwrote < datasize ) {
    ret = -8; // 发送错误
```

```
            goto FIN;
        }
        // 使用 QueryPerformance 函数精确判断结果返回时间值
        // 原有的其他的 Windows 函数（GetTickCount 等）的方式返回值与 Windows Ping 应用程序相差太
        //大
        LARGE_INTEGER ticksPerSecond;
        LARGE_INTEGER start_tick;
        LARGE_INTEGER end_tick;
        double elapsed; // 经过的时间
        QueryPerformanceFrequency(&ticksPerSecond);        // CPU 每秒跑几个 ticks
        QueryPerformanceCounter(&start_tick);              // 开始时系统计数器的位置
        int fromlen = sizeof(from);                        // 源地址的大小
        while(1)
        {
            // 接收回应包
            bread = recvfrom(sockRaw,recvbuf,MAX_PACKET,0,(struct sockaddr*)&from,
                &fromlen);
            if (bread == SOCKET_ERROR){
                if (WSAGetLastError() == WSAETIMEDOUT) {
                    ret = -1;                              // 超时
                    goto FIN;
                }
                ret = -9;                                  // 接收错误
                goto FIN;
            }
            // 对回应的 IP 数据包进行解析，定位 ICMP 数据
            int time = decode_resp(recvbuf,bread,&from,GetCurrentThreadId());
            if(time >= 0)
            {
                //ret = time;
                QueryPerformanceCounter(&end_tick);     // 获取结束时系统计数器的值
                elapsed = ((double)(end_tick.QuadPart - start_tick.QuadPart) / ticksPer
Second. QuadPart); // 计算 ping 操作的用时
                ret = (int)(elapsed*1000);
                goto FIN;
            }
            else if(GetTickCount() - startTime >= timeout || GetTickCount() < startTime)
            {
                ret = -1; // 超时
                goto FIN;
            }
        }
    FIN:
        // 释放资源
        closesocket(sockRaw);
        WSACleanup();
        // 返回 ping 操作用时或者错误编号
        return ret;
    }
```

ping()函数有两个参数，参数 ip 为要执行 ping 操作的 IP 地址字符串；参数 timeout 指定 ping

超时时间。

　　程序的运行流程如下。

　　（1）初始化 Windows Sockets 环境。

　　（2）调用 setsockopt()函数设置发送和接收 ICMP 数据包的超时时间。

　　（3）配置远程通信地址。

　　（4）准备要发送的 ICMP 数据包。调用 checksum()函数可以计算指定 ICMP 包的校验和，具体方法比较复杂，这里就不做详细介绍了。

　　（5）调用 sendto()函数向目标地址发送 ICMP 请求包。

　　（6）调用 recvfrom()函数接收 ICMP 回应包。

　　（7）调用 decode_resp()函数对接收到的 ICMP 回应包进行解析。如果超时，则返回-1；否则返回发送数据和接收数据的时间差。

　　（8）关闭 Socket，释放资源。

　　【例 6.8】　下面通过实例演示如何使用上面介绍的方法实现 ping 一个 IP 地址的操作。

　　创建一个 Win32 控制台应用程序，项目名称为 MyPing，其主文件名为 MyPing.cpp。程序中使用命令行参数来指定要执行 ping 操作的 IP 地址。在调试和运行程序之前需要配置命令行参数，具体方法可以参照 6.1.7 小节理解。

　　主函数_tmain()的代码如下。

```
int _tmain(int argc, _TCHAR* argv[])
{
  if(argc!=2)
  {
    printf("参数数量不正确。请指定要 ping 的 IP 地址。\n");
    return -1;
  }
  // 执行 ping 操作
  printf("ping %s...\n", argv[1]);
  int ret = ping(argv[1], 500);
  if(ret >= 0)
  {
    printf("%s 在线，执行 ping 操作用时%dms。\n", argv[1], ret);
  }
  else
  {
    switch(ret)
    {
    case -1:
      printf("ping 超时。\n");
      break;
    case -2:
      printf("创建 Socket 出错。\n");
      break;
    case -3:
      printf("设置 Socket 的接收超时选项出错。\n");
      break;
    case -4:
      printf("设置 Socket 的发送超时选项\n");
```

```
        break;
    case -5:
        printf("获取域名时出错，可能是 IP 地址不正确。\n");
        break;
    case -6:
        printf("未能为 ICMP 数据包分配到足够的空间\n");
        break;
    case -7:
        printf("发送 ICMP 数据包出错\n");
        break;
    case -8:
        printf("发送 ICMP 数据包的数量不正确。\n");
        break;
    case -9:
        printf("接收 ICMP 数据包出错\n");
        break;
    case -1000:
        printf("初始化 Windows Sockets 环境出错。\n");
        break;
    default:
        printf("未知的错误");
        break;
    }
}
printf("\n");
system("pause");
return 0;
}
```

程序调用 ping()函数，对指定的 IP 地址执行并操作，并根据返回的结果输出相应的提示信息。运行结果如图 6.11 所示。

图 6.11　调用 ping()函数执行 ping 操作的结果

　在 Windows 7 和 Windows 8 下，必须以管理员身份运行 Visual Studio 才能正常运行此程序。

6.2.3　扫描子网

在 6.2.2 小节中介绍了在程序中对一个 IP 地址执行 ping 操作的方法。如果在程序中使用多线程，在每个线程中对一个指定的 IP 地址执行 ping 操作，就可以实现批量执行 ping 操作的功能。计算一个子网中包含的 IP 地址，然后对这些 IP 地址执行批量 ping 操作，就可以实现子网扫描的功能。本小节将通过实例介绍在程序中实例扫描子网功能的方法。

【例 6.9】　下面通过实例演示如何在程序中实现扫描子网的功能。

创建一个 Win32 控制台应用程序，项目名称为 MyPings，其主文件名为 MyPings.cpp。程序中使用命令行参数来指定要执行扫描的子网的网络地址和子网掩码。在调试和运行程序之前需要配置命令行参数，具体方法可以参照 6.1.7 小节理解。

1.　程序中的结构体

MyPings.cpp 中定义了一组结构体，用于描述 IP 数据包头、ICMP 数据包头、执行 Ping 操作的结构和执行批量 ping 操作的线程结构等，如表 6.9 所示。

表 6.9　　　　　　　　　　　　　MyPings.cpp 中定义的结构体

结　构　体	说　　　明
IpHeader	定义 IP 数据包头结构。IpHeader 结构体的定义在 6.2.2 小节已经做了介绍，请参照理解
IcmpHeader	定义发送 IP 数据包中包含的 ICMP 数据头结构。IcmpHeader 结构体的定义在 6.2.2 小节已经做了介绍，请参照理解
PingPair	用于描述要执行 ping 操作的 IP 地址和 ping 操作的具体情况
ThreadStruct	定义用于发送 ICMP 包的线程结构

结构体 PingPair 的定义代码如下。

```
struct PingPair
{
    unsigned long ip;            // 执行ping操作的IP地址
    LARGE_INTEGER starttime;     // ping操作的开始时间
    LARGE_INTEGER endtime;       // ping操作的结束时间
    bool flag;                   // 表示当前IP地址是否在线,在线则为true,否则为false
    int period;                  // ping操作的用时

    PingPair()
        : ip(0), flag(false), period(-1)
    {
    }

    PingPair(int ipp)
        : ip(ipp), flag(false), period(-1)
    {
    }
};
```

在执行多线程批量 ping 操作时，可以向线程中传递 PingPair 参数，可以使用它来记录执行 ping 操作的开始时间、结束时间、总用时和是否在线等信息。

结构体 ThreadStruct 的定义代码如下。

```
struct ThreadStruct
{
    std::map<unsigned long, PingPair*> *ips;   // 要执行ping操作的IP地址映射表
    SOCKET s;                                  // 执行ping操作所使用的Socket
    int timeout;                               // ping超时时间
    DWORD tid;                                 // 线程ID
    bool *sendCompleted;                       // 标识是否完成批量ping操作
```

```
};
```

在执行批量 ping 操作时，可以向线程中传递 ThreadStruct 结构体。

2. 程序中的函数概述

MyPings.cpp 中定义了一组函数，用于在多线程中实现批量 ping 操作，如表 6.10 所示。

表 6.10   MyPings.cpp 中定义的函数

函 数 名	说 明
fill_icmp_data	填充 ICMP 请求包，其代码在 6.2.2 小节已经做了介绍，请参照理解
checksum	计算 ICMP 校验和
decode_resp	对返回的 IP 数据包进行解码，定位到 ICMP 数据，其代码在 6.2.2 小节已经做了介绍，请参照理解
SendIcmp	使用指定的 Socket 向指定的单个 IP 地址发送 ICMP 请求包
RecvIcmp	接收一个 ICMP 回应包
RecvThreadProc	批量接收 ICMP 回应包的线程函数
CreateSocket	创建 Socket
DestroySocket	释放 Socket
pings	启动多线程对一组 IP 地址执行 ping 操作
FillSubnet	计算指定子网中包含的所有 IP 地址列表，其代码在 6.2.1 小节已经做了介绍，请参照理解
ScanSubnet	扫描子网中所有的 IP 地址，返回在线的 IP 地址

有些函数在前面的小节中已经做了介绍，请参照理解。下面介绍一下其他几个函数的代码。

3. CreateSocket()函数

CreateSocket()函数的代码如下。

```
SOCKET CreateSocket(DWORD timeout)
{
  WSADATA wsaData;
  SOCKET sockRaw = NULL;
  // 初始化
  if (WSAStartup(MAKEWORD(2,1),&wsaData) != 0){
    return sockRaw;
  }
  // 创建原始 Socket
  sockRaw = WSASocket (AF_INET,
                  SOCK_RAW,
                  IPPROTO_ICMP,
                  NULL, 0,WSA_FLAG_OVERLAPPED);

  if (sockRaw == INVALID_SOCKET) {
    return sockRaw;// WSASocket 错误
  }
  // 设置接收超时时间
  setsockopt(sockRaw,SOL_SOCKET,SO_RCVTIMEO,(char*)&timeout,
    sizeof(timeout));
  // 设置发送超时时间
```

```
setsockopt(sockRaw,SOL_SOCKET,SO_SNDTIMEO,(char*)&timeout,
    sizeof(timeout));
  return sockRaw;
}
```

程序首先初始化 Windows Sockets 环境，然后调用 WSASocket() 函数创建一个原始 Socket（类型为 SOCK_RAW），用于发送和接收 ICMP 数据包。最后调用 setsockopt() 函数设置接收超时时间（使用 SO_RECVTIMEO 选项）和发送超时时间（使用 SO_SNDTIMEO 选项）。

4. DestroySocket() 函数

DestroySocket() 函数的代码如下。

```
void DestroySocket(SOCKET sockRaw)
{
  closesocket(sockRaw);
  WSACleanup();
}
```

程序将关闭 Socket sockRaw，然后释放资源。

5. SendIcmp() 函数

SendIcmp() 函数的代码如下。

```
bool SendIcmp(SOCKET sockRaw, unsigned long ip)
{
  struct sockaddr_in dest,from;                // 保存目标地址和源地址
  int datasize;                                // 指定 ICMP 数据包的大小
  int fromlen = sizeof(from);                  // 源地址长度
  unsigned long addr=0;                        // 保存主机字节序 IP 地址
  USHORT seq_no = 0;                           // 指定当前 ICMP 数据包的序号
  int ret = -1;                                // 保存函数的返回值
  // 将 ip 转换为 dest，以便执行 ping 操作
  memset(&dest,0,sizeof(dest));
  addr = ntohl(ip);
  dest.sin_addr.s_addr = addr;
  dest.sin_family = AF_INET;
  // 设置 ICMP 数据包的大小
  datasize = DEF_PACKET_SIZE;
  datasize += sizeof(IcmpHeader);
  // 填充 ICMP 数据包
  char icmp_data[MAX_PACKET];
  memset(icmp_data,0,MAX_PACKET);
  fill_icmp_data(icmp_data,datasize);

  // 设置 ICMP 包头中的校验和、时间戳和序号
  ((IcmpHeader*)icmp_data)->i_cksum = 0;
  ((IcmpHeader*)icmp_data)->timestamp = GetTickCount();
  ((IcmpHeader*)icmp_data)->i_seq = seq_no++;
  ((IcmpHeader*)icmp_data)->i_cksum = checksum((USHORT*)icmp_data,
    datasize);
  // 向 dest 发送 ICMP 数据包
  int bwrote;
```

```
bwrote = sendto(sockRaw,icmp_data,datasize,0,(struct sockaddr*)&dest,
    sizeof(dest));
// 发送失败，则返回 false
if (bwrote == SOCKET_ERROR){
    if (WSAGetLastError() != WSAETIMEDOUT)
    {
        ret = false;                      // 发送错误
    }
}
if (bwrote < datasize) {
    return false;
}
//发送成功，返回 true
return true;
}
```

参数 sockRaw 表示发送消息使用的原始 Socket，参数 ip 表示要发送消息的目标 IP 地址。程序的执行过程如下。

- 将 IP 地址转换为 sockaddr_in 结构体。
- 设置 ICMP 数据包的大小。
- 填充 ICMP 数据包。
- 设置 ICMP 包头中的校验和、时间戳和序号。
- 向结构体 dest 指定的 IP 地址发送 ICMP 数据包。
- 如果发送失败，则返回 false，否则返回 true。

6. RecvIcmp()函数

RecvIcmp()函数的代码如下。

```
int RecvIcmp(SOCKET sockRaw, unsigned long *ip, DWORD tid)
{
    struct sockaddr_in from;              // 接收到 ICMP 的来自的地址
    int fromlen = sizeof(from);           // 地址 from 的长度
    int bread;                            // 调用 recvfrom()函数的返回结果
    char recvbuf[MAX_PACKET];             // 用于接收 ICMP 回应我的缓冲区
    // 接收 ICMP 回应包
    bread = recvfrom(sockRaw,recvbuf,MAX_PACKET,0,(struct sockaddr*)&from,
        &fromlen);
    if (bread == SOCKET_ERROR){
        if (WSAGetLastError() == WSAETIMEDOUT) {
            return -1;                    // 超时
        }
        else
            return -9;                    // 接收错误
    }
    // 对 ICMP 回应包进行解析
    int time = decode_resp(recvbuf,bread,&from, tid);
    // 如果可以 ping 通，则返回发送 ICMP 请求包到接收 ICMP 回应包的时间，否则返回-1
    if( time >= 0 )
    {
        *ip = ntohl(from.sin_addr.S_un.S_addr);
```

```
      return time;
   }
   else
   {
      return -1;
   }
}
```

参数 sockRaw 表示发送消息使用的原始 Socket，参数 ip 表示 ICMP 回应包来自的 IP 地址。程序的执行过程如下。

- 调用 recvfrom()函数接收 ICMP 回应包。
- 对 ICMP 回应包进行解析
- 如果可以 ping 通，则返回从发送 ICMP 请求包到接收 ICMP 回应包的时间，否则返回-1。

7. RecvThreadProc()函数

RecvThreadProc()是批量接收 ICMP 回应包的线程函数，它负责接收所有的 ICMP 回应包，并对其进行解析，获取 IP 地址的在线情况和执行 ping 操作的时间。RecvThreadProc()函数的代码如下。

```
DWORD WINAPI RecvThreadProc(void *param)
{
   int count = 0;
   // 参数为 ThreadStruct
   ThreadStruct *unionStruct = (ThreadStruct *)param;
   DWORD startTime = GetTickCount();                    // 记录开始时间
   DWORD timeout = unionStruct->timeout * 2;            // 超时时间加长
   SOCKET sockRaw = unionStruct->s;                     // 设置 Socket
   // 设置要执行批量 ping 操作的 IP 地址
   std::map<unsigned long, PingPair*> *ips = unionStruct->ips;
   DWORD tid = unionStruct->tid;                        // 设置线程 ID
   // 如果批量 ping 操作未完成，并且没有超时，则调用 RecvIcmp()函数接收一个 IP 地址的响应包
   std::map<unsigned long, PingPair*>::iterator itr;
   // 循环接收所有 ICMP 请求，直至收到所有 IP 地址回应包或者超时
   while( !*(unionStruct->sendCompleted) || GetTickCount() - startTime < timeout)
   {
      unsigned long ip;                                 // 用于接收回应包来自的 IP 地址
      int ret = RecvIcmp(sockRaw, &ip, tid);            // 接收一个 IP 的 ICMP 响应包
      if(ret < 0)                                       // 如果没有 ping 通，则不处理
         continue;
      // 在执行批量 ping 操作的 IP 地址映射表中找到回应包的 IP 地址
      if((itr = ips->find(ip)) != ips->end() && !itr->second->flag)
      {
         QueryPerformanceCounter(&(itr->second->endtime)); // 获取结束时间
         itr->second->flag = true;                      // 设置在线标识
      }
   }
   return 0;
}
```

在启动批量 ping 操作的线程时，指定 RecvThreadProc()为线程函数，并设置 RecvThreadProc()

函数的参数为要执行 ping 操作的 ThreadStruct 结构体，其中包括发送和接收 ICMP 数据包的 Socket、ping 超时时间、线程 ID 和是否完成批量 ping 操作的标识等。执行批量 ping 操作的方法将在稍后介绍。

RecvThreadProc()函数的执行过程如下。

- 将参数 param 转换为 ThreadStruct 结构体。

- 循环接收所有 ICMP 回应包，直至收到所有 IP 地址回应包（即 unionStruct->sendCompleted 等于 true）或者超时。

- 调用 RecvIcmp()函数处理接收到的 ICMP 回应包。对于可以 ping 通的设备计算执行 ping 操作的时间，并将其 flag 字段设置为 true。

8. pings()函数

pings()函数用于对指定的多个 IP 地址执行批量 ping 操作，代码如下。

```
int pings(std::map<unsigned long, PingPair*> &ips, DWORD timeout)
{
    SOCKET s = CreateSocket(timeout);                    // 创建 ping 操作使用的 Socket
    if(s == INVALID_SOCKET)                              // 如果创建失败，则返回
        return -1;
    // 准备执行批量 ping 操作的 T
    ThreadStruct unionStruct;
    unionStruct.ips = &ips;                              // 要执行 ping 操作的 IP 地址映射表
    unionStruct.s = s;                                   // 发送和接收 ICMP 数据包的 Socket
    unionStruct.timeout = timeout;                       // 超时时间
    unionStruct.tid = GetCurrentThreadId();              // 线程 ID
    unionStruct.sendCompleted = new bool(false);         // 标识为未发送完成
    // 创建批量 ping 操作线程，线程函数为 RecvThreadProc，参数为 unionStruct
    DWORD tid;
    HANDLE handle = CreateThread(NULL, 0, RecvThreadProc, &unionStruct, 0, &tid);
    // 依次向 ips 中所有 IP 地址发送
    std::map<unsigned long, PingPair*>::iterator itr;
    for(itr = ips.begin();itr != ips.end();itr++)
    {
        SendIcmp(s, itr->first);                         // 发送 ICMP 请求包
        QueryPerformanceCounter(&itr->second->starttime ); // 记录初始时间
        Sleep(10);
    }
    // 因为 ICMP 是基于不可靠的 UDP 的
    // 为了防止目标 IP 没有收到 ICMP 请求包，这里再发送一次
    for(itr = ips.begin();itr != ips.end();itr++)
    {
        SendIcmp(s, itr->first);                         // 发出所有数据
        Sleep(10);
    }
    // 将发送完成标识设置为 true
    *(unionStruct.sendCompleted) = true;
    // 等待接收线程返回
    DWORD ret = WaitForSingleObject(handle, timeout * 3);
    // 结束线程
```

```
        if(ret == WAIT_TIMEOUT)
        {
            printf("Kill Thread\n");
            TerminateThread(handle, 0);
        }
        CloseHandle(handle);                                    // 关闭线程句柄
        DestroySocket(s);                                       // 释放 Socket
        // 获取 CPU 每秒钟跑几个 ticks
        LARGE_INTEGER ticksPerSecond;
        QueryPerformanceFrequency(&ticksPerSecond);
        // 依次对所有 IP 地址进行处理
        for(itr = ips.begin();itr != ips.end();itr++)
        {
            // 如果在线（flag=true），则记录执行 ping 操作的时间
            if(itr->second->flag == true)
            {
            double elapsed = ((double)(itr->second->endtime.QuadPart - itr->second->
starttime.QuadPart) / ticksPerSecond.QuadPart);
                if(elapsed <= 0)
                    elapsed = 0;
                itr->second->period = (int)(elapsed*1000);
            }
        }
        delete unionStruct.sendCompleted;
        return 0;
    }
```

在 pings()函数中，参数 ips 指定要执行 ping 操作的 IP 地址映射表，参数 timeout 指定执行 ping 操作的超时时间。

pings()函数的执行过程如下。

● 创建 Socket s，用于发送和接收 ICMP 数据包。

● 设置 ThreadStruct 结构体中的字段，设置要执行 ping 操作的 IP 地址、Socket、超时时间、线程 ID 和完成标识。

● 调用 CreateThread()函数，创建接收 ICMP 回应包的线程。线程函数为 RecvThreadProc()，参数为前面准备好的 ThreadStruct 结构体。

● 依次向 ips 中所包含的 IP 地址发送 ICMP 请求包。

● 等待线程函数 RecvThreadProc()执行结束。

● 依次计算所有 IP 地址执行 ping 操作的时间。

　　　　因为 ICMP 是基于不可靠的 UDP 的，所以目标 IP 地址很有可能无法正常接收到 ICMP 请求包。为了避免出现这种情况，程序两次向所有 IP 地址发送 ICMP 请求包。如果网络中丢包情况比较严重，用户可以增加发送 ICMP 请求包的次数。

9. ScanSubnet()函数

ScanSubnet()函数用于对指定的子网进行扫描，探测其中包含的在线 IP 地址情况，代码如下。

```
list<string> ScanSubnet(string NetAddr, string NetMask, DWORD timeOut)
{
    // 计算子网中的 IP 地址列表
```

155

```
    list<string> IpList = FillSubnet(NetAddr, NetMask);
    // 将 IpList 转换成用来执行 ping 操作的所有 IP 地址 ipAll
    std::map<unsigned long, PingPair*> ipAll;
    list<string>::iterator IpItr;
    // 将 IpList 转换为 ipAll, 为调用 pings()函数准备数据
    for(IpItr = IpList.begin(); IpItr != IpList.end(); IpItr++)
    {
        string ip = *IpItr;
        if(ip.empty())                      // 如果设备 IP 地址为空, 则不处理
            continue;
        unsigned int uip = ntohl(inet_addr(ip.c_str()));
        PingPair *p = new PingPair(uip);
        ipAll[uip] = p;
    }
    // 执行批量 ping 操作
    pings(ipAll, timeOut);
    // 将活动 IP 地址保存在 ActiveIpList 中
    list<string> ActiveIpList;
    std::map<unsigned long, PingPair*>::iterator ipItr;
    for(ipItr=ipAll.begin();ipItr!=ipAll.end();ipItr++)
    {
        if(ipItr->second->flag)
        {
            in_addr IPAddr;
            IPAddr.S_un.S_addr = ntohl(ipItr->second->ip);
            // 将活动 IP 地址保存在 ActiveIpList 中
            ActiveIpList.push_back(inet_ntoa(IPAddr));
        }
        delete ipItr->second;
    }
    return ActiveIpList;
}
```

在 ScanSubnet()函数中，参数 NetAddr 指定子网的网络地址，参数 NetMask 指定子网掩码，参数 timeOut 指定 ping 超时时间。

ScanSubnet()函数的执行过程如下。

- 调用 FillSubnet()函数计算指定子网中包含的所有 IP 地址，保存在 IpList 中。
- 将 IpList 转换为 ipAll，其类型为 std::map<unsigned long, PingPair*>。这样做的目的是为执行 pings()函数准备数据。
- 调用 pings()函数，执行批量 ping 操作。
- 处理 ipAll 中的所有返回结果，将在线 IP 地址的信息保存到 ActiveIpList 中。
- 将 ActiveIpList 作为函数的返回值。

10. 主函数_tmain()

_tmain()函数有两个参数，argc 表示命令行参数的数量，argv[]数组表示命令行参数的具体内容。可执行程序本身是第 1 个参数，另外两个参数分别为子网的网络地址（例如 192.168.0.0）和子网掩码（例如 255.255.255.0-**）。因此，在本例中如果命令行参数正确，则参数 argc 的值应该等于 3。

_tmain()函数的代码如下。

```
int _tmain(int argc, _TCHAR* argv[])
{
    if(argc!=3)
    {
        printf("参数数量不正确。请指定要 ping 的子网的子网地址和子网掩码。\n");
        return -1;
    }
    // 执行 ping 操作
    printf("ping subnet: %s, %s...\n", argv[1], argv[2]);
    // 扫描子网
    list<string> ActiveIpList = ScanSubnet(argv[1], argv[2], 500);
    // 显示所有在线 IP 地址
    printf("The Active IP Address is below:\n");
    list<string>::iterator IpItr;
    for(IpItr = ActiveIpList.begin(); IpItr != ActiveIpList.end(); IpItr++)
    {
        string ip = *IpItr;
        if(ip.empty())                    // 如果设备 IP 地址为空, 则不处理
            continue;
        printf("%s\n", ip.c_str());
    }
    system("pause");
    return 0;
}
```

_tmain()函数的执行过程如下。

● 首先判断命令行参数的数量。如果没有正确地指定命令行参数, 则程序将无法确定要扫描的子网。

● 调用 ScanSubnet()函数对指定的子网进行扫描, 返回结果保存在 ActiveIpList 中。

● 输出 ActiveIpList 中所有的 IP 地址。

程序的运行结果如图 6.12 所示。

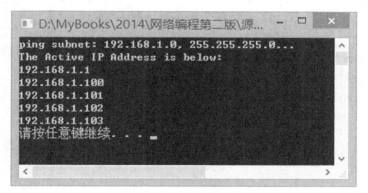

图 6.12 例 6.9 的运行结果

要想得到正确的结果, 必须以管理员的身份运行 Visual Studio 才行。

习　题

一、选择题

1. 在 Windows 操作系统中，用于获取本地 IP 地址等基本网络信息的命令是（　　　）。

    A. getipaddr   B. ipconfig

    C. getlocalnet   D. netstat

2. 在 IP Helper API 中，获取本地的主机名、域名和 DNS 服务器列表等网络信息的函数是（　　　）。

    A. GetIpConfig   B. GetNetworkParams

    C. GetNetInfo   D. GetHostInfo

3. 在 IP Helper API 中，获取本地计算机网络接口数量的函数是（　　　）。

    A. GetInterfaceNum   B. GetNumberOfInterfaces

    C. GetIfNumber   D. GetNetIfNumber

4. 在 IP Helper API 中，关于 AddIPAddress()函数，下面说明错误的是（　　　）。

    A. 调用 AddIPAddress()函数可以向指定的网络适配器中添加 IP 地址

    B. 如果调用成功，则 AddIPAddress()函数返回 0；否则返回错误代码

    C. 调用 AddIPAddress()函数添加的 IP 地址并不持久，当重新启动计算机或者手动重置网卡时，添加的 IP 地址将会消失

    D. 一次调用 AddIPAddress()函数可以添加多个 IP 地址

二、填空题

1. 在 Visual C++中，可以使用＿＿【1】＿＿来获取和修改本地网络信息。

2. IP Helper API 对应于动态链接库为＿＿【2】＿＿，对应的静态链接库为＿＿【3】＿＿。

3. 在 IP Helper API 中，返回本地网络适配器的基本信息的函数是＿＿【4】＿＿。

4. 在 IP Helper API 中，返回本地计算机 IP 地址表的函数是＿＿【5】＿＿。

三、简答题

1. 简述 IP Helper API 可以实现的主要功能。

2. 简述在 Visual C++项目中引用库文件 iphlpapi.lib 的方法。

3. 简述在 Visual C++项目中配置命令行参数的方法。

4. 简述根据子网中的任意一个 IP 地址及其子网掩码计算该子网的网络地址和广播地址的方法。

第7章
NetBIOS 网络编程技术

NetBIOS（NETwork Basic Input/Output System，网络基本输入/输出系统）定义了一种软件接口以及在应用程序和连接介质之间提供通信接口的标准方法。它可以提供名字服务、会话服务和数据库服务，基于 NetBIOS 的比较典型的应用是获取远程计算机的 Mac 地址、名称和所在工作组等信息。本章将对 NetBIOS 网络编程技术进行介绍。

7.1　NetBIOS 协议及应用

NetBIOS 是一种会话层协议，可以应用于 TCP/IP、PPP 和 X.25 网络。本节将介绍 NetBIOS 协议的基本原理，以及在 Windows 中使用 NBTSTAT 命令查看 NetBIOS 信息的方法。

7.1.1　NetBIOS 协议

NetBIOS 协议最初由 IBM 开发，微软公司在此基础上对该协议进行了完善，并在 Windows 上提供了对 NetBIOS 协议的支持。网上邻居功能就是基于 NetBIOS 协议的。在 Windows 中安装 TCP/IP 的同时就会安装 NetBIOS 协议。下面介绍一下在 Windows 7 中启用和配置 NetBIOS 协议的方法。

右键单击桌面上的网上邻居图标，在弹出菜单中选择"属性"，打开"网络和共享中心"窗口，如图 7.1 所示。

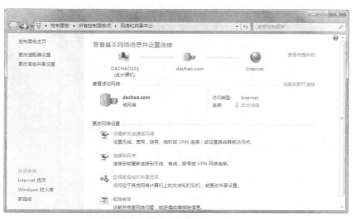

图 7.1　"网络和共享中心"窗口

单击左上方的"更改适配器设置"，打开"网络连接"窗口，如图 7.2 所示。

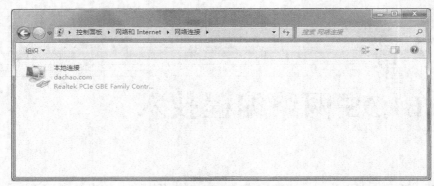

图 7.2 "网络连接"窗口

右键单击"本地连接"图标，在弹出菜单中选择"属性"，打开"本地连接属性"对话框，如图 7.3 所示。如果没有安装 TCP/IP，则选中"Internet 协议版本 4"。

选中"Internet 协议版本 4"项，单击"属性"按钮，打开"Internet 协议版本 4（TCP/IP）属性"对话框，如图 7.4 所示。在这里可以配置本地连接的基本网络信息，包括 IP 地址、子网掩码、默认网关、DSN 服务器等。

单击"高级"按钮，打开"高级 TCP/IP 设置"对话框。单击"WINS"选项卡，可以对 NetBIOS 协议进行设置，如图 7.5 所示。

如果使用 DHCP 来动态分配 IP 地址，则选择"默认"来启用 NetBIOS；如果使用固定的 IP 地址，则选择"启用 TCP/IP 上的 NetBIOS"来启用 NetBIOS。选择"禁用 TCP/IP 上的 NetBIOS"，则可以禁用 NetBIOS 协议。配置完成后，单击"确定"按钮生效。

TCP/IP 上的 NetBIOS 简称为 NBT 或者 NetBT，即 NetBIOS over TCP/IP 的缩写。

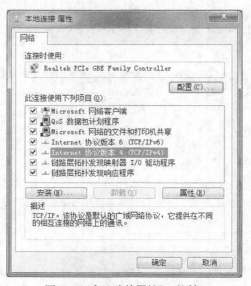

图 7.3 "本地连接属性"对话框

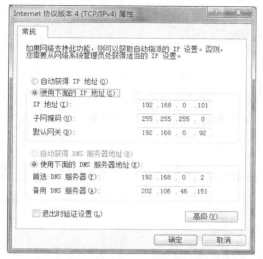

图 7.4　"Internet 协议（TCP/IP）属性"对话框

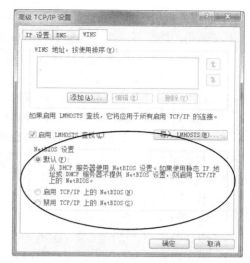

图 7.5　"高级 TCP/IP 设置"对话框

　　NetBIOS 定义了一个软件接口，非常类似于 API 编程，它可以提供标准方法来实现各种网络服务。NetBIOS 给程序提供了请求底层服务所需的统一命令集。

1. LANA 编号

　　LANA（LAN Adapter，LAN 适配器）编号是 NetBIOS 进行网络编程的关键，它对应于网卡及传输协议的唯一组合。例如，假定某个工作站安装了两块网卡，以及两种具有 NetBIOS 能力的传输协议（例如 TCP/IP 和 NetBEUI），那么将共有下面 4 个 LANA 编号。

- 表示"TCP/IP—网卡 1"对。
- 表示"NetBEUI—网卡 1"对。
- 表示"TCP/IP—网卡 2"对。
- 表示"NetBEUI—网卡 2"对。

　　在进行 NetBIOS 编程时需要注意，两台进行通信的计算机必须至少安装有同一种协议，并且这两台计算机通信所依赖的 LANA 编号对应的网络协议要相同，否则即使这两台计算机安装相同的协议也无法进行通信。LANA 编号范围在 0～9 之间，LANA 0 代表默认的 LANA。

2. 名字服务

　　在 NetBIOS 协议中，网络中的每个主机都必须使用一个唯一的名称注册到网络，名称最多16 个字符。NetBIOS 名称可以用来在网络上鉴别资源，程序可以利用 NetBIOS 名称来开始和结束会话。

　　NetBIOS 协议支持建立名字服务器，负责查找目标主机对应的 IP 地址，并赋予一个 NetBIOS 名称。名字服务提供的主要功能如下。

- 添加名字，即注册一个 NetBIOS 名字。
- 添加组名，即注册一个 NetBIOS 组名。
- 删除名字，即取消一个 NetBIOS 名字和组名的注册。
- 查询名字，即在网络中搜索 NetBIOS 名字。

3. 会话服务

　　会话服务允许在两个计算机之间建立连接，并相互通信。这是一种面向连接的、可靠的信使服务，可以处理大量的信息，并提供错误检测和恢复的功能。

会话服务提供的主要功能如下。

- 调用，即打开一个到远程 NetBIOS 名字的会话。
- 侦听，即侦听其他程序的连接请求。
- 挂起，即关闭一个会话。
- 发送，即向会话对端的计算机发送一个数据包，并等待对方确认。
- 无确认发送，即向会话对端的计算机发送一个数据包，但不需要对方确认。
- 接收，即等待从会话对端发送的数据包到达。

4. 数据报服务

数据报服务是无连接、非可靠的。它可以将数据报发送到指定的主机、组中的所有成员，或者广播到整个局域网。

数据报服务提供的主要功能如下。

- 发送数据报，即向远程 NetBIOS 名字发送一个数据报。
- 发送广播数据报，即向网络中所有 NetBIOS 名字发送数据报。
- 接收数据报，即等待从发送数据报操作中到达的数据。
- 接收广播数据报，即等待从发送广播数据报操作中到达的数据。

在 Windows 中，如果安装了 NetBIOS 协议，则系统将自动开放下列端口。

- 137 端口，主要作用是在局域网中提供计算机的名称或 IP 地址查询服务。
- 138 端口，主要作用是提供 NetBIOS 环境下的计算机名浏览功能。
- 139 端口，主要作用是提供文件和打印机共享的功能。

7.1.2 使用 NBTSTAT 命令

在 Windows 命令窗口中执行 NBTSTAT 命令，可以获取指定远程计算机的基本信息，包括 Mac 地址、计算机名和所属工作组等。NBTSTAT 命令的格式如下。

```
NBTSTAT [ [-a RemoteName] [-A IP address] [-c] [-n]
        [-r] [-R] [-RR] [-s] [-S] [interval] ]
```

各参数的具体说明如表 7.1 所示。

表 7.1 　　　　　　　　　　　　　NETSTAT 命令中各参数的具体说明

参　　数	说　　明
-a RemoteName	列出指定名称的远程机器的名称表，RemoteName 表示指定的远程主机计算机名
-A IP address	列出指定 IP 地址的远程机器的名称表，IP address 表示用点分法表示的 IP 地址
-c	列出远程计算机名称及其 IP 地址的 NBT 缓存
-n	列出本地的 NetBIOS 名称
-r	列出通过广播和经由 WINS 解析的名称
-R	清除和重新加载远程缓存名称表
-RR	将名称释放包发送到 WINS，然后启动刷新
-s	列出将目标 IP 地址转换成计算机 NetBIOS 名称的会话表
-S	列出具有目标 IP 地址的会话表
interval	重新显示选定的统计、每次显示之间暂停的间隔秒数。按 Ctrl＋C 停止重新显示统计

例如，要查看 IP 地址为 192.168.1.102 的计算机的名字，可以执行下面的命令。

```
NBTSTAT -A 192.168.1.102
```

运行结果如图 7.6 所示。

从返回结果中可以看到，计算机的名字为 home-pc，所属工作组为 WORKGROUP，MAC 地址为 78-24-AF-35-A8-D6。

也可以根据计算机名字来查看它的基本信息。例如可执行下面的命令。

```
NBTSTAT -a home-pc
```

该命令的运行结果和图 7.6 中显示的运行结果是一样的。

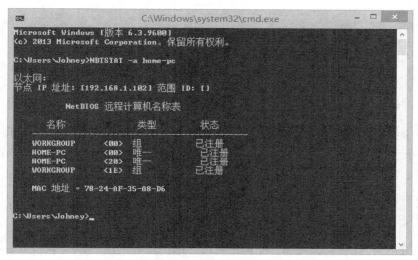

图 7.6　使用 NBTSTAT 命令查看远程计算机信息

当然，我们要介绍的并不是使用命令获取网络信息这么简单，而是使用 Visual C++开发获取远程主机网络信息的应用程序。本小节只是给读者一个直观的印象，了解我们要获取的数据是什么。在读者可以自己开发相关应用程序后，也可以使用 NBTSTAT 命令来验证程序结果是否正确。

7.2　NetBIOS 开发接口

Microsoft 提供了一组 NetBIOS 开发接口，使用户可以在程序中利用 NetBIOS 协议获取和管理网络中计算机的基本信息。本节将介绍 NetBIOS 开发接口的基本使用情况。

7.2.1　NetBIOS 操作

协议驱动程序对外公布 NetBIOS 接口，并将 NetBIOS 命令映射到协议驱动程序的内部命令。NetBIOS 模拟器接收 NetBIOS 命令，将它们转换成 TDI（Transport Driver Interface，传输驱动程序接口）调用，然后使用 TDI 将它们转发到传输驱动程序。

在 Windows 操作系统中，NetBIOS 操作的流程如图 7.7 所示。

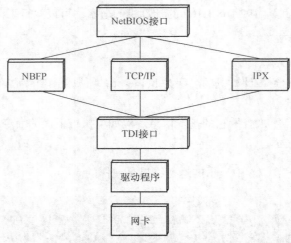

图 7.7　NetBIOS 的操作流程

7.2.2　NCB 结构体

NCB 结构体用于描述网络控制块（Network Control Block），它包含要执行的命令的信息。在调用 netbois() 函数时需要传递 NCB 结构体，因此这里首先介绍一下 NCB 结构体的内容。

NCB 结构体的定义如下。

```
typedef struct _NCB {
  UCHAR   ncb_command;
  UCHAR   ncb_retcode;
  UCHAR   ncb_lsn;
  UCHAR   ncb_num;
  PUCHAR  ncb_buffer;
  WORD    ncb_length;
  UCHAR   ncb_callname[NCBNAMSZ];
  UCHAR   ncb_name[NCBNAMSZ];
  UCHAR   ncb_rto;
  UCHAR   ncb_sto;
  void (CALLBACK *ncb_post)(struct NCB);
  UCHAR   ncb_lana_num;
  UCHAR   ncb_cmd_cplt;
  UCHAR   ncb_reserve[X];
  HANDLE ncb_event;
}NCB, *PNCB;
```

下面介绍各个成员变量的含义。

1．ncb_command

该成员变量指定命令编码以及表明 NCB 结构体是否被异步处理标识。其指定的命令编码可取值如表 7.2 所示。

表 7.2　　　　　　　　　　ncb_command 成员变量指定的命令编码可选值

命令编码可选值	说　　明
NCBACTION	非标准 NetBIOS 3.0 命令

续表

命令编码可选值	说　　明
NCBADDGRNAME	向本地名字表中添加一个组名，组名在网络中必须是唯一的
NCBADDNAME	向本地名字表中添加一个唯一的名字
NCBASTAT	获取本地或远程网络适配器的状态。如果指定了此编码，则成员变量 _buffer 指向填充了 ADAPTER_STATUS 结构体和 NAME_BUFFER 结构体数组的缓冲区
NCBCALL	打开与其他名字之间的会话
NCBCANCEL	取消之前挂起的命令
NCBCHAINSEND	向指定的会话伙伴发送两个数据缓冲区的内容
NCBCHAINSENDNA	向指定的会话伙伴发送两个数据缓冲区的内容，并且不等待对方确认
NCBDELNAME	从本地名字表中删除一个名字
NCBDGRECV	获取来自任意名字的数据包
NCBDGRECVBC	获取来自任意名字的广播数据包
NCBDGSEND	向指定名字发送数据包
NCBDGSENDBC	向局域网中的所有计算机发送广播数据包
NCBENUM	用于枚举 LANA 编号。如果指定此编码，则成员变量 ncb_buffer 指定填充了 LANA_ENUM 结构体的缓冲区。NCBENUM 不是标准的 NetBIOS 3.0 命令
NCBFINDNAME	决定指定名字在网络中的位置。如果指定此编码，则成员变量 _buffer 指定填充了 FIND_NAME_HEADER 结构体和 FIND_NAME_BUFFER 结构体的缓冲区
NCBHANGUP	关闭指定的会话
NCBLANSTALERT	只对 Windows Server 2003、Windows XP、Windows 2000 和 Windows NT 等操作系统有效，提示用户持续时间在 1 分钟以上的局域网故障
NCBLISTEN	允许一个会话可以被其他名字打开
NCBRECV	从指定的会话伙伴获取数据
NCBRECVANY	从指定名字对应的会话中获取数据
NCBRESET	复位局域网网络适配器
NCBSEND	向指定的会话伙伴发送数据
NCBSENDNA	向指定的会话伙伴发送数据，并且不等待对方确认
NCBSSTAT	获取会话的状态。如果指定了此参数，则成员变量 _buffer 指向填充了 SESSION_HEADER 和 SESSION_BUFFER 结构体的缓冲区
NCBTRACE	激活或取消 NCB 跟踪。此命令目前不被支持
NCBUNLINK	断开一个网络适配器的连接。此命令只为与之前版本的 NetBIOS 兼容而提供，但在 Windows 中无效

2．ncb_retcode

该成员变量指定命令的返回编码。当执行异步操作时，该成员变量被设置为 NRC_PENDING。其指定的返回编码的取值如表 7.3 所示。

表 7.3　　　　　　　　　　ncb_retcode 成员变量指定的返回编码可选值

返回编码可选值	说　　明
NRC_GOODRET	操作成功
NRC_BUFLEN	提供了无效的缓冲区长度

续表

返回编码可选值	说　　　明
NRC_ILLCMD	提供了无效的命令
NRC_CMDTMO	命令超时
NRC_INCOMP	消息不完整，应用程序正在执行其他命令
NRC_BADDR	缓冲区地址无效
NRC_SNUMOUT	会话编号越界
NRC_NORES	没有有效的资源
NRC_SCLOSED	会话已被关闭
NRC_CMDCAN	命令被取消
NRC_DUPNAME	在本地名字表中存在相同的名字
NRC_NAMTFUL	名字表已满
NRC_ACTSES	命令已执行完成，指定名字拥有活动的会话，并且不再注册
NRC_LOCTFUL	本地会话表已满
NRC_REMTFUL	远端会话表已满，打开会话的请求被拒绝
NRC_ILLNN	指定了无效的名称编号
NRC_NOCALL	系统没有发现调用的名字
NRC_NOWILD	成员变量 ncb_name 中不允许通配符
NRC_INUSE	名字已经在远程适配器上使用
NRC_NAMERR	名字已被删除
NRC_SABORT	会话非正常结束
NRC_NAMCONF	检测到名字冲突
NRC_IFBUSY	接口忙
NRC_TOOMANY	命令太多，应用程序将在稍后重试命令
NRC_BRIDGE	成员变量 ncb_lana_num 没有指定有效的网络编号
NRC_CANOCCR	执行取消操作后，命令已经结束
NRC_CANCEL	NCBCANCEL 命令无效，命令并未取消
NRC_DUPENV	名字已经被另一个本地进程占用
NRC_ENVNOTDEF	环境没有被定义，因此必须执行一个重置命令
NRC_OSRESNOTAV	操作系统资源被耗光，该命令稍候会重试
NRC_MAXAPPS	应用程序数量超过规定的最大值
NRC_NOSAPS	没有对 NetBIOS 有效的服务访问点（Service Access Points，SAP）
NRC_NORESOURCES	请求的资源无效
NRC_INVADDRESS	NCB 地址无效
NRC_INVDDID	NCB DDID 无效
NRC_LOCKFAIL	尝试锁定用户区域失败
NRC_OPENERR	当设备驱动器执行打开操作时发生错误。错误编码并不在 NetBIOS 3.0 中定义
NRC_SYSTEM	发生系统错误
NRC_PENDING	异步操作并未结束

3. ncb_lsn

该成员变量表示本地会话编号。在指定环境中此编号唯一标识一个会话。调用 Netbios()函数成功执行了 NCBCALL 命令后返回此编号。

4. ncb_num

该成员变量指定本地网络名字编号。调用 Netbios()函数成功执行了 NCBADDNAME 或者 NCBADDG RNAME命令后返回此编号。此编号在所有数据包命令和NCBRECVANY命令中使用。

5. ncb_buffer

该成员变量指向消息缓冲区。可以使用表 7.4 中的命令访问消息缓冲区。

表 7.4　　　　　　　　　　　　　　访问消息缓冲区的命令

命　　令	说　　明
NCBSEND	发送消息
NCBRECV	接收消息
NCBSSTAT	接收请求状态信息

6. ncb_length

该成员变量指定消息缓冲区的大小，单位为字节。对于接收命令，此成员变量由 Netbios()函数设置，表示接收到的字节数。

如果缓冲区长度不正确，则 Netbios()函数返回 NRC_BUFLEN 错误编码。

7. ncb_callname

该成员变量指定远端应用程序的名字。

8. ncb_name

该成员变量指定应用程序可以识别的名字。

9. ncb_rto

该成员变量指定会话执行接收操作的超时时间。将此成员变量指定为 0，表示在执行 NCBCALL 和 NCB LIS TEN 命令时没有超时。超时会影响随后执行的 NCBRECV 命令。

10. ncb_sto

该成员变量指定会话执行发送操作的超时时间。将此成员变量指定为 0，表示在执行 NCBCALL 和 NCBLISTEN 命令时没有超时。超时会影响随后执行的 NCBSEND 和 NCBCHAINSEND 命令。

11. ncb_post

该成员变量指定异步命令完成后需调用的例程地址。

12. ncb_lana_num

该成员变量指定 LANA 编号。

13. ncb_cmd_cplt

该成员变量指定命令完成标识。

14. ncb_reserve

该成员变量保留字段，必须为 0。

15. ncb_event

该成员变量指定事件对象的句柄。当执行异步命令时，事件对象被设置为未受信状态；当异步命令完成后，事件对象被设置为受信状态，这样就可以执行对应的事件处理程序了。

7.2.3　其他常用 NetBIOS 结构体

除了 NCB 结构体外，NetBIOS 开发接口中还提供了其他一些结构体，用于描述 NetBIOS 协议中网络适配器、名字服务和会话服务中的一些数据。

1. LANA_ENUM 结构体

LANA_ENUM 结构体中包含当前逻辑网络适配器的数量。当一个物理网络适配器绑定到一个网络协议时，就对应一个逻辑网络适配器。执行 NCB 命令 NCBENUM 可以向 LANA_ENUM 结构体中填充逻辑网络适配器的个数和逻辑网络适配器编号，此时 NCB 结构体中的 ncb_buffer 成员变量指向 LANA_ENUM 结构体。LANA_ENUM 结构体的定义代码如下。

```
typedef struct _LANA_ENUM {
    UCHAR length;
    UCHAR lana[MAX_LANA];
}LANA_ENUM, *PLANA_ENUM;
```

参数说明如下。

- length，系统中包含的逻辑网络适配器数量。
- lana[MAX_LANA]，系统中包含的逻辑网络适配器编号数组。

2. ADAPTER_STATUS 结构体

ADAPTER_STATUS 结构体中包含网络适配器的信息。NCB 结构体的 ncb_buffer 成员变量指定该结构体。通常，ADAPTER_STATUS 结构体的后面跟着很多 NAME_BUFFER 结构体。

ADPATER_STATUS 结构体的定义代码如下。

```
typedef struct _ADAPTER_STATUS {
    UCHAR   adapter_address[6];
    UCHAR   rev_major;
    UCHAR   reserved0;
    UCHAR   adapter_type;
    UCHAR   rev_minor;
    WORD    duration;
    WORD    frmr_recv;
    WORD    frmr_xmit;
    WORD    iframe_recv_err;
    WORD    xmit_aborts;
    DWORD   xmit_success;
    DWORD   recv_success;
    WORD    iframe_xmit_err;
    WORD    recv_buff_unavail;
    WORD    t1_timeouts;
    WORD    ti_timeouts;
    DWORD   reserved1;
    WORD    free_ncbs;
    WORD    max_cfg_ncbs;
    WORD    max_ncbs;
    WORD    xmit_buf_unavail;
    WORD    max_dgram_size;
    WORD    pending_sess;
    WORD    max_cfg_sess;
```

```
    WORD    max_sess;
    WORD    max_sess_pkt_size;
    WORD    name_count;
} ADAPTER_STATUS, *PADAPTER_STATUS;
```

参数说明如下。

- adapter_address，指定网络适配器的地址。

- rev_major，指定发布软件的主版本号。例如，如果发布版本号为 IBM NetBIOS 3.x，则 rev_major 的值为 3。

- reserved0，保留字段，始终为 0。

- adapter_type，指定网络适配器的类型。如果是令牌环适配器，则该值为 0xFF；如果是以太网适配器，则该值为 0xFE。

- rev_minor，指定发布软件的副版本号。例如，如果发布版本号为 IBM NetBIOS 3.0，则 rev_minor 的值为 0。

- duration，指定报告的时间周期，单位为分钟。

- frmr_recv，指定接收到的 FRMR（帧拒绝）帧数量。

- frmr_xmit，指定传送的 FRMR 帧数量。

- iframe_recv_err，指定接收到的错误帧数量。

- xmit_aborts，指定终止传输的包数量。

- xmit_success，指定成功传输的包数量。

- recv_success，指定成功接收的包数量。

- iframe_xmit_err，指定传输的错误帧数量。

- recv_buff_unavail，指定缓冲区无法为远程计算机提供服务的次数。

- t1_timeouts，指定 DLC（Data Link Control，数据链路控制） T1 计时器超时的次数。

- ti_timeouts，指定 ti 非活动计时器超时的次数。ti 计时器用于检测断开的连接。

- reserved1，保留字段，始终为 0。

- free_ncbs，指定当前空闲的网络控制块的数量。

- max_dgram_size，指定数据包的最大值，该值至少为 512 字节。

- pending sess，指定挂起会话的数量。

- max_cfg_sess，指定配置的最大挂起会话数量。

- max_sess_pkt_size，指定会话数据包的最大值。

- name_count，指定本地名字表中名字的数量。

max_cfg_ncbs、max_ncbs、xmit_buf_unavail 等字段在 IBM NetBIOS 3.0 中没有定义。

可以看到，结构体 ADAPTER_STATUS 中包含了很多网络适配器的配置和统计信息。其中比较常用的字段包括 adapter_address 和 adapter_type。

3. NAME_BUFFER 结构体

结构体 NAME_BUFFER 中包含本地网络名字信息。当应用程序执行 NCBASTAT 命令时，可以获取 ADAPTER_STATUS 结构体及其后面的 NAME_BUFFER 结构体。

NAME_BUFFER 结构体代码如下。

```
typedef struct _NAME_BUFFER {
  UCHAR name[NCBNAMSZ];
  UCHAR name_num;
```

```
    UCHAR name_flags;
}NAME_BUFFER, *PNAME_BUFFER;
```

参数说明如下。

- name，指定本地网络名字，该值对应 NCB 结构体的 ncb_name 字段。
- name_num，指定本地网络名字的数量，该值对应 NCB 结构体的 ncb_num 字段。
- name_flags，指定名字表条目的当前状态，其取值说明如表 7.5 所示。

表 7.5   name_flags 字段的取值

取　　值	说　　明
REGISTERING	name 字段指定的名字正在添加到网络中
REGISTERED	name 字段指定的名字已经成功添加到网络中
DEREGISTERED	当提交 NCBDELNAME 命令时，name 字段指定的名字有一个活动的会话。当会话被关闭后，该名字可以从名字表中删除
DUPLICATE	注册时检测到重名
DUPLICATE_DEREG	在一个挂起的取消注册中检测到重名
GROUP_NAME	使用 NCBADDGRNAME 命令创建 name 字段中指定的名字（组名）
UNIQUE_NAME	使用 NCBADDNAME 命令创建 name 字段中指定的名字

4. ASTAT 结构体

ASTAT 结构体用于描述网络适配器的状态和名字信息，定义代码如下。

```
typedef struct
{
    ADAPTER_STATUS  adapt;
    NAME_BUFFER     NameBuff[30];
    } ASTAT;
```

参数 adapt 表示网络适配器的状态信息，参数 NameBuff 表示网络适配器中保存的本地网络名字信息。

7.2.4   Netbios()函数

Netbios()函数用于解释和执行指定的网络控制块（NCB），函数原型如下。

```
UCHAR   Netbios(
  __in  PCNB pcnb
);
```

参数 pcnb 是指定 NCB 结构体的指针，用于描述网络控制块。

如果执行同步请求命令，则函数的返回值为 NCB 结构体的编码。该值也保存在 NCB 结构体的 ncb_retcode 字段中。

异步请求的返回值有以下两种情况。

（1）如果 Netbios()返回时异步命令已经完成，则返回值为 NCB 结构体的编码，这与同步请求的返回值相同。

（2）如果 Netbios()返回时异步命令尚未完成，则返回值为 0。

如果 pncb 参数中指定的地址无效，则返回 NRC_BADNCB。

如果 NCB 结构体中 ncb_length 字段指定的缓冲区长度不正确，或者缓冲区不允许执行写操作，则返回 NRC_BUFLEN。

本节只介绍了 Netbios()函数的基本语法，在 7.2.5 小节和 7.2.6 小节中将结合实例介绍 Netbios()的具体使用方法。

7.2.5　获取 LANA 上的所有 NetBIOS 名字

本节将通过一个实例来演示如果向本地名字表中添加一个名字，然后再列出指定 LANA 上所有的 NetBIOS 名字。

执行 NCBADDNAME 命令可以向本地名字表中添加一个指定的名字，执行 NCBASTAT 命令可以获取本地网络适配器信息保存到指定的缓冲区，后面跟着当前 LANA 上的所有名字信息。本节实例程序的主要功能正是通过执行这两个命令来实现的。

【例 7.1】　编写程序，向本地名字表中添加一个名字 UNIQUENAME，然后列出指定 LANA0 中定义的所有 NetBIOS 名字。

程序的运行结果如图 7.8 所示。

图 7.8　显示名字表中的 NetBIOS 名字

第 1 个名字是本地计算机名，第 2 个名字是本地计算机所属的工作组名，最后一个名字是新添加的 NetBIOS 名字。下面对本实例中的代码进行介绍。

1. 引用的头文件和库文件

程序中引用的头文件和库文件如下。

```
#include "stdafx.h"
#include <windows.h>
#include <stdio.h>
#include <stdlib.h>
#include <nb30.h>
#pragma comment(lib, "netapi32.lib")
```

其中 nb30.h 是定义 NetBIOS 结构体和函数的头文件，而 netapi32.lib 则是 NetBIOS 编程所需要的静态库文件。

2. 常量和宏定义

程序中定义了两个常量，代码如下。

```
#define LANANUM     0                      // 本实例中操作的 LANA 编号
#define LOCALNAME   "UNIQUENAME"           // 本实例中添加的名字，注意不能与本地计算机重名
```

程序中还定义了一个宏 NBCheck(x)，用于当 Netbios()函数执行失败时输出错误信息，代码如下。

```
#define NBCheck(x)  if (NRC_GOODRET != x.ncb_retcode) { \
                    printf("Line %d: Got 0x%x from NetBios()\n", \
```

```
                                  __LINE__ , x.ncb_retcode); \
                    }
```

在使用宏 NBCheck 时，使用 ncb 结构体为参数。ncb 结构体的 ncb_retcode 参数表示调用 Netbios()函数的返回值。如果返回值不等于 NRC_GOODRET，则表示函数调用失败，需要输出发生错误的行号和函数返回值，以便用户定位问题。

3. NBReset()函数

NBReset()函数用于清空本地名字表和会话表，代码如下。

```
BOOL NBReset (int nLana, int nSessions, int nNames)
{
    NCB ncb;
    // 初始化 ncb 结构体
    memset (&ncb, 0, sizeof (ncb));         // 清空 ncb 结构体
    ncb.ncb_command = NCBRESET;             // 执行 NCBRESET 命令
    ncb.ncb_lsn = 0;                        // 分配新的 lana_num 资源
    ncb.ncb_lana_num = nLana;               // 设置 lana_num 资源
    ncb.ncb_callname[0] = nSessions;        // 设置最大会话数
    ncb.ncb_callname[2] = nNames;           // 设置最大名字数
    Netbios (&ncb);                         // 执行 NCBRESET 命令
    NBCheck (ncb);                          // 如果执行结果不正确，则输出 ncb.ncb_retcode
    // 如果成功返回 TRUE, 否则返回 FALSE
    return (NRC_GOODRET == ncb.ncb_retcode);
}
```

程序中调用 Netbios()函数，执行 NCBRESET 命令，清空指定 LANA 编号上定义的本地名字表和会话表。参数 nSessions 指定会话表中保留的最大会话数，参数 nNames 指定名字表中保留的最大名字数。

4. NBAddName()函数

NBAddName()函数功能是向本地名字表中添加一个指定的名字 UNIQUENAME，该名字不能与本地名字表中已经存在的名字重复。

NBAddName()函数的代码如下。

```
BOOL NBAddName (int nLana, LPCSTR szName)
{
    NCB ncb;
    memset (&ncb, 0, sizeof (ncb));         // 清空 ncb 结构体
    ncb.ncb_command = NCBADDNAME;           // 执行 NCBDDNAME 命令
    ncb.ncb_lana_num = nLana;               // 设置 lana_num
    // 将 szName 赋值到 ncb.ncb_name 中
    MakeNetbiosName ((char*) ncb.ncb_name, szName);
    Netbios (&ncb);                         // 执行 NCBRESET 命令
    NBCheck (ncb);                          // 如果执行结果不正确，则输出 ncb.ncb_retcode
    // 如果成功返回 TRUE, 否则返回 FALSE
    return (NRC_GOODRET == ncb.ncb_retcode);
}
```

程序中调用 Netbios()函数，执行 NCBADDNAME 命令，向本地名字表中添加指定的名字。

ncb.ncb_lana_num 指定名字表所在的 LANA 编号，ncb.ncb_name 指定要添加的名字。

　　MakenetbiosName()函数用于将指定的名字赋值到 ncb.ncb_name 中。如果名字长度小于 NCBNAMSZ，则使用空格填充。MakenetbiosName()函数的代码如下。

```
// 将 szSrc 中的名字赋值到 achDest 中，名字的长度为 NCBNAMESZ
// 如果不足，则使用空格补齐
void MakeNetbiosName (char *achDest, LPCSTR szSrc)
{
    int cchSrc;

    cchSrc = lstrlen (szSrc);
    if (cchSrc > NCBNAMSZ)
        cchSrc = NCBNAMSZ;

    memset (achDest, ' ', NCBNAMSZ);
    memcpy (achDest, szSrc, cchSrc);
}
```

5. NBAdapterStatus()函数

NBAdapterStatus()函数用于获取指定 LANA 编号的网络适配器的状态，代码如下。

```
// 获取指定 LANA 的网络适配器信息
// nLana, LANA 编号
// pBuffer, 获取到的网络适配器缓冲区
// cbBuffer, 缓冲区长度
// szName, 主机名字
BOOL NBAdapterStatus (int nLana, PVOID pBuffer, int cbBuffer,
                      LPCSTR szName)
{
    NCB ncb;
    memset (&ncb, 0, sizeof (ncb));            // 清空 ncb 结构体
    ncb.ncb_command = NCBASTAT;                // 设置执行 NCBASTAT 命令
    ncb.ncb_lana_num = nLana;                  // 设置 LANA 编号
    ncb.ncb_buffer = (PUCHAR) pBuffer;         // 将获取到的数据保存到参数 pBuffer 中
    ncb.ncb_length = cbBuffer;                 // 设置缓冲区长度
      // 设置参数 ncb.ncb_callname
    MakeNetbiosName ((char*) ncb.ncb_callname, szName);
    Netbios (&ncb);                            // 执行 NetBIOS 命令
    NBCheck (ncb);                             // 如果执行不成功，则输出返回值
      // 如果成功返回 TRUE, 否则返回 FALSE
    return (NRC_GOODRET == ncb.ncb_retcode);
}
```

　　请参照注释来理解函数参数的含义。

　　程序中调用 Netbios()函数，执行 NCBASTAT 命令，获取指定 LANA 编号上的网络适配器的状态信息。查询结果返回到 pBuffer 缓冲区中，网络适配器状态信息后面跟着一组名字信息，这也是在本实例中执行 NCBASTAT 命令的原因。

6. NBListNames()函数

NBListNames()函数用于列出本地名字表中的名字信息，代码如下。

```
BOOL NBListNames (int nLana, LPCSTR szName)
{
    int cbBuffer;                           // 获取数据的缓冲区
    ADAPTER_STATUS *pStatus;                // 保存网络适配器的信息
    NAME_BUFFER *pNames;                    // 保存本地名字信息
    HANDLE hHeap;                           // 当前调用进程的堆句柄

      // 当前调用进程的堆句柄
    hHeap = GetProcessHeap();
     // 分配可能的最大缓冲区空间
    cbBuffer = sizeof (ADAPTER_STATUS) + 255 * sizeof (NAME_BUFFER);
    // 为 pStatus 分配空间
    pStatus = (ADAPTER_STATUS *) HeapAlloc (hHeap, 0, cbBuffer);
    if (NULL == pStatus)
        return FALSE;
    // 获取本地网络适配器信息，结果保存到 pStatus 中
    if (!NBAdapterStatus (nLana, (PVOID) pStatus, cbBuffer, szName))
    {
        HeapFree (hHeap, 0, pStatus);
        return FALSE;
    }
    // 列出跟在 ADAPTER_STATUS 结构体后面的名字信息
    pNames = (NAME_BUFFER *) (pStatus + 1);
    for (int i = 0; i < pStatus->name_count; i++)
        printf ("\t%.*s\n", NCBNAMSZ, pNames[i].name);
     // 释放分配的堆空间
    HeapFree (hHeap, 0, pStatus);

    return TRUE;
}
```

程序的运行过程如下。

- 获取当前进程的堆句柄，然后在堆上分配可能的最大缓冲区空间，即一个 ADAPTE R_ST ATUS 结构体占用的空间加上 255 个 NAME_BUFFER 结构体占用的空间。在执行 NCBASTAT 命令时，可以返回一个 ADAPTER_STATUS 结构体和一组（最多 255 个）NAME_B UFFER 结构体。

- 调用 NBAdapterStatus()函数，获取本地网络适配器信息，结果保存到 pStatus 结构体中。

- 在 pStatus 结构体后面紧跟着的是一组 NAME_BUFFER 结构体，将 pName 指针指向第 1 个 NAME_BUFFER 结构体。

- pStatus->name_count 中保存着 pStatus 后面 NAME_BUFFER 结构体的数量。使用 for 语句遍历这些结构体，输出 NAME_BUFFER 结构体中的名字信息。

- 释放分配的堆空间。

7. _tmain()函数

主函数_tmain()函数的代码如下。

```
int _tmain(int argc, _TCHAR* argv[])
{
    // 初始化
```

```
    if (!NBReset (LANANUM, 20, 30))
        return -1;
    // 向本地名字表中添加 UNIQUENAME
    if (!NBAddName (LANANUM, LOCALNAME))
        return -1;
    // 列出本地名字表中的名字
    if (!NBListNames (LANANUM, LOCALNAME))
        return -1;
    printf ("Succeeded.\n");
    system("pause");
    return 0;
}
```

程序的运行过程如下。

- 调用 NBReset()函数，清空本地的名字表和会话表。
- 调用 NBAddName()函数向本地名字表中添加名字 UNIQUENAME。
- 调用 NBListNames()函数列出本地名字表中的名字。

7.2.6　获取网络适配器上的 MAC 地址

本节将通过一个实例来演示如何获取网络适配器上的 MAC 地址信息。

执行 NCBRESET 命令可以清空本地名字表和会话表，执行 NCBASTAT 命令可以获取本地网络适配器信息到指定的缓冲区。本节实例程序的主要功能正是通过执行这两个命令来实现的。

【例 7.2】　编写程序，获取网络适配器上的 MAC 地址，程序的运行结果如图 7.9 所示。

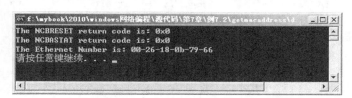

图 7.9　显示本地 MAC 地址

下面对本实例中的代码进行介绍。

1．引用的头文件和库文件

程序中引用的头文件和库文件如下。

```
#include "stdafx.h"
#include <windows.h>
#include <stdlib.h>
#include <nb30.h>
#pragma comment(lib, "netapi32.lib")
```

其中 nb30.h 是定义 NetBIOS 结构体和函数的头文件，而 netapi32.lib 则是 NetBIOS 编程所需要的静态库文件。

2．结构体 ASTAT

结构体 ASTAT 用于定义网络适配器状态和名字表信息，代码如下。

```
typedef struct _ASTAT_
{
    ADAPTER_STATUS adapt;
```

```
    NAME_BUFFER NameBuff [30];
}ASTAT, * PASTAT;
ASTAT Adapter;
```

ASTAT 结构体变量 Adapter 用于保存执行 NCBASTAT 命令获取到的网络适配器状态和名字表信息。

3. _tmain()函数

主函数_tmain()函数的代码如下。

```
int _tmain(int argc, _TCHAR* argv[])
{
    NCB ncb;                              // NCB 结构体，用于设置执行的 NetBIOS 命令和参数
    UCHAR uRetCode;                       // 执行 Netbios()函数的返回值
    memset(&ncb, 0, sizeof(ncb));         // 初始化 ncb 结构体
    ncb.ncb_command = NCBRESET;           // 设置执行 NCBRESET
    ncb.ncb_lana_num = 0;                 // 设置 LANA 编号
    // 调用 Netbios()函数，执行 NCBRESET 命令
    uRetCode = Netbios(&ncb);
    // 输出执行 NCBRESET 命令的结果
    printf("The NCBRESET return code is: 0x%x \n", uRetCode);
    memset(&ncb, 0, sizeof(ncb));         // 初始化 ncb
    ncb.ncb_command = NCBASTAT;           // 执行 NCBASTAT 命令
    ncb.ncb_lana_num = 0;                 // 设置 LANA 编号
    // 设置执行 NCBASTAT 命令的参数，将获取到的网络适配器数据保存到 Adapter 结构体中
    memcpy(&ncb.ncb_callname, "*", 16);
    ncb.ncb_buffer = (UCHAR*) &Adapter;
    ncb.ncb_length = sizeof(Adapter);
    // 调用 Netbios()函数，执行 NCBASTAT 命令
    uRetCode = Netbios(&ncb);
    printf("The NCBASTAT return code is: 0x%x \n", uRetCode);
    if (uRetCode == 0)
    {
        // 输出 MAC 地址
        printf("The Ethernet Number is: %02x-%02x-%02x-%02x-%02x-%02x\n",
            Adapter.adapt.adapter_address[0],
            Adapter.adapt.adapter_address[1],
            Adapter.adapt.adapter_address[2],
            Adapter.adapt.adapter_address[3],
            Adapter.adapt.adapter_address[4],
            Adapter.adapt.adapter_address[5]);
    }
    system("pause");
    return 0;
}
```

程序的运行过程如下。

- 执行 NCBRESET 命令，清空本地的名字表和会话表。
- 执行 NCBASTAT 命令获取网络适配器信息。
- 依次打印数组 Adapter.adapt.adapter_address[]中的元素值，即输出 MAC 地址。

7.3　在程序中实现 NBTSTAT 命令的功能

使用 NBTSTAT 命令可以获取网络中指定计算机的基本信息，包括 MAC 地址、名字和所属工作组等。本节将介绍在程序中实现类似 NBTSTAT 命令的功能，向指定的计算机发送 NetBIOS 请求包，并对返回结果进行处理。

7.3.1　本实例的工作原理

本节实例的主要功能是获取指定 IP 地址的计算机名、MAC 地址和工作组信息，其工作流程如图 7.10 所示。

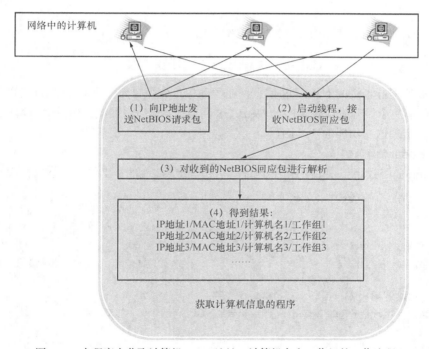

图 7.10　在程序中获取计算机 MAC 地址、计算机名和工作组的工作流程

程序首先向要获取信息的 IP 地址发送 NetBIOS 请求包，然后启动线程接收 NetBIOS 回应包，并对收到的数据进行解析，最后得到需要的 MAC 地址、计算机名和工作组等信息。

7.3.2　定义的结构体

为了保存获取到的 NetBIOS 名字信息，程序中定义了两个结构体，本节将介绍这两个结构体的定义。

1. names 结构体

names 结构体用于接收目标计算机发送回来的名字信息，代码如下。

```
struct names
{
    unsigned char nb_name[16];
```

```
        unsigned short name_flags;
};
```

参数 nb_name 表示接收到的名字，name_flags 用于标识名字的含义。

2. workstationNameThreadStruct 结构体

workstationNameThreadStruct 结构体用于保存获取 NetBIOS 信息的 Socket 和 IP 地址列表，代码如下。

```
struct workstationNameThreadStruct
{
        SOCKET s;
        std::map<unsigned long, CDevice*> *ips;
};
```

参数 s 指定发送和接收 NetBIOS 数据包的 Socket，参数 ips 指定获取 NetBIOS 信息的 IP 地址列表。

关于这两个结构体的使用将在 7.3.3 小节中介绍。

7.3.3 为获取 NetBIOS 信息而定义的函数

为了获取远程计算机的 NetBIOS 信息，在程序中首先需要向指定的 IP 地址发送 NetBIOS 请求包，然后创建一个线程来接收返回的 NetBIOS 回应包，最后将回应包中的信息解析成需要的数据。本节介绍实现这些功能的 3 个函数。

1. GetHostInfo()函数

GetHostInfo()函数用于获取一组 IP 地址的名字、MAC 地址和工作组等信息，代码如下。

```
void GetHostInfo(std::map<unsigned long, CDevice*> &ips, int timeout)
{
        SOCKET sock;                              // 通信 Socket
        struct sockaddr_in origen;                // 本地地址
        WSADATA wsaData;                          // Windows Sockets 环境变量

        // 初始化 Windows Sockets 环境
        if(WSAStartup(MAKEWORD(2,1),&wsaData) != 0)
            return;
        // 创建 TCP/IPSocket
        if((sock = socket(AF_INET, SOCK_DGRAM,IPPROTO_UDP))==INVALID_SOCKET)
            return;
        // 设置超时时间
        if(setsockopt(sock,SOL_SOCKET,SO_RCVTIMEO,(char*)&timeout,sizeof(timeout))
== SOCKET_ERROR)
        {
            // 释放资源
            closesocket(sock);
            WSACleanup();
            return;
        }
        // 将 Socket 绑定到本地地址和端口
        memset(&origen,0,sizeof(origen));
        origen.sin_family = AF_INET;
        origen.sin_addr.s_addr = htonl (INADDR_ANY);
```

```
        origen.sin_port = htons (0);
        if (bind (sock, (struct sockaddr *) &origen, sizeof(origen)) < 0)
        {
            // 释放资源
            closesocket(sock);
            WSACleanup();
            return;
        }

        // 为创建接收线程准备数据
        workstationNameThreadStruct unionStruct;
        unionStruct.ips = &ips;
        unionStruct.s = sock;
        // 启动线程等待接收 NetBIOS 回应包
        DWORD pid;
        HANDLEthreadHandle = CreateThread (NULL,0,NetBiosRecvThreadProc, (void *)&
unionSt ruct, 0, &pid);
        // 依次向 ips 中的每个 IP 地址的端口发送 NetBIOS 请求包（保存在 input 字符数组中）
        std::map<unsigned long, CDevice*>::iterator itr;
        for(itr=ips.begin();itr!=ips.end();itr++)
        {
        charinput[]="\x80\x94\x00\x00\x00\x01\x00\x00\x00\x00\x00\x00\x20\x43\x4b\
x41\x41\x41\x41\x41\x41\x41\x41\x41\x41\x41\x41\x41\x41\x41\x41\x41\x41\x41\x41
\x41\x41  \x41\x41\x41\x41\x41\x41\x41\x00\x00\x21\x00\x01";
            struct sockaddr_in dest;
            // 发送 NetBios 请求信息
            memset(&dest,0,sizeof(dest));
            dest.sin_addr.s_addr = itr->first;
            dest.sin_family = AF_INET;
            dest.sin_port = htons(137);
            sendto (sock, input, sizeof(input)-1, 0, (struct sockaddr *)&dest, sizeof
(dest));
        }
        // 等待接收线程 NetBiosRecvThreadProc 结束
        DWORD ret = WaitForSingleObject(threadHandle, timeout * 4);
        // 如果超时，则结束接收线程 NetBiosRecvThreadProc
        if(ret == WAIT_TIMEOUT)
            TerminateThread(threadHandle, 0);
        else
            printf("thread success exit\n");
        // 关闭线程句柄
        CloseHandle(threadHandle);
        // 释放资源
        closesocket(sock);
        WSACleanup();
    }
```

参数 ips 用于指定要获取 NetBIOS 信息的 IP 地址和设备信息的映射表。映射表由键和值两部分组成。参数 ips 的键为 unsigned long 类型，指定 IP 地址；它的值为 CDevice*类型，用于保存获取到的计算机的基本信息。

CDevice 类用于保存计算机的基本信息，其定义代码如下。

```
class CDevice
```

```
{
public:
    CDevice(void);
    CDevice(string ip);
public:
    ~CDevice(void);

public:
    string IP;                  // IP 地址
    string Name;                // 名称
    string Mac;                 // Mac 地址
    string Workgroup;           // 工作组
};
```

GetHostInfo()函数的运行过程如下。

- 创建发送和接收 NetBIOS 数据包的 Socket，并将其绑定在本地地址的端口 0 上。

- 创建接收 NetBIOS 回应包的线程，参数 unionStruct 中包含要获取 NetBIOS 信息的 IP 地址和通信用的 Socket。

- 使用 for 循环语句依次向每个 IP 地址发送 NetBIOS 请求包，请求包数据保存在字符数组 input 中。

- 调用 WaitForSingleObject()函数，等待接收线程结束。

- 如果超时，则结束接收线程 NetBiosRecvThreadProc()函数。

- 关闭线程句柄，释放资源。

2. NetBiosRecvThreadProc()函数

NetBiosRecvThreadProc()函数是接收 NetBIOS 回应包的线程处理函数，代码如下。

```
DWORD WINAPI NetBiosRecvThreadProc(void *param)
{
    char respuesta[1000];                    // 保存接收到的 NetBIOS
    unsigned int count=0;                    // 用于在NetBIOS回应包中定位名字数组的位置
    unsigned char ethernet[6];               // 保存 MAC 地址
    struct sockaddr_in from;                 // 发送 NetBIOS 回应包
    // 参数是要获取 NetBIOS 信息的 IP 地址和 Socket
    workstationNameThreadStruct *unionStruct = (workstationNameThreadStruct
*)param;
    SOCKET sock = unionStruct->s;            // 用于接收 NetBIOS 回应包的 Socket
    // 要获取 NetBIOS 信息的 IP 地址
    std::map<unsigned long, CDevice*> *ips = unionStruct->ips;
    int len = sizeof (sockaddr_in);          // 地址长度
    // 定义名字数组
    struct names Names[20*sizeof(struct names)];

    int ipsCount = ips->size();              // 要获取 NetBIOS 信息的 IP 地址数量
    int timeoutRetry = 0;                    // 记录超时重试的次数
    while(true)
    {
        count = 0;
        // 在套接字 sock 上接收消息
```

```cpp
int res= recvfrom (sock, respuesta, sizeof(respuesta), 0, (sockaddr *)&from,
&len);
    // 如果超时，则重试，但重试次数不超过两次
    if(res == SOCKET_ERROR)
    {
        if(GetLastError() == 10060)
        {
            timeoutRetry++;
            if(timeoutRetry == 2)
                break;
        }
        continue;
    }
    if(res<=121)
        continue;

    // 将 count 定位到名字表中名字的数量。在 NetBIOS 回应包中，前面位是网络适配器的状态信息
    memcpy(&count,respuesta+56,1);
    if(count>20)                          // 最多有 20 个名字，超出则错误
        continue;
    // 将名字表内的名字复制到 Names 数组中
    memcpy(Names,(respuesta+57),count*sizeof(struct names));
    // 将空格字符替换成空
    for(unsigned int i=0; i<count;i++) {
        for(unsigned int j=0;j<15;j++)
        {
            if(Names[i].nb_name[j] == 0x20)
                Names[i].nb_name[j]=0;
        }
    }


    string mac;
    // 如果发送回应包的地址在 ips 中，则处理该包
    std::map<unsigned long, CDevice*>::iterator itr;
    if( (itr = ips->find(from.sin_addr.S_un.S_addr)) != ips->end())
    {
        // 获取发送 NetBIOS 回应包的 IP 地址
        in_addr inaddr;
        inaddr.S_un.S_addr = itr->first;
        itr->second->IP = inet_ntoa(inaddr);
        // 处理名字表中的所有名字
        for(int i=0;i<count;i++)
        {
            // 如果最后一位是 0x00，则表示当前名字表项用于保存计算机名或者工作组
            if(Names[i].nb_name[15] == 0x00)
            {
                char buffers[17] = {0};
                memcpy(buffers, Names[i].nb_name, 16);
                // 使用 name_flags 字段来区分当前名字是计算机名还是工作组
                if((Names[i].name_flags & 128) == 0)
                {
                    itr->second->Name = buffers;
```

```
                    }
                    else
                    {
                        itr->second->Workgroup = buffers;
                    }
                }
                // 名字表后面是 MAC 地址
                memcpy(ethernet,(respuesta+57+count*sizeof(struct names)),6);
                char mac[20] = {0};
                // 格式化 MAC 地址
                GetEthernetAdapter(ethernet,mac);
                itr->second->Mac = mac;
            }
        }
    }

    return 0;
}
```

程序的运行过程如下。

- 在 while 循环中调用 recvfrom()函数，在套接字 sock 上接收数据。

- 如果超时，则最多重试两次。

- NetBIOS 回应包的前 56 位是网络适配器状态信息，第 57 位保存名字表中名字的数量。

- 依次处理名字表中每个名字项，如果最后一位是 0x00，则表示当前名字项用于保存计算机名或者工作组。name_flags 字段可以区分当前名字是计算机名还是工作组。

- 在 NetBIOS 回应包中，名字表后面的 6 字节是计算机的 MAC 地址。调用 GetEthernetAdapter()函数可以将其转换为字符串。

- 将获取到的计算机名、工作组和 MAC 地址保存到 ips 映射表项中的 CDevice 对象中。

3. GetEthernetAdapter()函数

GetEthernetAdapter()函数的功能是将从 NetBIOS 回应包中获取到的字节数组格式的 MAC 地址转换成字符串，代码如下。

```
void GetEthernetAdapter(unsigned char *ethernet, char *macstr)
{
    sprintf(macstr, "%02x %02x %02x %02x %02x %02x",
            ethernet[0],
            ethernet[1],
            ethernet[2],
            ethernet[3],
            ethernet[4],
            ethernet[5]);
}
```

MAC 地址中包含 6 字节，每个字节转换成两个字符，每两个字符之间使用空格分隔。

7.3.4 实现 NBTSTAT 命令功能的主函数

本节介绍实现 NBTSTAT 命令功能的主函数，代码如下。

```
int _tmain(int argc, _TCHAR* argv[])
{
    std::map<unsigned long, CDevice*> ips;
```

```
// 向 ips 中添加第 1 个设备
CDevice dev1("192.168.5.168");
unsigned long ip1 = inet_addr(dev1.IP.c_str());
ips.insert(make_pair(ip1, &dev1));
// 向 ips 中添加第 2 个设备
CDevice dev2("192.168.5.205");
unsigned long ip2 = inet_addr(dev2.IP.c_str());
ips.insert(make_pair(ip2, &dev2));
// 获取设备信息
GetHostInfo(ips, 2000);
std::map<unsigned long, CDevice*>::iterator itr;
for(itr=ips.begin(); itr!=ips.end(); itr++)
{
    printf("\nIP: %s;  \nName: %s;  \nMac: %s;  \nWorkgroup: %s\n\n",
    itr->second->IP.c_str(), itr->second->Name.c_str(), itr->second->Mac.c_
str(), itr->second->Work grou pc_str());
}
system("pause");
return 0;
}
```

　　程序首先向映射表 ips 添加需要获取 NetBIOS 信息的 IP 地址，然后调用 GetHostInfo()函数获取 NetBIOS 信息，最后遍历映射表 ips 中的元素，输出 IP 地址、计算机名、MAC 地址和工作组等信息。

　　程序的运行界面如图 7.11 所示。

图 7.11　本节实例的运行界面

习　　题

一、选择题

1. NetBIOS 属于（　　　）的网络协议。

　　A. 网络层　　　　　　B. 会话层　　　　　　C. 传输层　　　　　　D. 应用层

2. 下面 Windows 的（　　　）功能是基于 NetBIOS 协议的。

A. 防火墙　　　　　　B. 远程桌面　　　　　　C. 网络邻居　　　　　　D. IE 浏览器

3. 当应用程序执行 NCBASTAT 命令时，可以获取到的数据为（　　　）。

    A. ADAPTER_STATUS 结构体

    B. NAME_BUFFER 结构体

    C. ADAPTER_STATUS 结构体及其后面的 NAME_BUFFER 结构体

    D. NAME_BUFFER 结构体及其后面的 ADAPTER_STATUS 结构体

二、填空题

1. 在 Windows 中，如果安装了 NetBIOS 协议，则系统将自动开放____【1】____、____【2】____和____【3】____端口。

2. LANA_ENUM 结构体中包含当前____【4】____的数量。

3. 在 NetBIOS 开发接口中，____【5】____结构体中包含网络适配器的信息。

4. 执行____【6】____命令可以向本地名字表中添加一个指定的名字

三、简答题

1. 简述 LANA 编号的概念。

2. 简述 137、138 和 139 端口的功能。

四、练习题

1. 练习在 Windows 中启用和配置 NetBIOS 协议。

2. 练习在 Windows 命令窗口中执行 NBTSTAT 命令，获取指定远程计算机的基本信息。

第8章
高级 Socket 编程技术

我们在第 5 章中介绍了 Socket 编程的基础技术，可以实现简单的服务器和客户机通信。但在实际应用中，服务器往往需要同时与很多客户端进行通信，这对服务器的性能要求很高。要在 Windows 平台上构建高效、实用的客户机/服务器应用程序，就必须选择最适合的 Socket 编程模型。

8.1　Socket 编程模型概述

在使用 Socket 技术开发网络应用程序时，需要根据实际需求来选择 Socket 编程模式。

8.1.1　阻塞模式和非阻塞模式

Socket 编程可以分为阻塞和非阻塞两种开发模式。

阻塞模式是指在指定 Socket 上调用函数执行操作时，在没有完成操作之前，函数不会立即返回。例如，服务器程序在阻塞模式下调用 accept() 函数等待来自客户端的连接请求时，将会阻塞服务器线程，直至接收到一个来自客户端的连接请求。默认创建的 Socket 为阻塞模式。

非阻塞模式是指在指定 Socket 上调用函数执行操作时，无论操作是否完成，函数都会立即返回。例如，在非阻塞模式下调用 recv() 函数接收来自客户端的数据时，程序会直接读取网络缓冲区中的数据，无论是否读到数据，函数都会立即返回，而不会一直挂在此函数的调用上。

下面通过一个形象的例子来说明阻塞模式和非阻塞模式的区别。假定有一些朋友要到家里来做客，每个朋友都相当于是 Socket 通信中一个来自客户端的请求。在阻塞模式中，主人（相当于服务器程序）一直在门口等待朋友到来，接到朋友后将其送入客厅，然后再回到门口等待；在非阻塞模式中，主人会定时到门口看看，如果没有朋友来，就回到室内，并不在门口等待。

阻塞模式的 Socket 通常用于通信量较少的简单网络应用程序，比如在第 5 章中使用的实例都是采用阻塞模式的 Socket 进行开发的；而非阻塞模式 Socket 的并发处理能力强，可以同时建立多个连接。在实际应用中，大多数网络应用程序都采用非阻塞模式 Socket。

8.1.2　5 种 Socket 编程模型

在实际开发过程中，服务器程序需要和多个客户端程序进行通信。为了提高服务器程序的并发处理能力，通常为每个客户端启动一个线程，用于处理与客户端的数据通信。网络通信属于 I/O（Input/Output，输入/输出）操作。接收数据属于输入操作，发送数据属于输出操作。与 CPU 运算相比，网络通信的效率很低，主要体现在如下几点。

- 等待数据到达 Socket 接收缓冲区。
- 等待 Socket 发送缓冲区有足够的空间存放待发送数据。
- 服务器等待客户端的链接请求。
- 客户端等待服务器的回应。

为了使服务器程序能够更快速地响应客户端提出的请求，Windows 平台提供了 5 种 Socket 编程模型，即 Select 模型、WSAAsyncSelect 模型、WSAEventSelect 模型、重叠 I/O 模型和完成端口模型。

1. Select 模型

Select 模型又称为选择模型，它可以使 Windows Sockets 应用程序同时对多个 Socket 进行管理，调用 select()函数可以获取指定 Socket 的状态，然后调用 Windows Sockets API 实现数据发送和接收等操作。

select()函数中使用集合来表示进行管理的多个 Socket。默认情况下，Socket 集合中包含 64 个元素，最多可以管理的 Socket 数量为 1 024 个。尽管 Select 模型可以同时管理多个连接，但对集合的管理比较繁琐。而且每次在使用 Socket 发送和接收数据之前，都需要调用 select()函数判断 Socket 的状态，这会导致 CPU 额外的负担，从而影响应用程序的工作效率。

2. WSAAsyncSelect 模型

WSAAsyncSelect 模型又称为异步选择模型，它为每个 Socket 绑定一个消息。当 Socket 上出现事先设置事件时，操作系统会给应用程序发送这个消息，从而使应用程序可以对该事件做相应的处理。

WSAAsyncSelect 模型的优点是在系统开销不大的情况下可以同时处理许多个客户端连接。它的缺点是，即使应用程序不需要窗口，也要至少设计一个窗口用于处理 Socket 事件。而且，在一个窗口中处理大量的事件也可能成为性能瓶颈。

3. WSAEventSelect 模型

WSAEventSelect 模型又称为事件 Select 模型，它允许在多个 Socket 上接收以事件为基础的网络事件通知。应用程序在创建 Socket 后，调用 WSAEventSelect()函数将事件对象与网络事件集合相关联。当网络事件发生时，应用程序以事件的形式接收网络事件通知。

WSAEventSelect 模型与 WSAAsyncSelect 模型之间的主要区别是网络事件发生时系统通知应用程序的方式不同。WSAAsyncSelect 模型以消息的形式通知应用程序，而 WSAEventSelect 模型则以事件的形式进行通知。Select 模型会主动获取指定 Socket 的状态，而 WSAEventSelect 模型和 WSAAsyncSelect 模型则会被动选择系统通知应用程序 Socket 的状态变化。

WSAEventSelect 模型每次只能等待 64 个事件，这也是 WSAEventSelect 模型的不足之处。

4. 重叠 I/O 模型

重叠 I/O 模型又称为 Overlapped I/O 模型，它的基本设计原理是可以让应用程序使用重叠的数据结构一次投递多个 I/O 请求，当系统完成 I/O 操作后通知应用程序。

重叠 I/O 模型是真正意义上的异步 I/O 模型。在应用程序中调用输入/输出函数后，程序将立即返回。当 I/O 操作完成后，系统会通知应用程序。

系统通知应用程序的形式有两种，即事件通知和完成例程。事件通知方式即通过事件来通知应用程序 I/O 操作已完成，而完成例程则指定应用程序在完成 I/O 操作后调用一个事先定义的回调函数。

5. 完成端口模型

完成端口（Completion Port）是一种在 Windows 服务平台上比较成熟和高效的 I/O 操作方法，它使用线程池处理异步 I/O 请求。利用完成端口模型，应用程序可以管理成百上千个 Socket。

可以把完成端口看成系统维护的一个队列，操作系统把重叠 I/O 操作完成的事件通知放到该队列中，因此称其为"完成"端口。当 Socket 被创建后，可以将其与一个完成端口联系起来。

一个应用程序可以创建多个工作线程用于处理完成端口上的通知事件。通常应该为每个 CPU 创建一个线程。

8.2　阻塞与非阻塞模式 Socket 编程

Windows 套接字可以在阻塞和非阻塞两种模式下执行 I/O 操作。在阻塞模式下，在 I/O 操作完成前，执行的操作函数一直等候而不会立即返回，该函数所在的线程会阻塞在这里。相反，在非阻塞模式下，套接字函数会立即返回，而不管 I/O 是否完成，该函数所在的线程都会继续运行。

在开发 Windows Sockets 应用程序时，首先就需要确定使用阻塞 Socket 还是非阻塞 Socket。在第 5 章中已经介绍了阻塞模式 Socket 编程的基本方法，本节将通过实例演示在非阻塞模式下进行 Socket 编程的方法。

8.2.1　设置非阻塞模式 Socket

默认情况下，新建的 Socket 是阻塞模式的。可以调用 ioctlsocket()函数将 Socket 设置为非阻塞模式，函数原型如下。

```
int ioctlsocket(
  SOCKET s,
  long cmd,
  u_long* argp
);
```

参数说明如下。

- s：Socket 句柄。
- cmd：在 Socket s 上执行的命令，它的可选值如表 8.1 所示。
- argp：指针变量，指定 cmd 命令的参数。

表 8.1　　　　　　　　　　　ioctlsocket()函数中 cmd 参数的可选值

参数可选值	说　　明
FIONBIO	参数 argp 指向一个无符号长整型数值。将 argp 设置为非 0 值，表示启用 Socket s 的非阻塞模式；将 argp 设置为 0，表示禁用 Socket s 的非阻塞，也就是说，将 Socket s 设置为阻塞模式
FIONREAD	用于决定可以从 Socket s 中读取数据的网络输入缓冲区中挂起数据的数量。参数 argp 指定一个无符号长整型数值，用于保存调用 ioctlsocket()函数的结果。FIONREAD 命令返回一次调用 recv()函数可以读取的数据量
SIOCATMARK	用于决定是否所有带外数据都已经被读取

在 ioctlsocket()函数中使用 FIONBIO 参数，并将 argp 参数设置为非 0 值，可以将 Socket s 设置为非阻塞模式。

下面的代码演示了使用 ioctlsocket()函数将 Socket 设置为非阻塞模式的方法。

```
// ------------------------
// 初始化 Winsock
WSADATA wsaData;
int iResult = WSAStartup(MAKEWORD(2,2), &wsaData);
if (iResult != NO_ERROR)
 printf("Error at WSAStartup()\n");

// ------------------------
// 创建 SOCKET 对象
SOCKET m_socket;
m_socket = socket(AF_INET, SOCK_STREAM, IPPROTO_TCP);
if (m_socket == INVALID_SOCKET) {
 printf("Error at socket(): %ld\n", WSAGetLastError());
 WSACleanup();
 return;
}
// ------------------------
// 设置 Socket 为非阻塞模式
int iMode = 1;
ioctlsocket(m_socket, FIONBIO, (u_long FAR*) &iMode);
```

8.2.2　非阻塞模式服务器应用程序编程实例

本节将通过一个实例来演示非阻塞模式服务器应用程序编程的基本方法。

【例 8.1】　本实例中介绍的非阻塞模式服务器应用程序启动时将在 TCP 端口 9990 上进行监听。收到客户端应用程序发送来的数据后，服务器应用程序将向客户端发送一个表示收到数据的字符串。如果服务器收到字符串"quit"，则退出应用程序。本实例的功能和运行界面与 5.3.11 小节中介绍的实例相同，不同的是本实例中采用非阻塞模式的 Socket 进行通信。

实现服务器程序的项目为 TcpServer，下面介绍服务器程序的实现过程。本实例在下面步骤中的代码与 5.3.11 小节中介绍的实例相同，请参照理解。

- 包含的头文件。
- 引用的库文件。
- 常量和变量定义。
- 初始化 Socket 环境的代码。
- 创建用于监听的 Socket 的代码。
- 设置服务器 Socket 地址的代码。
- 绑定 Socket sServer 到本地地址的代码。
- 在 Socket sServer 上进行监听的代码。
- 关闭 Socket，释放资源。

下面对其他代码进行介绍。

1. 设置 Socket 为非阻塞模式

创建套接字后，调用 ioctlsocket()将其设置为非阻塞模式，代码如下。

```
int_tmain(int argc, _TCHAR* argv[])
{
    …
    // 设置 Socket 为非阻塞模式
    int iMode = 1;
    retVal = ioctlsocket(sServer, FIONBIO, (u_long FAR*) &iMode);
    if(retVal == SOCKET_ERROR)
    {
     printf("ioctlsocket failed !\n");
     WSACleanup();
     return -1;
    }
    …
}
```

2. 接受来自客户端的请求

调用 accept()函数可以等待来自客户端的连接请求，代码如下。

```
int_tmain(int argc, _TCHAR* argv[])
{
    …
    // 接受客户请求
    printf("TCP Server start...\n");
    sockaddr_in addrClient;                              // 客户端地址
    int addrClientlen = sizeof(addrClient);
    // 循环等待
    while(true)
    {
      sClient = accept(sServer,(sockaddr FAR*)&addrClient,&addrClientlen);
      if(INVALID_SOCKET == sClient)
      {
       int err = WSAGetLastError();
       if(err == WSAEWOULDBLOCK)                          // 无法立即完成非阻塞 Socket 上的操作
       {
         Sleep(100);
         continue;
       }
       else
       {
         printf("accept failed !\n");
         closesocket(sServer);
         WSACleanup();
         return -1;
       }
      }
      break;
    }
    …
}
```

程序首先打印字符串 "TCP Server start……"，表示初始化操作已经完成，准备接收来自客户端的连接请求。然后调用 accept()函数接收来自客户端的请求，参数 addrClient 用于获取客户端的连接地址（包括 IP 地址和端口号）。

因为 Socket sServer 是非阻塞模式，所以即使没有客户端请求，在调用 accept()函数后程序也会继续执行。accept()函数的返回值为 sClient，即使 sClient 等于 INVALID_SOCKET，也并不意味着接收客户端请求失败。可以调用 WSAGetLastError()函数获取错误编码，如果错误编码为 WSAEWOULDBLOCK，则表示无法立即完成非阻塞 Socket 上的操作，也就是说还没有来自客户端的请求。此时，程序调用 Sleep()函数休息 100 ms，然后调用 continue 返回至循环语句的开始部分，再次执行 accept()函数，接收客户端的连接请求。如果错误编码为其他值，则说明接收客户端请求失败，需要关闭 Socket sServer，释放资源，然后退出程序。

如果 accept()函数的返回值不等于 INVALID_SOCKET，则表示已经成功接收到来自客户端的连接请求，此时执行 break 语句退出 while 循环。返回值 sClient 就是与客户端进行通信的 Socket。

3. 在服务器与客户端之间发送和接收数据

程序使用 while 循环接收来自客户端的数据，在屏幕输出接收数据的时间、客户端连接地址和接收数据的内容。如果接收到的字符串为 quit，则退出 while 循环；否则向客户端发送回显字符串，表明服务器程序已经接收到客户端发送的字符串。

在服务器程序中实现与客户端发送和接收数据功能的代码如下。

```
int _tmain(int argc, _TCHAR* argv[])
{
    …
    // 循环接收客户端的数据，客户端发送 quit 命令后退出。
    while(true)
    {
        ZeroMemory(buf,BUF_SIZE);            // 清空接收数据的缓冲区
        retVal = recv(sClient,buf,BUFSIZ,0); // 接收来自客户端的数据，因为是非阻塞模式，
                                             // 所以即使没有数据也会继续

        if(SOCKET_ERROR == retVal)
        {
          int err = WSAGetLastError();       // 获取错误编码
          if(err == WSAEWOULDBLOCK)          // 接收数据缓冲区暂无数据
          {
            Sleep(100);
            continue;
          }
          else if(err == WSAETIMEDOUT || err == WSAENETDOWN)
          {
            printf("recv failed !\n");
            closesocket(sServer);
            closesocket(sClient);
            WSACleanup();
            return -1;
          }
        }
    }
    // 获取当前系统时间
    SYSTEMTIME st;
    GetLocalTime(&st);
    char sDateTime[30];
    sprintf(sDateTime, "%4d-%2d-%2d%2d:%2d:%2d",st.wYear,st.wMonth,st.wDay, st.
wHour, st.wMinute, st.w Second);
    // 打印输出的信息
    printf("%s, Recv From Client [%s:%d] :%s\n", sDateTime, inet_ntoa(addrClient.
```

```
sin_ addr), addrClient.sin_ port, buf);
        // 如果客户端发送"quit"字符串，则服务器退出
        if(strcmp(buf, "quit") == 0)
        {
          retVal = send(sClient,"quit",strlen("quit"),0);
          break;
        }
        else                                      // 否则向客户端发送回显字符串
        {
          char  msg[BUF_SIZE];
          sprintf(msg, "Message received - %s", buf);
          while(true)
          {
            // 向客户端发送数据
            retVal = send(sClient, msg, strlen(msg),0);
            if(SOCKET_ERROR == retVal)
            {
              int err = WSAGetLastError();
              if(err == WSAEWOULDBLOCK)            // 无法立即完成非阻塞套接接字上的操作
              {
                Sleep(500);
                continue;
              }
              else
              {
                printf("send failed !\n");
                closesocket(sServer);
                closesocket(sClient);
                WSACleanup();
                return -1;
              }
            }
            break;
          }
        }
    }
}
```

在调用 recv() 函数接收来自客户端的数据时，因为 Socket 是非阻塞模式的，所以即使没有数据，程序也会继续运行。如果 recv() 函数的返回值等于 SOCKET_ERROR 时，并不意味着接收数据时出现错误。调用 WSAGetLastError() 函数获取错误编码，如果错误编码为 WSAEWOULDBLOCK，则表示无法立即完成非阻塞 Socket 上的操作，即尚未接收到来自客户端的数据。此时需要调用 Sleep() 函数休息 100ms，然后执行 continue 语句返回至循环语句的开始部分，重新调用 recv() 函数接收数据。

当 recv() 函数的返回值等于 WSAETIMEDOUT 或者 WSAENETDOWN 时，表示接收数据超时或者连接已经断开，此时需要关闭 Socket sServer，释放资源，然后退出程序。

当 recv() 函数的返回值不等于 SOCKET_ERROR 时，表示已经成功接收到来自客户端的数据。调用 send() 函数向客户端发送数据的方法与接收数据的方法类似，请参照理解。

　　　在本实例介绍的非阻塞模式中，等待连接、接收数据和发送数据时都需要使用 while 语句循环地调用 accept()、recv() 和 send() 函数，直到成功地完成指定的操作。这会无谓地占用大量系统资源，因此并不是真正高效的 Socket 编程方法。

8.2.3 非阻塞模式客户端应用程序编程实例

本节将通过一个实例来演示非阻塞模式客户端应用程序编程的基本方法。

【例 8.2】 本实例中介绍的非阻塞模式客户端应用程序启动时将自动连接到指定服务器的 TCP 端口 9990，然后提示用户输入向服务器发送的字符串。

本实例的功能和运行界面与 5.4.12 小节中介绍的实例相同，不同的是本实例中采用非阻塞模式的 Socket 进行通信。收到客户端应用程序发送来的数据后，服务器应用程序将向客户端发送一个表示收到数据的字符串。如果服务器收到字符串"exit"，则退出应用程序。

实现客户端程序的项目为 TcpClient，下面介绍客户端程序的实现过程。本实例在下面步骤中的代码与 5.4.12 小节中介绍的实例相同，请参照理解。

- 包含的头文件。
- 引用的库文件。
- 常量和变量定义。
- 初始化 Socket 环境的代码。
- 设置服务器 Socket 地址的代码。
- 关闭 Socket，释放资源。

下面对其他代码进行介绍。

1. 设置 Socket 为非阻塞模式

创建套接字后，调用 ioctlsocket()将其设置为非阻塞模式，代码如下。

```
int _tmain(int argc, _TCHAR* argv[])
{
  …
  int iMode = 1;
  retVal = ioctlsocket(sHost, FIONBIO, (u_long FAR*) &iMode);
  if(retVal == SOCKET_ERROR)
  {
    printf("ioctlsocket failed !\n");
    WSACleanup();
    return -1;
  }
  …
}
```

2. 连接到服务器

调用 connect()函数可以将客户端连接到服务器，代码如下。

```
int _tmain(int argc, _TCHAR* argv[])
{
  …
  // 循环等待
  while(true)
  {
    // 连接服务器
    retVal = connect(sHost,(LPSOCKADDR)&servAddr,sizeof(servAddr));
    if(SOCKET_ERROR == retVal)
    {
        int err = WSAGetLastError();
```

```
        // 无法立即完成非阻塞 Socket 上的操作
        if(err == WSAEWOULDBLOCK || err == WSAEINVAL)            {
            // Sleep(500);
            continue;
        }
        else if(err == WSAEISCONN)                // 已建立连接
        {
            break;
        }
        else
        {
            printf("connection failed !\n");
            closesocket(sHost);
            WSACleanup();
            return -1;
        }
    }
}
...
}
```

因为 Socket sServer 是非阻塞模式，所以即使没有成功连接到服务器，在调用 connect()函数后程序也会继续执行。connect()函数的返回值为 retVal。即使 retVal 等于 SOCKET_ERROR，也并不意味着接收客户端请求失败。可以调用 WSAGetLastError()函数获取错误编码，根据不同的错误编码执行不同的操作。

* 如果错误编码为 WSAEWOULDBLOCK 或者 WSAEINVAL，则表示无法立即完成非阻塞 Socket 上的操作，也就是说服务器端尚未准备好。此时，程序调用 continue 返回至循环语句的开始部分，再次执行 connect()函数，尝试连接到服务器。

* 如果错误编码为 WSAEISCONN，则表示连接成功，此时需要退出 while 循环语句。

* 如果错误编码为其他值，则说明连接到服务器的操作失败，需要关闭 Socket sHost，释放资源，然后退出程序。

3. 在服务器与客户端之间发送和接收数据

使用 while 循环向服务器程序发送数据，然后接收来自服务器的回显数据。如果向服务器发送字符串“quit”，则退出 while 循环。在服务器程序中实现与客户端发送和接收数据功能的代码如下。

```
int _tmain(int argc, _TCHAR* argv[])
{
    …
    // 循环向服务器发送字符串，并显示反馈信息。
    // 发送"quit"将使服务器程序退出，同时客户端程序自身也将退出
    while(true)
    {
        // 向服务器发送数据
        printf("Please input a string to send: ");
        // 接收输入的数据
        std::string str;
        std::getline(std::cin, str);
        // 将用户输入的数据复制到 buf 中
```

```
ZeroMemory(buf,BUF_SIZE);
strcpy(buf,str.c_str());
// 循环等待
while(true)
{
   // 向服务器发送数据
   retVal = send(sHost,buf,strlen(buf),0);
   if(SOCKET_ERROR == retVal)
   {
      int err = WSAGetLastError();
      if(err == WSAEWOULDBLOCK)               // 无法立即完成非阻塞套接字上的操作
      {
         Sleep(500);
         continue;
      }
      else
      {
         printf("send failed !\n");
         closesocket(sHost);
         WSACleanup();
         return -1;
      }
   }
   break;
}

while(true)
{
   ZeroMemory(buf,BUF_SIZE);                        // 清空接收数据的缓冲区
   retVal = recv(sHost,buf,sizeof(buf)+1,0);        // 接收服务器回传的数据
   if(SOCKET_ERROR == retVal)
   {
      int err = WSAGetLastError();                  // 获取错误编码
      if(err == WSAEWOULDBLOCK)                      // 接收数据缓冲区暂无数据
      {
         Sleep(100);
         printf("waiting back msg !\n");
         continue;
      }
      else if(err == WSAETIMEDOUT || err == WSAENETDOWN)
      {
         printf("recv failed !\n");
         closesocket(sHost);
         WSACleanup();
         return -1;
      }
      break;
   }
   break;
}
// ZeroMemory(buf,BUF_SIZE);                         // 清空接收数据的缓冲区
// retVal = recv(sHost,buf,sizeof(buf)+1,0);         // 接收服务器回传的数据
```

```
        printf("Recv From Server: %s\n",buf);
        // 如果收到"quit"，则退出
        if(strcmp(buf, "quit") == 0)
        {
            printf("quit!\n");
            break;
        }
    }
```

与服务器端相同，在使用非阻塞方式发送和接收数据时，需要使用 while 语句循环调用 send() 和 recv() 函数，直至操作成功。

8.2.4　基于非阻塞模式的多线程服务器应用程序编程实例

前面介绍的服务器应用程序是基于单线程的，也就是说服务器程序在同一时刻只能与一个客户端程序进行通信，这显然无法满足实际应用的需要。

为了使服务器程序能够同时与多个客户端进行通信，就需要在服务器程序中引入多线程机制。主线程用于接收来自客户端的连接请求，一旦连接成功，主线程就会创建一个线程，用于与客户端程序进行通信。多线程服务器程序的架构如图 8.1 所示。

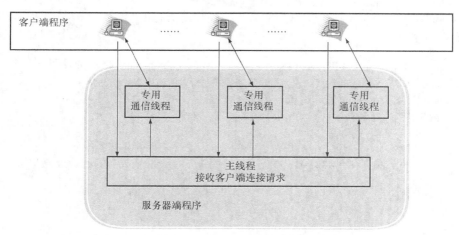

图 8.1　多线程服务器程序的架构

【例 8.3】　设计一个基于非阻塞模式的多线程服务器应用程序。

主函数（即主线程）_tmain()负责接收来自客户端的连接请求，然后创建专门与该客户端进行通信的线程，相关代码如下。

```
// 接收客户请求
printf("TCP Server start...\n");
int addrClientlen = sizeof(addrClient);
// 循环等待
while(true)
{
    sClient = accept(sServer,(sockaddr FAR*)&addrClient,&addrClientlen);
    if(INVALID_SOCKET == sClient)
    {
        int err = WSAGetLastError();
        if(err == WSAEWOULDBLOCK)              // 无法立即完成非阻塞 Socket 上的操作
```

```
        {
            Sleep(100);
            continue;
        }
    DWORD dwThreadId;
    CreateThread(NULL, NULL, AnswerThread, (LPVOID)sClient, 0, &dwThreadId);
}
```

与例 8.1 中服务器程序不同的是，程序在成功调用 accept()函数接收来自客户端的连接请求后，直接调用 CreateThread()创建一个专门的通信线程，线程函数为 AnswerThread，将建立连接后得到的 Socket sClient 作为线程参数。创建通信线程后，主线程立即返回至 while 循环的开始部分，继续调用 accept()函数接收其他客户端的连接请求。这样就可以同时与多个客户端进行通信了。

线程函数 AnswerThread 的代码如下。

```
DWORD  WINAPI  AnswerThread(LPVOID  lparam)
{
    char    buf[BUF_SIZE];                          // 用于接收客户端数据的缓冲区
    int     retVal;                                 // 调用各种 Socket 函数的返回值
    // 将参数 lparam 转换为与客户端进行通信的 Socket 句柄
    SOCKET  sClient=(SOCKET)(LPVOID)lparam;
    // 循环接收客户端的数据，直到客户端发送"quit"命令后退出
    while(true)
    {
        ZeroMemory(buf,BUF_SIZE);                   // 清空接收数据的缓冲区
        // 接收来自客户端的数据，因为是非阻塞模式，所以即使没有数据也会继续
        retVal = recv(sClient,buf,BUFSIZ,0);
        if(SOCKET_ERROR == retVal)
        {
            int err = WSAGetLastError();            // 获取错误编码
            if(err == WSAEWOULDBLOCK)               // 接收数据缓冲区暂无数据
            {
                Sleep(100);
                continue;
            }
            else if(err == WSAETIMEDOUT || err == WSAENETDOWN)
            {
                printf("recv failed !\n");
                closesocket(sClient);
                WSACleanup();
                return -1;
            }
        }
        // 获取当前系统时间
        SYSTEMTIME st;
        GetLocalTime(&st);
        char sDateTime[30];
        sprintf(sDateTime, "%4d-%2d-%2d  %2d:%2d:%2d",st.wYear,st.wMonth,st.wDay,
st.wHour, st.wMinute, st.wSecond);
        // 打印输出的信息
        printf("%s, Recv From Client [%s:%d] :%s\n", sDateTime, inet_ntoa(addrClient.
sin_addr), addrClient.sin_ port, buf);
        // 如果客户端发送"quit"字符串，则服务器退出
```

```
        if(strcmp(buf, "quit") == 0)
        {
            retVal = send(sClient,"quit",strlen("quit"),0);
            break;
        }
        else                                    // 否则向客户端发送回显字符串
        {
            char   msg[BUF_SIZE];
            sprintf(msg, "Message received - %s", buf);
            while(true)
            {
                // 向服务器发送数据
                retVal = send(sClient, msg, strlen(msg),0);
                if(SOCKET_ERROR == retVal)
                {
                    int err = WSAGetLastError();
                    if(err == WSAEWOULDBLOCK)       // 无法立即完成非阻塞 Socket 上的操作
                    {
                        Sleep(500);
                        continue;
                    }
                    else
                    {
                        printf("send failed !\n");
                        closesocket(sClient);
                        WSACleanup();
                        return -1;
                    }
                }
                break;
            }

        }
    }
    // 关闭 Socket
    closesocket(sClient);
}
```

程序首先将参数 lparam 转换为与客户端进行通信的 Socket 句柄 sClient，然后再使用 sClient 与客户端进行通信。与客户端进行通信的代码与例 8.2 相似，请参照理解。

这里只介绍了多线程 Socket 编程的基本方法。在实际应用中，服务器程序不可能无限制地接收来自客户端的连接请求，也不可能无限制地创建专用通信线程。通常可以引入线程池机制对专用通信线程进行管理，如果申请连接的客户端数量大于服务器程序规定的最大值，则后面的客户端连接请求将会被阻塞。

8.3 基于 Select 模型的 Socket 编程

在 Select 模型中，可以使 Windows Sockets 应用程序同时对多个 Socket 进行管理，调用 select() 函数可以获取指定 Socket 的状态。本节将通过实例介绍基于 Select 模型的 Socket 编程方法。

8.3.1　select()函数

select()函数可以决定一组 Socket 的状态，通常用于操作处于就绪状态的 Socket。在 select()
函数中使用 fd_set 结构体来管理多个 Socket，定义代码如下。

```
typedef struct fd_set {
  u_int fd_count;
  SOCKET fd_array[FD_SETSIZE];
} fd_set;
```

参数 fd_count 表示集合中包含的 Socket 数量，参数 fd_array 表示集合中包含的 Socket 数组。
select()的函数原型如下。

```
int select(
 int nfds,
 fd_set* readfds,
 fd_set* writefds,
 fd_set* exceptfds,
 const struct timeval* timeout
);
```

参数说明如下。

- nfds，只为与 Berkeley Socket 相兼容而保留此参数，在执行函数时会被忽略。
- readfds，用于检测可读性的 Socket 集合。
- writefds，用于检测可写性的 Socket 集合。
- exceptfds，用于检测存在错误的 Socket 集合。
- timeout，select()函数等待的最长时间。如果是阻塞模式的操作，则将此参数设置为 null。

select()函数返回 fd_set 结构体中处理就绪状态的 Socket 数量。如果超时，则返回 0；如果出
现错误，则返回 SOCKET_ERROR。

可以看到，使用 select()函数可以获取指定 Socket 集合的读、写和错误状态信息。参数 readfds、
writefds 和 exceptfds 中任意两个参数可以被设置为 null，但至少应有一个参数非空，而且非空的
fd_set 结构体中至少包含一个 Socket 句柄。

readfds 中包含的 Socket 在满足如下条件时被设置为就绪状态。

- 如果已经调用了 listen()函数，并且成功建立连接，则调用 accept()函数会成功。
- 有数据可以读取。
- 连接已经关闭、重置或者中止。

writefds 中包含的 Socket 在满足如下条件时被设置为就绪状态。

- 已经调用非阻塞的 connect()函数，并且连接成功。
- 有数据可以发送。

exceptfds 中包含的 Socket 在满足如下条件时被设置为就绪状态。

- 已经调用非阻塞的 connect()函数，但连接失败。
- 有带外数据可以读取。

FD_SETSIZE 返回集合中 Socket 的最大数量。默认的 FD_SETSIZE 值为 64。

那么，怎样才能知道 fd_set 集合中哪些 Socket 是处于就绪状态的？在 winsock2.h 中定义了 4
个宏，使用它们可以操作和检查 fd_set 集合中的 Socket。

- FD_CLR(s, *set)：从集合中删除指定的 Socket。
- FD_ISSET(s, *set)：如果参数 s 是集合中的成员，则返回非 0 值，否则返回 0。
- FD_SET(s, *set)：向集合中添加 Socket。
- FD_ZERO(s, *set)：将集合初始化为空集合。

8.3.2　基于 Select 模型的服务器应用程序实例

本节将通过一个实例演示基于 Select 模型的服务器应用程序的设计方法。

【例 8.4】　设计一个基于 Select 模型的回显服务器应用程序。所谓回显，即将它收到的来自客户端的字符串再发送回客户端。假定本实例中的项目名称为 SelectServer。

1．结构体 SOCKET_INFORMATION

结构体 SOCKET_INFORMATION 用于记录服务器与每个客户端之间进行通信的信息，代码如下。

```
typedef   struct   _SOCKET_INFORMATION   {
  CHAR    Buffer[DATA_BUFSIZE];// 发送和接收数据的缓冲区
  WSABUF   DataBuf;              // 定义发送和接收数据缓冲区的结构体，包括缓冲区的长度和内容
  SOCKET   Socket;              // 与客户端进行通信的 Socket
  DWORD    BytesSEND;           // 保存 Socket 发送的字节数
  DWORD    BytesRECV;           // 保存 Socket 接收的字节数
} SOCKET_INFORMATION,   *   LPSOCKET_INFORMATION;
```

结构体 SOCKET_INFORMATION 中包含用于通信的 Socket、发送和接收数据的缓冲区、发送和接收的字节数等。

WSABUF 是 winsock2.h 中定义的结构体，用于保存缓冲区的地址和长度，代码如下。

```
typedef struct _WSABUF {
  u_long    len;               // 缓冲区的长度
  char FAR * buf;              // 指向缓冲区的指针
} WSABUF, FAR * LPWSABUF;
```

2．变量定义

为了对所有与客户端进行通信的 Socket 信息进行统一管理，需要定义下面两个变量。

```
// 记录正在使用的套接字总数量
DWORD   TotalSockets = 0;
// 保存 Socket 信息对象的数组，FD_SETSIZE 表示 SELECT 模型中允许的最大 Socket 数量
LPSOCKET_INFORMATION   SocketArray[FD_SETSIZE];
```

常量 FD_SETSIZE 等于 64，因为默认情况下 select()函数最多可以处理 64 个套接字。

3．创建 Socket 信息

调用 CreateSocketInformation()函数可以为指定的 Socket 创建对应的 SOCKET_INFORMATION 结构体，并将其添加到 SocketArray 数组中，代码如下。

```
BOOL   CreateSocketInformation(SOCKET   s)
{
  LPSOCKET_INFORMATION   SI;              // 用于保存 Socket 的信息
  // 为 SI 分配内存空间
```

```
if ((SI = (LPSOCKET_INFORMATION) GlobalAlloc(GPTR,
     sizeof(SOCKET_INFORMATION))) == NULL)
{
  printf("GlobalAlloc()  failed  with  error  %d\n", GetLastError());
  return  FALSE;
}
// 初始化 SI 的值
SI->Socket = s;
SI->BytesSEND = 0;
SI->BytesRECV = 0;
// 在 SocketArray 数组中增加一个新元素，用于保存 SI 对象
SocketArray[TotalSockets] = SI;
TotalSockets++;                        // 增加 Socket 数量

returnTRUE;
}
```

4. 释放 Socket 信息

调用 FreeSocketInformation()函数可以删除指定 Socket 对应的 SOCKET_INFORMATION 结构体，并关闭该 Socket，代码如下。

```
void  FreeSocketInformation(DWORD  Index)
{
  // 获取指定索引对应的 LPSOCKET_INFORMATION 对象
  LPSOCKET_INFORMATION SI = SocketArray[Index];
  DWORD  i;
  closesocket(SI->Socket);                  // 关闭 Socket
  // printf("Closing  socket  number  %d\n",  SI->Socket);
  // 释放指定 LPSOCKET_INFORMATION 对象资源
  GlobalFree(SI);
  // 将数组中 Index 索引后面的元素前移
  for (i = Index; i < TotalSockets; i++)
  {
    SocketArray[i] = SocketArray[i+1];
  }
  TotalSockets--;                          // Socket 总数减
}
```

5. 主函数_tmain()中的变量定义

因为主函数_tmain()的代码比较多，所以这里对其进行分块介绍。_tmain()函数中声明的变量如下。

```
int _tmain(int argc, _TCHAR* argv[])
{
  SOCKET   ListenSocket;              // 监听 Socket
  SOCKET   AcceptSocket;              // 与客户端进行通信的 Socket
  SOCKADDR_IN  InternetAddr;          // 服务器的地址
  WSADATA  wsaData;                  // 用于初始化 Socket 环境
  INT  Ret;                          // WinSock API 的返回值
  FD_SET   WriteSet;                  // 获取可写性的 Socket 集合
  FD_SET   ReadSet;                  // 获取可读性的 Socket 集合
```

```
    DWORD    Total = 0;                      // 处于就绪状态的 Socket 数量
    DWORD    SendBytes;                      // 发送的字节数
    DWORD    RecvBytes;                      // 接收的字节数
    …
}
```

请参照注释理解变量的含义。

6. 在主函数中启动监听客户端的连接请求

主函数中首先初始化 Windows Sockets 环境，并启动监听客户端的连接请求，代码如下。

```
int _tmain(int argc, _TCHAR* argv[])
{
    …
    // 初始化 WinSock 环境
    if ((Ret = WSAStartup(0x0202,&wsaData)) != 0)
    {
        printf("WSAStartup() failed with error %d\n", Ret);
        WSACleanup();
        return -1;
    }
    // 创建用于监听的 Socket
    if ((ListenSocket = WSASocket(AF_INET, SOCK_STREAM, 0, NULL, 0,
        WSA_FLAG_OVERLAPPED)) == INVALID_SOCKET)
    {
        printf("WSASocket() failed with error %d\n", WSAGetLastError());
        return -1;
    }
    // 设置监听地址和端口号
    InternetAddr.sin_family = AF_INET;
    InternetAddr.sin_addr.s_addr = htonl(INADDR_ANY);
    InternetAddr.sin_port = htons(PORT);
    // 绑定监听 Socket 到本地地址和端口
    if(bind(ListenSocket, (PSOCKADDR)&InternetAddr, sizeof(InternetAddr)) == SOCKET_
ERROR)
    {
        printf("bind() failed with error %d\n", WSAGetLastError());
        return -1;
    }
    // 开始监听
    if  (listen(ListenSocket,  5))
    {
        printf("listen() failed with error %d\n", WSAGetLastError());
        return -1;
    }
    // 设置为非阻塞模式
    ULONG NonBlock = 1;
    if(ioctlsocket(ListenSocket, FIONBIO, &NonBlock) == SOCKET_ERROR)
    {
        printf("ioctlsocket() failed with error %d\n", WSAGetLastError());
        return -1;
    }
    // 为 ListenSocket Socket 创建对应的 SOCKET_INFORMATION
```

```
    // 这样就可以把 ListenSocket 添加到 SocketArray 数组中
    CreateSocketInformation(ListenSocket);
    …
}
```

上面的代码可以大致分为如下几个步骤。

- 初始化 Windows Sockets 环境。
- 创建用于监听的 SocketListen Socket。
- 将 SocketListen Socket 绑定到本地地址的 9990 端口。
- 开始监听。
- 将 SocketListen Socket 设置为非阻塞模型。
- 将 SocketListen Socket 添加到 SocketArray 数组中。

7. 获取就绪状态的套接字

本实例是一个服务器程序，需要始终运行，接收和处理来自客户端的请求。因此，下面的程序都包含在一个 while(TRUE)循环中。

程序首先将当前所有的 Socket（包括监听 Socket ListenSocket 和稍后创建的与每个客户端进行通信的 Socket）添加到 ReadSet 和 WriteSet 集合中，然后调用 select()函数判断这些 Socket 是否处于读/写就绪状态，代码如下。

```
int _tmain(int argc, _TCHAR* argv[])
{
    …
    while(TRUE)
    {
        // 准备用于网络 I/O 通知的读/写 Socket 集合
        FD_ZERO(&ReadSet);
        FD_ZERO(&WriteSet);
        // 向 ReadSet 集合中添加监听 Socket ListenSocket
        FD_SET(ListenSocket,   &ReadSet);
        // 将 SocketArray 数组中的所有 Socket 添加到 WriteSet 和 ReadSet 集合中
        // SocketArray 数组中保存着监听 Socket 和所有与客户端进行通信的 Socket
        // 这样就可以使用 select()判断哪个 Socket 有接入数据或者读取/写入数据
        for   (DWORD i=0; i<TotalSockets; i++)
        {
            LPSOCKET_INFORMATION SocketInfo = SocketArray[i];
            FD_SET(SocketInfo->Socket,   &WriteSet);
            FD_SET(SocketInfo->Socket,   &ReadSet);
        }
        // 判断读/写 Socket 集合中就绪的 Socket
        if((Total = select(0, &ReadSet, &WriteSet, NULL, NULL)) == SOCKET_ERROR)
        {
            printf("select() returned with error %d\n", WSAGetLastError());
            return -1;
        }
        …
    }
```

8. 处理接收请求和来自客户端的数据

当 Socket ListenSocket 处于读就绪状态时，说明有来自客户端的连接请求需要处理。如果其他 Socket 处于读就绪状态，说明有来自已连接客户端的数据。

　　下面的程序依次对数组 SocketArray 中所有的 Socket 进行判断，并对处于读就绪状态（在 ReadSet 集合中）的 Socket 进行处理，代码如下。

```
int _tmain(int argc, _TCHAR* argv[])
{
    …
    while(TRUE)
    {
        …
        // 依次处理所有Socket。本服务器是一个回应服务器，即将从客户端收到的字符串再发回到客户端
        for    (DWORD i=0; i<TotalSockets; i++)
        {
          // SocketInfo 为当前要处理的 Socket 信息
          LPSOCKET_INFORMATION SocketInfo = SocketArray[i];
          // 判断当前 Socket 的可读性，即是否有接入的连接请求或者可以接收数据
          if (FD_ISSET(SocketInfo->Socket, &ReadSet))
          {
            // 对于监听 Socket 来说，可读表示有新的连接请求
            if(SocketInfo->Socket == ListenSocket)
            {
             Total--;    // 就绪的 Socket 减 1
             // 接受连接请求，得到与客户端进行通信的 Socket AcceptSocket
             if((AcceptSocket = accept(ListenSocket, NULL, NULL)) != INVALID_SOCKET)
             {
                // 设置 Socket AcceptSocket 为非阻塞模式
                // 这样服务器在调用 WSASend() 函数发送数据时就不会被阻塞
                NonBlock   =   1;
                if(ioctlsocket(AcceptSocket, FIONBIO, &NonBlock) == SOCKET_ERROR)
                {
                    printf("ioctlsocket() failed with error %d\n", WSAGetLastError());
                    return -1;
                }
                // 创建套接字信息，初始化 LPSOCKET_INFORMATION 结构体数据，将 AcceptSocket
添加到 SocketArray 数组中
                if(CreateSocketInformation(AcceptSocket) == FALSE)
                    return -1;
             }
             else
             {
                if(WSAGetLastError() != WSAEWOULDBLOCK)
                {
                    printf("accept() failed with error %d\n", WSAGetLastError());
                    return -1;
                }
             }
            }
            else                                          // 接收数据
            {
              // 如果当前 Socket 在 ReadSet 集合中，则表明该 Socket 上有可以读取的数据
              if(FD_ISSET(SocketInfo->Socket,    &ReadSet))
```

```
                    {
                        Total--;                                        // 减少一个处于就绪状态的套接字
                        memset(SocketInfo->Buffer, ' ', DATA_BUFSIZE);      // 初始化缓冲区
                        SocketInfo->DataBuf.buf = SocketInfo->Buffer;// 初始化缓冲区位置
                        SocketInfo->DataBuf.len = DATA_BUFSIZE;              // 初始化缓冲区长度
                        // 接收数据
                        DWORD  Flags = 0;
                        if(WSARecv(SocketInfo->Socket, &(SocketInfo->DataBuf), 1, &RecvBytes,
&Flags, NULL, NULL) == SOCKET_ERROR)
                        {
                            // 错误编码等于 WSAEWOULDBLOCK 表示暂没有数据，否则表示出现异常
                            if(WSAGetLastError() != WSAEWOULDBLOCK)
                            {
                                printf("WSARecv() failed with error %d\n", SAGetLastError());
                                FreeSocketInformation(i);       // 释放 Socket 信息
                            }
                            continue;
                        }
                        else                                        // 接收数据
                        {
                            SocketInfo->BytesRECV = RecvBytes; // 记录接收数据的字节数
                            if(RecvBytes == 0)                  // 如果接收到 0 个字节，则表示对方关闭连接
                            {
                                FreeSocketInformation(i);
                                continue;
                            }
                            else                                // 如果成功接收数据，则打印收到的数据
                            {
                                printf(SocketInfo->DataBuf.buf);
                                printf("\n");
                            }
                        }
                    }
                }
            }
        }
        else                                        // 发送数据
        {
            ...
        }
    }                                               // for 语句的结束
    |                                               // while 语句的结束
}
```

程序调用 FD_ISSET()函数来判断指定的 Socket 是否在 ReadSet 集合中。如果 Socket ListenSocket 在 ReadSet 集合中，则调用 accept()函数接收来自客户端连接请求，得到与客户端进行通信的 Socket AcceptSocket，并将其添加到 SocketArray 数组中；如果其他 Socket 在 ReadSet 集合中，则调用 WSARecv()函数接收数据。

9. 发送数据

如果指定的 Socket 在 WriteSet 集合中，并且该 Socket 接收到的数据量大于其发送的数据量，则调用 WSASend()函数发送数据，代码如下。

```
int _tmain(int argc, _TCHAR* argv[])
{
    …
    while(TRUE)
    {
        …
        // 依次处理所有 Socket。本服务器是一个回应服务器，即将从客户端收到的字符串再发回到客户端
        for   (DWORD i=0; i<TotalSockets; i++)
        {
            // SocketInfo 为当前要处理的 Socket 信息
            LPSOCKET_INFORMATION SocketInfo = SocketArray[i];
            // 判断当前 Socket 的可读性，即是否有接入的连接请求或者可以接收数据
            if (FD_ISSET(SocketInfo->Socket,  &ReadSet))
            {
                …
            }
            else
            {
                // 如果当前 Socket 在 WriteSet 集合中，则表明该 Socket 的内部数据缓冲区中有数据可以发送
                if(FD_ISSET(SocketInfo->Socket,  &WriteSet))
                {
                    Total--;                                        // 减少一个处于就绪状态的套接字
                    // 初始化缓冲区位置
                    SocketInfo->DataBuf.buf=SocketInfo->Buffer+SocketInfo->BytesSEND;
                    // 初始化缓冲区长度
                    SocketInfo->DataBuf.len = SocketInfo->BytesRECV - SocketInfo-> BytesSEND;
                    if(SocketInfo->DataBuf.len > 0)              // 如果有需要发送的数据，则发送数据
                    {
                        if(WSASend(SocketInfo->Socket,&(SocketInfo->DataBuf),1,&SendBytes,
0, NULL, NULL) == SOCKET_ERROR)
                        {
                            // 错误编码等于 WSAEWOULDBLOCK 表示暂没有数据，否则表示出现异常
                            if(WSAGetLastError()  != WSAEWOULDBLOCK)
                            {
                                printf("WSASend() failed with error %d\n", WSAGetLastError());
                                FreeSocketInformation(i);                // 释放 Socket 信息
                            }
                            continue;
                        }
                        else
                        {
                            SocketInfo->BytesSEND += SendBytes;          // 记录发送数据的字节数
                            // 如果从客户端接收到的数据都已经发回到客户端
                            // 则将发送和接收的字节数量设置为 0
                            if (SocketInfo->BytesSEND == SocketInfo->BytesRECV)
                            {
                                SocketInfo->BytesSEND = 0;
                                SocketInfo->BytesRECV = 0;
                            }
                        }
                    }
                }
```

```
        }
      }  // end of else
    }  // end of for
  }  // end of while
  …
}  // end of _tmain
```

8.4　基于 WSAAsyncSelect 模型的 Socket 编程

在 WSAAsyncSelect 模型中，应用程序可以在一个 Socket 上接收以 Windows 消息为基础的网络事件通知。它实现了读写数据的异步通知功能，但不提供异步的数据传送。本节将通过实例介绍基于 WSAAsyncSelect 模型的 Socket 编程方法。

8.4.1　WSAAsyncSelect()函数

WSAAsyncSelect 模型的核心是 WSAAsyncSelect()函数，它可以使 Windows 应用程序能够接收网络事件消息。WSAAsyncSelect()的函数原型如下。

```
int WSAAsyncSelect(
  SOCKET s,
  HWND hWnd,
  unsigned int wMsg,
  long lEvent
);
```

参数说明如下。

- s，事件通知所需要的 Socket。
- hWnd，网络事件发生时用于接收消息的窗体句柄。
- wMsg，网络事件发生时接收到的消息。
- lEvent，感兴趣的网络事件。

WSAAsyncSelect()函数用于请求 ws2_32.dll 当检测到 lEvent 参数指定的网络事件发生时，使用 Socket s 向 hWnd 指定的窗体发送消息 wMsg。如果函数执行成功，则返回 0，否则返回 SOCKET_ERROR。

WSAAsyncSelect()函数都会自动将 Socket s 设置为非阻塞模式。

参数 lEvent 中可以包含的事件如表 8.2 所示。

表 8.2　　　　　　　　　WSAAsyncSelect()函数中参数 lEvent 可以包含的事件

事 件 值	说　　　明
FD_READ	设置接收读就绪通知事件
FD_WRITE	设置接收写就绪通知事件
FD_OOB	设置接收带外数据到达通知事件
FD_ACCEPT	设置接收接入连接通知事件

续表

事　件　值	说　　明
FD_CONNECT	设置接收完成连接通知事件
FD_CLOSE	设置接收 Socket 关闭通知事件
FD_QOS	设置接收 Socket 服务质量（QoS）发生变化的通知事件
FD_GROUP_QOS	设置接收 Socket 组服务质量（QoS）变化的通知事件。该选项目前保留
FD_ROUTING_INTERFACE_CHANGE	设置接收指定目标地址路由接口变化的通知事件
FD_ADDRESS_LIST_CHANGE	设置接收 Socket 协议家族本地地址列表发生变化的通知事件

如果需要接收多个事件，可以将上面的事件执行按位或操作。例如，应用程序希望接收到读就绪和写就绪的通知事件，就要在 WSAAsyncSelect()函数中同时使用 FD_READ 和 FD_WRITE 事件，代码如下。

```
rc = WSAAsyncSelect(s, hWnd, wMsg, FD_READ|FD_WRITE);
```

对一个 Socket 调用 WSAAsyncSelect()函数会取消之前对该 Socket 的 WSAAsyncSelect()或 WSAEventSelect()调用（关于 WSAEventSelect()函数将在 8.5 节中介绍）。因此，对于同一个 Socket 而言，不能为不同事件指定不同的消息。例如，下面的代码两次调用 WSAAsyncSelect()函数，先后为 Socket s 的不同事件指定不同的消息。

```
rc = WSAAsyncSelect(s, hWnd, wMsg1, FD_READ);
rc = WSAAsyncSelect(s, hWnd, wMsg2, FD_WRITE);
```

第 2 次调用 WSAAsyncSelect()函数会取消第 1 次调用的效果，也就是说，只有当 FD_WRITE 事件发生时，Socket s 才会收到 wMsg2 指定的消息。

如果要取消指定 Socket 上的所有通知事件，则可以在调用 WSAAsyncSelect()函数时将参数 lEvent 设置为 0，举例如下。

```
rc = WSAAsyncSelect(s, hWnd, 0, 0);
```

8.4.2　创建窗口

要想使用 WSAAsyncSelect 模型，在应用程序中首先必须调用 CreateWindow 函数创建一个窗口，再为该窗口提供一个窗口例程支持函数（Winproc）。

CreateWindow()的函数原型如下。

```
HWND CreateWindow(
    LPCTSTR lpClassName,
    LPCTSTR lpWindowName,
    DWORD dwStyle,
    int x,
    int y,
    int nWidth,
    int nHeight,
    HWND hWndParent,
    HMENU hMenu,
    HINSTANCE hInstance,
    LPVOID lpParam
);
```

参数说明如下。

- lpClassName，指向注册窗口类名的指针，由之前调用的 RegisterClass()或者 RegisterClass Ex()函数创建。
- lpWindowName，指向窗口名称的指针。如果窗口有标题条，则窗口名称显示在标题条中。
- dwStyle，指定新建窗口的样式，窗口样式常量如表 8.3 所示。
- x，指定窗口左上角的水平坐标。
- y，指定窗口左上角的垂直坐标。
- nWidth，指定窗口的宽度。
- nHeight，指定窗口的高度。
- hWndParent，指定父窗口或者窗口所有者的句柄。
- hMenu，菜单句柄或子窗口句柄。
- hInstance，在 Windows 95/98/Me 中指定与窗口相关联的模块实例句柄，在 Windows NT 及以上版本中该参数被忽略。
- lpParam，向窗口传递的数据指针。

表 8.3　　　　　　　　　　　　　窗口样式的可选值

窗口样式常量	说　明
WS_BORDER	创建细边框窗口
WS_CAPTION	创建带标题条的窗口，包含 WS_BORDER 样式
WS_CHILD	创建子窗口，这种样式的窗口没有菜单条
WS_CHILDWINDOW	与 WS_CHILD 样式相同
WS_CLIPCHILDREN	在创建父窗口时使用该样式，当在父窗口中执行绘制操作时，并不绘制子窗口占用的区域
WS_CLIPSIBLINGS	当两个窗口相互重叠时，设置了 WS_CLIPSIBLINGS 样式的子窗口重绘时不能绘制被重叠的部分
WS_DISABLED	指定窗体在初始化时被禁用
WS_DLGFRAME	创建一个带对话框边框风格的窗口，这种风格的窗口不能带标题条
WS_GROUP	指定一组控件的第 1 个控件
WS_HSCROLL	创建一个带有水平滚动条的窗口
WS_ICONIC	创建一个初始状态为最小化的窗口
WS_MAXIMIZE	创建一个初始状态为最大化的窗口
WS_MAXIMIZEBOX	创建一个带有最大化按钮的窗口
WS_MINIMIZE	创建一个初始状态为最小化的窗口，与 WS_ICONIC 样式相同
WS_MINIMIZEBOX	创建一个带有最小化按钮的窗口
WS_OVERLAPPED	创建一个层叠的窗口
WS_OVERLAPPEDWINDOW	创建一个具有 WS_OVERLAPPED、WS_CAPTION、WS_SYSMENU、WS_THICKFRAME、WS_MINIMIZEBOX 和 WS_MAXMIZEBOX 风格的层叠窗口
WS_POPUP	创建一个弹出式窗口
WS_POPUPWINDOW	创建一个具有 WS_BORDER、WS_POPUP 和 WS_SYSMENU 风格的窗口，WS_CAPTION 和 WS_POPUPWINDOW 必须同时设定才能使窗口可见
WS_SIZEBOX	创建一个可调节边框的窗口

窗口样式常量	说　明
WS_SYSMENU	创建一个在标题条上带有窗口菜单的窗口
WS_TABSTOP	指定当用户按下 TAB 键时可以接收到键盘焦点的控件
WS_THICKFRAME	创建一个可调节边框的窗口，与 WS_SIZEBOX 相同
WS_TILED	创建一个层叠窗口
WS_TILEDWINDOW	创建一个具有 WS_OVERLAPPED、WS_CAPTION、WS_SYSMENU、MS_THICKFRAME、WS_MINIMIZEBOX 和 WS_MAXMIZEBOX 风格的层叠窗口
WS_VISIBLE	创建一个初始状态为可见的窗口
WS_VSCROLL	创建一个带有垂直滚动条的窗口

如果函数执行成功，则返回新建窗口的句柄，否则返回 NULL。

在调用 CreateWindow() 函数创建窗口之前，需要调用 RegisterClassEx() 函数注册窗口类。RegisterClassEx() 的函数原型如下。

```
ATOM RegisterClassEx(
   CONST WNDCLASSEX *lpwcx
);
```

参数 lpwcx 指向 WNDCLASSEX 结构体，用于指定窗体类的信息。WNDCLASSEX 结构体声明如下。

```
typedef struct {
   UINT cbSize;
   UINT style;
   WNDPROC lpfnWndProc;
   int cbClsExtra;
   int cbWndExtra;
   HINSTANCE hInstance;
   HICON hIcon;
   HCURSOR hCursor;
   HBRUSH hbrBackground;
   LPCTSTR lpszMenuName;
   LPCTSTR lpszClassName;
   HICON hIconSm;
} WNDCLASSEX, *PWNDCLASSEX;
```

其中包含的字段含义说明如下。

- cbSize，指定结构体的大小，单位为字节。
- style，指定窗口类的风格。
- lpfnWndProc，指向窗口例程的指针。
- cbClsExtra，为窗口类结构体额外分配的字节数。
- cbWndExtra，为窗口例程额外分配的字节数。
- hInstance，包含窗口类对应窗口例程的句柄。
- hIcon，指定窗口类的图标句柄。
- hCursor，指定窗口类所使用的光标句柄。
- hbrBackground，窗口类中用于画窗口背景的刷子句柄。
- lpszMenuName，窗口类的菜单资源名称。

- lpszClassName，窗口类名称。
- hIconSm，与窗口类相关联的小图标句柄。

如果调用 RegisterClassEx()函数成功，则返回一个 ATOM 值，它唯一地标识已注册的窗口类。如果调用函数失败，则返回 0。

创建窗口的具体实例将在 8.4.3 小节中结合窗口例程进行介绍。

8.4.3 窗口例程

在调用 RegisterClassEx()函数注册窗口类时，需要在结构体 WNDCLASSEX 中指定窗口例程。在 WSAAsyncSelect()模型中，窗口例程用于以消息形式接收网络事件通知，它是一个回调函数，在成功创建窗口后由系统调用。

窗口例程的函数原型如下。

```
LRESULT CALLBACK WindowProc(
    HWND hWnd,
    UINT uMsg,
    WPARAM wParam,
    LPARAM lParam
);
```

参数说明如下。

- hWnd，窗口句柄。
- uMsg，消息。在 WSAAsyncSelect()模型中，该参数指定由应用程序定义的消息。
- wParam，消息参数。在 Windows Sockets 应用程序中，该参数指定发生网络事件的 Socket。
- lParam，消息参数。在 Windows Sockets 应用程序中，该参数包含两方面的重要信息。lParam 的低位字节指定已经发生的网络事件，而 lParam 的高位字节包含可能出现的任何错误代码。

当网络事件消息抵达一个窗口例程后，应用程序首先应检查 lParam 的高位字节，以判断是否在 Socket 上发生了一个网络错误。使用宏 WSAGETSELECTERROR 可以返回高字位包含的错误信息。

如果应用程序发现 Socket 上没有产生任何错误，就应该查看哪个网络事件类型触发了这条 Windows 消息。可以通过宏 WSAGETSELECTEVENT 来读取 lParam 低位字节的内容。

上面两个宏在 Winsock2.h 中定义，它们的声明如下。

```
#define WSAGETSELECTEVENT(lParam)    LOWORD(lParam)
#define WSAGETSELECTERROR(lParam)    HIWORD(lParam)
```

8.4.4 基于 WSAAsyncSelect 模型的服务器编程

开发基于 WSAAsyncSelect 模型的 Socket 通信服务器的基本流程如下。

（1）使用#define 语句定义 Socket 网络事件对应的用户消息值，一般为 WM_USER+n 的形式，n 是一个整数。

（2）调用 WSAAsynsSelect()函数为 Socket 设置网络事件、用户消息和消息接收窗口之间的关系。

（3）在消息接收窗口的消息映射代码中，添加 ON_MESSAGE 宏，设置用户消息的处理函数。

（4）编写用户处理函数，在该函数中应首先使用 WSAGETSELECTERROR 宏判断是否有错误发生；然后根据 wParam 值了解哪个 Socket 上发生了网络事件，从而引发用户消息；最后使用

WSAGETSELECTEVENT 宏来了解所发生的网络事件，从而进行相应的处理。

【例 8.5】　开发一个基于 WSAAsyncSelect 模型的 Socket 通信服务器，该服务器的主要功能是打印客户端发送来的请求。本实例中的项目名称为 WSAAsyncSelect。

1. 结构体 SOCKET_INFORMATION

结构体 SOCKET_INFORMATION 用于记录服务器与每个客户端之间进行通信的信息，代码如下。

```
typedef struct _SOCKET_INFORMATION {
  CHAR Buffer[MAXDATASIZE];              // 发送和接收数据的 Socket
  WSABUF DataBuf;                        // 定义数据的内容和长度
  SOCKET Socket;                         // Socket
  _SOCKET_INFORMATION *Next;             // 下一个 Socket 信息
} SOCKET_INFORMATION, * LPSOCKET_INFORMATION;
```

结构体 SOCKET_INFORMATION 中包含用于通信的 Socket、发送和接收数据的缓冲区和链表指针等成员。

WSABUF 是 winsock2.h 中定义的结构体，用于保存缓冲区的地址和长度，代码如下。

```
typedef struct _WSABUF {
  u_long    len;                         // 缓冲区的长度
  char FAR * buf;                        // 指向缓冲区的指针
} WSABUF, FAR * LPWSABUF;
```

2. 变量和常量定义

本实例中定义的常量和全局变量如下。

```
#define BACKLOG 10                       // 指定等待连接队列的最大长度
#define MAXDATASIZE 100                  // 指定数据缓冲区的最大长度
#define WM_SOCKET (WM_USER + 1)          // 定义 Socket 网络事件设置用户消息值
SOCKET Accept;                           // 与客户端进行通信的 Socket
LPSOCKET_INFORMATION SocketInfoList;     // 所有 Socket 信息的列表
char buf[MAXDATASIZE];                   // 数据缓冲区
```

请参照注释理解它们的含义。

3. 创建 Socket 信息

调用 CreateSocketInformation()函数可以为指定的套接字创建对应的 SOCKET_INFORMATION 结构体，并将其添加到 SocketInfoList 链表中，代码如下。

```
void CreateSocketInformation(SOCKET s)
{
  LPSOCKET_INFORMATION SI;
  // 分配空间
  if ((SI = (LPSOCKET_INFORMATION) GlobalAlloc(GPTR,
    sizeof(SOCKET_INFORMATION))) == NULL)
  {
    printf("GlobalAlloc() failed with error %d\n", GetLastError());
    return;
  }
  // 设置 SI 结构体的属性
```

```
   SI->Socket = s;
   SI->Next = SocketInfoList;                      // Next 指定当前的 SocketInfoList
   SocketInfoList = SI;                            // 把 SI 放到 SocketInfoList 的第 1 位
}
```

4. 获取 Socket 信息

调用 GetSocketInformation()函数可以获取指定 Socket 对应的 SOCKET_INFORMATION 结构体，代码如下。

```
LPSOCKET_INFORMATION GetSocketInformation(SOCKET s)
{
   SOCKET_INFORMATION *SI = SocketInfoList;

   while(SI)
   {
    if (SI->Socket == s)
      return SI;
    SI = SI->Next;
   }
   return NULL;
}
```

5. 创建接收消息的窗口

调用 MakeWorkerWindow()函数可以用于接收 Socket 事件消息的窗口，代码如下。

```
HWND MakeWorkerWindow(void)
{
   WNDCLASSEX wndclass;                            // 定义 RegisterClass()函数注册的窗口类属性
   CHAR *ProviderClass = "AsyncSelect";            // 窗口类名
   HWND Window;                                    // 新建的窗口句柄

   // CS_HREDRAW 指定当窗口移动或者改变大小时，如果改变了窗口的宽度，则重画整个窗口
   wndclass.style = CS_HREDRAW | CS_VREDRAW;
   wndclass.lpfnWndProc = (WNDPROC)WindowProc;     // 指定窗口例程
   wndclass.cbClsExtra = 0;                        // 指定窗口类结构体后面额外分配的
字节数
   wndclass.cbWndExtra = 0;                        // 指定窗口实例后面额外分配的字节数
   wndclass.hInstance = NULL;                      // 包含窗口类对应的窗口例程的实例
句柄
   wndclass.hIcon = LoadIcon(NULL, IDI_WARNING);   // 类图标句柄
   wndclass.hCursor = LoadCursor(NULL, IDC_ARROW); // 窗口类所使用的光标句柄
   wndclass.hbrBackground =                        // 窗口类中用于画窗口背景的刷子句柄( 白色 )
       (HBRUSH) GetStockObject(WHITE_BRUSH);
   wndclass.lpszMenuName = NULL;                   // 窗口类的菜单资源名称
   wndclass.lpszClassName = ProviderClass;         // 指定窗口类的名称为 AsyncSelect
   // 注册窗口类
   if (RegisterClassEx(&wndclass) == 0)
   {
     printf("RegisterClass() failed with error %d\n", GetLastError());
     return NULL;
   }
```

```
    // 创建接收消息的窗口
    if ((Window = CreateWindow(
        ProviderClass,
        "",
        WS_OVERLAPPEDWINDOW,
        CW_USEDEFAULT,
        CW_USEDEFAULT,
        CW_USEDEFAULT,
        CW_USEDEFAULT,
        NULL,
        NULL,
        NULL,
        NULL)) == NULL)
    {
        printf("CreateWindow() failed with error %d\n", GetLastError());
        return NULL;
    }
    return Window;
}
```

　　程序首先调用 RegisterClassEx()函数注册窗口类，并设置窗口例程为 WindowProc；然后调用 CreateWindow()函数创建接收消息的窗口，参数 ProviderClass 指定了前面注册的窗口类的名称。

6.　窗口例程

窗口例程 WindowProc 用于处理接收到的 WM_SOCKET 消息，代码如下。

```
LRESULT CALLBACK WindowProc(HWND hwnd, UINT uMsg, WPARAM wParam, LPARAM lParam)
{
    LPSOCKET_INFORMATION SocketInfo;            // Socket 消息
    // 处理用户自定义消息
    if (uMsg == WM_SOCKET)
    {
        if (WSAGETSELECTERROR(lParam))          // 判断 Socket 是否错误
        {
            printf("Socket failed with error %d\n", WSAGETSELECTERROR(lParam));
        }
        else
        {
            switch(WSAGETSELECTEVENT(lParam))    // 判断消息类型
            {
                case FD_ACCEPT:                  // 处理 FD_ACCEPT 消息
                    // 接收来自客户端的连接，Accept 是与客户端进行通信的 Socket
                    if ((Accept = accept(wParam, NULL, NULL)) == INVALID_SOCKET)
                    {
                        printf("accept() failed with error %d\n", WSAGetLastError());
                        break;
                    }
                    // 为 Accept 创建 Socket 信息
                    CreateSocketInformation(Accept);
                    // 为 AcceptSocket 订阅 FD_READ、FD_WRITE 和 FD_CLOSE 消息
                    WSAAsyncSelect(Accept, hwnd, WM_SOCKET, FD_READ|FD_WRITE| FD_CLOSE);
                    break;
                case FD_READ:                            // 处理 FD_READ 消息
```

```
                    SocketInfo = GetSocketInformation(wParam);     // 获取 Socket 信息
                    // 接收数据
                    int Rec = recv(SocketInfo->Socket, buf, MAXDATASIZE, 0);
                    buf[Rec] = '\0';
                    if( Rec > 0 )                                  // 打印接收到的字符串
                    {
                        printf("Received: %s",buf);
                    }
                    break;

                }
        }
        return 0;
    }
    // 如果不是用户自定义消息，则调用默认的窗口例程
    return DefWindowProc(hwnd, uMsg, wParam, lParam);
}
```

如果接收到用户自定义消息 WM_SOCKET，则 WindowProc()函数对该消息进行如下处理。

（1）如果消息类型是 FD_ACCEPT，则调用 accept()函数接收客户端的连接请求，并得到与客户端通信的 Socket Accept。

（2）如果消息类型是 FD_READ，则调用 recv()函数接收客户端发送的信息，并打印接收到的字符串。

如果接收到其他消息，则调用默认的窗口例程 DefWindowProc()函数来处理用户自定义消息。

7. 主函数

主函数_tmain()的代码如下。

```
int _tmain(int argc, _TCHAR* argv[])
{
    MSG msg;                                    // 用于获取消息
    DWORD Ret;                                  // GetMessage()函数的返回结果
    SOCKET sockfd;                              // Socket
    struct sockaddr_in my_addr;                 // 绑定到 Socket 的本地地址
    HWND Window;                                // 用于接收事件消息的窗口句柄

    // 创建窗口
    if ((Window = MakeWorkerWindow()) == NULL)
        return 0;
    // 初始化 Windows Sockets 环境
    WSADATA ws;
    WSAStartup(MAKEWORD(2,2),&ws);
    // 创建 Socket
    sockfd = socket(AF_INET, SOCK_STREAM, 0);
    // 定义使用 Window 窗口接收 FD_ACCEPT 事件消息
    WSAAsyncSelect(sockfd, Window, WM_SOCKET, FD_ACCEPT);
    // 设置地址和端口
    my_addr.sin_family = AF_INET;                   // 协议类型是 INET
    my_addr.sin_port = htons(9990);                 // 绑定 MYPORT 端口
    my_addr.sin_addr.s_addr = INADDR_ANY;           // 本机 IP
```

```
// 将 Socket sockaddr 绑定到 my_addr
bind(sockfd, (struct sockaddr *)&my_addr, sizeof(struct sockaddr));
// 监听指定的 Socket
listen(sockfd, BACKLOG);
// 获取消息队列中获取一个消息
while(Ret = GetMessage(&msg, NULL, 0, 0))
{
    if (Ret == -1)
    {
        printf("GetMessage() failed with error %d\n", GetLastError());
        return 0;
    }
    // 将虚拟键消息转换为字符串消息
    TranslateMessage(&msg);
    // 将消息转发到窗口例程
    DispatchMessage(&msg);
}
return 0;
}
```

程序的执行过程如下。

（1）调用 MakeWorkerWindow()函数创建接收消息的窗口。

（2）创建用于监听客户端连接的 Socket sockfd。

（3）绑定 Socket sockfd 到本地地址的 9990 端口。

（4）在 Socket sockfd 上监听。

（5）在 while 循环中调用 GetMessage()函数从消息队列中获取一个消息。该函数在 winuser.h 中声明。如果获取消息失败，则程序返回，否则一直循环获取消息。

（6）调用 TranslateMessage()函数将虚拟键消息转换为字符串消息。该函数在 winuser.h 中声明。

（7）调用 DispatchMessage()函数将消息转发到指定的窗口例程进行处理。该函数在 winuser.h 中声明。

8.5　基于 WSAEventSelect 模型的 Socket 编程

WSAEventSelect 模型是另外一个异步 I/O 模型，它与 WSAAsyncSelect 模型的最主要区别是网络事件发生时系统通知应用程序的方式不同。WSAAsyncSelect 模型使用消息方式通知应用程序，而 WSAEventSelect 模型以事件形式进行通知。本节将通过实例介绍基于 WSAEventSelect 模型的 Socket 编程方法。

8.5.1　WSAEventSelect()函数

WSAEventSelect 模型的核心是 WSAEventSelect()函数，它可以为 Socket 注册网络事件，并将指定的事件对象关联到指定的网络事件集合。WSAEventSelect()的函数原型如下。

```
int WSAEventSelect(
    SOCKET s,
    WSAEVENT hEventObject,
```

```
        long lNetworkEvents
);
```

参数说明如下。

- s，注册网络事件的 Socket 句柄。
- hEventObject，与网络事件集合相关联的事件对象句柄。
- lNetworkEvents，感兴趣的网络事件集合。

如果函数执行成功，则返回 0，否则返回 SOCKET_ERROR。

与 select() 和 WSAAsyncSelect() 函数相似，WSAEventSelect() 函数会被定期调用，从而决定何时执行发送和接收数据的操作。

Windows Sockets 中定义的网络事件如表 8.4 所示。

表 8.4   Windows Sockets 中定义的网络事件

网络事件	说 明	事件触发时调用的函数
FD_READ	应用程序想接收可读的通知	recv、recvfrom、WSARecv 或 WSARecvFrom
FD_WRITE	应用程序想接收可读写的通知	send、sendto、WSASend 或 WSASendTo
FD_OOB	应用程序想接收带外数据到达的通知	recv、recvfrom、WSARecv 或 WSARecvFrom
FD_ACCEPT	应用程序想接收等待接收连接的通知	accept 或者 WSAAccept
FD_CONNECT	应用程序想接收连接操作完成的通知	无
FD_CLOSE	应用程序想接收 Socket 关闭的通知	无
FD_QOS	应用程序想接收 Socket 服务质量发生变化的通知	使用 SIO_GET_QOS 命令的 WSAIoctl() 函数
FD_GROUP_QOS	应用程序想接收 Socket 组服务质量发生变化的通知	保留
FD_ROUTING_INTERFACE_CHANGE	应用程序想接收在指定的方向上与路由接口发生变化的通知	使用 SIO_ROUTING_INTERFACE_CHANGE. 命令的 WSAIoctl() 函数
FD_ADDRESS_LIST_CHANGE	应用程序想接收针对 Socket 的协议家族、本地地址列表发生变化的通知	使用 SIO_ADDRESS_LIST_CHANGE.命令的 WSAIoctl() 函数

WSAEventSelect() 函数设置相关的事件对象，并在内部网络事件记录中保存事件的发生。应用程序可以调用 WSAWaitForMultipleEvents() 函数等待事件对象，调用 WSAEnumNetworkEvents() 函数获取内部网络事件记录的内容，从而决定发生了哪个被提名的网络事件。

例如，为 Socket s 注册网络事件 FD_READ 和 FD_WRITE，并将网络事件集合关联到事件对象 hEventObject，代码如下。

```
rc = WSAEventSelect(s, hEventObject, FD_READ|FD_WRITE);
```

WSAEventSelect() 函数自动将 Socket 设置为非阻塞方式。如果需要将 Socket s 设置为阻塞模式，则首先必须清除与 Socket s 相关联的事件记录。通过调用 WSAEventSelect() 函数，并将 lNetworkEvents 参数设置为 0 可以实现此功能，代码如下。

```
rc = WSAEventSelect(s, hEventObject, 0);
```

然后调用 ioctlsocket() 或者 WSAIoctl() 将套接字设置为阻塞模式。

在调用 WSAEventSelect() 函数之前需要创建事件对象，具体方法将在 8.5.2 小节中介绍。

8.5.2　创建和管理事件对象

在调用 WSAEventSelect()函数之前，需要创建一个事件对象。本节将介绍创建、重置和关闭事件对象的方法。

1. 创建事件对象

调用 WSACreateEvent()函数可以实现此功能，函数原型如下。

```
WSAEVENT WSACreateEvent(void);
```

如果执行成功，则函数返回事件对象的句柄，否则返回 WSA_INVALID_EVENT。Windows 事件对象分为两种工作状态，即已授信（signaled）状态和未授信（nonsignaled）状态；同时 Windows 事件对象又分为两种工作模式，即人工重置（manual reset）模式和自动重置（auto reset）模式。调用 WSACreateEvent()函数创建的事件对象处于人工重置模式和未受信状态。

2. 重置事件对象

当网络事件发生时，与 Socket 相关联的事件对象被从未授信状态转换为已授信状态。调用 WSAResetEvent()函数可以将事件对象从已授信状态修改为未授信状态，函数原型如下。

```
BOOL WSAResetEvent(
  WSAEVENT hEvent
);
```

参数 hEvent 为事件对象句柄。如果函数执行成功，则返回 TRUE，否则返回 FALSE。

3. 设置事件对象为已授信状态

调用 WSASetEvent()函数可以将指定事件对象设置为已授信状态，函数原型如下。

```
BOOL WSASetEvent(
  WSAEVENT hEvent
);
```

参数 hEvent 为事件对象句柄。如果函数执行成功，则返回 TRUE，否则返回 FALSE。

4. 关闭事件对象句柄

在处理完网络事件后，需要调用 WSACloseEvent()函数，关闭事件对象句柄，释放事件对象占用的资源，函数原型如下。

```
BOOL WSACloseEvent(
  WSAEVENT hEvent
);
```

参数 hEvent 为事件对象句柄。如果函数执行成功，则返回 TRUE，否则返回 FALSE。

8.5.3　WSAWaitForMultipleEvents()函数

在调用 WSAEventSelect()函数注册网络事件后，应用程序需要等待网络事件的发生，然后对网络事件进行处理。调用后，WSAWaitForMultipleEvents()函数处于阻塞状态，直到出现下面两种情况之一才会返回。

（1）指定的一个或所有事件对象处于已授信状态，即发生了指定的网络事件。

（2）阻塞时间超过指定的超时时间。

WSAWaitForMultipleEvents()的函数原型如下。

```
DWORD WSAWaitForMultipleEvents(
```

```
DWORD cEvents,
const WSAEVENT* lphEvents,
BOOL fWaitAll,
DWORD dwTimeout,
BOOL fAlertable
);
```

参数说明如下。

- cEvents，指定在参数 lphEvents 指向的数组中包含的事件对象句柄数量。

- lphEvents，指向事件对象句柄数组的指针。

- fWaitAll，指定等待的类型。如果该参数等于 TRUE，则数组 lphEvents 中包含的所有事件对象都变成已授信状态时，函数才返回；如果该参数等于 FALSE，则只要有一个事件对象变成已授信状态，函数就返回。在后面的情况中，函数的返回值就是已授信事件对象的句柄。

- dwTimeout，指定超时时间。如果该参数为 0，则函数检查事件对象的状态后立即返回；如果该参数为 WSA_INFINITE，则该函数会无限期等待，直到满足参数 fWaitAll 指定的条件。如果 WSAWaitForMultipleEvents()函数调用超时，则函数的返回值为 WSA_WAIT_TIMEOUT。

- fAlertable，指定当完成例程在系统队列中排队等待执行时，函数是否返回。如果该参数为 TRUE，则说明该函数返回时完成例程已经被执行；如果该参数为 FALSE，则说明该函数返回时完成例程还没有被执行。该参数主要应用于重叠 I/O 模型，具体情况将在 8.6 小节中介绍。

如果函数执行成功，返回返回值表示已授信事件对象的句柄；如果函数执行失败，则返回 WSA_WAIT_FAILED。

关于 WSAWaitForMultipleEvents()函数的具体使用方法，将在 8.5.5 小节中结合具体实例进行介绍。

8.5.4　WSAEnumNetworkEvents()函数

WSAEnumNetworkEvents()函数可以返回发生网络事件的 Socket，函数原型如下。

```
int WSAEnumNetworkEvents(
  SOCKET s,
  WSAEVENT hEventObject,
  LPWSANETWORKEVENTS lpNetworkEvents
);
```

参数说明如下。

- s，发生网络事件的 Socket 句柄。

- hEventObject，可选参数，指定被重置的事件对象句柄。

- lpNetworkEvents，指向 LPWSANETWORKEVENTS 结构体的指针，其中保存发生的网络事件记录和相关联的错误编码。

LPWSANETWORKEVENTS 结构体的定义代码如下。

```
typedef struct _WSANETWORKEVENTS {
  long lNetworkEvents;
  int iErrorCode[FD_MAX_EVENTS];
} WSANETWORKEVENTS, *LPWSANETWORKEVENTS;
```

参数说明如下。

- lNetworkEvents，指定发生的网络事件。

- iErrorCode，包含相关错误码的数组，数组索引与 lNetworkEvents 字段中的网络事件位相对应。

如果函数执行成功，则返回 0，否则返回 SOCKET_ERROR。

可以使用 WSAEnumNetworkEvents()函数来发现从上次调用该函数后指定 Socket 上发生了什么么网络事件，它通常与 WSAEventSelect()函数结合使用，首先由 WSAEventSelect()函数将网络事件与事件对象关联在一起，然后调用 WSAEnumNetworkEvents()函数获取发生的网络事件。

关于 WSAEnumNetworkEvents()函数的具体使用方法，将在 8.5.5 小节中结合具体实例进行介绍。

8.5.5　基于 WSAEventSelect 模型的服务器编程

开发基于 WSAEventSelect 模型的 Socket 通信服务器的基本流程如下。

（1）初始化 Windows Sockets 环境，并创建用于监听的 Socket。

（2）创建事件对象。

（3）将新建的事件对象与监听 Socket 相关联，并注册该 Socket 关注的网络事件集合，通常为 FD_ACCEPT 和 FD_CLOSE。

（4）等待所有事件对象上发生注册的网络事件，并对网络事件进行处理。

（5）如果触发了 FD_ACCEPT 事件，则程序接收来自客户端的请求，得到与客户端通信的 Socket，并为该 Socket 创建相关联的事件对象，注册该 Socket 关注的网络事件集合，通常为 FD_READ、FD_CLOSE 和 FD_WRITE。

（6）如果触发了 FD_CLOSE 事件，则关闭 Socket，释放其占用的资源。

（7）如果触发了 FD_READ 事件，则调用 recv()函数接收来自客户端的请求。

（8）如果触发了 FD_WRITE 事件，则调用 send()函数向客户端发送数据。

在上面提到的这些网络事件中，FD_ACCEPT、FD_READ 和 FD_CLOSE 事件都比较容易理解，因为这些事件通常都是由客户端行为触发的，比如申请连接、发送数据（客户端发送数据，服务器端就要接收数据，因此触发 FD_READ 事件）和断开连接等。但 FD_WRITE 事件就有所不同，它是由服务器端程序自身来触发的。在下面两种情况下会触发 FD_WRITE 事件。

- 在调用 connect()或者 accept()函数成功建立连接后。
- 上次调用 send()或者 sendto()函数返回 WSAEWOULDBLOCK 错误编码，目前可能会发送成功。

在 WSAEventSelect()模型中，调用 send()函数不再被阻塞，无论是否成功，调用完成后都会直接返回。如果当前不能将消息发送出去，则函数返回 WSAWOULDDBLOCK。系统会在可以发送消息时触发 FD_WRITE 事件，在事件的处理代码中可以再次发送消息。

【例 8.6】开发一个基于 WSAEventSelect 模型的 Socket 通信服务器，该服务器的主要功能是打印客户端发送来的请求。本实例中的项目名称为 WSAEventSelect。

本实例的代码大部分都包含在主函数_tmain()中，下面对这些代码进行介绍。

1．变量定义

程序中定义变量的代码如下。

```
int _tmain(int argc, _TCHAR* argv[])
{
    // 事件句柄和 Socket 句柄表
```

```
WSAEVENT eventArray[WSA_MAXIMUM_WAIT_EVENTS];
SOCKET sockArray[WSA_MAXIMUM_WAIT_EVENTS];
int nEventTotal = 0;                         // 注册的事件总数
USHORT nPort = 9990;                         // 此服务器监听的端口号
…
}
```

程序中定义了两个数组。数组 eventArray 用于保存所有事件对象，数组 sockArray 用于保存监听 Socket 和所有与客户端进行通信的 Socket。常量 WSA_MAXIMUM_WAIT_EVENTS 定义事件对象句柄的最大数量。

2. 创建和绑定 Socket，并将其设置为监听状态

服务器程序中首先需要初始化 Windows Sockets 环境，然后创建用于监听的 Socket，将其绑定到本地地址的 9990 端口，并使用该 Socket 监听来自客户端的连接请求，代码如下。

```
int _tmain(int argc, _TCHAR* argv[])
{
…
// 初始化 Windows Sockets 环境
WSADATA ws;
WSAStartup(MAKEWORD(2,2),&ws);
// 创建监听 Socket
SOCKET sListen = ::socket(AF_INET, SOCK_STREAM, IPPROTO_TCP);
// 设置地址并绑定 Socket
sockaddr_in sin;
sin.sin_family = AF_INET;
sin.sin_port = htons(nPort);
sin.sin_addr.S_un.S_addr = INADDR_ANY;
::bind(sListen, (struct sockaddr *)&sin, sizeof(struct sockaddr));
::listen(sListen, 5);                        // 开始监听
…
}
```

3. 创建事件对象，并注册网络事件

调用 WSACreateEvent()函数创建事件对象 myevent，然后调用 WSAEventSelect()函数将 myevent 事件对象与监听 Socket 相关联，并注册 FD_ACCEPT 和 FD_CLOSE 网络事件，代码如下。

```
int _tmain(int argc, _TCHAR* argv[])
{
…
// 创建事件对象，并关联到监听 Socket，注册 FD_ACCEPT 和 FD_CLOSE 两个事件
WSAEVENT myevent = ::WSACreateEvent();
::WSAEventSelect(sListen, myevent, FD_ACCEPT|FD_CLOSE);
// 将新建的事件 myevent 保存到 eventArray 数组中
eventArray[nEventTotal] = myevent;
// 将监听 Socket sListen 保存到 sockArray 数组中
sockArray[nEventTotal] = sListen;
nEventTotal++;
…
}
```

　　程序将新建的事件对象保存在 eventArray 数组中，将监听 Socket sListen 保存在 sockArray 数组中，以便后面调用 WSAEventSelect()函数判断这些事件对象上是否有被触发的网络事件。

4. 处理网络事件

接下来服务器程序循环处理来自客户端的网络事件，代码如下。

```
int _tmain(int argc, _TCHAR* argv[])
{
    …
    // 处理网络事件
    while(TRUE)
    {
        // 在所有事件对象上等待，只要有一个事件对象变为已授信状态，则函数返回
        int nIndex = ::WSAWaitForMultipleEvents (nEventTotal, eventArray, FALSE,
WSA_INFINITE, FALSE);
        // 发生的事件对象的索引，一般是句柄数组中最前面的那一个，然后再用循环依次处理后面的事件
对象
        nIndex = nIndex - WSA_WAIT_EVENT_0;
        // 对每个事件调用 WSAWaitForMultipleEvents 函数，以便确定它的状态
        for(int i=nIndex; i<nEventTotal; i++)
        {
            int ret;
            ret = ::WSAWaitForMultipleEvents(1, &eventArray[i], TRUE, 1000, FALSE);
            if(ret == WSA_WAIT_FAILED || ret == WSA_WAIT_TIMEOUT)
            {
                continue;
            }
            else
            {
                // 获取到来的通知消息，WSAEnumNetworkEvents 函数会自动重置受信事件
                WSANETWORKEVENTS event1;
                ::WSAEnumNetworkEvents(sockArray[i], eventArray[i], &event1);
                if(event1.lNetworkEvents & FD_ACCEPT)            // 处理 FD_ACCEPT 通知消息
                {
                    // 如果处理 FD_ACCEPT 消息时没有错误
                    if(event1.iErrorCode[FD_ACCEPT_BIT] == 0)
                    {
                        // 连接太多，暂时不处理
                        if(nEventTotal > WSA_MAXIMUM_WAIT_EVENTS)
                        {
                            printf(" Too many connections! \n");
                            continue;
                        }
                        // 接收连接请求，得到与客户端进行通信的 Socket sNew
                        SOCKET sNew = ::accept(sockArray[i], NULL, NULL);
                        WSAEVENT newEvent = ::WSACreateEvent();         // 为新套接字创建事件对象
                        // 将新建的事件对象 newEvent 关联到 Socket sNew 上
                        // 注册 FD_READ|FD_CLOSE|FD_WRITE 网络事件
                        ::WSAEventSelect(sNew, newEvent, FD_READ|FD_CLOSE|FD_WRITE);
                        // 将新建的事件 newEvent 保存到 eventArray 数组中
                        eventArray[nEventTotal] = newEvent;
```

```
                // 将新建的 SocketsNew 保存到 sockArray 数组中
                sockArray[nEventTotal] = sNew;
                nEventTotal++;
            }
        }
        else if(event1.lNetworkEvents & FD_READ)            // 处理 FD_READ 通知消息
        {
            // 如果处理 FD_READ 消息时没有错误
            if(event1.iErrorCode[FD_READ_BIT] == 0)
            {
                // 接收消息
                char szText[256];
                int nRecv = ::recv(sockArray[i], szText, strlen(szText), 0);
                if(nRecv > 0)
                {
                    szText[nRecv] = '\0';
                    printf("接收到数据：%s \n", szText);
                    // 接收消息
                    strcpy(szText, "msg received.");
                    int nSnd = ::send(sockArray[i], szText, strlen(szText), 0);
                }
            }
        }
        else if(event1.lNetworkEvents & FD_CLOSE)        // 处理 FD_CLOSE 通知消息
        {
            // 关闭 Socket，删除数组中对应的记录
            if(event1.iErrorCode[FD_CLOSE_BIT] == 0)
            {
                ::closesocket(sockArray[i]);
                for(int j=i; j<nEventTotal-1; j++)
                {
                    sockArray[j] = sockArray[j+1];
                    sockArray[j] = sockArray[j+1];
                }
                nEventTotal--;
            }
        }
        else if(event1.lNetworkEvents & FD_WRITE)    // 处理 FD_WRITE 通知消息
        {
            // 如果处理 FD_WRITE 消息时没有错误
            if(event1.iErrorCode[FD_WRITE_BIT] == 0)
            {
                // 接收消息
                char szText[256] = "msg received.";
                int nSnd = ::send(sockArray[i], szText, strlen(szText), 0);
            }
        }
    }
}
...
}
```

程序的执行过程如下。

（1）调用 WSAWaitForMultipleEvents()函数在所有事件对象上等待，只要有一个事件对象变为已授信状态，则函数返回。

（2）依次对所有的事件对象调用 WSAWaitForMultipleEvents()函数，以判断它们是否触发了注册的网络事件。

（3）对于由每个触发了网络事件的事件对象，调用 WSAEnumNetworkEvents()函数重置事件对象的状态，表示该网络事件已经被处理。

（4）如果触发的网络事件是 FD_ACCEPT，则调用 accept()函数接收来自客户端的连接请求，并将得到的与客户端进行通信的 Socket sNew 添加到 sockArray 数组中。然后为 Socket sNew 创建相关联的事件对象 newEvent，再将 newEvent 添加到 eventArray 数组中。

（5）如果触发的网络事件是 FD_READ，则调用 recv()函数接收客户端发送的消息，然后调用 send()函数发送回应消息。

（6）如果触发的网络事件是 FD_WRITE，则说明前面发送消息没有成功，此时需要重新调用 send()函数发送回应消息。

（7）如果触发的网络事件是 FD_CLOSE，则关闭 Socket，释放资源，并从数组 sockArray 中删除该 Socket。

8.6　基于重叠 I/O 模型的 Socket 编程

重叠 I/O 是 Win32 文件操纵的一项技术，使用它可以在一个重叠结构上提交多个 I/O 请求，并在数据传输结束后通知应用程序。在 Winsock2 的 Socket 重叠 I/O 模型中主要使用下面的函数。

- WSASocket()函数，用于创建 Socket。
- WSASend()和 WSASendTo()函数，用于发送数据。
- WSARecv()和 WSARecvFrom()函数，用于接收数据。
- WSAIoctl()函数，用于控制 Socket 的模式。
- AccpetEx()函数，用于接收客户端的连接。

8.6.1　WSASocket()函数

WSASocket()函数用于创建绑定到指定的传输服务提供程序的 Socket，函数原型如下。

```
SOCKET WSASocket(
  int af,
  int type,
  int protocol,
  LPWSAPROTOCOL_INFO lpProtocolInfo,
  GROUP g,
  DWORD dwFlags
);
```

参数说明如下。

- af，指定地址家族，通常使用 AF_INET 参数。
- type，指定新建 Socket 的类型。SOCK_STREAM 指定新建的基于流的 Socket，SOCK_DGRAM 指定新建的基于数据报的 Socket。

● protocol，指定 Socket 使用的协议，例如 IPPROTO_TCP 表示 Socket 协议为 TCP，IPPROTO_UDP 表示 Socket 协议为 UDP。

● lpProtocolInfo，指向 WSAPROTOCOL_INFO 结构体，指定新建 Socket 的特性。

● g，预留字段。

● dwFlags，指定 Socket 属性的标识。在重叠 I/O 模型中，dwFlags 参数需要被设置为 WSA_FLAG_OVERLAPPED，这样就可以创建一个重叠 Socket。重叠 Socket 可以使用 WSASend()、WSASendTo()、WSARecv()、WSARecvFrom()和 WSAIoctl()等函数执行重叠 I/O 操作，即同时初始化和处理多个操作。

如果函数执行成功，则返回新建 Socket 的句柄。否则返回 INVALID_SOCKET。下面是一个 WSASocket()函数的应用实例。

```
#include "winsock2.h"
void main() {
  WSADATA wsaData;
  SOCKET RecvSocket;

  // ------------------------------------------------
  // 初始化 Winsock
  WSAStartup(MAKEWORD(2,2), &wsaData);
  // ------------------------------------------------
  // 创建一个 socket
  RecvSocket = WSASocket(AF_INET,
   SOCK_DGRAM,
   IPPROTO_UDP,
   NULL,
   0,
   WSA_FLAG_OVERLAPPED);
  …
}
```

8.6.2　调用 WSASend()函数发送数据

WSASend()函数可以在连接的 Socket 上发送数据，函数原型如下。

```
int WSASend(
  SOCKET s,
  LPWSABUF lpBuffers,
  DWORD dwBufferCount,
  LPDWORD lpNumberOfBytesSent,
  DWORD dwFlags,
  LPWSAOVERLAPPED lpOverlapped,
  LPWSAOVERLAPPED_COMPLETION_ROUTINE lpCompletionRoutine
);
```

参数说明如下。

● s，用于通信的 Socket。

● lpBuffers，指向 WSABUF 结构体的指针。WSABUF 结构体中包含指向缓冲区的指针和缓冲区的长度。

● dwBufferCount，lpBuffers 数组中 WSABUF 结构体的数量。

● lpNumberOfBytesSent，如果 I/O 操作立即完成，则该参数指定发送数据的字节数。

- dwFlags，用于修改 WSASend()函数行为的标识位。
- lpOverlapped，指向 WSAOVERLAPPED 结构体的指针。该参数对于非重叠 Socket 无效。
- lpCompletionRoutine，指向完成例程。完成例程是在发送操作完成后调用的函数。该参数对于非重叠 Socket 无效。

如果重叠操作立即完成，则 WSASend()函数返回 0，并且参数 lpNumberOfBytesSent 被更新为发送数据的字节数；如果重叠操作被成功初始化，并且将在稍后完成，则 WSASend()函数返回 SOCKET_ERROR，错误代码为 WSA_IO_PENDING。在后面的情况下，参数 lpNumberOfBytesSend 的值并不被更新。

当重叠操作完成后，可以通过下面两种方式获取传输数据的数量。

- 如果指定了完成例程，则通过完成例程的 cbTransferred 参数获取。关于完成例程的情况将在稍后介绍。
- 通过 WSAGetOverlappedResult()函数的 lpcbTransfer 参数获取。

> 当线程退出时，在该线程中初始化的所有 I/O 操作都会被取消。对于重叠 Socket 而言，在操作完成之前如果线程被关闭，则挂起的异步操作将会失败。

WSAOVERLAPPED 结构体是重叠 I/O 模型中的核心，在 WSASend()和 WSARecv()函数中都需要指定需要绑定的 WSAOVERLAPPED 结构体对象。WSAOVERLAPPED 结构体的定义代码如下。

```
typedef struct _WSAOVERLAPPED {
  DWORD Internal;
  DWORD InternalHigh;
  DWORD Offset;
  DWORD OffsetHigh;
  WSAEVENT hEvent;
} WSAOVERLAPPED, *LPWSAOVERLAPPED;
```

参数说明如下。

- Internal，由重叠 I/O 实现的实体内部使用的字段。在使用 Socket 的情况下，该字段被底层操作系统使用。
- InternalHigh，由重叠 I/O 实现的实体内部使用的字段。在使用 Socket 的情况下，该字段被底层操作系统使用。
- Offset，在使用 Socket 的情况下该参数会被忽略。
- OffsetHigh，在使用 Socket 的情况下该参数会被忽略。
- hEvent，如果重叠 I/O 操作在被调用时没有使用 I/O 操作完成例程（即 lpCompletionRoutine 为空指针），那么该字段必须包含一个有效的 WSAEVENT 对象的句柄，否则（lpCompletionRoutine 不为空指针），应用程序可以视需要使用该字段。

8.6.3　调用 WSARecv()函数接收数据

WSARecv()函数可以在已连接的 Socket 上接收数据，函数原型如下。

```
int WSARecv(
  SOCKET s,
  LPWSABUF lpBuffers,
```

```
    DWORD dwBufferCount,
    LPDWORD lpNumberOfBytesRecvd,
    LPDWORD lpFlags,
    LPWSAOVERLAPPED lpOverlapped,
    LPWSAOVERLAPPED_COMPLETION_ROUTINE lpCompletionRoutine
);
```

参数说明如下。

• s，用于通信的 Socket。

• lpBuffers，指向 WSABUF 结构体的指针。WSABUF 结构体中包含指向缓冲区的指针和缓冲区的长度。

• dwBufferCount，lpBuffers 数组中 WSABUF 结构体的数量。

• lpNumberOfBytesRecvd，如果 I/O 操作立即完成，则该参数指定接收数据的字节数。

• lpFlags，标识字段。

• lpOverlapped，指向 WSAOVERLAPPED 结构体的指针。该参数对于非重叠 Socket 无效。

• lpCompletionRoutine，指向完成例程。完成例程是在接收操作完成后调用的函数。该参数对于非重叠 Socket 无效。

如果函数执行没有错误，并且重叠操作立即完成，则函数返回 0，并且参数 lpNumberOfBytesRecvd 被更新为接收数据的字节数；如果重叠操作被成功初始化，并且将在稍后完成，则函数返回 SOCKET_ERROR，错误代码为 WSA_IO_PENDING。在后面的情况下，参数 lpNumberOfBytesRecvd 的值并不被更新。

Windows Sockets 可以使用事件通知和完成例程两种方式来管理重叠 I/O 操作。关于使用 WSASend()函数和 WSARecv()函数的使用方法将在 8.6.5 和 8.6.6 小节中介绍。

8.6.4　GetOverlappedResult()函数

使用 GetOverlappedResult()函数可以获取指定文件、命名管道和通信设备上重叠操作的结果，函数原型如下。

```
BOOL GetOverlappedResult(
    HANDLE hFile,
    LPOVERLAPPED lpOverlapped,
    LPDWORD lpNumberOfBytesTransferred,
    BOOL bWait
);
```

参数说明如下。

• hFile，指定文件、命名管道和通信设备的句柄。该句柄是在调用 ReadFile()、WriteFile() 等函数开始重叠操作时指定的句柄。

• lpOverlapped，重叠操作开始时指定的 OVERLAPPED 结构体。

• lpNumberOfBytesTransferred，指向在读、写操作中实际传输的字节数的变量。

• bWait，如果该参数为 TRUE，则函数会一直等待到操作完成后返回；否则函数会直接返回。

如果函数执行成功，则返回非 0 值，否则函数当返回 0。

8.6.5　使用事件通知来管理重叠 I/O 操作

在 WSASend()函数或 WSARecv()函数中，当重叠操作完成后，如果 lpCompletionRoutine 参数为

NULL，则 lpOverlapped 中的 hEvent 参数将被设置为已授信状态。应用程序可以调用 WSAWaitForMultiple Events()函数或者 WSAGetOverlappedResult()函数等待或轮循事件对象变成未授信状态。

【例 8.7】 演示使用事件通知方法来管理重叠 I/O 操作。

实例项目名称为 EventOverlappedServer。下面介绍它的实现方法。

1. 变量定义

程序中定义变量的代码如下。

```
int _tmain(int argc, _TCHAR* argv[])
{
    // -----------------------------------------
    // 声明和初始化变量
    WSABUF DataBuf;                           // 发送和接收数据的缓冲区结构体
    char buffer[DATA_BUFSIZE];                // 缓冲区结构体 DataBuf 中
    DWORD EventTotal = 0,                     // 记录事件对象数组中的数据
        RecvBytes = 0,                        // 接收的字节数
        Flags = 0,                            // 标识位
        BytesTransferred = 0;                 // 在读、写操作中实际传输的字节数
    // 数组对象数组
    WSAEVENT EventArray[WSA_MAXIMUM_WAIT_EVENTS];
    WSAOVERLAPPED AcceptOverlapped;           // 重叠结构体
    SOCKET ListenSocket, AcceptSocket;        // 监听 Socket 和与客户端进行通信的 Socket
    …
}
```

数组 EventArray 用于保存所有事件对象，常量 WSA_MAXIMUM_WAIT_EVENTS 定义事件对象句柄的最大数量。其他变量的含义请参照注释理解。

2. 创建和绑定 Socket，并将其设置为监听状态，接受客户端的连接请求

服务器程序中首先需要初始化 Windows Sockets 环境，然后创建用于监听的 Socket，将其绑定到本地地址的 9990 端口，并使用该 Socket 监听来自客户端的连接请求，代码如下。

```
int _tmain(int argc, _TCHAR* argv[])
{
    …
    // -----------------------------------------
    // 初始化 Windows Sockets
    WSADATA wsaData;
    WSAStartup(MAKEWORD(2,2), &wsaData);
    // -----------------------------------------
    // 创建监听 Socket，并将其绑定到本地 IP 地址和端口
    ListenSocket = socket(AF_INET, SOCK_STREAM, IPPROTO_TCP);
    u_short port = 9990;
    char* ip;
    sockaddr_in service;
    service.sin_family = AF_INET;
    service.sin_port = htons(port);
    hostent* thisHost;
    thisHost = gethostbyname("");
```

```
        ip = inet_ntoa (*(struct in_addr *)*thisHost->h_addr_list);
        service.sin_addr.s_addr = inet_addr(ip);
        bind(ListenSocket, (SOCKADDR *) &service, sizeof(SOCKADDR));
        // ------------------------------------------
        // 开始监听
        listen(ListenSocket, 1);
        printf("Listening...\n");
        // ------------------------------------------
        // 接收连接请求
        AcceptSocket = accept(ListenSocket, NULL, NULL);
        printf("Client Accepted...\n");
        …
    }
```

3. 创建事件对象，并初始化重叠结构

调用 WSACreateEvent()函数创建事件对象，并将其保存到 EventArray 数组中。然后对缓冲区和重叠结构 AcceptOverlapped 等变量进行初始化，代码如下。

```
    int _tmain(int argc, _TCHAR* argv[])
    {
    …
        // 创建事件对象，建立重叠结构
        EventArray[EventTotal] = WSACreateEvent();
        ZeroMemory(buffer, DATA_BUFSIZE);
        ZeroMemory(&AcceptOverlapped, sizeof(WSAOVERLAPPED));// 初始化重叠结构
        AcceptOverlapped.hEvent = EventArray[EventTotal];          // 设置重叠结构中的 hEvent
字段
        DataBuf.len = DATA_BUFSIZE;                                // 设置缓冲区
        DataBuf.buf = buffer;
        EventTotal++;                                             // 事件对象总数加 1
    …
    }
```

4. 接收数据，并将数据回发到客户端

接下来服务器程序循环接收来自客户端的数据，在接收到数据后将其发送回客户端，代码如下。

```
    int _tmain(int argc, _TCHAR* argv[])
    {
    …
        // 处理在 Socket 上接收到的数据
        while (1) {
            DWORD Index;                    // 保存处于授信状态的事件对象句柄
            // ------------------------------------------
            // 调用 WSARecv()函数在 AcceptSocket Socket 上以重叠 I/O 方式接收数据
            // 保存到 DataBuf 缓冲区中
            if (WSARecv(AcceptSocket, &DataBuf, 1, &RecvBytes, &Flags, &AcceptOverlapped,
NULL) == SOCKET_ERROR) {
                if (WSAGetLastError() != WSA_IO_PENDING)
                    printf("Error occured at WSARecv()\n");
            }
            // ------------------------------------------
```

```
        // 等待完成的重叠 I/O 调用
        Index = WSAWaitForMultipleEvents(EventTotal, EventArray, FALSE, WSA_INFINITE,
FALSE);


        // ----------------------------------------
        // 决定重叠事件的状态
        WSAGetOverlappedResult(AcceptSocket,  &AcceptOverlapped,  &BytesTransferred,
FALSE, &Flags);
        // ----------------------------------------
        // 如果连接已经关闭，则关闭 AcceptSocket Socket
        if (BytesTransferred == 0) {
          printf("Closing Socket %d\n", AcceptSocket);
          closesocket(AcceptSocket);
          WSACloseEvent(EventArray[Index - WSA_WAIT_EVENT_0]);
          return -1;
        }
        // ----------------------------------------
        // 如果有数据到达，则将收到的数据则发送回客户端
        if (WSASend(AcceptSocket, &DataBuf, 1, &RecvBytes, Flags, &AcceptOverlapped, NULL)
== SOCKET_ ERROR)
            printf("WSASend() is busted\n");
        // ----------------------------------------
        // 重置已授信的事件对象
        WSAResetEvent(EventArray[Index - WSA_WAIT_EVENT_0]);
        // ----------------------------------------
        // 重置 Flags 变量和重叠结构
        Flags = 0;
        ZeroMemory(&AcceptOverlapped, sizeof(WSAOVERLAPPED));
        ZeroMemory(buffer, DATA_BUFSIZE);

        AcceptOverlapped.hEvent = EventArray[Index - WSA_WAIT_EVENT_0];
        // ----------------------------------------
        // 重置缓冲区
        DataBuf.len = DATA_BUFSIZE;
        DataBuf.buf = buffer;
      }
      …
  }
```

程序的执行过程如下。

（1）调用 WSARecv()函数异步接收来自客户端的数据，即调用该函数后，无论是否能够接收到数据都会返回。

（2）调用 WSAWaitForMultipleEvents()函数在所有事件对象上等待，只要有一个事件对象变为已授信状态，则函数返回。

（3）调用 WSAGetOverlappedResult()函数获取 Socket AcceptSocket 上重叠操作的状态到 AcceptOverlapped 结构体中。

（4）以前面获取到的结构体 AcceptOverlapped 为参数调用 WSASend()函数，向客户端发送接收到的数据。

（5）初始化事件对象、缓冲区、重叠结构和标识位等，以便处理下次接收和发送数据的操作。

8.6.6　使用完成例程来管理重叠 I/O 操作

在调用 WSASend()或者 WSARecv()函数时，如果 lpCompletionRoutine 参数不为 NULL，则 hEvent 参数将会被忽略，而是将上下文信息传送给完成例程函数，然后调用 WSAGet-OverlappedResult()函数查询重叠操作的结果。

完成例程的函数原型如下。

```
void CALLBACK CompletionROUTINE(
  IN DWORD dwError,
  IN DWORD cbTransferred,
  IN LPWSAOVERLAPPED lpOverlapped,
  IN DWORD dwFlags
);
```

参数说明如下。

- dwError，指定 lpOverlapped 参数中表示的重叠操作的完成状态。
- cbTransferred，指定发送的字节数。
- lpOverlapped，指定重叠操作的结构体。
- dwFlags，返回操作结束时可能用的标志，通常可以设置为 0。

完成例程没有返回值。

【例 8.8】 演示使用完成例程方法来管理重叠 I/O 操作。

实例项目名称为 CompletionRoutineServer。下面介绍它的实现方法。

1. 常量和变量定义

程序中定义的常量如下。

```
#define PORT 9990                          // 监听的端口
#define MSGSIZE 1024                       // 发送和接收消息的最大长度
```

程序中定义的变量如下。

```
SOCKET g_sNewClientConnection;            // 接收客户端连接请求后得到的
BOOL g_bNewConnectionArrived = FALSE;     // 标识是否存在未经 WorkerThread()函数处理的
新的连接
```

在工作线程中会使用这两个变量接收客户端发送的数据，具体方法将在稍后介绍。

2. PER_IO_OPERATION_DATA 结构体

PER_IO_OPERATION_DATA 结构体用于保存 I/O 操作（这里指发送和接收数据）的数据，代码如下。

```
typedef struct
{
  WSAOVERLAPPED overlap;                       // 重叠结构体
  WSABUF Buffer;                               // 缓冲区对象
  char szMessage[MSGSIZE] ;                    // 缓冲区字符数组
  DWORD NumberOfBytesRecvd;                    // 接收字节数
  DWORD Flags;                                 // 标识位
  SOCKET sClient;                              // Socket
} PER_IO_OPERATION_DATA, * LPPER_IO_OPERATION_DATA;
```

在工作线程和完成例程函数中将使用该结构体作为 WSARecv()和 WSASend()函数的参数。请参照注释理解结构体中各字段的含义。

3. 工作线程函数 WorkerThread()

WorkerThread()函数用于循环处理新接入的客户端连接，接受客户端数据，代码如下。

```
// 工作线程
DWORD WINAPI WorkerThread(LPVOID lpParam)
{
    LPPER_IO_OPERATION_DATA lpPerIOData = NULL;   // 保存I/O操作的数据
    while (TRUE)
    {
        if ( g_bNewConnectionArrived)                // 如果有新的连接请求
        {
            // 为新的连接执行一个异步操作
            // 为LPPER_IO_OPERATION_DATA结构体分配堆空间
            lpPerIOData = (LPPER_IO_OPERATION_DATA) HeapAlloc(
                GetProcessHeap( ),
                HEAP_ZERO_MEMORY,
                sizeof (PER_IO_OPERATION_DATA)) ;
            // 初始化结构体lpPerIOData
            lpPerIOData->Buffer.len = MSGSIZE;
            lpPerIOData->Buffer.buf = lpPerIOData->szMessage;
            lpPerIOData->sClient = g_sNewClientConnection;
            // 接收数据
            WSARecv( lpPerIOData->sClient,           // 接收数据的 Socket
                &lpPerIOData->Buffer,                // 接收数据的缓冲区
                1,                                   // 缓冲区对象的数量
                &lpPerIOData->NumberOfBytesRecvd,// 接收数据的字节数
                &lpPerIOData->Flags,                 // 标识位
                &lpPerIOData->overlap,               // 重叠结构
                CompletionROUTINE);// 完成例程函数，将会在接收数据完成的时候进行相应的调用
            g_bNewConnectionArrived = FALSE ;       // 标识新的连接已经处理完成
        }
        SleepEx(1000, TRUE) ;                       // 休息1秒钟，然后继续
    }
    return 0;
}
```

当有新的客户端连接被接受后，变量 g_bNewConnectionArrived 被设置为 true。在 WorkerThread()函数中，使用 while 语句循环检测变量 g_bNewConnectionArrived 的值，当等于 true 时，程序会初始化 PER_IO_OPERATION_DATA 结构体，并以它为参数调用 WSARecv()函数，接收来自客户端的数据。WSARecv()函数被异步执行，即执行完成后直接返回。当数据到达时，程序将调用 CompletinROUTINE()函数，处理接收到的数据。处理完成后，程序将 g_bNewConnectionArrived 变量设置为 FALSE，表示变量 g_sNewClientConnection 中指定的接入连接已经被处理。

4. 完成例程函数 CompletinROUTINE()

完成例程函数在数据到达服务器时被调用，用于处理接收到的数据（本例中将接收到的数据

回送到客户端），然后继续接收来自客户端的数据，代码如下。

```
void CALLBACK CompletionROUTINE(DWORD dwError,        // 重叠操作的完成状态
    DWORD cbTransferred,                              // 发送的字节数
    LPWSAOVERLAPPED lpOverlapped,                     // 指定重叠操作的结构体
    DWORD dwFlags)                                    // 标识位
{
    // 将 LPWSAOVERLAPPED 类型的 lpOverlapped 转化成了 LPPER_IO_OPERATION_DATA
    LPPER_IO_OPERATION_DATA lpPerIOData = (LPPER_IO_OPERATION_DATA) lpOverlapped;
    // 如果发生错误或者没有数据传输，则关闭套接字，释放资源
    if (dwError != 0 || cbTransferred == 0)
    {
        closesocket(lpPerIOData-> sClient) ;
        HeapFree(GetProcessHeap(), 0, lpPerIOData) ;
    }
    else
    {
        lpPerIOData->szMessage[cbTransferred] = '\0';        // 标识接收数据的结束
        // 向客户端发送接收到的数据
        send(lpPerIOData->sClient, lpPerIOData->szMessage, cbTransferred, 0) ;
        // 执行另一个异步操作，接收数据
        memset (&lpPerIOData->overlap, 0, sizeof(WSAOVERLAPPED));
        lpPerIOData->Buffer.len = MSGSIZE;
        lpPerIOData->Buffer.buf = lpPerIOData->szMessage;
        // 接收数据
        WSARecv(lpPerIOData->sClient,
                    &lpPerIOData->Buffer,
                    1,
                    &lpPerIOData->NumberOfBytesRecvd,
                    &lpPerIOData->Flags,
                    &lpPerIOData->overlap,
                    CompletionROUTINE);
    }
}
```

在调用 CompletinROUTINE()时，系统会自动传入重叠操作完成状态、发送的字节数、重叠操作结构体和标识位等信息。如果重叠操作完成状态 dwError 不等于 0 或者发送字节数 cbTransferred 等于 0，则说明接收数据操作失败，需要关闭 Socket，并释放资源。如果接收数据成功，则调用 send()函数向客户端发送接收到的数据，然后再调用 WSARecv()函数继续接收来自客户端的数据。

5. 主函数_tmain()

本实例的主函数代码如下。

```
int _tmain(int argc,_TCHAR* argv[])
{
    WSADATA wsaData;                                 // Windows Sockets 对象
    SOCKET sListen;                                  // 与客户端进行通信的 Socket
    SOCKADDR_IN local, client;                       // 服务器本地地址和客户端地址
    DWORD dwThreadId;                                // 工作线程的线程 ID
    int iaddrSize = sizeof(SOCKADDR_IN) ;            // 地址的大小
```

```
// 初始化 Windows Sockets 环境
WSAStartup(0x0202, & wsaData) ;
// 创建监听 Socket
sListen = socket (AF_INET , SOCK_STREAM , IPPROTO_TCP) ;
// 绑定
local.sin_addr. S_un. S_addr = htonl(INADDR_ANY);
local.sin_family = AF_INET ;
local.sin_port = htons ( PORT) ;
bind(sListen, (struct sockaddr*)&local, sizeof(SOCKADDR_IN)) ;
// 监听
listen(sListen, 3) ;

// 创建工作线程
CreateThread(NULL , 0, WorkerThread, NULL , 0, & dwThreadId) ;
// 循环处理来自客户端的连接请求
while(TRUE)
{
    // 接收连接，得到与客户端进行通信的套接字 g_sNewClientConnection
    g_sNewClientConnection = accept(sListen, (struct sockaddr *)&client, &iaddrSize) ;
    // 标识有新的连接
    g_bNewConnectionArrived = TRUE ;
    // 打印接入的客户端
    printf("Accepted client:%s:%d\n", inet_ntoa(client.sin_addr), ntohs(client.
sin_port));
    }
}
```

程序的工作组流程如下。

- 初始化 Windows Sockets 环境。
- 创建监听 Socket sListen，并将其绑定到本地地址的 9990 端口。
- 在 Socket sListen 上进行监听。
- 创建工作线程，对客户端发送来的数据进行处理。
- 循环处理来自客户端的连接请求，接受连接，并将得到的与客户端进行通信的 Socket 保存到 g_sNewClientConnection 中。将变量 g_bNewConnectionArried 设置为 TRUE，表示存在新的客户端连接。

8.7　基于完成端口模型的 Socket 编程

完成端口是真正意义上的异步模型，如果应用程序需要同时与成百上千个客户端同时通信，使用完成端口模型可以大大提升应用程序的性能，提高并发处理能力。本节将介绍完成端口模型的工作原理，以及基于完成端口模型的 Socket 编程方法。

8.7.1　完成端口模型的工作原理

在 Windows Sockets 编程中，服务器程序的并发处理能力是非常重要的因素。不同开发模型的并发处理能力也不相同。通常，服务器程序会创建线程与客户端程序进行通信。根据线程管理方式的不同，可以将服务器程序划分为串行线程和并行线程两种模型。

1. 串行线程模型

在串行线程模型中，服务器程序使用单个线程来处理客户端的请求。当客户端发送数据到服务器程序时，线程处理该请求。串行线程模型在同一时刻只能处理一个客户端请求，因此它只适用于比较简单的、客户端数量较少服务器程序。

2. 并行线程模型

在并行线程模型中，服务器程序中使用一个线程来等待客户端的连接请求，然后创建新线程与客户端进行通信。因为每个客户端都拥有一个专门的通信服务线程，所以能够很及时地与服务器程序进行通信，不需要等待其他客户端通信结束。

表面上看，并行线程模型是实用、高效的解决方案。但当客户端数量很大时，该模型也存在下面的一些不足。

- 一台服务器上能够创建的线程数量是有限的。每个线程在操作系统中都会占用一定的资源，如果线程数量很大，则很可能无法为新建的线程分配需要的系统资源。
- 操作系统对线程的管理和调度也会花费时间，并占用 CPU 资源，从而影响系统的响应速度。
- 创建线程时需要为其分配资源，结束线程时需要释放资源，如果频繁地执行这些操作也会浪费大量的系统资源。

3. 完成端口模型

完成端口模型也属于并行线程模型，但它解决了前面提到的并行线程模型中存在问题。完成端口模型中规定了并行线程的数量，并使用线程池对线程进行管理。

 线程池是一种多线程处理形式，其中包含多个线程。这些线程都是后台线程，每个线程都使用默认的堆栈大小，以默认的优先级运行。如果某个线程处于空闲状态，则线程池会启动另一个线程工作任务使所有处理器保持工作。如果线程池中所有的线程都始终处于工作状态，但任务队列中存在挂起的工作，则线程池会在一段时间后创建另一个线程来执行挂起的工作。但线程池中线程的数量不会超过规定的最大值。

一个完成端口实际上就是一个通知队列，操作系统把已经完成的重叠 I/O 请求的通知放到队列中。当某项 I/O 操作完成时，系统会向服务器完成端口发送一个 I/O 完成数据包，此操作在系统内部完成。应用程序在收到 I/O 完成数据包后，完成端口队列中的一个线程被唤醒，为客户端提供服务。服务完成后，该线程会继续在完成端口上等待。

Socket 在被创建后，可以在任何时候与指定的完成端口进行关联。

线程池的使用既限制了工作线程的数量，又避免了反复创建线程的开销，减少了线程调度的开销，从而提高了服务器程序的性能。

8.7.2 创建完成端口对象

在设计基于完成端口模型的 Windows Sockets 应用程序时，首先需要创建完成端口对象。可以使用 CreateIoCompletionPort()函数来实现此功能，函数原型如下。

```
HANDLE CreateIoCompletionPort(
    HANDLE FileHandle,
```

```
    HANDLE ExistingCompletionPort,
    ULONG_PTR CompletionKey,
    DWORD NumberOfConcurrentThreads
);
```

CreateIoCompletionPort()函数可以将一个 I/O 完成端口关联到一个或多个文件句柄（这里指 Socket）上，也可以关联到一个与文件句柄（Socket）无关的 I/O 完成端口。将 Socket 与完成端口关联后，应用程序就可以接收到该 Socket 上执行的异步 I/O 操作完成后发送的通知。

CreateIoCompletionPort()函数的参数说明如下。

- FileHandle，重叠 I/O 操作对应的文件句柄（Socket）。如果 FileHandle 被指定为 INVALID_HANDLE_VALUE，则 CreateIoCompletionPort()函数创建一个与文件句柄（Socket）无关的 I/O 完成端口。此时，ExistingCompletionPort 参数必须为 NULL，并且 CompletionKey 参数会被忽略。

- ExistingCompletionPort，完成端口句柄。如果指定一个已存在的完成端口句柄，则函数将其关联到 FileHandle 参数指定的文件句柄（Socket）上；如果将此参数设置为 NULL，则函数创建一个与 FileHandle 参数指定的文件句柄（Socket）相关联的新的 I/O 完成端口。

- CompletionKey，包含在每个 I/O 完成数据包中用于指定文件句柄（Socket）的完成键。

- NumberOfConcurrentThreads，指定 I/O 完成端口上操作系统允许的并发处理 I/O 完成数据包的最大线程数量。如果 ExistingCompletionPort 参数为空，则该参数会被忽略。

如果函数执行成功，则返回与指定文件（Socket）相关联的 I/O 完成端口句柄。如果执行失败，则返回值为 NULL，可以调用 GetLastError()函数获取错误信息。

通常创建完成端口可以分为两个步骤，即创建新的完成端口内核对象和将完成端口与一个设备句柄相关联。

1. 创建新的完成端口内核对象

调用 CreateIoCompletionPort()函数创建的完成端口内核对象的方法如下。

```
HANDLE CreateNewCompletionPort(DWORD dwNumberOfThreads)
{
    return CreateIoCompletionPort(INVALID_HANDLE_VALUE, NULL, NULL,dwNumberOfThreads);
}
```

参数 dwNumberOfThreads 指定允许同时运行的线程的最大数量。如果指定为 0，则系统会根据 CPU 的数量来自动选择。

2. 将完成端口与一个设备句柄相关联

调用 CreateIoCompletionPort()函数将完成端口与一个设备句柄相关联的方法如下。

```
bool AssicoateDeviceWithCompletionPort(HANDLE  hCompPort,HANDLE  hDevice,DWORD
dwCompKey)
{
    HANDLE h=CreateIoCompletionPort(hDevice,hCompPort,dwCompKey,0);
    return h==hCompPort;
}
```

参数 hCompPort 指已经创建的完成端口内核对象；参数 hDevice 指已经创建的文件句柄；参数 dwCompKey 可以是用户自定义的参数，比如一个结构体的地址。

8.7.3　等待重叠 I/O 的操作结果

在完成端口模型中，发起重叠 I/O 操作的方法与重叠 I/O 模型相似，但等待重叠 I/O 操作结果的方法却不同。完成端口模型通过调用 GetQueuedCompletionStatus()函数等待重叠 I/O 操作的完成结果，函数原型如下。

```
BOOL GetQueuedCompletionStatus(
  HANDLE CompletionPort,
  LPDWORD lpNumberOfBytes,
  PULONG_PTR lpCompletionKey,
  LPOVERLAPPED* lpOverlapped,
  DWORD dwMilliseconds
);
```

参数说明如下。

- CompletionPort，感兴趣的完成端口句柄。
- lpNumberOfBytes，指定已经完成的 I/O 操作中传输的字节数。
- lpCompletionKey，指定已经完成 I/O 操作的文件句柄相关联的完成键值。
- lpOverlapped，指定在完成的 I/O 操作开始时的重叠结构体地址。
- dwMilliseconds，函数在完成端口上等待的时间。如果在等待时间内没有 I/O 操作完成通知包到达完成端口，则函数返回 FALSE，lpOverlapped 的值为 NULL；如果该参数值为 INFINITE，则函数不会出现调用超时的情况；如果该参数为 0，则函数立即返回。

如果函数从完成端口上获取到一个成功的 I/O 操作完成通知包，则函数返回非 0 值。函数将获取到的重叠操作信息保存在 lpNumberOfBytesTransferred、lpCompletionKey 和 lpOverlapped 参数中。

如果函数从完成端口上获取到一个失败的 I/O 操作完成通知包，则函数返回 0。

如果函数调用超时，则返回 0。调用 GetLastError()函数将返回 WAIT_TIMEOUT。

关于 GetQueuedCompletionStatus()函数的具体使用方法将在 8.7.4 小节中结合具体实例进行介绍。

8.7.4　基于完成端口模型的服务器应用程序实例

可以参照下面的步骤来开发基于完成端口模型的服务器应用程序。

（1）创建完成端口对象。

（2）创建 n 个工作线程，n 等于当前计算机中 CPU 的数量。将新建的完成端口对象作为参数传递到工作线程中。工作线程的主要功能是检测完成端口的状态，如果有来自客户端的数据，则接收数据，并将接收到的数据发送回客户端程序。

（3）初始化 Windows Sockets 环境，创建用于监听的 Socket，并将其绑定到本地地址的 9990 端口。

（4）监听来自客户端的连接请求。

（5）接收来自客户端的连接请求，得到与客户端进行通信的 Socket Accept，并将该 Socket 与步骤（1）中创建的完成端口对象相关联。

（6）以异步方式在 Socket Accept 上接收数据。这里只是执行接收数据的操作，真正接收数据是在工作线程中完成的。

【例 8.9】　演示开发完成端口模型的服务器应用程序的过程。

实例项目名称为 CompletionPortServer。下面介绍它的实现方法。

1．常量定义

程序中定义的常量如下。

```
#define PORT 9990                    // 监听的端口
#define DATA_BUFSIZE 8192            // 发送和接收消息的最大长度
```

2. PER_IO_OPERATION_DATA 结构体

PER_IO_OPERATION_DATA 结构体用于保存 I/O 操作（这里指发送和接收数据）的相关数据，代码如下。

```
typedef struct
{
  OVERLAPPED Overlapped;                 // 重叠结构
  WSABUF DataBuf;                        // 缓冲区对象
  CHAR Buffer[DATA_BUFSIZE];             // 缓冲区数组
  DWORD BytesSEND;                       // 发送字节数
  DWORD BytesRECV;                       // 接收的字节数
} PER_IO_OPERATION_DATA, * LPPER_IO_OPERATION_DATA;
```

在主函数和工作线程函数中将使用该结构体作为 WSARecv()函数和 WSASend()函数的参数。请参照注释理解结构体中各字段的含义。

3. PER_HANDLE_DATA 结构体

PER_HANDLE_DATA 结构体用于保存与客户端进行通信的套接字，代码如下。

```
typedef struct
{
  SOCKET Socket;
} PER_HANDLE_DATA, * LPPER_HANDLE_DATA;
```

4. 工作线程函数 ServerWorkerThread()

ServerWorkerThread()函数用于循环处理的客户端发送来的数据，并将数据再发送回客户端，代码如下。

```
DWORD WINAPI ServerWorkerThread(LPVOID CompletionPortID)
{
    HANDLE CompletionPort = (HANDLE) CompletionPortID;  // 完成端口句柄
    DWORD BytesTransferred;                             // 数据传输的字节数
    LPOVERLAPPED Overlapped;                            // 重叠结构体
    LPPER_HANDLE_DATA PerHandleData;                    // Socket 句柄结构体
    LPPER_IO_OPERATION_DATA PerIoData;                  // I/O 操作结构体
    DWORD SendBytes, RecvBytes;                         // 发送和接收的数量
    DWORD Flags;                                        // WSARecv() 函数中的标
识位

    while(TRUE)
    {
        // 检查完成端口的状态
        if (GetQueuedCompletionStatus(CompletionPort, &BytesTransferred,
          (LPDWORD)&PerHandleData, (LPOVERLAPPED *) &PerIoData, INFINITE) == 0)
    {
        printf("GetQueuedCompletionStatus  failed  with  error  %d\n", GetLast
Error());
        return 0;
```

```
        }
        // 如果数据传送完了，则退出
        if (BytesTransferred == 0)
        {
           printf("Closing socket %d\n", PerHandleData->Socket);
           // 关闭 Socket
           if (closesocket(PerHandleData->Socket) == SOCKET_ERROR)
           {
              printf("closesocket() failed with error %d\n", WSAGetLastError());
              return 0;
           }
           // 释放结构体资源
           GlobalFree(PerHandleData);
           GlobalFree(PerIoData);
           continue;
        }
        // 如果还没有记录接收的数据数量，则将收到的字节数保存在 PerIoData->BytesRECV 中
        if (PerIoData->BytesRECV == 0)
        {
           PerIoData->BytesRECV = BytesTransferred;
           PerIoData->BytesSEND = 0;
        }
        else    // 如果已经记录了接收的数据数量，则记录发送数据量
        {
           PerIoData->BytesSEND += BytesTransferred;
        }

        // 将收到的数据原样发送回客户端
        if (PerIoData->BytesRECV > PerIoData->BytesSEND)
        {
           ZeroMemory(&(PerIoData->Overlapped), sizeof(OVERLAPPED)); // 清空缓存区，
为发送做准备
           PerIoData->DataBuf.buf = PerIoData->Buffer + PerIoData->BytesSEND;
           PerIoData->DataBuf.len = PerIoData->BytesRECV - PerIoData->BytesSEND;

           // 每次发送一个字节的数据
           if (WSASend(PerHandleData->Socket,&(PerIoData->DataBuf),1, &SendBytes, 0,
&(PerIoData->Overla pped), NULL) == SOCKET_ERROR)
           {
              if (WSAGetLastError() != ERROR_IO_PENDING)
              {
                 printf("WSASend() failed with error %d\n", WSAGetLastError());
                 return 0;
              }
           }
        }
        else
        {
           PerIoData->BytesRECV = 0;
           Flags = 0;
           ZeroMemory(&(PerIoData->Overlapped), sizeof(OVERLAPPED));
           PerIoData->DataBuf.len = DATA_BUFSIZE;
           PerIoData->DataBuf.buf = PerIoData->Buffer;
```

```
        if (WSARecv(PerHandleData->Socket, &(PerIoData->DataBuf), 1, &RecvBytes,
&Flags, &(PerIoData-> Overlapped), NULL) == SOCKET_ERROR)
        {
            if (WSAGetLastError() != ERROR_IO_PENDING)
            {
                printf("WSARecv() failed with error %d\n", WSAGetLastError());
                return 0;
            }
        }
    }
  }
}
```

参数 CompletionPortID 是主函数中创建的完成端口对象，它已经在主函数中被关联到与客户端进行通信的 Socket 上。

工作线程在 while 语句中循环处理来自客户端的数据，流程如下。

（1）调用 GetQueuedCompletionStatus()函数，检查完成端口的状态。因为完成端口对象已经被关联到 Socket 上，所以在 Socket 上有来自客户端的数据之前，GetQueuedCompletionStatus()函数会一直阻塞（因为函数的第 5 个参数使用了 INFINITE）。

（2）在 GetQueuedCompletionStatus()函数中，参数 BytesTransferred 用于接收传输数据的字节数。如果 GetQueuedCompletionStatus()函数返回，但参数 BytesTransferred 等于 0，则说明客户端程序已经退出。此时需要关闭与客户端进行通信的 Socket，释放占用的资源。

（3）PER_IO_OPERATION_DATA 结构体对象 PerIoData 用于保存 I/O 操作中的数据。如果其 BytesRECV 字段值等于 0，则将 BytesTransferred 保存到 BytesRECV 字段中，并将 BytesSEND 设置为 0；否则将 BytesTransferred 追加到 BytesRECV 字段中，记录收到数据的总字节数。

（4）如果 BytesRECV 字段值大于 BytesSEND 的值，则说明存在没有发送回客户端的数据，此时需要调用 WSASend()函数向客户端发送数据；否则说明收到的数据都已经发送回客户端，此时需要调用 WSARecv()函数接收来自客户端的数据。

（5）如果在发送和接收数据时出现异常，则退出工作线程。

5. 主函数 _tmain()

本实例的主函数代码如下。

```
int _tmain(int argc, _TCHAR* argv[])
{
    SOCKADDR_IN InternetAddr;                  // 服务器地址
    SOCKET Listen;                             // 监听 Socket
    SOCKET Accept;                             // 与客户端进行通信的 Socket
    HANDLE CompletionPort;                     // 完成端口句柄
    SYSTEM_INFO SystemInfo;                    // 获取系统信息（这里主要用于获取 CPU 数量）
    LPPER_HANDLE_DATA PerHandleData;           // Socket 句柄结构体
    LPPER_IO_OPERATION_DATA PerIoData;         // 定义 I/O 操作的结构体
    DWORD RecvBytes;                           // 接收到的字节数
    DWORD Flags;                               // WSARecv()函数中指定的标识位
    DWORD ThreadID;                            // 工作线程编号
    WSADATA wsaData;                           // Windows Socket 初始化信息
```

```
   DWORD Ret;                                    // 函数返回值

   // 初始化 Windows Sockets 环境
   if ((Ret = WSAStartup(0x0202, &wsaData)) != 0)
   {
     printf("WSAStartup failed with error %d\n", Ret);
     return -1;
   }
   // 创建新的完成端口
   if ((CompletionPort = CreateIoCompletionPort(INVALID_HANDLE_VALUE, NULL, 0, 0)) ==
NULL)
   {
     printf( "CreateIoCompletionPort failed with error: %d\n", GetLastError());
     return -1;
   }
   // 获取系统信息
   GetSystemInfo(&SystemInfo);
   // 根据 CPU 数量启动线程
   for(int i = 0; i<SystemInfo.dwNumberOfProcessors * 2; i++)
   {
     HANDLE ThreadHandle;
     // 创建线程，运行 ServerWorkerThread() 函数
     if ((ThreadHandle = CreateThread(NULL, 0, ServerWorkerThread, CompletionPort,
      0, &ThreadID)) == NULL)
     {
        printf("CreateThread() failed with error %d\n", GetLastError());
        return -1;
     }
     CloseHandle(ThreadHandle);
   }
   // 创建监听 Socket
   if ((Listen = WSASocket(AF_INET, SOCK_STREAM, 0, NULL, 0,
    WSA_FLAG_OVERLAPPED)) == INVALID_SOCKET)
   {
     printf("WSASocket() failed with error %d\n", WSAGetLastError());
     return -1;
   }
   // 绑定到本地地址的端口
   InternetAddr.sin_family = AF_INET;
   InternetAddr.sin_addr.s_addr = htonl(INADDR_ANY);
   InternetAddr.sin_port = htons(PORT);
   if (bind(Listen, (PSOCKADDR) &InternetAddr, sizeof(InternetAddr)) == SOCKET_ERROR)
   {
     printf("bind() failed with error %d\n", WSAGetLastError());
     return -1;
   }
   // 开始监听
   if (listen(Listen, 5) == SOCKET_ERROR)
   {
     printf("listen() failed with error %d\n", WSAGetLastError());
     return -1;
   }
```

```
    // 监听端口打开，就开始在这里循环，一有 Socket 连上，WSAAccept 就创建一个 Socket
    // 这个 Socket 已经和完成端口相关联
    while(TRUE)
    {
        // 等待客户连接
        if ((Accept = WSAAccept(Listen, NULL, NULL, NULL, 0)) == SOCKET_ERROR)
        {
            printf("WSAAccept() failed with error %d\n", WSAGetLastError());
            return -1;
        }
        // 分配并设置 Socket 句柄结构体
        if ((PerHandleData = (LPPER_HANDLE_DATA) GlobalAlloc(GPTR, sizeof(PER_HANDLE_
DATA))) == NULL)
        {
            printf("GlobalAlloc() failed with error %d\n", GetLastError());
            return -1;
        }
        PerHandleData->Socket = Accept;

        // 将与客户端进行通信的套接字 Accept 与完成端口 CompletionPort 相关联
        if (CreateIoCompletionPort((HANDLE) Accept, CompletionPort, (DWORD) PerHandle
Data, 0) == NULL)
        {
            printf("CreateIoCompletionPort failed with error %d\n", GetLastError());
            return -1;
        }
        // 为 I/O 操作结构体分配内存空间
        if ((PerIoData = (LPPER_IO_OPERATION_DATA) GlobalAlloc(GPTR,sizeof(PER_IO_
OPERATION_ DATA))) == NULL)
        {
            printf("GlobalAlloc() failed with error %d\n", GetLastError());
            return -1;
        }
        // 初始化 I/O 操作结构体
        ZeroMemory(&(PerIoData->Overlapped), sizeof(OVERLAPPED));
        PerIoData->BytesSEND = 0;
        PerIoData->BytesRECV = 0;
        PerIoData->DataBuf.len = DATA_BUFSIZE;
        PerIoData->DataBuf.buf = PerIoData->Buffer;
        Flags = 0;

        // 接收数据，放到 PerIoData 中
        // 而 perIoData 又通过工作线程中的 ServerWorkerThread 函数取出
        if (WSARecv(Accept, &(PerIoData->DataBuf), 1, &RecvBytes, &Flags,
            &(PerIoData->Overlapped), NULL) == SOCKET_ERROR)
        {
            if (WSAGetLastError() != ERROR_IO_PENDING)
            {
                printf("WSARecv() failed with error %d\n", WSAGetLastError());
                return -1;
            }
        }
    }
```

```
        return 0;
}
```

程序的工作组流程如下。

- 初始化 Windows Sockets 环境。
- 创建完成端口对象 CompletionPort。
- 根据当前计算机中 CPU 的数量创建工作线程，并将新建的完成端口对象 CompletionPort 作为线程的参数。
- 创建监听 Socket Listen，并将其绑定到本地地址的 9990 端口。
- 在 Socket Listen 上进行监听。
- 在 while 循环处理来自客户端的连接请求，接受连接，并将得到的与客户端进行通信的 Socket Accept 保存到 PER_HANDLE_DATA 结构体对象 PerHandleData 中。将 Socket Accept 与前面的端口 CompletionPort 相关联。
- 在 Socket Accept 上调用 WSARecv()函数，异步接收 Socket 上来自客户端的数据。WSARecv()函数立即返回，此时 Socket Accept 上不一定有客户端发送来的消息。在工作线程中会检测完成端口对象的状态，并接收来自客户端的数据，再将这些数据发送回客户端程序。

习　题

一、选择题

1. 下面不属于 Socket 编程模型的是（　　　）。
   - A. Select 模型
   - B. WSAAsyncSelect 模型
   - C. WSAEventSelect 模型
   - D. 完成例程模型

2. 下面模型使用线程池处理异步 I/O 请求的是（　　　）。
   - A. Select 模型
   - B. WSAAsyncSelect 模型
   - C. WSAEventSelect 模型
   - D. 完成端口模型

3. 在 ioctlsocket()函数中使用（　　　）参数，并将 argp 参数设置为非 0 值，可以将 Socket 设置为非阻塞模式。
   - A. FIONBIO
   - B. FIONREAD
   - C. SIOCATMARK
   - D. FIONONBLOCK

4. 在执行 select()函数时如果出现错误则返回（　　　）。
   - A. 0
   - B. −1
   - C. NULL
   - D. SOCKET_ERROR

5. 在 WSAEventSelect 模型中，调用 WSAEventSelect()函数注册网络事件后，应用程序需要等待网络事件的发生，然后对网络事件进行处理。调用后，WSAWaitForMultipleEvents()函数处于阻塞状态，直到下面（　　　）情况发生才会返回。
   - A. 创建了监听 Socket
   - B. 阻塞时间超过指定的超时时间
   - C. 所有事件对象都处于未受信状态
   - D. 所有事件对象都被释放

二、填空题

1. Socket 编程可以分为　【1】　和　【2】　两种开发模式。

2．默认情况下，最多可以管理的 Socket 数量为　　【3】　　个。

3．在重叠 I/O 模型中，系统通知应用程序的形式有两种，即　　【4】　　与　　【5】　　。

4．在 select()函数中使用　　【6】　　结构体来管理多个 Socket。

5．在 WSAAsyncSelect 模型中，应用程序可以在一个 Socket 上接收以　　【7】　　为基础的网络事件通知。

6．在 WSAAsyncSelect 模型中，如果要取消指定 Socket 上的所有通知事件，则可以在调用 WSAAsyncSelect()函数时将参数 lEvent 设置为　　【8】　　。

7．Windows 事件对象分为两种工作状态，即　　【9】　　状态和　　【10】　　状态。

三、简答题

1．简述阻塞模式和非阻塞模式 Socket 编程的区别。

2．简述 WSAAsyncSelect 模型的工作原理和优缺点。

3．简述 WSAEventSelect 模型与 WSAAsyncSelect 模型之间的主要区别。

4．简述 select()函数中，参数 readfds 中包含的 Socket 在满足哪些条件时被设置为就绪状态。

5．简述 WSAAsyncSelect 模型和 WSAEventSelect 模型的异同。

6．简述完成端口模型的工作原理。

第9章
安全套接层协议

在第 5 章和第 8 章中已经介绍了 Socket（套接字）编程基础和编程模型。使用这些技术可以很方便地构建高效、实用的客户机/服务器应用程序。但是普通的 Socket 模型使用明文传输数据，信息很容易被拦截和监听。随着电子商务的普及，在线支付势在必行，网络安全变得尤为重要。本章所介绍的安全套接层协议（SSL）可以用来保障在 Internet 上数据传输的安全，利用数据加密技术，可确保数据在网络上的传输过程中不会被截取及窃听。

9.1　什么是 SSL

本节介绍 SSL 基本情况、相关概念和工作过程。

9.1.1　SSL 简介和相关概念

SSL 是 Secure Sockets Layer（安全套接层协议）的缩写，它是用于在 Web 服务器和浏览器之间建立加密连接的标准安全技术。SSL 连接可以保证服务器和浏览器之间传输的所有数据保持私密和完整。数以百万计的网站使用 SSL 保护它们与客户之间的在线交易。几乎所有的浏览器都支持 SSL，例如打开 IE 的"Internet 选项"对话框，可以选择使用的 SSL 版本，如图 9.1 所示。

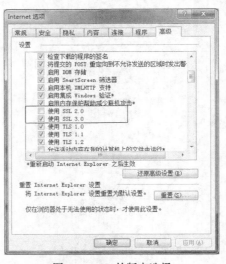

图 9.1　SSL 的版本选择

SSL 协议位于 TCP/IP 协议与各种应用层协议之间，其体系结构如图 9.2 所示。

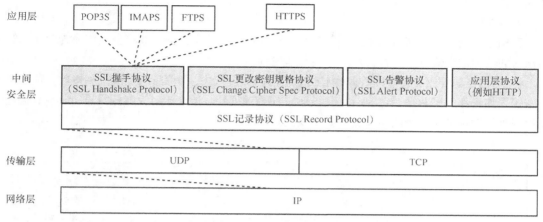

图 9.2　SSL 的体系结构

SSL 属于中间安全层，它可以分为两层，一层是由 SSL 握手协议、SSL 更改密钥规格协议、SSL 告警协议和应用层协议等组成的协议簇；另一层是 SSL 记录协议。具体说明如下。

- SSL 握手协议（SSL Handshake Protocol）：它建立在 SSL 记录协议之上，用于在实际的数据传输开始前，通信双方进行身份认证、协商加密算法、交换加密密钥等。

SSL 握手协议主要负责如下工作。

（1）算法协商：首次通信时，双方通过握手协议协商密钥加密算法、数据加密算法和文摘算法。

（2）身份验证：在密钥协商完成后，客户端与服务器端通过证书互相验证对方的身份。

（3）确定密钥：最后使用协商好的密钥交换算法产生一个只有双方知道的秘密信息，客户端和服务器各自根据这个秘密信息计算出加密密钥，在接下来的记录协议中用来对应用数据进行加密。

关于 SSL 握手的具体过程将在 9.1.2 小节中介绍。

- SSL 更改密钥规格协议（SSL Change Cipher Spec Protocol）：是 SSL 协议簇中最简单的一个。协议由单个消息组成，该消息只包含一个值为 1 的单个字节。消息的唯一作用就是更新用于当前连接的密码组。为了保障 SSL 传输过程的安全性，双方应该每隔一段时间改变加密规范。

- SSL 告警协议（SSL Alert Protocol）：用来为对等实体传递 SSL 的相关警告。如果在通信过程中某一方发现任何异常，就需要给对方发送一条警示消息通告。警示消息有两种：一种是 Fatal 错误，如传递数据过程中，发现错误的 MAC，双方就需要立即中断会话，同时消除自己缓冲区相应的会话记录；第二种是 Warning 消息，这种情况，通信双方通常都只是记录日志，而对通信过程不造成任何影响。

- SSL 记录协议（SSL Record Protocol）：它建立在可靠的传输协议（如 TCP）之上，为高层协议提供数据封装、压缩、加密等基本功能的支持。

下面介绍一些与 SSL 相关的概念，在 SSL 工作的过程中会用到这些概念。

1．SSL 证书

SSL 证书是数字证书的一种，在建立 SSL 连接时，Web 服务器需要一个 SSL 证书，用于证明网站的真实身份，提高用户对网站的信任度；有效避免钓鱼网站、仿冒网站等网络诈骗行为的威胁；建立 SSL 安全通道，确保客户与网站之间的信息加密传输，保证安全。关于 SSL 证书的详细情况将在 9.2 小节中介绍。

2. 密钥

密钥是数据加密解密过程中的一种参数，它是在明文转换为密文或将密文转换为明文的算法中输入的数据。密钥分为两种：对称密钥与非对称密钥。

* 对称密钥加密：又称为私钥加密或专用密钥加密算法，即信息的发送方和接收方使用同一个密钥去加密和解密数据。它的最大优势是加/解密速度快，适合于对大数据量进行加密，但密钥管理困难。对称密钥加密的工作流程如图 9.3 所示。

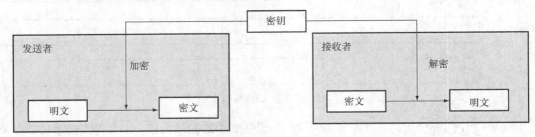

图 9.3　对称密钥加密

* 非对称密钥加密：又称公钥密钥加密。它需要使用不同的密钥来分别完成加密和解密操作，一个公开发布，即公开密钥，另一个由用户自己秘密保存，即私用密钥。信息发送者用公开密钥去加密，而信息接收者则用私用密钥去解密。公钥机制灵活，但加密和解密速度却比对称密钥加密慢得多。通常可以利用非对称密钥加密实现密钥交换，保证第三方无法获取该密钥，过程如图 9.4 所示。

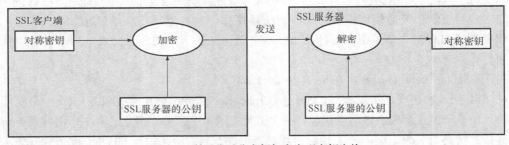

图 9.4　利用非对称密钥加密实现密钥交换

所以在实际的应用中，人们通常将两种密钥结合在一起使用，例如，对称密钥加密系统用于存储大量数据信息，而公开密钥加密系统则用于加密密钥。

3. CSR 文件

CSR 是 Cerificate Signing Request 的英文缩写，即证书签发请求文件。证书申请者在申请数字证书时，由 CSP（加密服务提供者）在生成私钥的同时生成 CSR 文件。证书申请者只要把 CSR 文件提交给证书颁发机构，证书颁发机构就可以使用其根证书私钥签名生成证书公钥文件，也就是颁发给用户的证书。

4. 利用 MAC 算法验证消息完整性

MAC 是 Message Authentication Codes 的缩写，即消息认证码。MAC 算法是带私钥的 Hash 函数，消息的散列值由只有通信双方知道的密钥来控制。此时 Hash 值称作 MAC。

提示

Hash，一般翻译作 "散列"，也有直接音译为 "哈希" 的，就是把任意长度的输入，通过散列算法，变换成固定长度的输出，该输出就是散列值。

MAC 算法的工作流程如图 9.5 所示。

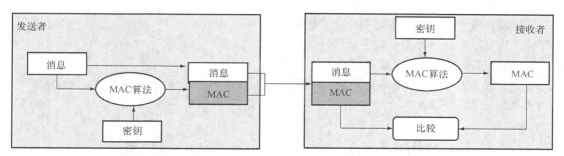

图 9.5　MAC 算法的工作流程

发送者利用 MAC 算法以密钥为参数计算出消息的 MAC 值，并将其加在消息之后发送给接收者。接收者利用同样的密钥和 MAC 算法计算出消息的 MAC 值，并与接收到的 MAC 值比较。如果二者相同，则消息没有改变；否则，消息在传输过程中被修改，接收者将丢弃该报文。

5. 基于 SSL 的应用层协议

在 SSL 的体系结构中，有一组基于 SSL 的应用层协议。这些应用层协议可以很方便地将 SSL 的功能应用到各个领域。常见的基于 SSL 的应用层协议如表 9.1 所示。

表 9.1　　　　　　　　　　　　　　　常见的基于 SSL 的应用层协议

协议名	说　　明
HTTPS	HTTP 是 Hypertext Transfer Protocol 的缩写，即超文本传输协议。用于规定浏览器和 Web 服务器之间互相通信的规则。 HTTPS 是 Hyper Text Transfer Protocol over Secure Socket Layer 的缩写，即基于 SSL 的超文本传输协议。HTTPS 是 HTTP 的安全版。即在 HTTP 下加入 SSL 层
POP3S	POP3(Post Office Protocol 3)即邮局协议的第 3 个版本，它是规定个人计算机如何连接到互联网上的邮件服务器进行收发邮件的协议。它是因特网电子邮件的第一个离线协议标准，POP3 协议允许用户从服务器上把邮件存储到本地主机（即自己的计算机）上，同时根据客户端的操作删除或保存在邮件服务器上的邮件，而 POP3 服务器则是遵循 POP3 协议的接收邮件服务器，用来接收电子邮件的。 POP3S 表示 POP3 (Post Office Protocol) Secure，即基于 SSL 的 POP3
FTPS	在安全套接层的基础上使用标准的 FTP 和指令的一种增强型 FTP，为 FTP 和数据通道增加了 SSL 安全功能。FTPS 也称作 "FTP-SSL" 和 "FTP-over-SSL"
MIAPS	IMAP 是 Internet Mail Access Protocol 的缩写，它的主要作用是邮件客户端（例如 MS Outlook Express)可以通过这种协议从邮件服务器上获取邮件的信息、下载邮件等。它与 POP3 协议的主要区别是用户可以不用把所有的邮件全部下载，而通过客户端直接对服务器上的邮件进行操作。 MIAPS 是基于 SSL 的 IMAP

9.1.2　SSL 的握手过程

在客户端与服务器之间建立 SSL 连接之前，双方需要进行 SSL 握手。SSL 通过握手过程在客户端和服务器之间协商会话参数，并建立会话。会话包含的主要参数有会话 ID、对方的证书、加密套件（密钥交换算法、数据加密算法和 MAC 算法等）以及主密钥（master secret）。通过 SSL 会话传输的数据，都将采用该会话的主密钥和加密套件进行加密、计算 MAC 等处理。

在不同情况下，SSL 握手过程存在差异。下面介绍以下 3 种情况的握手过程。

（1）只验证服务器的 SSL 握手过程。

（2）验证服务器和客户端的 SSL 握手过程。

（3）恢复原有会话的 SSL 握手过程。

1. 只验证服务器的 SSL 握手过程

在这种握手过程中，只需要验证 SSL 服务器身份，而不验证 SSL 客户端身份。只验证服务器的 SSL 握手过程如图 9.6 所示。

（1）客户端Hello消息

（2）服务器Hello消息

（3）Certificate消息

（4）Server Hello Done消息

（5）Client Key Exchange消息

（6）Change Cipher Spec消息

（7）Finished消息

（8）Change Cipher Spec消息

（9）Finished消息

图 9.6　只验证服务器的 SSL 握手过程

每一步骤的具体描述如下。

（1）SSL 客户端通过 Client Hello 消息将它支持的 SSL 版本、加密算法、密钥交换算法、MAC 算法等信息发送给 SSL 服务器。

（2）SSL 服务器确定本次通信采用的 SSL 版本和加密套件，并通过 Server Hello 消息通知给 SSL 客户端。如果 SSL 服务器允许 SSL 客户端在以后的通信中重用本次会话，则 SSL 服务器会为本次会话分配会话 ID，并通过 Server Hello 消息发送给 SSL 客户端。

（3）SSL 服务器将携带自己公钥信息的数字证书通过 Certificate 消息发送给 SSL 客户端。

（4）SSL 服务器发送 Server Hello Done 消息，通知 SSL 客户端版本和加密套件协商结束，开始进行密钥交换。

（5）SSL 客户端验证 SSL 服务器的证书合法后，利用证书中的公钥加密 SSL 客户端随机生成的 48 字节的预主密钥（premaster secret），并通过 Client Key Exchange 消息发送给 SSL 服务器。

（6）SSL 客户端发送 Change Cipher Spec 消息，通知 SSL 服务器后续报文将采用协商好的密钥和加密套件进行加密和 MAC 计算。

（7）SSL 客户端计算已交互的握手消息（除 Change Cipher Spec 消息外所有已交互的消息）的 Hash 值，利用协商好的密钥和加密套件处理 Hash 值（计算并添加 MAC 值、加密等），并通过

Finished 消息发送给 SSL 服务器。SSL 服务器利用同样的方法计算已交互的握手消息的 Hash 值，并与 Finished 消息的解密结果比较，如果二者相同，且 MAC 值验证成功，则证明密钥和加密套件协商成功。

（8）SSL 服务器发送 Change Cipher Spec 消息，通知 SSL 客户端后续报文将采用协商好的密钥和加密套件进行加密和 MAC 计算。

（9）SSL 服务器计算已交互的握手消息的 Hash 值，利用协商好的密钥和加密套件处理 Hash 值（计算并添加 MAC 值、加密等），并通过 Finished 消息发送给 SSL 客户端。SSL 客户端利用同样的方法计算已交互的握手消息的 Hash 值，并与 Finished 消息的解密结果比较，如果二者相同，且 MAC 值验证成功，则证明密钥和加密套件协商成功。

SSL 客户端接收到 SSL 服务器发送的 Finished 消息后，如果解密成功，则可以判断 SSL 服务器是数字证书的拥有者，即 SSL 服务器身份验证成功，因为只有拥有私钥的 SSL 服务器才能从 Client Key Exchange 消息中解密得到预主密钥（premaster secret），从而间接地实现了 SSL 客户端对 SSL 服务器的身份验证。

 Change Cipher Spec 消息属于 SSL 密码变化协议，其他握手过程交互的消息均属于 SSL 握手协议，统称为 SSL 握手消息。

2. 验证服务器和客户端的 SSL 握手过程

在这种握手过程中，需要验证服务器和客户端的 SSL 握手过程。具体过程如图 9.7 所示。

图 9.7　验证服务器和客户端的 SSL 握手过程

SSL 客户端的身份验证是可选的，由 SSL 服务器决定是否验证 SSL 客户端的身份。图 9.7 中加粗标识的步骤用于对 SSL 客户端进行身份验证，其他步骤与图 9.6 完全相同。SSL 客户端的身份验证的步骤说明如下。

（1）在第 4 步中，SSL 服务器发送 Certificate Request 消息，请求 SSL 客户端将其证书发送给 SSL 服务器。

（2）在第 6 步中，SSL 客户端通过 Certificate 消息将携带自己公钥的证书发送给 SSL 服务器。SSL 服务器验证该证书的合法性。

（3）在第 8 步中，SSL 客户端计算已交互的握手消息、主密钥的 Hash 值，利用自己的私钥对其进行加密，并通过 Certificate Verify 消息发送给 SSL 服务器。

SSL 服务器计算已交互的握手消息、主密钥的 Hash 值，利用 SSL 客户端证书中的公钥解密 Certificate Verify 消息，并将解密结果与计算出的 Hash 值比较。如果二者相同，则 SSL 客户端身份验证成功。

3. 恢复原有会话的 SSL 握手过程

在协商会话参数、建立会话的过程中，需要使用非对称密钥算法来加密密钥、验证通信对端的身份，计算量较大，占用了大量的系统资源。为了简化 SSL 握手过程，SSL 允许重用已经协商过的会话。具体过程如图 9.8 所示。

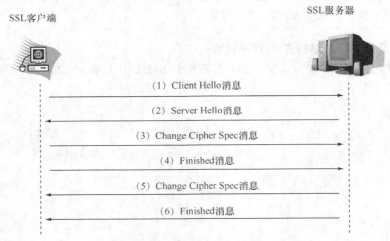

图 9.8　验证服务器和客户端的 SSL 握手过程

每一步骤的具体描述如下。

（1）SSL 客户端发送 Client Hello 消息，消息中的会话 ID 设置为计划重用的会话的 ID。

（2）SSL 服务器如果允许重用该会话，则通过在 Server Hello 消息中设置相同的会话 ID 来应答。这样，SSL 客户端和 SSL 服务器就可以利用原有会话的密钥和加密套件，不必重新协商。

（3）SSL 客户端发送 Change Cipher Spec 消息，通知 SSL 服务器后续报文将采用原有会话的密钥和加密套件进行加密和 MAC 计算。

（4）SSL 客户端计算已交互的握手消息的 Hash 值，利用原有会话的密钥和加密套件处理 Hash 值，并通过 Finished 消息发送给 SSL 服务器，以便 SSL 服务器判断密钥和加密套件是否正确。

（5）同样，SSL 服务器发送 Change Cipher Spec 消息，通知 SSL 客户端后续报文将采用原有会话的密钥和加密套件进行加密和 MAC 计算。

（6）SSL 服务器计算已交互的握手消息的 Hash 值，利用原有会话的密钥和加密套件处理 Hash 值，并通过 Finished 消息发送给 SSL 客户端，以便 SSL 客户端判断密钥和加密套件是否正确。

9.2 数字证书

数字证书就是互联网通信中标志通信各方身份信息的一串数字，用于以电子手段来证实一个用户的身份和对网络资源的访问权限。其作用类似于司机的驾驶执照或日常生活中的身份证。

9.2.1 基本概念

数字证书是一个经证书授权中心数字签名的包含公钥拥有者信息以及公钥的文件。最简单的证书包含一个公钥、名称以及证书授权中心的数字签名。数字证书由一个权威机构—CA 机构发行的。

> CA 是 Certificate Authority 的缩写，即证书授权中心。CA 作为网络营销交易中受信任的第三方，来解决公钥体系中公钥合法性的检验问题。CA 机构是承担网上安全交易认证服务、签发数字证书、确认用户身份的服务机构，是一个具有权威性、公正性的第三方。截至 2014 年 3 月 11 日，工业和信息化部以资质合规的方式，陆续向 30 多家相关机构颁发了从业资质。

随着电子商务的普及，网上购物的顾客能够极其方便地获得商家和企业的信息，但同时也增加了泄露个人隐私和金融欺诈的风险。为了保证互联网上电子交易及支付的安全性、保密性等，防范交易及支付过程中的欺诈行为，必须建立一种信任机制。这就要求参加电子商务的买方和卖方都必须拥有合法的身份，并且在网上能够有效、无误地被进行验证。

数字证书采用公钥体制，即利用一对互相匹配的密钥进行加密、解密。每个用户自己设定一个特定的仅为本人所知的私钥，用它进行解密和签名；同时设定一个公钥并由本人公开，为一组用户所共享，用于加密和验证签名。

1. 加密、解密

当发送一份保密文件时，发送方使用接收方的公钥对数据加密，而接收方则使用自己的私钥解密，这样信息就可以安全、无误地到达目的地了。通过数字的手段保证加密过程是一个不可逆过程，即只有用私有密钥才能解密。

在公钥密码机制中，常用的一种算法是 RSA。其数学原理是将一个大数分解成两个质数的乘积，加密和解密用的是两个不同的密钥。即使已知明文、密文和加密密钥（公钥），想要推导出解密密钥（私钥），在计算上也是不可能的。按现在的计算机技术水平，要破解目前采用的 1024 位 RSA 密钥，需要上千年的计算时间。公开密钥技术解决了密钥发布的管理问题，商户（或银行）可以公开其公钥，而保留其私钥。客户可以用人人皆知的公开密钥对发送的信息进行加密，安全地传送给商户，然后由商户用自己的私钥进行解密。

2. 数字签名

用户也可以采用自己的私钥对信息加以处理，由于密钥仅为本人所有，这样就产生了别人无法生成的文件，也就形成了数字签名。采用数字签名，能够确认以下两点。

（1）保证信息是由签名者自己签名发送的，签名者不能否认或难以否认。

（2）保证信息自签发后到收到为止未曾做过任何修改，签发的文件是真实文件。

9.2.2　数字证书的分类

根据数字证书的应用情况，可以将其分为个人证书、企业或机构身份证书、支付网关证书、服务器证书、企业或机构代码签名证书、安全电子邮件证书、个人代码签名证书。具体说明如下。

1.　个人证书

个人证书在网络通讯中标识个人的身份，证书中包含个人身份信息和个人的公钥，用于标识证书持有人的个人身份。数字安全证书和对应的私钥存储于 E-key 或 U 盾等安全客户端中，用于个人在网上进行合同签订、订单、录入审核、操作权限、支付信息等活动时标明身份。

2.　企业或机构身份证书

企业或机构身份证书颁发给企事业单位、政府部门、社会团体等各类组织机构，用于标志证书持有人在信息交换、电子签名、电子政务、电子商务等网络活动中的身份，证书可存放在硬盘、USB Key、IC 卡等各类介质中。

3.　支付网关证书

支付网关证书是证书签发中心针对支付网关签发的数字证书，是支付网关实现数据加解密的主要工具，用于数字签名和信息加密。支付网关证书仅用于支付网关提供的服务（Internet 上各种安全协议与银行现有网络数据格式的转换）。支付网关证书只能在有效状态下使用且不可被申请者转让。

支付网关（Payment Gateway）是银行金融网络系统和 Internet 网络之间的接口，是由银行操作的将 Internet 上传输的数据转换为金融机构内部数据的一组服务器设备，或由指派的第三方处理商家支付信息和顾客的支付指令。

4.　服务器证书

服务器证书是组成 Web 服务器的 SSL 安全功能的唯一数字标识。通过相互信任的第三方组织获得，并为用户提供验证 Web 站点身份的手段。服务器证书包含详细的身份验证信息，如服务器内容附属的组织、颁发证书的组织以及公钥信息。服务器证书可以确保用户关于 Web 服务器内容的验证，而且建立安全的 HTTP 连接是安全的。

5.　企业或机构代码签名证书

企业或机构代码签名证书是 CA 中心签发给软件提供商的数字证书，包含软件提供商的身份信息、公钥及 CA 的签名。软件提供商使用企业或机构代码签名证书对软件进行签名后放到 Internet 上，当用户在 Internet 上下载该软件时，将会得到提示，从而可以确信软件的来源，以及软件自签名后到下载前，没有遭到修改或破坏。

企业或机构代码签名证书可以对 32 位的.exe、.cab、.ocx 和.class 等程序和文件进行签名。

6.　安全电子邮件证书

在互联网上发送电子邮件就像邮寄明信片一样，很容易被别人随意阅读甚至篡改。使用安全电子邮件证书可以确保邮件的安全性。

安全电子邮件证书可以安装在标准的互联网浏览器中，可以方便地应用于 Netscape Messenger、Microsoft Outlook、Outlook Express 等遵循安全电子邮件扩展协议的程序中。使用证书后，可以对电子邮件的内容和附件进行加密，确保在传输的过程中不被他人阅读、截取和篡改；也可以对电子邮件进行签名，使得接收方可以确认该电子邮件是由发送方发送的，并且在传送过程中未被篡改。

7.　个人代码签名证书

个人代码签名证书是 CA 中心签发给软件提供人的数字证书，包含软件提供个人的身份信息、公钥及 CA 的签名。软件提供人使用代码签名证书对软件进行签名后放到 Internet 上，当用户在 Internet 上下载该软件时，将会得到提示，从而可以确信软件的来源以及软件自签名后到下载前没有遭到修改或破坏。代码签名证书可以对 32 位的.exe、.cab、.ocx、.class 等程序和文件进行签名。

9.2.3　数字证书的授权机构

数字证书由 CA（Certificate Authority，证书授权中心）机构颁发。CA 机构作为电子商务交易中受信任的第三方，承担公钥体系中公钥的合法性检验的责任。CA 机构为每个使用公钥的用户发放一个数字证书。建立证书授权中心，是开拓和规范电子商务市场必不可少的一步。为保证用户之间在网上传递信息的安全性、真实性、可靠性、完整性和不可抵赖性，不仅需要对用户身份的真实性进行验证，也需要有一个具有权威性、公正性、唯一性的机构，负责向电子商务的各个主体颁发并管理符合国内、国际安全电子交易协议标准的电子商务安全证书。

数字证书中包括公钥、用户信息、CA 的名称和 CA 的数字签名。CA 机构签发数字证书的方法如图 9.9 所示。

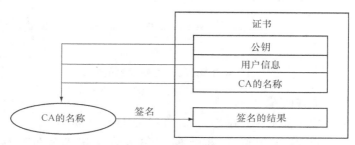

图 9.9　CA 机构签发数字证书

CA 作为服务提供方，有可能因为服务质量问题（例如，发布的公钥数据有错误）而给用户带来损失。证书中绑定了公钥数据和相应私钥拥有者的身份信息，并带有 CA 的数字签名。证书中也包含了 CA 的名称，以便于证书用户找到 CA 的公钥、验证证书上的数字签名。

除了颁发给普通用户的证书，还有一种特殊的证书，即根证书。根证书也叫 CA 自签名证书，是 CA 认证中心给自己颁发的证书，是信任链的起始点。安装根证书意味着对这个 CA 认证中心的信任。根证书与普通证书的不同是把普通证书中的用户信息替换为 CA 的名称，其结构如图 9.10 所示。

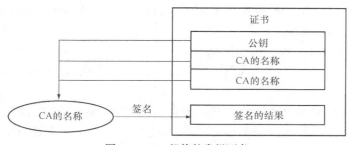

图 9.10　CA 机构签发根证书

1999 年 8 月 3 日我国第一家 CA 认证中心——中国电信 CA 安全认证系统成立，目前我国已有 140 多家 CA 认证机构。一些行业建成了自己的一套 CA 体系，如中国金融认证中心（CFCA）、中国电信 CA 安全认证系统（CTCA）等；还有一些地区建立了区域性的 CA 体系，如北京数字证书认证中心（BJCA）、上海电子商务 CA 认证中心（SHECA）、广东省电子商务认证中心（CNCA）等。

9.2.4　部署基于数字证书的 HTTPS 网站

在互联网应用中，对通信安全要求最高的就是网络银行和网上支付了。目前几乎所有的网络银行都使用 HTTPS 和数字证书来保证传输和认证安全。HTTPS 站点需要与一个证书绑定。客户端是否能够信任这个站点的证书，首先取决于客户端程序是否导入了证书颁发者的根证书。客户端访问 HTTPS 网站的流程如图 9.11 所示。

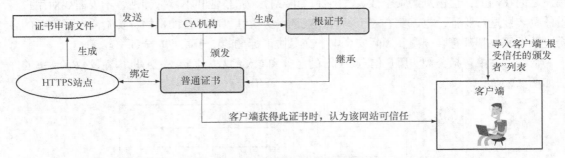

图 9.11　客户端访问 HTTPS 网站的流程

HTTPS 网站的工作流程如下。

（1）HTTPS 网站生成一个证书申请文件，并将其发送到 CA 机构。

（2）CA 机构为 HTTPS 网站生成一个根证书，其中包含与 HTTPS 网站进行通信的公钥。同时 CA 机构为 HTTPS 网站颁发一个普通证书。普通证书继承自根证书。

（3）客户端获得 HTTPS 网站的根证书，并导入客户端"根受信任的颁发者"列表。

（4）客户端访问 HTTPS 网站时会获得与其绑定的普通证书，并使用根证书对普通证书进行验证，确定是否信任该网站。

IE 在验证证书的时候主要从下面 3 个方面检查，只要有任何一个不满足都将给出警告。

（1）证书的颁发者是否在"根受信任的证书颁发机构列表"中。

（2）证书是否过期。

（3）证书的持有者是否和访问的网站一致。

HTTPS 网站通常架设在服务器版本的操作系统上，本节以 Windows Server 2003 为例，介绍在 IIS 6.0 中架设 HTTPS 网站的方法。

1. 在 Windows Server 2003 中 IIS 6.0

在"控制面板"中单击"添加或删除程序"，打开"添加或删除程序"对话框，如图 9.12 所示。

单击左侧的"添加/删除 Windows 组件"图标，打开"Windows 组件向导"对话框，如图 9.13 所示。选中"应用程序服务器"，然后单击"详细信息"按钮，打开"应用程序服务器"对话框，如图 9.14 所示。

选中"Internet 信息服务(IIS)"及"启用网络 COM+访问"，然后单击"确定"按钮，返回"Windows 组件向导"对话框，单击"下一步"按钮开始安装 IIS。

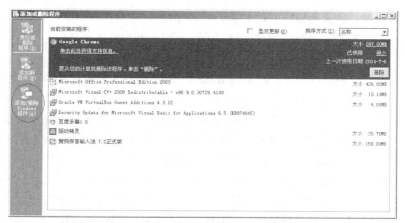

图 9.12　"添加或删除程序"对话框

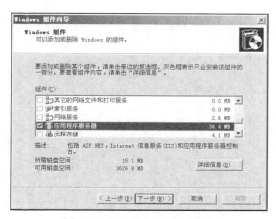

图 9.13　"Windows 组件向导"

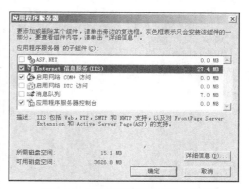

图 9.14　"应用程序服务器"对话框

安装完成后，可以在控制面板里面的"管理工具"中可以看到"Internet 信息服务（IIS）管理器"。单击此项目，可以打开 IIS 管理窗口，如图 9.15 所示。

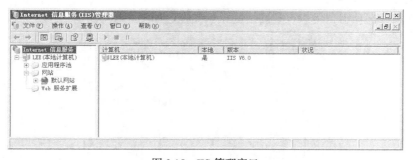

图 9.15　IIS 管理窗口

2. 配置和管理 IIS

接下来介绍如何使用 IIS 创建和管理 Web 站点。在图 9.15 所示左侧窗格中选择"默认网站"节点，在右侧的窗格中将会显示默认网站主目录下包含的目录和文件信息。

在窗口的工具栏中，有 3 个控制服务的按钮。按钮 ▶ 用来启动项目，按钮 ■ 用来停止项目，按钮 ‖ 用来暂停项目。读者可以通过这 3 个按钮控制服务器提供的服务内容。例如，如果不提供

Web 服务，可以选择"默认网站"节点，然后单击按钮 ■。

右键单击"默认网站"，选择"属性"菜单项，可以打开"默认网站属性"对话框，如图 9.16 所示。

在"网站"选项卡中，可以设置网站的 IP 地址和 TCP 端口，默认的端口号为 80。单击"主目录"选项卡，可以设置网站的主目录，如图 9.17 所示。

在默认情况下，网站的主目录为 C:\inetpub\wwwroot。可以将主目录设置为本地计算机上的其他目录，也可以设置为其他计算机上的目录或者重定向到其他网址。在此页面中，还可以设置应用程序选项。在"执行权限"组合框中有以下 3 种选择。

- 无：此网站不对 ASP、JSP 和 ASP.NET 等脚本文件提供支持。
- 纯脚本：此 Web 站点可以运行 ASP、JSP 和 ASP.NET 等脚本文件。
- 脚本和可执行程序：此 Web 站点除了可以运行 ASP、JSP 和 ASP.NET 等脚本文件外，还可以运行 EXE 等可执行文件。

图 9.16　设置网站的基本属性

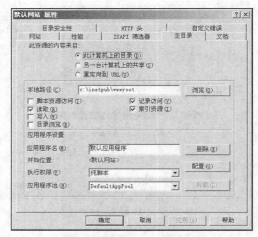

图 9.17　设置网站的主目录

默认情况为"纯脚本"。

单击"文档"选项卡，可以设置网站的默认文档，如图 9.18 所示。

图 9.18　设置 Web 站点的默认文档

默认情况下，有 4 种默认文档，即 Default.htm、Default.asp、index.htm 和 iisstart.htm。读者可以根据需要添加其他的默认文档，如 index.html、index.asp 等。选择一个默认文档，单击下方的"上移"、"下移"按钮可以调整默认文档的启用顺序。

通过浏览器可以访问 IIS 建立的网站。要访问这些网页文件，可以在浏览器的地址栏中输入下面 3 种格式的地址。

（1）直接输入 IP 地址：假定服务器所在计算机的 IP 地址是 192.168.0.200，则输入下面内容。

```
http://192.168.0.200
```

（2）输入计算机名：假定服务器所在计算机的名称为 webserver，则输入下面内容。

```
http://webserver
```

（3）如果 IIS 安装在本地计算机上，则可以直接输入下面的内容。

```
http://localhost
```

或者输入下面的特定 IP 地址。

```
http://127.0.0.1
```

3. 安装证书服务

在"添加或删除程序"窗口中单击左侧的"添加/删除 Windows 组件"图标，打开"Windows 组件向导"窗口，选中"证书服务"，会弹出图 9.19 所示的对话框。

图 9.19　确认是否安装证书服务的对话框

这是提示用户安装证书服务后，计算机名和域成员身份都不能更改。因为计算机到 CA 信息的绑定存储在 Active Directory 中，更改计算机名或域成员身份将使此 CA 颁发的证书无效。

单击"是"按钮，返回"Windows 组件向导"对话框。然后单击"下一步"按钮，打开"选择 CA 类型"窗口，如图 9.20 所示。这里选择"独立根 CA"，这是 CA 层次结构中最受信任的 CA。单击"下一步"按钮，打开输入"CA 识别信息"对话框，如图 9.21 所示。

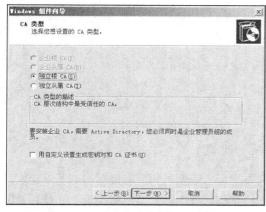

图 9.20　选择"CA 类型"对话框

图 9.21　输入"CA 识别信息"对话框

输入 CA 公用名称，"可分辨名称后缀"处可以不填写，"有效期限"保持默认 5 年即可。

单击"下一步"按钮，打开"证书数据库设置"对话框，如图 9.22 所示。如无特殊需要，保持默认设置即可。单击"下一步"按钮，打开"是否停止 Internet 信息服务"对话框，如图 9.23 所示。单击"是"按钮，开始安装证书服务。安装过程中会弹出如图 9.24 所示的对话框，询问是否启用 ASP，单击"是"按钮继续安装。

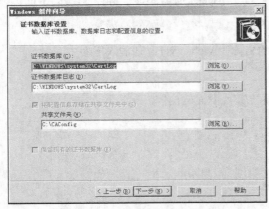

图 9.22　"选择 CA 类型"对话框

图 9.23　"选择 CA 类型"对话框

图 9.24　是否启用 ASP 的对话框

安装成功后，依次单击"开始"→"程序"→"管理工具"→"证书颁发机构"可以打开"证书颁发机构"管理窗口，如图 9.25 所示。

图 9.25　"证书颁发机构"管理窗口

在左侧窗格中，显示证书颁发机构列表，默认为本地证书颁发机构。右键单击"证书颁发机构"，在快捷菜单中选择"属性"，可以设置证书颁发机构的属性。选择"策略模快"标签，如图 9.26 所示。单击"属性"按钮，可以选择对证书请求的处理策略，如图 9.27 所示。

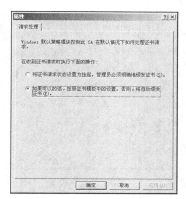

图 9.26 设置证书颁发机构的属性 　　图 9.27 选择对证书请求的处理策略

选择"如果可以的话，按照证书模板中的设置。否则，将自动颁发证书"。

4. 创建请求证书文件

在申请证书之前，需要创建请求证书文件。打开 IIS 管理窗口，右击要使用 SSL 的网站，选择"属性"，在网站属性对话框中切换到"目录安全性"标签页，如图 9.28 所示。

单击"服务器证书"按钮，打开"欢迎使用 Web 服务器证书向导"对话框，如图 9.29 所示。单击"下一步"按钮，打开"服务器证书"对话框，如图 9.30 所示。选择"新建证书"，单击"下一步"按钮，打开"延迟或立即请求"对话框，如图 9.31 所示。

选择"现在准备证书请求，但稍后发送"，单击"下一步"按钮，打开"名称和安全性设置"对话框，如图 9.32 所示。在"名称"框中为该证书取名，然后在"位长"下拉列表中选择密钥的位长。单击"下一步"按钮，打开"单位信息"对话框，如图 9.33 所示。

图 9.28 "目录安全性"标签页（1）　　图 9.29 "欢迎使用 Web 服务器证书向导"对话框

图 9.30 "服务器证书"对话框 　　图 9.31 "延迟或立即请求"对话框

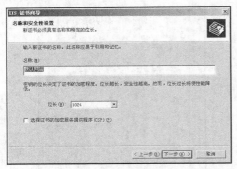
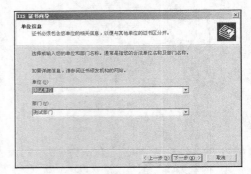

图 9.32　"名称和安全性设置"对话框　　　　　　　图 9.33　"单位信息"对话框

在"单位信息"窗口中，单击"下一步"按钮，打开"站点公用名称"对话框，如图 9.34 所示。以后会使用此名称访问该网站。

单击"下一步"按钮，打开"地理信息"对话框，如图 9.35 所示。输入国家（地区）、省/自治区、市县等信息，然后单击"下一步"按钮，打开"证书请求文件名"对话框，如图 9.36 所示。指定请求证书文件的保存为 c:\certreq.txt。单击"下一步"按钮，完成创建请求证书文件。

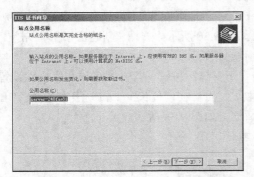
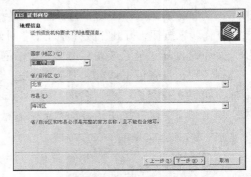

图 9.34　"站点公用名称"对话框　　　　　　　图 9.35　"地理信息"对话框

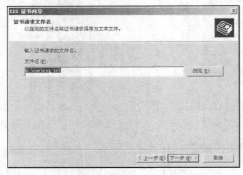

图 9.36　"证书请求文件名"对话框

5．为 Web 站点申请 CA 证书

安装证书服务后，客户端就可以通过访问下面的地址申请证书了。

```
http://网站 IP 地址/certsrv/
```

申请证书的页面如图 9.37 所示。

单击"申请一个证书"超链接，打开"选择证书类型"页面，如图 9.38 所示。单击"高级证书申请"超链接，打开"高级证书申请"页面，如图 9.39 所示。

在"高级证书申请"页面中单击"使用 base64 编码的 CMC 或 PKCS #10 文件提交一个证书申请，或使用 base64 编码的 PKCS #7 文件续订证书申请"超链接，打开"提交一个证书申请或续订申请"页面，如图 9.40 所示。

图 9.37　"申请证书"页面

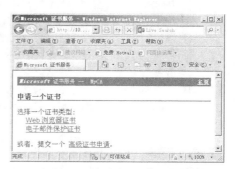

图 9.38　"选择证书类型"页面

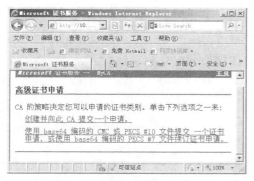

图 9.39　"高级证书申请"页面

图 9.40　"提交一个证书申请或续订申请"页面

打开前面生成的请求证书文件 c:\certreq.txt，然后将内容复制到证书申请文本框中，然后单击"提交"按钮，打开"证书已颁发"页面，如图 9.41 所示。

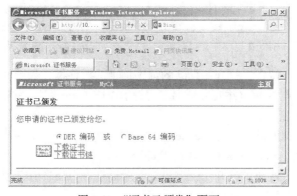

图 9.41　"证书已颁发"页面

单击"下载证书"超链接，将证书保存为 C:\ certnew.cer。

依次单击"开始"→"程序"→"管理工具"→"证书颁发机构"可以打开证书颁发机构管理窗口，展开"MyCA"，选中"颁发的证书"，可以看到刚刚颁发的证书，如图 9.42 所示。

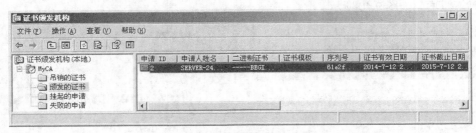

图 9.42　查看刚刚颁发的证书

双击此证书，可以查看证书属性。单击"详细信息"选项卡，可以查看证书的详细信息，如图 9.43 所示。单击"复制到文件"按钮，可以将证书保存为.cer 文件（这里选择 DER 编码二进制 X.509 格式）。

6. 将证书绑定到网站

将申请到的证书绑定到网站即可将该网站部署为基于数字证书的 HTTPS 网站，方法如下。

（1）依次选择"控制面板"→"管理工具"→"IIS 管理器"，打开 IIS 管理器。

（2）右击"默认网站"，选择"属性"，再选择"目录安全性"标签页，如图 9.44 所示。单击"服务器证书"按钮，打开 Web 服务器证书向导。

图 9.43　查看证书详细信息

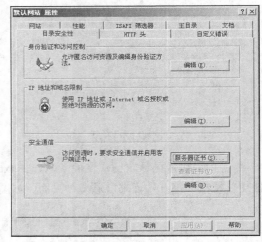

图 9.44　"目录安全性"标签页（2）

（3）单击"下一步"按钮，打开"挂起的证书请求"对话框，如图 9.45 所示。

（4）选择"处理挂起的请求并安装证书"，然后单击"下一步"按钮，打开"处理挂起的请求"对话框，如图 9.46 所示。

（5）选择前面申请到的证书文件"c:\certnew.cer"，然后单击"下一步"按钮，打开"为网站指定 SSL 端口"对话框。保持默认的 443 端口即可。

（6）单击"下一步"按钮，打开"证书摘要"对话框。可以查看证书的摘要信息。单击"下一步"按钮，完成将证书绑定到网站的操作。

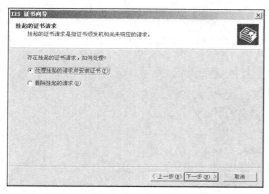

图 9.45　"挂起的证书请求"对话框

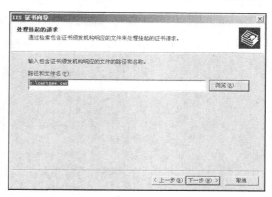

图 9.46　"处理挂起的请求"对话框

7. 启用网站的 HTTPS

打开 IIS 管理器，右击"默认网站"，选择"属性"，再选择"目录安全性"标签页。然后单击"编辑"按钮，打开"安全通信"对话框，如图 9.47 所示。

图 9.47　"安全通信"对话框

选中"要求安全通道（SSL）"和"要求 128 位加密"复选框，然后单击"确定"按钮，即可启用网站的 HTTPS。此时再通过 HTTP 方式已经不能正常访问 HTTPS 网站，如图 9.48 所示。

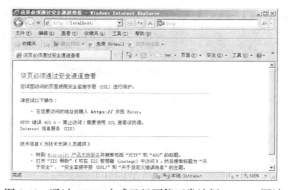

图 9.48　通过 HTTP 方式已经不能正常访问 HTTPS 网站

页面中提示用户"您试图访问的页面使用安全套接字层（SSL）进行保护，在您要访问的地址前键入 https://并按 Enter"。

在创建请求证书文件时曾指定站点公用名称，此时可以通过下面的 URL 访问 HTTPS 网站。

https://站点公用名称

地址栏后面有一个小锁头图标表示该站点已经启用 HTTPS，如图 9.49 所示。

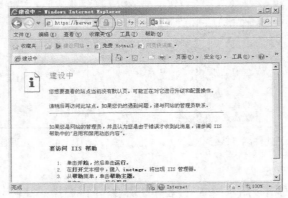

图 9.49　访问 HTTPS 网站

9.3　OpenSSL 编程基础

前面已经介绍了 SSL 的基本概念和应用情况。要在程序中使用 SSL，就需要借助于开放源代码的 SSL 包 OpenSSL。

9.3.1　OpenSSL 概况

OpenSSL 是一个强大的、开源的安全套接字层密码库，它支持 SSL v2/v3 和 TLS（Transport Layer Security，安全传输层协议）v1。

OpenSSL 基于 Eric A. Young 和 Tim J. Hudson 开发的 SSLeay 库。OpenSSL 工具集遵循 Apache 风格的许可协议。也就是说，用户可以免费获得，并将其应用于商业或非商业应用中。

1.　下载和安装 OpenSSL for Windows

访问下面的网址可以下载 OpenSSL for Windows，页面如图 9.50 所示。

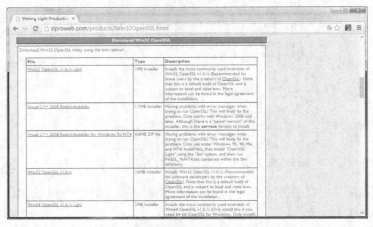

图 9.50　下载 OpenSSL for Windows

http://slproweb.com/products/Win32OpenSSL.html

从表格中下载需要的 OpenSSL 版本。这里建议下载 Win32OpenSSL-1_0_0n，得到 Win32Open SSL-1_0_0n.exe。双击 Win32OpenSSL-1_0_0n.exe，将其安装在 C:\OpenSSL-Win32 目录下。

C:\OpenSSL-Win32 目录下包含的主要目录如下。

- bin，包含一些工具 exe 文件和 dll 文件。
- include，包含 OpenSSL 的头文件（*.h 文件）。
- lib，包含 OpenSSL 的库文件（*.lib 文件）。

2. 在 VC++项目中引用 OpenSSL

首先在 Visual Studio 2012 中选择"文件"→"新建"→"项目"，打开"新建项目"对话框。在左侧列表中依次选择"模板"→"其他语言"/"Visual C++"，在项目类型列表中选择"Win32 控制台应用程序"，项目名输入 OpenSslServer，单击"确定"按钮创建项目。

在菜单中选择"项目"→"OpenSslServer 属性"，打开项目属性对话框。在左侧列表中选中"配置属性"→"VC++目录"，在"包含目录"中增加"C:\OpenSSL-Win32\include;"，在"引用目录"中增加"C:\OpenSSL-Win32\lib;"，在"库目录"中增加"C:\OpenSSL-Win32\lib;"，如图9.51 所示。

图 9.51　配置 VC++目录

经过这样的配置后，编译器就可以顺利地找到 OpenSSL 的头文件和库文件。

9.3.2　需要包含的头文件

要开发 OpenSSL 应用程序，通常需要包含如下的头文件。

```
#include "openssl/ssl.h"
#include "openssl/x509.h"
#include "openssl/rand.h"
#include "openssl/err.h"
```

9.3.3　需要引用的库文件

要开发 OpenSSL 应用程序，通常需要使用下面的语法引用库文件。

```
#pragma comment( lib, "libeay32.lib" )
#pragma comment( lib, "ssleay32.lib" )
#pragma comment (lib,"WS2_32.lib")
```

libeay32.lib 和 ssleay32.lib 保存在 C:\OpenSSL-Win32\lib 目录下。WS2_32.lib 一般由操作系统自带。

9.3.4 初始化 OpenSSL

在开发 OpenSSL 应用程序时，首先需要初始化 OpenSSL。初始化 OpenSSL 需要调用下面 3 个 API。

1. SSL_library_init()

SSL_library_init()用于初始化 SSL 库，注册 SSL/TLS 密码。在开发 OpenSSL 应用程序时，通常最先调用 SSL_library_init()。

2. OpenSSL_add_all_algorithms()

OpenSSL 维护一个内部的摘要算法和密码表，并使用此表查找密码。OpenSSL_add_all_algorithms()用于将所有的算法添加到表中。

3. SSL_load_error_strings ()

SSL_load_error_strings ()提供将错误号解析为字符串的功能。

9.3.5 创建 SSL 会话连接所使用的协议

SSL 会话连接可以选择使用 TLSv1.0、SSLv2 和 SSLv3 协议进行通信。服务器程序可以使用下面的语句指定 SSL 会话所使用的协议。

```
SSL_METHOD *TLSv1_server_method(void);   //使用 TLSv1.0 协议
SSL_METHOD *SSLv2_server_method(void);   //使用 SSLv2 协议
SSL_METHOD *SSLv3_server_method(void);   //使用 SSLv3 协议
SSL_METHOD *SSLv23_server_method(void);  //使用 SSLv2/3 协议
```

客户端程序可以使用下面的语句指定 SSL 会话所使用的协议。

```
SSL_METHOD* TLSv1_client_method(void);   //使用 TLSv1.0 协议
SSL_METHOD* SSLv2_client_method(void);   //使用 SSLv2 协议
SSL_METHOD* SSLv3_client_method(void);   //使用 SSLv3 协议
SSL_METHOD* SSLv23_client_method(void);  //使用 SSLv2/v3 协议
```

客户端和服务器需要使用相同的协议。

以上函数都返回一个 SSL_METHOD *对象。使用不同的协议进行会话，其环境也是不同的。可以调用 SSL_CTX_new()函数申请 SSL 会话环境，函数原型如下。

```
SSL_CTX *SSL_CTX_new(const SSL_METHOD *method);
```

参数 method 是前面申请的 SSL 通信方式。函数返回当前的 SSL 连接环境的指针。

9.3.6 加载和使用证书

在 SSL 握手阶段可以设置证书的验证方式和加载证书。

1. 设置证书验证的方式

可以调用 SSL_CTX_set_verify()函数设置证书验证的方式，函数原型如下。

```
Void SSL_CTX_set_verify(SSL_CTX *ctx, int mode, int (*verify_callback)(int,
X509_STORE_CTX *));
```

参数说明如下。

- ctx，当前的 SSL 连接环境（CTX）指针。

- mode，验证方式。如果要验证对方的证书，则使用 SSL_VERIFY_PEER；如果不需要验证，则使用 SSL_VERIFY_NONE；一般情况下，客户端需要验证对方，而服务器不需要。

- callback，指定处理验证的回调函数，如果没有特殊的需要，使用空指针就可以了。

2. 加载证书

可以调用 SSL_CTX_load_verify_locations()函数加载证书，函数原型如下。

```
int SSL_CTX_load_verify_locations(SSL_CTX *ctx, const char *CAfile,
                                  const char *CApath);
```

参数说明如下。

- ctx，当前的 SSL 连接环境（CTX）指针。
- CAfile，证书文件的名称。
- CApath，证书文件的路径。

如果参数 CAfile 和 CApath 为 NULL 或者处理位置失败，则函数返回 0；如果操作成功，则返回函数 1。

还可以调用 SSL_CTX_use_certificate_file ()函数加载本地证书，函数原型如下。

```
int SSL_CTX_use_certificate_file(SSL_CTX *ctx, const char *file, int type);
```

参数说明如下。

- ctx，当前的 SSL 连接环境（CTX）指针。
- file，证书文件的名称。
- type，证书文件的编码类型。当前证书文件有两种编码类型，即二进制编码（宏定义为 SSL_FILETYPE_ASN1）与 ASCII(Base64) 编码（宏定义为 SSL_FILETYPE_PEM）。

如果操作成功则返回 1。

3. 加载私钥文件

可以调用 SSL_CTX_use_PrivateKey_file()函数加载私钥文件，函数原型如下。

```
int SSL_CTX_use_PrivateKey_file(SSL_CTX *ctx, const char *file, int type);
```

参数说明如下。

- ctx，当前的 SSL 连接环境（CTX）指针。
- file，私钥文件的名称。
- type，私钥文件的编码类型。当前私钥文件有两种编码类型，即二进制编码（宏定义为 SSL_FILETYPE_ASN1）与 ASCII(Base64) 编码（宏定义为 SSL_FILETYPE_PEM）。

如果操作成功则返回 1。

也可以调用 SSL_CTX_check_private_key()函数验证私钥和证书是否相符，函数原型如下。

```
int SSL_CTX_check_private_key(SSL_CTX *ctx)
```

参数 ctx 指定当前的 SSL 连接环境（CTX）指针。

如果成功，则函数返回 1。

9.3.7　SSL 套接字

OpenSSL 的最终的目的是创建 SSL 套接字，并使用 SSL 套接字进行通信。本节介绍与 SSL 套接字有关的 OpenSSL API。

1．SSL_new()

SSL_new()函数用于申请一个 SSL 套接字，函数原型如下。

```
SSL *SSL_new(SSL_CTX *ctx);
```

参数 ctx 指定当前的 SSL 连接环境（CTX）指针。

如果操作成功则返回指向分配的 SSL 结构体的指针；否则返回 NULL。可以将分配的 SSL 结构体绑定到一个套接字，从而得到 SSL 套接字。具体方法将在稍后介绍。

2．SSL_set_rfd ()

SSL_set_rfd ()函数用于绑定只读套接字，函数原型如下。

```
int SSL_set_rfd(SSL *ssl, int fd);
```

参数说明如下。

- ssl，SSL 结构体指针。
- fd，绑定到 ssl 的只读套接字句柄。

如果操作成功则返回 1；否则返回 0。

类似地，可以与使用 SSL_set_wfd()函数绑定只写套接字；使用 SSL_set_fd()函数绑定读写套接字，使用方法与 SSL_set_rfd ()函数相同。

9.3.8　OpenSSL 握手

在成功创建 SSL 套接字后，客户端程序和服务器程序可以通过本节介绍的 API 进行 OpenSSL 握手，建立连接。

1．SSL_connect()

SSL_connect()函数用于初始化与 TLS/SSL 服务器的握手过程，也就是建立于 TLS/SSL 服务器的连接。SSL_connect()函数用于替代传统的 connect()函数。函数原型如下。

```
int SSL_connect(SSL *ssl);
```

参数 ssl 为 SSL 结构体指针。

如果操作成功则返回 1；如果握手失败，但是根据 TLS/SSL 协议关闭了 Socket，则返回 0。如果握手失败，但是并没有关闭 Socket，则返回小于 0 的值。

2．SSL_read()

SSL_read()函数用于从 TLS/SSL 连接读取字节。SSL_read()函数用于替代传统的 read()函数。函数原型如下。

```
int SSL_read(SSL *ssl, void *buf, int num);
```

参数说明如下。

- ssl，SSL 结构体指针。
- buf，用于接收数据的缓存区指针。

- num，指定读取的字节数。

如果操作成功则返回读取的字节数。

3. SSL_write()

SSL_write ()函数用于向 TLS/SSL 连接写入字节。SSL_write ()函数用于替代传统的 write ()函数。函数原型如下。

```
int SSL_write(SSL *ssl, const void *buf, int num);
```

参数说明如下。

- ssl，SSL 结构体指针。
- buf，发送数据的缓存区指针。
- num，指定发送的字节数。

如果操作成功则返回读取的字节数。

4. SSL_accept ()

SSL_accept 函数由服务器程序调用用于等待客户端连接。SSL_accept ()函数用于替代传统的 accept()函数。函数原型如下。

```
int SSL_accept(SSL *ssl);
```

参数 ssl 是 SSL 结构体指针。

SSL_accept()函数依赖底层的 BIO 结构。BIO 是抽象的 I/O 接口，是覆盖了许多类型 I/O 接口细节的一种应用接口。

如果底层的 BIO 是阻塞的，则 SSL_accept()函数只会在握手结束或发生错误时返回；如果底层的 BIO 是非阻塞的，则 SSL_accept()函数还会在底层的 BIO 不能满足 SSL_accept()函数的需要时返回。

如果 TLS/SSL 握手成功完成，则 SSL_accept()返回 1。

9.3.9　通信结束

当通信结束时，需要释放前面申请的 SSL 资源。

1. SSL_shutdown ()

SSL_shutdown()函数用于关闭一个 TLS/SSL 连接。函数原型如下。

```
int SSL_shutdown(SSL *ssl);
```

参数 ssl 是要关闭的 SSL 结构体指针。

如果操作成功，则 SSL_ shutdown()返回 1。

2. SSL_free ()

SSL_shutdown()函数用于释放 SSL 套接字。函数原型如下。

```
void SSL_free(SSL *ssl);
```

参数 ssl 是要释放的 SSL 套接字。

3. SSL_CTX_free ()

SSL_shutdown()函数用于释放 SSL 环境。函数原型如下。

```
void SSL_free(SSL *ssl);
```

参数 ssl 是要释放的 SSL 环境。

9.4 OpenSSL 编程实例

为了让读者体验 OpenSSL 编程的过程，本节介绍一个简单的 OpenSSL 编程实例。本实例包括基于 OpenSSL 的服务器程序和基于 OpenSSL 的客户端程序。服务器程序和客户端程序可以使用 SSL 证书进行身份认证，然后建立连接并进行通信。

9.4.1 制作 SSL 证书

本实例使用自己签发、制作的 SSL 证书进行身份认证。SSL 证书分为 CA 证书、服务器证书和客户端证书。本节介绍使用 OpenSSL 命令行生成 SSL 证书的方法。假定 OpenSSL 安装在 C:\OpenSSL-Win32 目录下，本节使用的命令都工作在 C:\OpenSSL-Win32\bin 目录下。首先打开命令行窗口。然后执行下面的命令，切换到 C:\OpenSSL-Win32\bin 目录下。

```
cd C:\OpenSSL-Win32\bin
```

1. 生成服务器端的私钥文件

使用 openssl genrsa 命令可以生成 rsa 私钥文件。这里执行下面的命令。

```
openssl genrsa -des3 -out server.key 1024
```

参数-des3 指定使用 DES 算法进行加密；参数-out 指定输出生成的私钥文件是 server.key。密钥长度是 1024bit。

执行命令后首先需要输入并确认私钥文件文件的密码，这里假定为 123456。以后在使用到私钥文件 server.key 时需要使用该密码。

2. 生成服务器端的 CSR 文件

使用 openssl req 命令可以生成证书请求，以让 CA 来签发、生成我们需要的证书。这里执行下面的命令。

```
openssl req -new -key server.key -out server.csr -config openssl.cfg
```

参数-new 生成一个新的证书请求，并提示用户输入个人信息；参数-key 指定使用的私钥文件；参数-out 指定输出生成的 CSR 文件是 server.csr。-config 指定使用的配置文件。在有些版本的 OpenSSL 中，配置文件为 openssl.cnf。

执行命令后首先需要输入私钥文件 server.key 的密码 123456，然后输入证书的身份信息，这里假定按下面内容输入。

```
Country Name (2 letter code) [AU]:CN
State or Province Name (full name) [Some-State]:Beijing
Locality Name (eg, city) []:Beijing
Organization Name (eg, company) [Internet Widgits Pty Ltd]:company
Organizational Unit Name (eg, section) []:department
Common Name (e.g. server FQDN or YOUR name) []:Johney
Email Address []:my@email.com
```

请记录下证书的身份信息，因为后面还会用到这些信息。

3. 生成 CA 证书

可以使用 CA 证书对 CSR 文件进行签名，得到服务器证书和客户端证书。因此需要首先生成 CA 证书。执行下面的命令。

```
openssl req -new -x509 -keyout ca.key -out ca.crt -config openssl.cfg
```

命令可以生成一个私钥文件 ca.key 和一个证书文件 ca.crt。执行命令后首先需要输入私钥文件 ca.key 的密码 0000，然后输入证书的身份信息，这里假定与第 2 步中输入的内容完全相同。因为在使用 CA 证书对 server.csr 文件进行签名时需要比对两者中包含的身份信息。在有些版本的 OpenSSL 中，配置文件为 openssl.cnf。

4. 生成客户端的私钥文件

使用 openssl genrsa 命令可以生成 rsa 私钥文件。这里执行下面的命令。

```
openssl genrsa -des3 -out client.key 1024
```

执行命令后首先需要输入并确认私钥文件文件的密码，这里假定为 123456。以后在使用到私钥文件 client.key 时需要使用该密码。

5. 生成客户端的 CSR 文件

执行下面的命令。

```
openssl req -new -key client.key -out client.csr -config openssl.cfg
```

执行命令后首先需要输入私钥文件 client.key 的密码 123456，然后输入证书的身份信息，这里假定与第 2 步中输入的内容完全相同。

6. 生成服务器端证书文件

可以使用 CA 证书对第 2 步中生成的 server.csr 文件进行签名，得到服务器端证书文件 server.crt。使用的命令如下。

```
openssl ca -in server.csr -out server.crt -cert ca.crt -keyfile ca.key -config openssl.cfg
```

同样，在有些版本的 OpenSSL 中，配置文件为 openssl.cnf。

在执行命令时需要首先输入 ca.key 的密码 0000。执行命令的过程中，如果有如下错误提示。

```
I am unable to access the ./demoCA/newcerts directory ./demoCA/newcerts: No such file or directory
```

解决方法如下。

（1）在 C:\OpenSSL-Win32\bin 目录下新建一个子目录 demoCA。

（2）在 demoCA 目录下新建一个子目录 newCerts。

（3）在 demoCA 目录中新建一空文件 index.txt 和 serial 文件（没有后缀）。

（4）以记事本方式打开 serial 文件，填入 01 这两个数字，然后保存。

完成以上的步后再执行前面的签名语句，就可以成功生成服务器端证书文件了。

7. 生成客户端证书文件

生成客户端证书文件的命令如下。

```
openssl ca -in client.csr -out client.crt -cert ca.crt -keyfile ca.key -config openssl.cfg
```

在执行命令时需要首先输入 ca.key 的密码 0000。执行命令的过程中，如果遇到错误，可以参照第 6 步中的方法解决。

9.4.2　开发基于 OpenSSL 的服务器程序

本节介绍一个基于 OpenSSL 的服务器的设计过程。本实例是一个 Win32 控制台应用程序，名称为 OpensslServer。本实例基于 OpenSSL for Windows，请参照 9.3.1 小节下载、安装 OpenSSL for Windows，然后在 OpensslServer 中引用 OpenSSL。

1.　本实例包含的头文件
本实例包含的头文件如下。

```
#include<stdio.h>
#include <conio.h>
#include "stdafx.h"
#include "afxdialogex.h"

#include <string.h>
#include <iostream>
#include <winsock2.h>
#include "openssl/ssl.h"
#include "openssl/x509.h"
#include "openssl/rand.h"
#include "openssl/err.h"
```

Openssl 是 C:\OpenSSL-Win32\include 下的子目录。

2.　本实例包含的库文件
本实例需要使用下面的语句引用库文件。

```
#pragma comment( lib, "libeay32.lib" )
#pragma comment( lib, "ssleay32.lib" )
#pragma comment (lib,"WS2_32.lib")
```

3.　定义常量
本实例定义的常量如下，请参照注释理解。

```
#define   ServerCertFile  "server.crt" //服务端的证书(需经 CA 签名)
#define   ServerKeyFile  "server.key"  //服务端的私钥(建议加密存储)
#define   CACertFile  "ca.crt"          //CA 的证书
#define   Port   8989                   //准备绑定的端口
```

还包含一些对错误信息进行处理的宏定义，代码如下。

```
/*错误信息处理*/
#define   CHK_NULL(param)    if((param)==NULL) { ERR_print_errors_fp(stdout);
getchar();exit (1); }
#define   CHK_ERR(err,msg) if((err)==-1) { perror(msg); getchar(); exit(1); }
#define   CHK_SSL(err)  if((err)==-1) { ERR_print_errors_fp(stderr); exit(2); }

/*错误信息处理*/
#define   CHK_NULL(param)    if((param)==NULL) { ERR_print_errors_fp(stdout);
getchar(); exit (1); }
#define   CHK_ERR(err,msg) if((err)==-1) { perror(msg); getchar(); exit(1); }
#define   CHK_SSL(err)  if((err)==-1) { ERR_print_errors_fp(stderr); getchar();
exit(2); }
```

ERR_print_errors_fp()函数用于打印 SSL 的错误信息。Perror 函数用于将上一个函数发生错误的原因输出到标准错误（stderr）。

4. 初始化 SSL 环境

下面的代码都定义在主函数_tmain()函数中。初始化 SSL 环境的代码如下。

```
WSADATA wsaData;
if(WSAStartup(MAKEWORD(2,2),&wsaData) != 0)
{
printf("WSAStartup() Failed:%d\n",GetLastError());
return -1;
}
/*
初始化 SSL 环境;
*/
SSL_library_init(); //SSL 库初始化,进行一些必要的初始化工作,用 openssl 编写 SSL/TLS 程
序时//应该首先调用此函数; 也可写成 OpenSSL_add_all_algorithms();即载入所有 SSL 算法,即
//SSleay_add_ssl_algorithms(),其实调用的仍是 SSL_library_init()
OpenSSL_add_ssl_algorithms(); //对 SSL 进行初始化,其实调用 int SSL_library_init
(void), //这是一个宏
SSL_load_error_strings(); //加载 SSL 错误信息,为打印错误信息做准备
const SSL_METHOD* method = TLSv1_server_method(); //服务器创建本次会话（通信）所使
用的//协议: TLSv1 协议方式;SSLv23_server_method()则是以 SSL V2 和 V3 标准兼容方式
sslCTX = SSL_CTX_new (method);//申请 SSL 会话的环境 CTX(使用不同的协议进行会话,其环境
也是//不同的)
CHK_NULL(sslCTX);
```

请参照注释理解。

5. 加载服务器端证书

在进行通信时，服务器端需要使用证书证明自己的身份，加载服务器端证书的代码如下。

```
/*制定证书验证方式。
根据需要设置 CTX 环境的属性,一般是设置 SSL 握手阶段证书的验证方式。
SSL_VERIFY_PEER 表明要验证对方, SSL_VERIFY_NONE(缺省)则表明需要验证对方。
一般客户端需要验证服务器,而服务器无需验证客户端, 当然如果是相互认证, 则双方都得验证,如下。
*/
SSL_CTX_set_verify(sslCTX,SSL_VERIFY_PEER,NULL); //第三个参数是处理验证的回调函数,
若无特殊需要, 使用 NULL 即可

/*加载 CA 证书。
为 SSL 会话环境加载 CA 证书:若要验证,则需加载 CA 证书文件, 第二参数为 CA 证书文件名。
第三参数为 CA 证书的路径,如果第二个参数已经给出的带有相对路径(当前工程, 或本应用程序(*.exe)
的同一目录)或是绝对路径, 第三参数可设为 NULL。
*/
SSL_CTX_load_verify_locations(sslCTX,CACertFile,NULL);

/*为 SSL 会话加载用户证书。
加载本地证书,第二参数为本地证书(server.crt)文件名,第三参数为证书文件的结构类型。
#define X509_FILETYPE_PEM 1
#define X509_FILETYPE_ASN1 2
#define X509_FILETYPE_DEFAULT 3
```

```
        失败返回-1;5
     */
      if (SSL_CTX_use_certificate_file(sslCTX, ServerCertFile, X509_FILETYPE_PEM) <= 0)
      {
             ERR_print_errors_fp(stderr);
          getchar();
             exit(3);
      }
     // 加载私钥文件
      if (SSL_CTX_use_PrivateKey_file(sslCTX, ServerKeyFile, SSL_FILETYPE_PEM) <= 0)
      {
      ERR_print_errors_fp(stderr);
         getchar();
      exit(4);
      }

     /*
     加载了证书与私匙后，便可验证证书与私匙是否相符。
     */
      if (!SSL_CTX_check_private_key(sslCTX))
      {
      printf("Private key does not match the certificate public key\n");
      exit(5);
      }
     /* 设置加密列表。
     根据 SSL/TLS 规范,客户端会提交一份自己能够支持的加密方法的列表,由服务端选择一种方法后会通知
     客户端，从而完成加密算法的协商。
     如果不做任何指定,将选用 DES-CBC3-SHA.用 SSL_CTX_set_cipher_list 可以指定自己希望用的算
     法(实际上只是提高其优先级,是否能使用还要看对方是否支持)。
     这里使用"RC4-MD5";即 RC4 做加密,MD5 做消息摘要(先进行 MD5 运算,后进行 RC4 加密)。
     */
      SSL_CTX_set_cipher_list(sslCTX,"RC4-MD5");
```

加载服务器端证书的过程如下。

（1）调用 SSL_CTX_set_verify()函数设置证书验证方式。参数 SSL_VERIFY_PEER 表示希望
验证对方的证书。

（2）调用 SSL_CTX_use_certificate_file()函数加载服务器端证书。注意，运行服务器程序之前，
需要将 ca.crt,server.crt,server.key 三个文件复制到本实例的可执行文件目录下，以便程序可以找到
它们。

（3）调用 CTX_use_PrivateKey_file ()函数加载服务器端私钥文件 server.key。程序运行到此处
会要求用户输入 server.key 的密码 123456。

（4）调用 SSL_CTX_check_private_key()函数验证证书与私匙是否相符。

（5）调用 SSL_CTX_set_cipher_list ()函数设置证书验证方式。

6. 正常的 Socket 通信

现在证书已经准备好了，可以进行 Socket 通信了。在 SSL 通信之前，客户端程序需要创建一
个普通的 Socket，然后使用该 Socket 连接到服务器程序，代码如下。

```
/*现在开始正常的 TCP Socket 过程*/
printf("Server begin TCP socket...\n");
```

```
// 创建一个普通的 Socket
int listenSocket = socket(AF_INET, SOCK_STREAM, 0);
CHK_ERR(listenSocket, "Socket created Failed!");

struct sockaddr_in serverAddr;
memset(&serverAddr, 0, sizeof(serverAddr));
serverAddr.sin_family = AF_INET;
serverAddr.sin_addr.s_addr = INADDR_ANY;
serverAddr.sin_port = htons(Port);
//将本地地址与 Socket 绑定在一起
errRes = bind(listenSocket, (struct sockaddr*)&serverAddr,sizeof(serverAddr));
CHK_ERR(errRes, "Bind Failed!");
// 将套接字设置为监听接入连接的状态
errRes = listen(listenSocket, 5); //第二参数为最大等待连接数，1～5 之间
CHK_ERR(errRes, "Listen Failed!");
struct sockaddr_in clientAddr;
int clientAddrLen = sizeof(clientAddr);
// 将套接字设置为监听接入连接的状态
connectSocket = accept(listenSocket, (sockaddr*)&clientAddr, &clientAddrLen);
//此 socket:connectSocket 可用来在服务端和客户端之间的传递信息
CHK_ERR(connectSocket, "Accept Failed!");
closesocket(listenSocket);//关闭服务端的 socket，不再连接新的客户端;在多线程服务端, 不
关闭//此侦听 socket

printf ("Connection    from    %lx,    port    %x\n",clientAddr.sin_addr.s_addr,
clientAddr.sin_port);
```

可以参照第 5 章理解上面使用的函数。

7. SSL 通信

TCP 连接已建立后，就可以进行 SSL 通信了，代码如下。

```
printf("Begin server side SSL negotiation...\n");

//建立 SSL 套接字:SSL 套接字是建立在普通的 TCP 套接字基础之上
sslSocket = SSL_new (sslCTX);//申请一个 SSL 套接字
CHK_NULL(sslSocket);

SSL_set_fd (sslSocket, connectSocket);//绑定读写套接字； SSL_set_rfd()只读；
//SSL_set_wfd(SSL *ssl,int fd)只写
errRes = SSL_accept (sslSocket);//完成握手过程;客户端使用 SSL_connect(SSL *ssl),服
务端//使用 SSL_accept(SSL *ssl)
printf("SSL_accept finished!\n");
CHK_SSL(errRes);

//打印所有加密算法的信息(可选)
printf ("SSL connection using %s\n", SSL_get_cipher(sslSocket));

/*握手过程完成之后，通常需要询问通信双方的证书信息，以便进行相应的验证*/
X509* X509_ClientCert = SSL_get_peer_certificate(sslSocket);//SSL 套接字中提取对
方的//证书信息整理成 X509 对象，这些信息已经被 SSL 验证过了
```

```
    if (X509_ClientCert != NULL)
    {
     printf ("Client certificate:\n");

     //X509_NAME_oneline()将对象变成字符型,以便打印出来,下同
     char* subjectName = X509_NAME_oneline (X509_get_subject_name (X509_ClientCert),
0, 0);//X509_get_subject_name (client_cert)得到证书所有者的名字
     CHK_NULL(subjectName);
     printf ("\t subject: %s\n", subjectName);

     char* issuerName = X509_NAME_oneline (X509_get_issuer_name (X509_ClientCert),
0, 0);//X509_get_issuer_name (X509_ClientCert)得到证书签署者(往往是CA)的名字,参数可用通过
//SSL_get_peer_certificate()得到的 X509 对象
     CHK_NULL(issuerName);
     printf ("\t issuer: %s\n", issuerName);

     //验证完成后,可以将证书释放,因为已经通过验证了,下面要做的事就是 SSL 通信了
     X509_free (X509_ClientCert);//如不再需要,需将证书释放
    }
    else
    {
     printf ("Client does not have certificate!\n");
    }


    /*开始 SSL 通信。
     当 SSL 握手完成之后,就可以进行安全的数据传输了,在数据传输阶段,需要使用 SSL_read()和
SSL_write()来替代传统的 read()和 write()函数,来完成对套接字的读写操作。
    */
    printf("Begin SSL data exchange...\n");
    char buffer[4096] = {};
    int res = SSL_read (sslSocket, buffer, sizeof(buffer)/sizeof(char) - 1);
    CHK_SSL(res);
    buffer[res] = '\0';
    printf ("Recv %d characters: '%s'\n", res, buffer);

    res = SSL_write (sslSocket, "Server Say: I hear you,client!", strlen("Server Say:
I hear you,client!"));
    CHK_SSL(res);
```

SSL 通信的过程如下。

（1）调用 SSL_new ()函数申请一个 SSL 套接字 sslSocket。

（2）调用 SSL_set_fd ()函数将 SSL 套接字 sslSocket 绑定到读写套接字 connectSocket。

（3）调用 SSL_accept ()函数等待客户端连接。

（4）调用 SSL_get_peer_certificate()函数从 SSL 套接字中提取对方的证书信息，然后打印证书信息。

（5）调用 X509_get_issuer_name()函数得到客户端证书的签署者，然后将其打印。

（6）调用 X509_free()函数将证书释放。

（7）调用 SSL_read()函数读取来自客户端的数据，然后将其打印。

（8）调用 SSL_write()函数向客户端发送数据 "Server Say: I hear you,client!"。

8. 结束 SSL 通信, 释放资源

当客户端和服务器之间的数据通信完成之后，执行下面的语句来释放已经申请的 SSL 资源。

```
res = SSL_shutdown(sslSocket);//通知关闭 SSL 套接字,当单向关闭时,返回值 res 等于 1;如果
需要双向关闭,则返回值 res 等于 0
    if(!res)  //再次调用关闭(双向关闭时须再次调用)
    {
     shutdown(connectSocket,1);
     res = SSL_shutdown(sslSocket);
    }
    switch(res)
    {
     case 1:
      break;
     case 0:
     case -1:
     default:
      perror("Shutdown failed!");
      exit(-1);
    }

    SSL_free (sslSocket);//释放 SSL 套接字
    SSL_CTX_free(sslCTX);//释放 SSL 会话环境
    WSACleanup();//结束 Windows Sockets DLL 的使用
    getchar();    //暂停，等待用户输入
       return 0;
```

请参照注释理解。

运行服务器程序，当有客户端程序连接到服务器时，服务器程序的运行界面如图 9.52 所示。

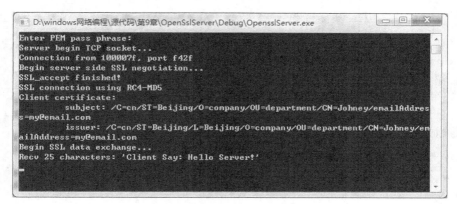

图 9.52　服务器程序的运行界面

9.4.3　开发基于 OpenSSL 的客户端程序

本节介绍一个基于 OpenSSL 的客户端程序的设计过程。本实例是一个 Win32 控制台应用程序，名称为 OpensslClient。本实例基于 OpenSSL for Windows，请参照 9.3.1 小节下载、安装 OpenSSL for Windows，然后在 OpensslClient 中引用 OpenSSL。

本实例包含的头文件和库文件的方法与 9.4.2 小节相似，请参照理解。

1. 定义常量

本实例定义的常量如下，请参照注释理解。

```
#define  ClientCertFile  "client.crt" //客户端的证书(需经 CA 签名)
#define  ClientKeyFile   "client.key" //客户端的私钥(建议加密存储)
#define  CACertFile      "ca.crt"      //CA 的证书
#define  Port      8989                //服务端的端口
#define  ServerAddress  "127.0.0.1"    //服务端的 IP 地址
```

还包含一些对错误信息进行处理的宏定义，代码与服务器程序相同，请参照 9.4.2 小节理解。

2. 初始化 SSL 环境

下面的代码都定义在主函数_tmain()函数中。初始化 SSL 环境的代码与服务器程序相同，请参照 9.4.2 小节理解。

3. 加载客户端证书

在进行通信时，客户端需要使用证书证明自己的身份，加载客户端证书的代码如下。

```
//制定证书验证方式
SSL_CTX_set_verify(sslCTX,SSL_VERIFY_PEER,NULL);
//加载 CA 证书
SSL_CTX_load_verify_locations(sslCTX,CACertFile,NULL);

//为 SSL 会话加载用户（client.crt）证书
if (SSL_CTX_use_certificate_file(sslCTX, ClientCertFile, SSL_FILETYPE_PEM) <= 0)
{
ERR_print_errors_fp(stderr)
exit(-2);
}

//为 SSL 会话加载用户私钥（client.key）
if (SSL_CTX_use_PrivateKey_file(sslCTX, ClientKeyFile, SSL_FILETYPE_PEM) <= 0)
{
ERR_print_errors_fp(stderr);
  getchar();
exit(-3);
}

//验证证书与私匙是否相符
if (!SSL_CTX_check_private_key(sslCTX))
{
printf("Private key does not match the certificate public key!\n");
  getchar();
exit(-4);
}
```

加载服务器端证书的过程如下。

（1）调用 SSL_CTX_set_verify()函数设置证书验证方式。参数 SSL_VERIFY_PEER 表示希望希望验证对方的证书。

（2）调用 SSL_CTX_use_certificate_file 函数加载客户端证书。注意，运行客户端程序之前，需要将 ca.crt,client.crt,client.key 三个文件复制到本实例的可执行文件目录下，以便程序可以找到它们。

（3）调用 CTX_use_PrivateKey_file ()函数加载服务器端私钥文件 client.key。程序运行到此处会要求用户输入 client.key 的密码 123456。

（4）调用 SSL_CTX_check_private_key()函数验证证书与私匙是否相符。

（5）调用 SSL_CTX_set_cipher_list ()函数设置证书验证方式。

4. 正常的 Socket 通信

现在证书已经准备好了，可以进行 Socket 通信了。在 SSL 通信之前，需要创建一个普通的 Socket，然后在该 Socket 上连接服务器，代码如下。

```
//构建随机数生成机制,WIN32 平台必需
srand( (unsigned)time( NULL ) );
int seed_int[100]; //存放随机序列
for( int i = 0; i < 100;i++ )
{
 seed_int[i] = rand();
}
RAND_seed(seed_int, sizeof(seed_int)/sizeof(int));


/*现在开始正常的 TCP Socket 过程*/
printf("Client begin tcp socket...\n");

connectSocket = socket(AF_INET, SOCK_STREAM, 0);
CHK_ERR(connectSocket, "Socket created Failed!");

struct sockaddr_in serverAddr;
memset(&serverAddr, 0, sizeof(serverAddr));
serverAddr.sin_family = AF_INET;
serverAddr.sin_addr.s_addr = inet_addr(ServerAddress); //Server IP
serverAddr.sin_port = htons(Port); //Server Port

errRes = connect(connectSocket, (sockaddr*)&serverAddr,sizeof(serverAddr));
CHK_ERR(errRes,"Connect Failed!");
```

可以参照第 5 章理解上面使用的函数。

在 Win32 的环境中客户端程序运行时出错（SSL_connect 返回-1）的一个主要原因是与 UNIX 平台下的随机数生成机制不同（握手的时候用得到）。解决办法就是调用 RAND_seed()函数构建随机数生成机制。RAND_seed()函数有 2 个参数：第 1 个为一随机的字符串，作为种子（seed）；第 2 个参数指定种子数据的长度。

5. SSL 通信

TCP 连接已建立后，就可以进行 SSL 通信了，代码如下。

```
/*TCP 连接已建立,开始进行服务端的 SSL 过程. */
printf("Begin client SSL negotiation... \n");

sslSocket = SSL_new (sslCTX); //申请一个 SSL 套接字
CHK_NULL(sslSocket);

SSL_set_fd (sslSocket, connectSocket);//绑定读写套接字
errRes = SSL_connect(sslSocket);//完成握手过程
CHK_SSL(errRes);
```

```
//打印所有加密算法的信息
printf ("SSL connection using %s\n", SSL_get_cipher (sslSocket));

/*询问通信双方的证书信息,以便进行相应的验证*/
X509*  X509_ServerCert = SSL_get_peer_certificate(sslSocket); //提取对方(服务器)
的证书信息并将其整理成 X509 对象
CHK_NULL(X509_ServerCert);

printf ("Server certificate:\n");
char* subjectName = X509_NAME_oneline (X509_get_subject_name (X509_ServerCert),
0,0);//X509_get_subject_name (client_cert)得到证书所有者的名字
CHK_NULL(subjectName);
printf ("\t subject: %s\n", subjectName);

char* issuerName = X509_NAME_oneline (X509_get_issuer_name (X509_ServerCert),
0,0);//X509_get_issuer_name (X509_ClientCert)得到证书签署者(往往是 CA)的名字;
CHK_NULL(issuerName);
printf ("\t issuer: %s\n", issuerName);

X509_free (X509_ServerCert); //如不再需要,释放证书

/*开始 SSL 通信。
数据交换开始,用 SSL_write(),SSL_read()代替 write(),read()。
*/
printf("Begin SSL data exchange...\n");
int res = SSL_write(sslSocket, "Client Say: Hello Server!", strlen("Client Say:
Hello Server!"));
CHK_SSL(res);
char buffer[4096] = {};
res = SSL_read (sslSocket, buffer, sizeof(buffer)/sizeof(char) - 1);
CHK_SSL(res);

buffer[res] = '\0';
printf ("Recv %d characters:'%s'\n", res, buffer);
```

SSL 通信的过程如下。

（1）调用 SSL_new ()函数申请一个 SSL 套接字 sslSocket。

（2）调用 SSL_set_fd ()函数将 SSL 套接字 sslSocket 绑定到读写套接字 connectSocket。

（3）调用 SSL_connect ()函数连接到服务器程序。

（4）调用 SSL_get_peer_certificate()函数从 SSL 套接字中提取对方（服务器）的证书信息，然后打印证书信息。

（5）调用 X509_get_issuer_name()函数得到客户端证书的签署者，然后将其打印。

（6）调用 X509_free ()函数将证书释放。

（7）调用 SSL_write ()函数向服务器发送数据 "Client Say: Hello Server!"。

（8）调用 SSL_read ()函数读取来自服务器的数据，然后将其打印。

6. 结束 SSL 通信,释放资源

当客户端和服务器之间的数据通信完成之后，会释放已经申请的 SSL 资源。代码与服务器程序相同，请参照 9.4.2 小节理解。

习　题

一、选择题

1. SSL 协议位于（　　　）协议与各种应用层协议之间。

　A．HTTP　　　　　　B．TCP/IP　　　　　C．HTML　　　　　　　D．UDP

2. 下面不属于基于 SSL 的应用层协议的是（　　　）。

　A．HTTPS　　　　　　B．POP3S　　　　　　C．OpenSSL　　　　　D．FTPS

3. 数字证书由一个权威机构——（　　　）机构发行的。

　A．AA　　　　　　　　B．BA　　　　　　　　C．CA　　　　　　　　D．DA

4. 函数用于申请一个 SSL 套接字（　　　）。

　A．newSSL()　　　　　B．SSL_new()　　　　C．createSSL()　　　　D．createSSLSocket()

二、填空题

1. SSL 是____【1】____的缩写，它是用于在 Web 服务器和浏览器之间建立加密连接的标准安全技术。

2. ____【2】____函数用于初始化与 TLS/SSL 服务器的握手过程，也就是建立于 TLS/SSL 服务器的连接。

3. ____【3】____是一个强大的、开源的安全套接字层密码库，它支持 SSL v2/v3 和 TLS（Transport Layer Security，安全传输层协议）v1。

三、简答题

1. 简述 CA 机构签发数字证书的结构。

2. 简述什么是根证书。

3. 简述采用数字签名能够确认哪些信息。

第 10 章
基于 WinPcap 的网络数据包捕获、过滤和分析技术

在当今的互联网时代里，网络中丰富多彩的各种应用已经彻底改变了人们的工作和生活方式。Internet 在给人们带来方便的同时，也给网络管理员带了一些困扰。比如，一些单位的员工在工作期间炒股、玩网络游戏、使用 BT 软件下载大容量资源、观看在线视频等，这些都严重影响了员工的正常工作，而且占用了有限的带宽资源，甚至导致一些业务系统无法正常工作。面对这些问题，网络管理员往往没有确切的证据证明谁在什么时间做了哪些违规的操作。本章介绍基于 WinPcap 技术的网络数据包捕获、过滤和分析技术。如果在网络出口位置对网络中的数据包进行捕获和分析，就可以统计出哪个 IP 地址的流量最大、这些流量都是基于哪些协议和应用的、产生这些流量的时间等，有了这些"铁证"，对违规行为进行管理也就变得简单多了。

10.1　WinPcap 技术基础

WinPcap 是 Windows 平台下访问网络中数据链路层的开源库，它已经达到工业标准的应用要求，是非常成熟、实用的捕获与分析网络数据包的技术。本节首先介绍 WinPcap 技术的基础知识，为使用 WinPcap 接口开发应用程序奠定基础。

10.1.1　WinPcap 的体系结构

WinPcap 是 Windows Packet Capture 的缩写，即 Windows 平台下的网络数据包捕获库。它可以独立于 TCP/IP 发送和接收原始数据包，其主要功能如下。

- 绕开网络协议栈捕获网络数据包，支持远程数据包捕获功能。
- 在数据包发送到应用程序之前，按照指定的规则实现核心层数据包过滤。
- 在网络上发送原始数据包。
- 收集网络通信过程中的统计信息。

WinPcap 的体系结构如图 10.1 所示。

WinPcap 的体系结构包含 3 个层次，即网络、核心层和用户层。

- 网络：代表网络中数据包。
- 核心层：其中包含 NPF 模块和 NIC 驱动器。NPF（Netgroup Packet Filter，网络组包过滤）是 WinPcap 的核心部分，它用于处理网络上传输的数据包，并对用户级提供捕获、发送和分析数

据包的能力；NIC（Network Interface Card，网络适配器）驱动器直接管理网络接口卡，NIC 驱动器接口可以直接从硬件控制处理中断、重设 NIC、暂停 NIC 等；NDIS（Network Driver Interface Specification，网络驱动接口规范）是定义网络适配器和协议驱动（TCP/IP 实现的）之间的通信的标准。

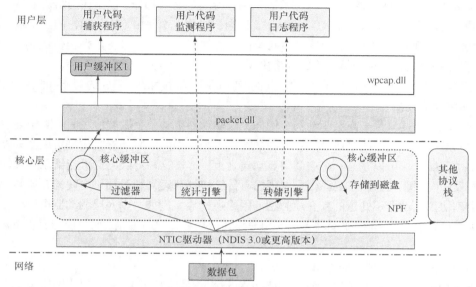

图 10.1　WinPcap 体系结构

- 用户层：其中包含用户代码以及 wpcap.dll 和 packet.dll 两个动态链接库。

在图 10.2 中使用比较简洁的方式来描述 WinPcap 体系结构。

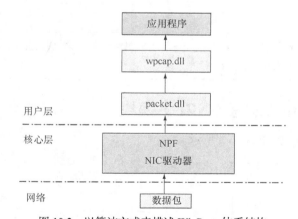

图 10.2　以简洁方式来描述 WinPcap 体系结构

WinPcap 体系结构中各模块的基本功能将在接下来的小节中介绍。

10.1.2　NIC 驱动器和 NDIS

NDIS 是定义网络适配器和协议驱动器之间通信的标准，使用 NDIS 可以允许协议驱动器在网络上发送和接收数据包，而不需要关注使用的适配器和操作系统。

NDIS 支持 3 种类型的网络驱动器。

1. 网络接口卡和 NIC 驱动器

NIC 驱动器可以直接管理网络接口卡。它的下端接口与硬件关联，而其上端接口允许高层向网络中发送数据包、处理中断、重置网络适配器、中止网络适配器以及查询和设置驱动器的操作属性。NIC 驱动器可以是微端口，也可以是传统的完全 NIC 驱动器。

- 微端口仅实现硬件指定的、用于管理网络适配器的必要操作，包括在网络适配器上发送和接收数据。大多数最低层 NIC 驱动器的操作（如同步操作）都是由 NDIS 操作的。微端口不会直接调用操作系统例程，NDIS 是微端口访问操作系统的接口。微端口将数据包传送到 NDIS，而 NDIS 确保这些数据包会传送给正确的网络协议。

- 完全 NIC 驱动器用于执行硬件指定的操作以及所有由 NDIS 完成的同步和队列操作。

2. 中间层驱动器

中间层驱动器接口位于高层驱动器（例如协议驱动器）和一个微端口之间。对于高层驱动器而言，中间层驱动器就像微端口一样；而在微端口看来，中间层驱动器就像是协议驱动器。

一个中间层协议可以在另一个中间层驱动器之上，尽管这种分层方法可能给系统性能带来副作用。开发中间层驱动器的主要原因是实现已有传统协议驱动器和微端口之间的介质转换，这样就可以管理协议驱动器不知道的新介质类型的网络适配器。例如，中间层驱动器可以将 LAN 协议转换为 ATM 协议。中间层驱动器无法与用户模式应用程序进行通信，而只能与其他 NDIS 驱动器通信。

3. 传输驱动器或者协议驱动器

协议驱动器用于实现网络协议栈，例如 IPX/SPX 或者 TCP/IP，它可以为网络适配器提供服务。协议驱动器为其上层的应用程序层的客户端提供服务，并且与其下层的 NIC 驱动器或者中间 NDIS 驱动器相连。

NPF 是协议驱动器的一种实现。从性能的角度来看，这并不是最佳的选择。但它允许独立于 MAC 层完全访问裸流量。

不同的 Win32 操作系统拥有不同的 NDIS 版本。在 Windows 7 中使用 NDIS 6.2，而 Windows 2000 中使用 NDIS 5。

10.1.3 网络组包过滤（NPF）模块

NPF 在核心层中的位置如图 10.3 所示。

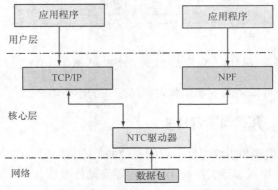

图 10.3 NPF 在核心层中的位置

NPF 与操作系统之间的交互通常是异步的。也就是说，驱动器提供一系列的回调函数，当一些操作需要 NPF 时，系统会调用这些回调函数。NPF 为应用程序的所有 I/O 操作导出回调函数，包括打开、关闭、读、写和 I/O 控制等。

NPF 与 NDIS 之间的交互也是异步的。比如，当有一个新的数据包到达时，将产生一个事件通过回调函数通知 NPF。而且 NDIS 和 NIC 驱动器之间交互总是通过非阻塞函数进行的：当 NPF 调用一个 NDIS 函数时，函数会立即返回；处理结束后，NDIS 将调用指定的 NPF 回调，通知函数已经完成。驱动器会为每个底层操作导出一个回调，比如发送数据包、设置或请求 NIC 的参数等。

再回到图 10.1 中，在核心层中可以看到 NPF 的细节。其中包含 4 个主要功能，即数据的捕获和过滤、监测和统计、转储到磁盘以及数据包发送。

1. 数据包的捕获和过滤

捕获数据包是 WinPcap 的核心技术。在捕获时，驱动器使用网络接口嗅探数据包，并把它们完整地传送到用户层应用程序。

可以看到，捕获数据包时使用了两个组件，即过滤器和核心缓冲区。

过滤器可以决定一个数据包是否要被接收和复制到监听应用程序。网络中的数据流量相当大，如果不加过滤直接把所有数据包传送到用户层应用程序，则会给应用程序带来很大的负载，使应用程序的工作效率大受影响。事实上，大多数使用 NPF 的应用程序拒绝的数据包远远多于其接受的数据包。数据包过滤器是一个返回布尔值的函数，它以接收到的数据包为参数。如果函数返回 TRUE，则驱动器会将数据复制到用户层应用程序；否则会直接丢弃该数据包。

核心缓冲区用来保存数据包，避免出现丢包的情况。如果网络中的数据流量很大，则 NPF 很可能无法及时地把通过过滤器的数据包复制到用户应用程序。如果没有缓冲区，那么在新的数据包到达后，NPF 就必须把未传送的数据包丢弃，这会影响用户应用程序的分析结果。

用户缓冲区的大小非常重要，它决定了一个系统调用一次可以从内核空间中复制到用户空间的最大数据量。

另外，系统调用一次可以从内核空间中复制到用户空间的最小数据量也是极其重要的。如果这个值很大的话，内核需要等待若干个数据包到达后才能把数据复制到用户空间中去。这样会减少系统调用的次数，从而占用较少的 CPU 利用率，但这是以牺牲程序的实时性为代价的。在配置这个值时，用户必须在高效率和高响应性上做出选择。

在 wpcap.dll 中包含用来设置读取操作超时时间和传递给应用程序的最小数据量值的系统调用。在默认情况下，读操作的超时时间为 1 秒钟，内核复制给应用程序的最小数据量为 16KB。

2. 监测和统计

NPF 中包含一个可编程的监测模块，它可以对网络流量进行简单的统计和计算。不需要把数据包复制到用户层应用程序，只要简单地接收和显示从监测引擎获得的结果即可收集到统计信息。不需要捕获数据包，也就避免了捕获过程中可能耗费的 CPU 和内存资源。

监测引擎由一个带有计数器的分类器构成。NPF 中的一个过滤引擎对数据包进行分类，没有被过滤掉的数据会进入计数器。计数器拥有一些变量，用于保存接收到的数据和过滤器接收的字节数。每当有新的数据包进入时，这些变量的值都会被更新。监测引擎会定期将这些变量的值传递给用户层应用程序，传递的时间可以由用户自行配置。

3. 转储到磁盘

该功能允许用户直接在内核模式下将网络数据保存到磁盘上，而不需要把数据包复制到用户层应用程序，再由应用程序将数据保存到磁盘上。

图 10.4 演示了使用传统方式保存数据包和采用转储技术保存数据包的区别。

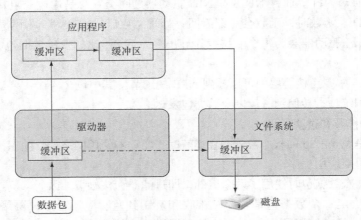

图 10.4　使用传统方式保存数据包和采用转储技术保存数据包的区别

图中实线箭头描述了传统方式保存数据包的流程。首先数据包被捕获并保存到驱动器的缓冲区中；然后传送到捕获数据的应用程序，被保存在缓冲区中；再传送到应用程序中用于写文件的标准输入输出缓冲区中；最后被传送到文件系统缓冲区中，并写入磁盘。

当处于内核级的 NPF 流量记录功能被启用后，驱动器会直接与文件系统通信，将数据通过图中虚线箭头的路径直接发送到文件系统的缓冲区中。这种方式只需要一个缓冲区，数据也只被复制一次，减少了系统调用的次数，因此具有更好的性能。

4. 数据包发送

NPF 允许将一个原始数据包发送的网络上。要实现此功能，需要用户层的应用程序在 NPF 设备文件上执行一个 WriteFile() 的系统调用。数据被发送到网络上时并不会进行任何协议的封装，因此应用程序必须亲自为每个要发送的数据包填写好包头的数据。

10.1.4　捕获数据包的原理和步骤

以太网（Ethernet）具有共享介质的特征，信息是以明文的形式在网络上传输的。当网络适配器设置为监听模式（Promiscuous Model，混杂模式）时，由于采用以太网广播信道争用的方式，使得监听系统与正常通信的网络能够并联连接，并可以捕获任何一个在同一冲突域上传输的数据包。

IEEE802.3 标准的以太网采用的是持续 CSMA 的方式，正是由于以太网采用这种广播信道争用的方式，使得各个站点可以获得其他站点发送的数据。运用这一原理使信息捕获系统能够拦截到所需的信息，这是捕获数据包的物理基础。

以太网是一种总线型的网络，从逻辑上来看是由一条总线和多个连接在总线上的站点所组成的。各个站点采用 CSMA/CD 协议进行信道的争用和共享。每个站点通过网卡来实现这种功能。网卡主要的工作是对总线的当前状态进行探测，确定是否进行数据的传送，判断每个物理数据帧的目的地是否为本站地址，如果不匹配，则说明不是发送到本站的而将它丢弃。如果是的话，接收该数据帧，进行物理数据帧的 CRC 校验，然后将数据帧提交给 LLC 子层。

1. 网络的工作模式

网卡具有如下的几种工作模式。

（1）广播模式（Broad Cast Model）：MAC 地址以 0Xffffff 的帧为广播帧，工作在广播模式的网卡接收广播帧。

（2）多播传送（Multicast Model）：多播传送地址作为目标 MAC 地址的帧可以被组内的其他主机同时接收，而组外主机却接收不到。但是，如果将网卡设置为多播传送模式，它可以接收所有的多播传送帧，而不论它是不是组内成员。

（3）直接模式（Direct Model）：工作在直接模式下的网卡只接收目标地址是自己 MAC 地址的帧。

（4）混杂模式（Promiscuous Model）：工作在混杂模式下的网卡接收所有流过网卡的帧，数据包捕获程序就是在这种模式下运行的。

网卡的缺省工作模式包含广播模式和直接模式，即它只接收广播帧和发给自己的帧。如果采用混杂模式，一个站点的网卡将接受同一网络内所有站点所发送的数据包，这样就可以达到对于网络信息监视捕获的目的。

2. 捕获和过滤网络数据包的步骤

利用 WinPcap 进行网络数据包的捕获和过滤的基本步骤如下。

（1）打开网卡，并设为混杂模式。

（2）回调函数 Network Tap 在得到监听命令后，从网络设备驱动程序处收集数据包，把监听到的数据包传送给过滤程序。

（3）当数据包过滤器监听到有数据包到达时，NDIS 中间驱动程序首先调用分组驱动程序，该程序将数据传递给每一个参与进程的分组过滤程序。

（4）然后由数据包过滤程序决定哪些数据包应该丢弃，哪些数据包应该接收，是否需要将接收到的数据拷贝到相应的应用程序。

（5）通过分组过滤器后，将未过滤掉的数据包提交给核心缓冲区。然后等待系统缓冲区满后，再将数据包拷贝到用户缓冲区。监听程序可以直接从用户缓冲区中读取捕获的数据包。

（6）关闭网卡。

10.2　下载和安装 WinPcap 开发包

WinPcap 是一个免费、开源的项目，可以从其官方网站上下载它的源代码。

10.2.1　下载 WinPcap

访问下面的 WinPcap 官方网站网址，其首页面如图 10.5 所示。

```
http://www.winpcap.org/
```

单击项目栏中的 "Get WinPcap" 超链接，打开下载 WinPcap 的页面，如图 10.6 所示。

在笔者编写本书时，WinPcap 的最新版本为 4.1.3。它适用于 Windows XP/2003/Vista/2008/Win7/2008R2/Win8 (x86 and x64)等 Windows 平台。单击 "Installer for Windows" 超链接，可以下载 WinPcap 4.1.3 的安装程序，文件名为 WinPcap_4_1_3.exe。

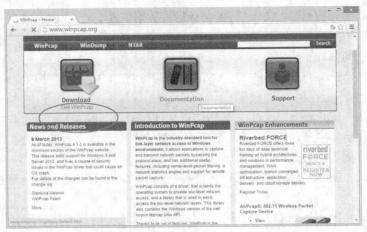

图 10.5　WinPcap 官方网站的首页面

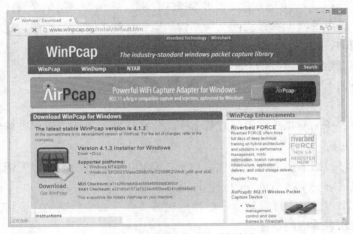

图 10.6　下载 WinPcap 的页面

　　WinPcap 安装程序只能为基本 WinPcap 技术的应用程序提供运行环境，但要开发 WinPcap 应用程序，还需要下载 WinPcap 开发包。从 WinPcap 菜单的下拉菜单中选择"Development"超链接，打开下载开发资源页面，如图 10.7 所示。

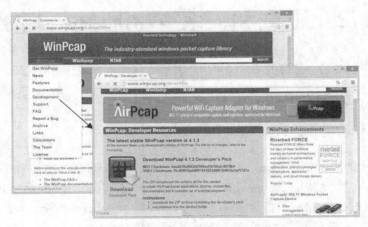

图 10.7　下载 WinPcap 开发资源的页面

单击"Download WinPcap 4.1.2 Developer's Pack"超链接，即可下载 WinPcap 4.1.2 的开发包，文件名为 WpdPack_4_1_2.zip。开发包中包含开发 WinPcap 应用程序时需要引用的头文件（.h 文件）和库文件（.lib 文件），它不需要安装，只要将其解压缩后即可使用。

10.2.2　安装 WinPcap

双击 WinPcap_4_1_3.exe，打开"WinPcap 安装向导"对话框，如图 10.8 所示。单击"Next"按钮，打开"许可协议"对话框，如图 10.9 所示。

图 10.8　"WinPcap 安装向导"对话框

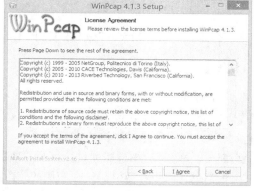
图 10.9　"许可协议"对话框

单击"I Agree"按钮，打开"安装选项"对话框，如图 10.10 所示。如果在当前计算机上始终运行 WinPcap 应用程序，则选择"Automatically the WinPcap driver at boot time"复选框。然后单击"Install"按钮，开始安装 WinPcap。

图 10.10　"安装选项"对话框

提示　如果当前计算机上已经安装了之前版本的 WinPcap，则安装程序会提示用户先卸载之前的程序，然后再安装新版本的 WinPcap。

10.2.3　源代码的目录结构

解压缩 WpdPack_4_1_2.zip，可以看到其中包含如下几个子目录。

- docs，保存详细的用户使用手册。
- Examples-pcap，采用 libpcap 库接口的示例程序。
- Examples-remote，采用 wpcap 库接口的示例程序。
- Include，保存在 WinPcap 库上开发所需的头文件。
- Lib，保存在 WinPcap 库上开发所需的库文件。

10.3　在 Visual C++中使用 WinPcap 技术

本节介绍在 Visual Studio 2012 中使用 Visual C++语言开发 WinPcap 应用程序的方法。

10.3.1　环境配置

在开发 WinPcap 应用程序之前，首先应该准备好开发环境。参照 10.2 节中介绍的方法下载并安装 WinPcap，解压缩 WinPcap 开发包。建议将 WpdPack_4_1_2.zip 中包含的 Include 和 Lib 两个目录复制到应用程序的解决方案目录下。

创建一个 MFC 应用程序项目，打开"项目属性"对话框，在左侧的项目列表中选择"配置属性"→"C/C++"→"常规"，在右侧的"附加包含目录"栏中输入"..\Include"（这里假定将 WpdPack_4_1_2.zip 中包含的 Include 目录复制到解决方案目录下，即项目目录的上级目录。这样做的好处是可以让多个项目共享头文件），如图 10.11 所示。

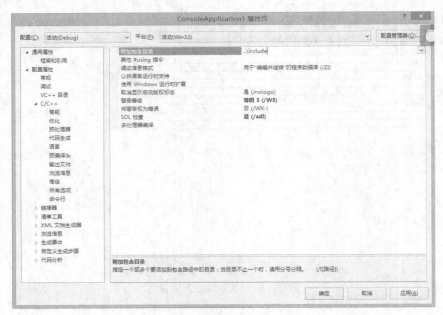

图 10.11　设置项目的附加包含目录

然后在"项目属性"对话框左侧的项目列表中选择"配置属性"→"链接器"→"常规"，在右侧的"附加库目录"栏中输入"...\Lib"（这里假定将 WpdPack_4_1_1.zip 中包含的 Lib 目录复制到解决方案目录下，即项目目录的上级目录。这样做的好处是可以让多个项目共享库文件），如图 10.12 所示。

图 10.12　设置项目的附加库目录

再选择"配置属性"→"链接器"→"输入",在右侧的"附加库目录"栏中输入"Packet.lib wpcap.lib ws2_32.lib",通常在 WinPcap 应用程序中会引用这 3 个库文件,如图 10.13 所示。

图 10.13　设置项目中引用的库文件

10.3.2　获取与网络适配器绑定的设备列表

在开始捕获数据包之前,通常需要获取与网络适配器绑定的设备列表。通俗地说,就是获取当前计算机中安装的网卡列表，这样用户就可以选择在哪块网卡上捕获数据包了。

1. pcap_findalldevs_ex()函数

在 WinPcap 中，可以调用 pcap_findalldevs_ex()函数来获取与网络适配器绑定的设备列表，函数原型如下。

```
int pcap_findalldevs_ex(char*              source,
                        struct pcap_rmtauth*  auth,
                        pcap_if_t**        alldevsp,
                        char*              errbuf);
```

参数说明如下。

• source，指定源的位置。pcap_findalldevs_ex()函数会在指定的源上寻找网络适配器。源可以是本地计算机、远程计算机或 pcap 文件。如果源是本地计算机，则该参数使用"rpcap://"；如果源是远程计算机，则该参数使用被指定为"rpcap://host:port"的格式；如果源是 pcap 文件，则该参数可以被指定为"file://c:/myfolder/"的格式。

• auth，指向 pcap_rmtauth 结构体的指针，其中包括保存到远程主机的 RPCAP 连接所需要的认证信息。

• alldevsp，指向 pcap_if_t 结构体的指针。在调用函数时，函数将为其分配内存空间；当函数返回时，该指针指向获取到的网络设备链表中的第 1 个元素。

• errbuf，指向一个用户分配的缓冲区，其大小为 PCAP_ERRBUF_SIZE，该缓冲区中包含调用函数时可能产生的错误信息。

如果函数执行成功，则返回 0；否则返回-1。函数调用出现错误时，可以从 errbuf 缓冲区中获取到错误的具体情况。错误的原因可以是以下几种情况。

• 在本地或远程主机上没有安装 libpcap 或 WinPcap。

• 用户没有足够的权限获取网络设备列表。

• 出现网络问题。

• RPCAP 版本协商失败。

• 其他问题，比如没有足够的内存等。

2. pcap_rmtauth 结构体

pcap_rmtauth 结构体用于保存远程主机上的用户认证信息，定义代码如下。

```
struct pcap_rmtauth
{
    int type;
    char *username;
    char *password;
};
```

结构体中包含的字段说明如下。

• type，身份认证的类型。

• username，远程主机上用户认证时使用的用户名。

• password，远程主机上用户认证时使用的密码。

3. pcap_if_t 结构体

pcap_if_t 结构体用于保存获取到的网络设备信息，它等同于 pcap_if 结构体。

```
typedef struct pcap_if pcap_if_t;
```

pcap_if 结构体的定义代码如下。

```
struct pcap_if {
    struct pcap_if *next;
    char *name;
    char *description;
    struct pcap_addr *addresses;
    u_int flags;
};
```

结构体中包含的字段说明如下。

* next，如果不为 NULL，则指向链表中的下一个元素；否则当前元素为链表中的最后一个元素。

* name，网络设备的名称。

* description，网络设备的描述信息。

* addresses，接口上定义的地址列表中的第 1 个元素。

* flags，PCAP_IF_接口标识。目前该标识只可能是 PCAP_IF_LOOPBACK，这会设置该接口为回环接口。

4. pcap_freealldevs()函数

pcap_freealldevs()函数用于释放获取到的网络设备链表，函数原型如下。

```
pcap_freealldevs(pcap_if_t* alldevsp);
```

参数 alldevsp 表示要释放的结构列表。

5. 示例程序

【例 10.1】 通过一个 Win32 控制台应用程序演示获取与网络适配器绑定的设备列表信息。

项目名称为 FindAllDevs，首先参照 10.3.1 小节配置项目属性。

下面介绍程序中的代码。程序中使用的包含文件如下。

```
#include "stdafx.h"
#include "pcap.h"
#include "remote-ext.h"
#include <stdlib.h>
```

WinPcap 应用程序中通常都要包含 pcap.h，而 pcap_findalldevs_ex()函数的原型在 remote-ext.h 中声明。

主函数_tmain()的代码如下。

```
int _tmain(int argc, _TCHAR* argv[])
{
    pcap_if_t *alldevs;
    pcap_if_t *d;
    int i=0;
    char errbuf[PCAP_ERRBUF_SIZE];

    /* 获取本地机器设备列表*/
    if (pcap_findalldevs_ex(PCAP_SRC_IF_STRING, NULL /* auth is not needed */,
&alldevs, errbuf) == -1)
    {
        fprintf(stderr,"Error in pcap_findalldevs_ex: %s\n", errbuf);
        exit(1);
    }
```

```
/* 打印列表*/
for(d= alldevs; d != NULL; d= d->next)
{
    printf("\n%d. %s\n", ++i, d->name);
    if (d->description)
        printf(" (%s)\n", d->description);
    else
        printf(" (No description available)\n");
}
if (i == 0)
{
    printf("\nNo interfaces found! Make sure WinPcap is installed.\n");
    return 1;
}
/* 不再需要设备列表了，释放它*/
pcap_freealldevs(alldevs);

system("pause");
return 0;
}
```

程序首先调用 pcap_findalldevs_ex()函数获取本地计算机上所有的网络设备列表，然后依次打印每个网络设备的名字和描述信息，最后调用 pcap_freealldevs()函数释放网络设备链表。

程序的运行结果如图 10.14 所示。

图 10.14　获取与网络适配器绑定的设备列表

可以看到，本地网络适配器的描述信息为 "Realtek PCIe GBE Family Controller"。

10.3.3　获取网络适配器的高级属性信息

除了网络适配器的名称和描述信息外，pcap_if_t 结构体中还包含网络适配器上定义的地址列表、子网掩码列表、广播地址列表和目的地址列表。本节通过实例介绍如何获取和显示网络适配器上的高级属性信息。

【例 10.2】通过一个 Win32 控制台应用程序演示获取与网络适配器绑定的设备列表上的高级属性信息。

项目名称为 FindAllDevsAdvancedInfo，首先参照 10.3.1 小节配置项目属性。

1. 包含文件

下面介绍程序中的代码。程序中使用的包含文件如下。

```
#include "stdafx.h"
#include "pcap.h"
#include "remote-ext.h"
#include <stdlib.h>
```

WinPcap 应用程序中通常都要包含 pcap.h，而 pcap_findalldevs_ex()函数的原型在 remote-ext.h

中声明。

2. iptos()函数

iptos()函数用于将 u_long 类型的 IP 地址转换成字符串，代码如下。

```
#define IPTOSBUFFERS 12
char *iptos(u_long in)
{
    static char output[IPTOSBUFFERS][3*4+3+1];
    static short which;
    u_char *p;

    p = (u_char *)&in;
    which = (which + 1 == IPTOSBUFFERS ? 0 : which + 1);
    sprintf(output[which], "%d.%d.%d.%d", p[0], p[1], p[2], p[3]);
    return output[which];
}
```

常量 IPTOSBUFFERS 指定可以保存 IP 地址的数据。因为在一台计算机上可以安装多个网络适配器，每个网络适配器上又可以定义多个 IP 地址，所以这里使用静态二维字符数组 output 保存所有发现的 IP 地址。每个 IP 地址占用 3×4+3+1 个字符，即 4 个 3 位数字字符、3 个小数点和 1 位字符串结束符（\0）。

静态变量 which 保存 IP 地址的序号。这里最多可以保存 12 个 IP 地址，如果 which 等于 11，则下一个序号为 0。

程序将 u_long 变量 in 拆分成 4 个字节的数组 p（一个长整型为 32 位，相当于 4 个字节），每个字节使用小数点分隔。

3. ip6tos()函数

ip6tos()函数用于将 IPv6 地址转换为字符串，代码如下。

```
char* ip6tos(struct sockaddr *sockaddr, char *address, int addrlen)
{
    socklen_t sockaddrlen;
    #ifdef WIN32
    sockaddrlen = sizeof(struct sockaddr_in6);
    #else
    sockaddrlen = sizeof(struct sockaddr_storage);
    #endif
    if(getnameinfo(sockaddr,
        sockaddrlen,
        address,
        addrlen,
        NULL,
        0,
        NI_NUMERICHOST) != 0) address = NULL;
    return address;
}
```

程序中调用 getnameinfo()函数，将 sockaddr 中保存的 IPv6 地址转换为 address，并返回。

4. ifprint()函数

ifprint()函数用于打印指定的网络接口，代码如下。

```
void ifprint(pcap_if_t *d)
{
```

```
        pcap_addr_t *a;
        char ip6str[128];

        // 打印名称
        printf("%s\n",d->name);
        // 打印描述信息
        if (d->description)
          printf("\tDescription: %s\n",d->description);
        // 打印环回信息
        printf("\tLoopback: %s\n",(d->flags & PCAP_IF_LOOPBACK)?"yes":"no");
        // 打印地址信息
        for(a=d->addresses;a;a=a->next) {
          printf("\tAddress Family: #%d\n",a->addr->sa_family);
          switch(a->addr->sa_family)
          {
            case AF_INET:
              printf("\tAddress Family Name: AF_INET\n");
              if (a->addr)
                printf("\tAddress: %s\n",iptos(((struct sockaddr_in *)a->addr)->sin_add
r.s_addr));
              if (a->netmask)
                printf("\tNetmask: %s\n",iptos(((struct sockaddr_in *)a->netmask)->sin_
addr.s_addr));
              if (a->broadaddr)
                printf("\tBroadcast Address: %s\n",iptos(((struct sockaddr_in *)a->broa
daddr)->sin_addr.s_addr));
              if (a->dstaddr)
                printf("\tDestination Address: %s\n",iptos(((struct sockaddr_in *)a->ds
taddr)->sin_addr.s_addr));
              break;
            case AF_INET6:     // IPv6
              printf("\tAddress Family Name: AF_INET6\n");
        #ifndef __MINGW32__   /* Cygnus doesn't have IPv6 */
              if (a->addr)
                printf("\tAddress: %s\n", ip6tos(a->addr, ip6str, sizeof(ip6str)));
        #endif
              break;
            default:
              printf("\tAddress Family Name: Unknown\n");
              break;
          }
        }
        printf("\n");
    }
```

参数 d 指定要打印的网络接口对象。程序中将打印网络接口的名称、描述信息、是否为环回接口以及网络接口上定义的 IP 地址、子网掩码和广播地址等。

5. _tmain 主函数

主函数_tmain()的代码如下。

```
int _tmain(int argc, _TCHAR* argv[])
{
    pcap_if_t *alldevs;                // 获取的所有网络设备链表
    pcap_if_t *d;                      // 指向一个网络设备
```

```
char errbuf[PCAP_ERRBUF_SIZE+1]; // 错误缓冲区

// 获取网络设备列表
if(pcap_findalldevs_ex(PCAP_SRC_IF_STRING, NULL, &alldevs, errbuf) == -1)
{
    fprintf(stderr,"Error in pcap_findalldevs: %s\n", errbuf);
    exit(1);
}
// 打印每个网络设备的信息
for(d=alldevs;d;d=d->next)
{
    ifprint(d);
}
// 释放网络设备链表
pcap_freealldevs(alldevs);
system("pause");
return 0;
}
```

　　程序首先调用 pcap_findalldevs_ex()函数获取本地计算机上所有的网络设备列表，然后依次调用 ifprint()函数打印每个网络设备的信息，最后调用 pcap_freealldevs()函数释放网络设备链表。

　　程序的运行结果如图 10.15 所示。

图 10.15　获取与网络适配器绑定的设备列表

　　可以看到，本地网络适配器的描述信息为 "Realtek PCIe GBE Family Controller"，其上定义的 IP 地址为 192.168.1.102，子网掩码为 255.255.255.0，广播地址为 255.255.255.255。

10.3.4　打开网络适配器并实现抓包功能

　　要获取网络适配器绑定的设备列表后，可以要求用户选择一个设备用于捕获数据包。在捕获数据包之前，还需要打开设备。

1. pcap_open()函数

　　在 WinPcap 中，可以调用 pcap_open()函数打开与网络适配器绑定的设备，用于捕获和发送数据，函数原型如下。

```
pcap_t* pcap_open(const char*          source,
          int                 snaplen,
          int                 flags,
```

```
                    int                        read_timeout,
                    struct pcap_rmtauth*       auth,
                    char*                      errbuf);
```

参数说明如下。

• source，指定要打开的源设备名称。调用 pcap_findalldevs_ex() 函数返回的适配器可以直接使用 pcap_open() 函数打开。

• snaplen，指定必须保留的数据包长度。对于过滤器收到的每个数据包，只有前面的 snaplen 指定的字节数会被存储到缓冲区中，并且被传送到用户应用程序。例如，snaplen 等于 100，则每个包中只有前面 100 字节会被存储。这样可以减少应用程序间复制数据的量，从而提高捕获数据的效率。

• flags，保存几个捕获数据包所需要的标识。可以使用该参数来指示网络适配器是否被设置成混杂模式。一般情况下，适配器只接收发给自己的数据包，而其他主机之间通信的数据包将会被丢弃。如果设置为混杂模式，则 WinPcap 会捕获所有的数据包。

• read_timeout，读取超时时间，单位为毫秒。在捕获一个数据包后，读操作并不必立即返回，而是等待一段时间以允许捕获更多的数据包。如果平台不支持读取操作，则忽略该参数的值。

• auth，指向一个 pcap_rmtauth 结构体的指针，保存远程计算机上用户所需的认证信息。如果不是远程捕获，则该参数被设置为 NULL。

• errbuf，指向一个用户分配的缓冲区，其大小为 PCAP_ERRBUF_SIZE，该缓冲区中包含错误信息。

如果函数执行成功，则返回一个 pcap_t 结构体指针，表示一个打开的 WinPcap 会话（这个结构体对用户透明，它通过 wpcap.dll 提供函数维护它的内容），在后面的函数调用（比如 pcap_loop）中会用到该值。如果现出现错误，则返回 NULL。

2．pcap_loop() 函数

pcap_loop() 函数用于采集一组数据包，函数原型如下。

```
int pcap_loop(pcap_t*      p,
              int          cnt,
              pcap_handler callback,
              u_char*      user};
```

参数说明如下。

• p，指定一个打开的 WinPcap 会话，并在该会话中采集数据包。

• cnt，要采集的数据包数量。

• callback，采集数据包后调用的处理函数。

• user，传递给回调函数 callback 的参数。

如果成功采集到 cnt 个数据包，则函数返回 0；如果出现错误，则返回-1；如果用户在未处理任何数据包之前调用 pcap_breakloop() 函数，则 pcap_loop() 函数被终止，并返回-2。

回调函数 callback 的原型如下。

```
void packet_handler(u_char *param, const struct pcap_pkthdr *header, const u_char
*pkt_data);
```

参数说明如下。

• param，在 pcap_loop() 函数中指定的参数 user。

• header，指向 pcap_pkthdr 结构体的指针，表示接收到的数据包头。

- pkt_data，接收到的数据包内容。

结构体 pcap_pkthdr 的定义代码如下：

```
struct pcap_pkthdr {
    struct timeval ts;      /* 收到数据包的时间戳 */
    bpf_u_int32 caplen;     /* 实际捕获的数据包长度 */
    bpf_u_int32 len;        /* 发送端发出的数据包长度 */
};
```

3. 示例程序

【例 10.3】通过一个 Win32 控制台应用程序演示打开网络适配器并通过事件处理器来捕获数据包的方法。

项目名称为 pcap_loop，首先参照 10.3.1 小节配置项目属性。

下面介绍程序中的代码。程序中使用的包含文件如下。

```
#include "stdafx.h"
#include "pcap.h"
#include "remote-ext.h"
#include <stdlib.h>
```

回调函数 packet_handler()的代码如下。

```
/* 每次捕获到数据包时，WinPcap 都会自动调用这个回调函数 */
void packet_handler(u_char *param, const struct pcap_pkthdr *header, const u_char
*pkt_data)
{
    struct tm *ltime;
    char timestr[16];
    time_t local_tv_sec;

    /* 将时间戳转换成可识别的格式 */
    local_tv_sec = header->ts.tv_sec;
    ltime=localtime(&local_tv_sec);
    strftime( timestr, sizeof timestr, "%H:%M:%S", ltime);
    // 打印接收到的数据
    printf("%s,%.6d len:%d\n", timestr, header->ts.tv_usec, header->len);

}
```

程序将收到数据包头中的时间戳转换成可识别的格式，然后打印接收到数据包的时间和数据长度。注意这里并没有输出数据包中的具体内容，也没有对数据包进行解析。

主函数 _tmain()的代码如下。

```
int _tmain(int argc, _TCHAR* argv[])
{
    pcap_if_t *alldevs;              // 获取到的设备列表
    int inum;                        // 保存用户选择的用于捕获数据的网络适配器编号
    int i=0;
    pcap_t *adhandle;                // 用于捕获数据的 WinPcap 会话
    char errbuf[PCAP_ERRBUF_SIZE];

    /* 获取本机设备列表 */
    if (pcap_findalldevs_ex(PCAP_SRC_IF_STRING, NULL, &alldevs, errbuf) == -1)
```

```
{
    fprintf(stderr,"Error in pcap_findalldevs: %s\n", errbuf);
    exit(1);
}

/* 打印设备列表*/
pcap_if_t *d;
for(d=alldevs; d; d=d->next)
{
    printf("%d. %s", ++i, d->name);
    if (d->description)
        printf(" (%s)\n", d->description);
    else
        printf(" (没有有效的描述信息)\n");
}
// 如果没有找到网络适配器
if(i==0)
{
    printf("\n 未发现网络接口！请确定 WinPcap 被正确安装。\n");
    return -1;
}
printf("请输入要捕获数据包的网络接口编号(1-%d):",i);
scanf("%d", &inum);

if(inum < 1 || inum > i)
{
    printf("\n 接口编号越界.\n");
    /* 释放设备列表*/
    pcap_freealldevs(alldevs);
    return -1;
}

/* 跳转到选中的适配器*/
for(d=alldevs, i=0; i< inum-1 ;d=d->next, i++);

/* 打开设备*/
if ((adhandle= pcap_open(d->name,                      // 设备名
                    65535,// 65535 保证能捕获到不同数据链路层上的每个数据包的全部内容
                    PCAP_OPENFLAG_PROMISCUOUS,// 混杂模式
                    1000,                              // 读取超时时间
                    NULL,                              // 远程机器验证
                    errbuf                             // 错误缓冲池
                    ) ) == NULL)
{
    fprintf(stderr,"\n 无法打开网络适配器。WinPcap 不支持%s \n", d->name);
    /* 释放设备列表*/
    pcap_freealldevs(alldevs);
    return -1;
}

printf("\n 在%s 上启动监听...\n", d->description);
```

```
    /* 释放设备列表*/
    pcap_freealldevs(alldevs);
    /* 开始捕获*/
    pcap_loop(adhandle, 0, packet_handler, NULL);
    return 0;
}
```

程序的运行过程如下。

- 调用 pcap_findalldevs_ex()函数获取并打印本机的网络设备列表。
- 要求用户选择用于捕获数据包的网络设备。
- 使用 for 语句跳转到选中的网络设备，以便在后面的程序中打开该设备，并在该设备上捕获数据。
- 调用 pcap_open()函数打开选择的网络设备。
- 调用 pcap_freealldevs()释放网络设备列表。
- 调用 pcap_loop()函数开始捕获数据。当数据包到达时，WinPcap 会自动调用回调 packet_handler()对数据包进行处理。

程序的运行结果如图 10.16 所示。

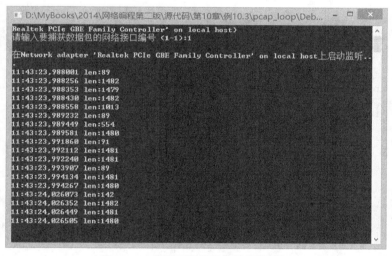

图 10.16　打开网络设备并捕获数据包

10.3.5　不使用事件处理器进行抓包

本小节介绍的功能与 10.3.4 小节相似，即打开网络适配器并捕获数据包。但本小节使用 pcap_next_ex()函数代替 pcap_loop()函数。

pcap_loop()函数是基于回调技术来捕获数据的，当数据到达时，系统会自动调用指定的回调函数，处理捕获的数据。但使用回调方式编写的程序可读性不够好，不理解这种编程思想的人很难理解程序的运行轨迹。

调用 pcap_next_ex()函数可以直接获得一个数据包，函数原型如下。

```
int pcap_next_ex(pcap_t *          p,
                struct pcap_pkthdr**    pkt_header,
                const u_char**          pkt_data);
```

参数说明如下。

- p，指定一个打开的 WinPcap 会话，并在该会话中采集数据包。调用 pcap_open()函数打开与网络适配器绑定的设备，可以返回 WinPcap 会话句柄 pcap_t。
- pkt_header，指向 pcap_pkthdr 结构体的指针，表示接收到的数据包头。
- pkt_data，接收到的数据包内容。

如果成功读取数据包，则函数返回 1；如果在 pcap_open_live()函数中设置的超时时间已过，则返回 0；如果发生错误，则返回-1；如果从离线捕获的数据中读取时到达缓冲区的结尾，则返回-2。

【例 10.4】通过一个 Win32 控制台应用程序演示不使用回调方式打开网络适配器并捕获数据包的方法。

项目名称为 pcap_next_ex，首先参照 9.3.1 小节配置项目属性。

下面介绍程序中的代码。程序中使用的包含文件如下。

```
#include "stdafx.h"
#include "pcap.h"
#include "remote-ext.h"
```

主函数_tmain()的代码如下。

```
int _tmain(int argc, _TCHAR* argv[])
{
    pcap_if_t *alldevs;              // 获取的设备列表
    pcap_if_t *d;                    // 用于遍历设备列表
    int inum;                        // 用户选择的用于监听的
    int i=0;
    pcap_t *adhandle;                // 打开设备后返回的 WinPcap 会话句柄
    char errbuf[PCAP_ERRBUF_SIZE];
    struct tm *ltime;                // 读取数据包的时间
    char timestr[16];
    struct pcap_pkthdr *header;      // 数据包头
    const u_char *pkt_data;          // 数据包内容

    /* 获取本机设备列表*/
    if (pcap_findalldevs_ex(PCAP_SRC_IF_STRING, NULL, &alldevs, errbuf) == -1)
    {
        fprintf(stderr,"Error in pcap_findalldevs: %s\n", errbuf);
        exit(1);
    }
    /* 打印列表*/
    for(d=alldevs; d; d=d->next)
    {
        printf("%d. %s", ++i, d->name);
        if (d->description)
            printf(" (%s)\n", d->description);
        else
            printf(" (No description available)\n");
    }
    // 如果没有读取适配器设备，则返回
    if(i==0)
    {
```

```
            printf("\nNo interfaces found! Make sure WinPcap is installed.\n");
            return -1;
    }
    // 选择捕获数据的适配器设备
    printf("Enter the interface number (1-%d):",i);
    scanf("%d", &inum);
    // 如果选择的设备越界，则返回
    if(inum < 1 || inum > i)
    {
            printf("\nInterface number out of range.\n");
            /* 释放设备列表*/
            pcap_freealldevs(alldevs);
            return -1;
    }
    /* 跳转到已选中的适配器*/
    for(d=alldevs, i=0; i< inum-1 ;d=d->next, i++);
    /* 打开设备*/
    if ( (adhandle= pcap_open(d->name,                  // 设备名
                    65535,                               // 要捕捉的数据包的部分
                            // 65535 保证能捕获到不同数据链路层上的每个数据包的全部内容
                    PCAP_OPENFLAG_PROMISCUOUS,           // 混杂模式
                    1000,                                // 读取超时时间
                    NULL,                                // 远程机器验证
                    errbuf                               // 错误缓冲池
                    ) ) == NULL)
    {
        fprintf(stderr,"\nUnable to open the adapter. %s is not supported by Win
Pcap\n", d->name);
        /* 释放设列表*/
        pcap_freealldevs(alldevs);
        return -1;
    }

    printf("\nlistening on %s...\n", d->description);
    /* 释放设备列表*/
    pcap_freealldevs(alldevs);
    /* 获取数据包*/
     int res;
    while((res = pcap_next_ex( adhandle, &header, &pkt_data)) >= 0){

        if(res == 0)
            /* 超时时间到*/
            continue;
        /* 将时间戳转换成可识别的格式*/
        time_t local_tv_sec = header->ts.tv_sec;
        ltime=localtime(&local_tv_sec);
        strftime( timestr, sizeof timestr, "%H:%M:%S", ltime);

        printf("%s,%.6d len:%d\n", timestr, header->ts.tv_usec, header->len);
    }
```

```
    if(res == -1){
        printf("Error reading the packets: %s\n", pcap_geterr(adhandle));
        return -1;
    }
    return 0;
}
```

程序的运行过程如下。

- 调用 pcap_findalldevs_ex()函数获取并打印本机的网络设备列表。
- 要求用户选择用于捕获数据包的网络设备。
- 使用 for 语句跳转到选中的网络设备，以便在后面的程序中打开该设备，并在该设备上捕获数据。
- 调用 pcap_open()函数打开选择的网络设备。
- 调用 pcap_freealldevs()释放网络设备列表。
- 调用 pcap_next_ex ()函数开始捕获数据，并打印收到数据包的时间和数据包的长度。

程序的运行结果如图 10.17 所示。

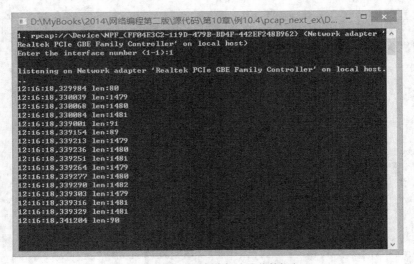

图 10.17　打开网络设备并捕获数据包

10.3.6　过滤数据包

NPF 模块中的数据包过滤引擎是 WinPcap 最强大的功能之一，它可以提供有效的方法获取网络中具有指定特性的数据包，这也是 WinPcap 数据包捕获机制的一个组成部分。可以通过调用 pcap_compile()函数和 pcap_setfilter()函数来实现过滤数据包的功能。

1. pcap_compile()函数

pcap_compile()函数将一个高层的布尔过滤表达式编译成一个能够被过滤引擎所解释的低层字节码，函数原型如下。

```
int pcap_compile(pcap_t*              p,
                 struct bpf_program*  fp,
                 char*                str,
                 int                  optimize,
                 bpf_u_int32          netmask);
```

参数说明如下：

* p，指定一个打开的 WinPcap 会话，并在该会话中采集数据包。调用 pcap_open()函数打开与网络适配器绑定的设备，可以返回 WinPcap 会话句柄 pcap_t。

* fp，指向 bpf_program 结构体的指针，在调用 pcap_compile()函数时被赋值，可以为 pcap_setfilter()传递过滤信息。

* str，指定要保留的数据包协议的字符串，例如，设置该参数为"ip and tcp"表示保留 IP 数据包和 TCP 数据包。

* optimize，用于控制结果代码的优化。

* netmask，指定本地网络的子网掩码。

如果发生错误，则返回-1；否则返回 0。

2. pcap_setfilter()函数

pcap_setfilter()函数将一个过滤器与内核捕获会话关联。当 pcap_setfilter()被调用时，这个过滤器将被应用到来自网络的所有数据包，并且所有符合要求的数据包（即那些经过过滤器以后，布尔表达式为真的包）将会立即复制给应用程序。函数原型如下。

```
int pcap_setfilter(pcap_t               *p,
                   struct bpf_program    *fp)
```

参数说明如下。

* p，指定一个打开的 WinPcap 会话，并在该会话中采集数据包。调用 pcap_open()函数打开与网络适配器绑定的设备，可以返回 WinPcap 会话句柄 pcap_t。

* fp，指向 bpf_program 结构体的指针，通常取自 pcap_compile()函数调用，可以为 pcap_setfilter()传递过滤信息。

如果发生错误，则返回 - 1；否则返回 0。

下面是过滤数据包的代码片段，传递给 pcap_setfilter()函数的过滤器为"ip and tcp"，这说明只希望保留 IPv4 和 TCP 的数据包，并把他们发送给应用程序。

```
if (d->addresses != NULL)
    /* 获取接口第一个地址的掩码 */
    netmask=((struct sockaddr_in *)(d->addresses->netmask))->sin_addr.S_un.S_addr;
else
    /* 如果这个接口没有地址，那么我们假设这个接口在 C 类网络中 */
    netmask=0xffffff;
// 编译过滤器
if (pcap_compile(adhandle, &fcode, "ip and tcp", 1, netmask) < 0)
{
    fprintf(stderr,"\nUnable to compile the packet filter. Check the syntax.\n");
    /* 释放设备列表 */
    pcap_freealldevs(alldevs);
    return -1;
}
// 设置过滤器
if (pcap_setfilter(adhandle, &fcode) < 0)
{
    fprintf(stderr,"\nError setting the filter.\n");
    /* 释放设备列表 */
    pcap_freealldevs(alldevs);
```

```
        return -1;
    }
```

10.3.7 分析数据包

本小节将通过实例介绍如何对捕获到的数据包进行分析，得到需要的统计数据。

【例 10.5】 通过实例演示如何对捕获到的数据包首部进行解析，并打印网络中传输的 UDP 数据包信息。项目的名称为 UDPdump。

首先参照 10.3.1 小节配置项目属性。下面介绍程序中的代码。

1. 头文件

程序中包含的头文件如下。

```
#include "stdafx.h"
#include "pcap.h"
#include "remote-ext.h"
```

2. ip_address 结构体

ip_address 结构体用于保存 4 个字节的 IP 地址，代码如下。

```
typedef struct ip_address{
    u_char byte1;
    u_char byte2;
    u_char byte3;
    u_char byte4;
}ip_address;
```

3. ip_header 结构体

ip_header 结构体中保存 IPv4 的首部，代码如下。

```
typedef struct ip_header{
    u_char   ver_ihl;              // 版本(4 bits) + 首部长度(4 bits)
    u_char   tos;                  // 服务类型(Type of service)
    u_short  tlen;                 // 总长(Total length)
    u_short  identification;       // 标识(Identification)
    u_short  flags_fo;             // 标志位(Flags) (3 bits) + 段偏移量(Fragment offset)
(13 bits)
    u_char   ttl;                  // 存活时间(Time to live)
    u_char   proto;                // 协议(Protocol)
    u_short  crc;                  // 首部校验和(Header checksum)
    ip_address  saddr;             // 源地址(Source address)
    ip_address  daddr;             // 目的地址(Destination address)
    u_int    op_pad;               // 选项与填充(Option + Padding)
}ip_header;
```

4. udp_header 结构体

up_header 结构体中保存 UDP 首部，代码如下。

```
typedef struct udp_header{
    u_short sport;                 // 源端口(Source port)
    u_short dport;                 // 目的端口(Destination port)
    u_short len;                   // UDP 数据包长度(Datagram length)
```

```
    u_short crc;               // 校验和(Checksum)
}udp_header;
```

5. packet_handler()回调函数

回调函数 packet_handler()的代码如下。

```
/* 回调函数，当收到每一个数据包时会被 libpcap 所调用*/
void packet_handler(u_char *param, const struct pcap_pkthdr *header, const u_char
*pkt_data)
{
    struct tm *ltime;
    char timestr[16];
    ip_header *ih;
    udp_header *uh;
    u_int ip_len;
    u_short sport,dport;
    time_t local_tv_sec;

    /* 将时间戳转换成可识别的格式*/
    local_tv_sec = header->ts.tv_sec;
    ltime=localtime(&local_tv_sec);
    strftime( timestr, sizeof timestr, "%H:%M:%S", ltime);
    /* 打印数据包的时间戳和长度*/
    printf("%s.%.6d len:%d ", timestr, header->ts.tv_usec, header->len);
    /* 获得 IP 数据包头部的位置*/
    ih = (ip_header *) (pkt_data +
        14); //以太网头部长度
    /* 获得 UDP 首部的位置*/
    ip_len = (ih->ver_ihl & 0xf) * 4;
    uh = (udp_header *) ((u_char*)ih + ip_len);
    /* 将网络字节序列转换成主机字节序列*/
    sport = ntohs( uh->sport );
    dport = ntohs( uh->dport );
    /* 打印 IP 地址和 UDP 端口*/
    printf("%d.%d.%d.%d.%d -> %d.%d.%d.%d.%d\n",
        ih->saddr.byte1,
        ih->saddr.byte2,
        ih->saddr.byte3,
        ih->saddr.byte4,
        sport,
        ih->daddr.byte1,
        ih->daddr.byte2,
        ih->daddr.byte3,
        ih->daddr.byte4,
        dport);
}
```

程序将收到数据包头中的时间戳转换成可识别的格式，并打印接收到数据包的时间和数据长度。然后对收到的数据进行解析，分别定位 IP 数据包头部位置和 UDP 头部位置，并打印数据包中通信双方的 IP 地址和端口号。

6. _tmain()主函数

主函数_tmain()的代码如下。

```
int _tmain(int argc, _TCHAR* argv[])
{
    pcap_if_t *alldevs;
    pcap_if_t *d;
    int inum;
    int i=0;
    pcap_t *adhandle;
    char errbuf[PCAP_ERRBUF_SIZE];
    u_int netmask;
    char packet_filter[] = "ip and udp";
    struct bpf_program fcode;

    /* 获得设备列表*/
    if (pcap_findalldevs_ex(PCAP_SRC_IF_STRING, NULL, &alldevs, errbuf) == -1)
    {
        fprintf(stderr,"Error in pcap_findalldevs: %s\n", errbuf);
        exit(1);
    }

    /* 打印列表*/
    for(d=alldevs; d; d=d->next)
    {
        printf("%d. %s", ++i, d->name);
        if (d->description)
            printf(" (%s)\n", d->description);
        else
            printf(" (No description available)\n");
    }
    if(i==0)
    {
        printf("\nNo interfaces found! Make sure WinPcap is installed.\n");
        return -1;
    }
    // 要求用户选择捕获数据包的网络适配器
    printf("Enter the interface number (1-%d):",i);
    scanf("%d", &inum);

    if(inum < 1 || inum > i)
    {
        printf("\nInterface number out of range.\n");
        /* 释放设备列表*/
        pcap_freealldevs(alldevs);
        return -1;
    }
    /* 跳转到已选设备*/
    for(d=alldevs, i=0; i< inum-1 ;d=d->next, i++);

    /* 打开适配器*/
    if ( (adhandle= pcap_open(d->name,                    // 设备名
                        65535,    // 要捕捉的数据包的部分
                                  // 65535 保证能捕获到不同数据链路层上的每个数据包的全部内容
                        PCAP_OPENFLAG_PROMISCUOUS,    // 混杂模式
                        1000,    // 读取超时时间
```

```
                                    NULL,      // 远程机器验证
                                    Errbuf    // 错误缓冲池
                                    ) ) == NULL)
    {
        fprintf(stderr,"\nUnable to open the adapter. %s is not supported by Win
Pcap\n");
        /* 释放设备列表*/
        pcap_freealldevs(alldevs);
        return -1;
    }

    /* 检查数据链路层，为了简单，我们只考虑以太网*/
    if(pcap_datalink(adhandle) != DLT_EN10MB)
    {
        fprintf(stderr,"\nThis program works only on Ethernet networks.\n");
        /* 释放设备列表*/
        pcap_freealldevs(alldevs);
        return -1;
    }
    if(d->addresses != NULL)
        /* 获得接口第一个地址的掩码*/
        netmask=((struct sockaddr_in *)(d->addresses->netmask))->sin_addr.S_un.
S_addr;
    else
        /* 如果接口没有地址，那么我们假设一个 C 类的掩码*/
        netmask=0xffffff;
    //编译过滤器
    if (pcap_compile(adhandle, &fcode, packet_filter, 1, netmask) <0 )
    {
        fprintf(stderr,"\nUnable to compile the packet filter. Check the syn
tax.\n");
        /* 释放设备列表*/
        pcap_freealldevs(alldevs);
        return -1;
    }
    //设置过滤器
    if (pcap_setfilter(adhandle, &fcode)<0)
    {
        fprintf(stderr,"\nError setting the filter.\n");
        /* 释放设备列表*/
        pcap_freealldevs(alldevs);
        return -1;
    }
    printf("\nlistening on %s...\n", d->description);
    /* 释放设备列表*/
    pcap_freealldevs(alldevs);
    /* 开始捕捉*/
    pcap_loop(adhandle, 0, packet_handler, NULL);
    return 0;
}
```

程序的运行过程如下。

- 调用 pcap_findalldevs_ex()函数获取并打印本机的网络设备列表。

- 要求用户选择用于捕获数据包的网络设备。

- 使用 for 语句跳转到选中的网络设备，以便在后面的程序中打开该设备，并在该设备上捕获数据。

- 调用 pcap_open()函数打开选择的网络设备。

- 调用 pcap_freealldevs()释放网络设备列表。

- 调用 pcap_datalink()函数检查数据链路层，这里只考虑以太网的情况，因此过滤掉不属于以太网的数据包。

- 调用 pcap_compile()函数编译过滤器，只处理 IP/UDP 数据包。

- 调用 pcap_setfilter()函数设置过滤器。

- 调用 pcap_loop()函数开始捕获数据。当数据包到达时，WinPcap 会自动调用回调 packet_handler()对数据包进行处理。

程序的运行结果如图 10.18 所示。

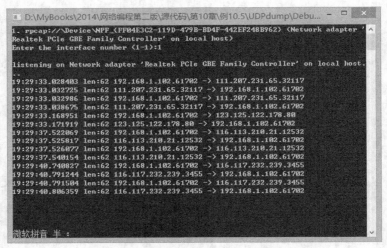

图 10.18　分析数据包实例的运行结果

习　　题

一、选择题

1. 下面属于 WinPcap 核心动态链接库的是（　　　）。
   - A. winpcap.dll
   - B. packet.dll
   - C. winpcap.lib
   - D. packet.lib

2. 下面哪个不属于 NDIS 支持的 3 种类型的网络驱动器（　　　）。
   - A. 网络接口卡和 NIC 驱动器
   - B. 中间层驱动器
   - C. 底层驱动器
   - D. 传输驱动器或者协议驱动器

3. 下面关于 NPF 通信模式的描述正确的是（　　　）。
   - A. NPF 与操作系统之间的交互通常是同步的

　　B．NPF 与 NDIS 之间的交互是同步的

　　C．NPF 为应用程序的所有 I/O 操作导出回调函数

　　D．当 NPF 调用一个 NDIS 函数时，函数在执行完成后返回

4．下面不属于网卡的工作模式为（　　）。

　　A．广播模式　　　　　　　　　B．单播模式

　　C．直接模式　　　　　　　　　D．混杂模式

二、填空题

1．WinPcap 是___【1】___的缩写。

2．WinPcap 的体系结构包含 3 个层次，即___【2】___、___【3】___和___【4】___。

3．以太网（Ethernet）具有共享介质的特征，信息是以明文的形式在网络上传输的。当网络适配器设置为___【5】___模式时，由于采用以太网广播信道争用的方式，使得监听系统与正常通信的网络能够并联连接，并可以捕获任何一个在同一冲突域上传输的数据包。

4．调用___【6】___函数可以获取与网络适配器绑定的设备列表。

5．可以调用___【7】___函数打开与网络适配器绑定的设备。

三、简答题

1．简述 WinPcap 的主要功能。

2．简述网络组包过滤（NPF）模块的主要功能。

3．简述捕获和过滤网络数据包的步骤。

第三篇
实例应用

第11章
设计局域网探测器

局域网探测器可以帮助网络管理员探测子网中包含的网络设备和计算机，并获取计算机的基本信息，检测 IP 地址的在线状态，这些都可以帮助网络管理员更方便地对网络进行管理和日常维护。本章将介绍设计和实现局域网探测器的方法。

11.1　局域网探测器的主要功能

顾名思义，局域网探测器的主要功能是探测局域网中有哪些在线设备，并获取网络中计算机的基本信息，包括 IP 地址、MAC 地址、主机名和所属工作组等。

本实例中介绍的局域网探测器主要包含如下功能模块。

1. 获取本地网络信息

程序可以自动获取本地 IP 地址和子网掩码，并计算出本地子网。

2. 子网管理

局域网是由若干个子网组成的，用户可以手动添加、修改和删除子网，但不允许对本地子网执行修改和删除操作。

3. 子网扫描

对选择的子网进行扫描。首先根据网络地址和子网掩码计算出该子网中包含的所有 IP 地址，然后批量执行 ping 操作，检测 IP 地址是否在线。最后在列表中显示当前在线的 IP 地址信息。

4. 获取子网中计算机的基本信息

通过发送 NetBIOS 请求包获取远程计算机的基本信息，包括 MAC 地址、名字、所属工作组等信息，然后将这些信息显示在设备列表中。

5. 检测设备的在线状态

对子网中已经发现的设备执行 ping 操作，检测其在线状态，并显示在设备列表中。

11.2　基础模块设计

为了实现探测在线设备和获取设备基本信息的功能，需要设计一些基础模块，包括一些基础函数、本地主机类 CLocalhost、设备信息类 CDevice 和子网信息类 CSubnet。本节将介绍这些基础模块的实现方法。

11.2.1 基础函数

在实例的 BaseFunc.h 中，定义了 4 个基础函数，在项目的其他代码中将调用这些基础函数。本节将介绍这些基础函数的功能和实现方法。

1. IsNumber()函数

IsNumber()函数用于判断一个字符串是否是整数格式，代码如下。

```
bool IsNumber(string str)
{
    if(str.length() == 0)
      return false;

    for(int i=0; i<str.length(); i++)
    {
      if(str[i] <'0' || str[i] > '9')
      {
         return false;
      }
    }
    return true;
}
```

如果参数 str 的长度等于 0，则返回 false；否则遍历字符串 str 中的每个字符；如果存在不在 0~9 之间的字符，则返回 false；如果 str 中包含的所有字符都在 0~9 之间，则函数返回 true。

IsNumber()函数在判断字符串是否为有效的 IP 地址时被调用，用来判断 IP 地址中小数点间字符串是否为整数。

2. IsValidIP()函数

IsValidIP()函数用于判断一个字符串是否为有效的 IP 地址格式，代码如下。

```
bool IsValidIP(string ip)
{
    int pos = ip.find_first_of(".");
    if(pos <= 0)
      return false;
    string num1 = ip.substr(0, pos);
    if(!IsNumber(num1))
      return false;
    ip = ip.substr(pos+1, ip.length() - pos);
    int a = atoi(num1.c_str());
    if(a < 0 || a > 255)
      return false;

    // 第 2 个数字
    pos = ip.find_first_of(".");
    if(pos <= 0)
      return false;
    string num2 = ip.substr(0, pos);
    if(!IsNumber(num2))
      return false;
    ip = ip.substr(pos+1, ip.length() - pos);
    a = atoi(num2.c_str());
    if(a < 0 || a > 255)
```

```
        return false;

        // 第 3 个数字
        pos = ip.find_first_of(".");
        if(pos <= 0)
          return false;
        string num3 = ip.substr(0, pos);
        if(!IsNumber(num3))
          return false;
        ip = ip.substr(pos+1, ip.length() - pos);
        a = atoi(num3.c_str());
        if(a < 0 || a > 255)
          return false;

        // 第 4 个数字
        string num4 = ip;
        if(!IsNumber(num4))
          return false;
        a = atoi(num4.c_str());
        if(a < 0 || a > 255)
          return false;

        return true;
}
```

程序依次定位字符串 ip 中的小数点字符，如果找到，则截取其前面的子串，然后对该子串做如下判断。

（1）调用 IsNumber()函数判断该子串是否为整数格式。

（2）判断该整数是否在 0～255 之间。

如果以上两项有一条不满足，则返回 false。如果找不到 4 个小数点，函数也会返回 false。在上面条件都满足的情况下，IsValidIP()函数返回 true。

3．ParseSubnetString()函数

ParseSubnetString()函数用于对子网字符串进行解析，得到对应的子网对象。本实例中使用下面的格式来表现子网。

```
<网络地址>/<子网掩码>
```

如果是本地子网（即本地计算机所在的子网），则字符串在后面加上标识，举例如下。

```
192.168.5.200/255.255.255.0（本地）
```

ParseSubnetString()函数的功能是解析上面的字符串，得到 CSubnet 对象。CSubnet 是用户自定义的子网类，具体情况将在 11.2.4 小节介绍。

ParseSubnetString()函数的代码如下。

```
CSubnet* ParseSubnetString(string SubnetString)
{
    int pos = SubnetString.find_first_of("(");    // 去掉本地子网字符串
    SubnetString = SubnetString.substr(0, pos);
    pos =    SubnetString.find_first_of("/");         // 以 "/" 来分隔网络地址和子网掩码
    string netaddr = "";
    string netmask = "";
    if(pos > 0)
    {
      netaddr = SubnetString.substr(0, pos);
      netmask = SubnetString.substr(pos+1, SubnetString.length() - pos);
```

```
    }
    if(!IsValidIP(netaddr) || !IsValidIP(netmask))
      return NULL;

    CSubnet* subnet = new CSubnet(netaddr, netmask);
    return subnet;
}
```

程序首先找到字符串中 "(" 字符的位置，然后截取 "(" 字符前面的子串。如果字符串中不包含 "("，则截取后的子串与原字符串相同。

在子串中找到字符 "/"，并根据该字符的位置将子串拆分成两个字符串。如果这两个字符串都是有效的 IP 地址，则使用它们创建一个 CSubnet 对象，并返回；否则返回 NULL。

4. GetSubnetFile()函数

在本实例中，用户可以手动添加要探测的子网。程序会将这些子网保存在 subnetlist 文件中。GetSubnetFile()函数是返回 subnetlist 文件的绝对路径，代码如下。

```
string GetSubnetFile()
{
    // 以下代码用于保存当前所有子网
    char fullPath[100];                    // 获取可执行文件的绝对路径
    GetModuleFileName(AfxGetInstanceHandle(), fullPath, 100);
    char* str = strstr(fullPath, "LanScanner.exe");
    *str='\0';
    strcat(fullPath,"\\subnetlist");        // 生成保存子网列表的文件名
    return fullPath;
}
```

GetModuleFileName()函数的功能是获取应用程序的绝对路径，函数原型如下。

```
DWORD GetModuleFileName(
  HMODULE hModule,
  LPTSTR lpFilename,
  DWORD nSize
);
```

参数说明如下。

- hModule：指定要获取路径的模块句柄。如果该参数为 NULL，则获取当前进程的可执行文件的绝对路径。这里调用 AfxGetInstanceHandle()函数获取当前应用程序的实例句柄，作为 hModule 的值。
- lpFilename：获取到的模块文件的绝对路径。
- nSize：指定 lpFilename 缓冲区的大小。

因为本实例中可执行文件的名字为 LanScanner.exe，所以在获取到模块的绝对路径后，需要截取到 LanScanner.exe 前面的字符串，即可执行文件所在的路径。然后在路径后面追加 subnetlist 字符串，即可得到保存子网文件的绝对路径了。

11.2.2 本地主机类 CLocalhost

类 CLocalhost 的主要功能是获取本地计算机的网络适配器信息。结构体 AdapterInfo 用于定义网络适配器的基本信息，代码如下。

```
struct AdapterInfo
{
```

```
      string Name;                         // 网络适配器名称
      string Description;                   // 网络适配器描述信息
      string Mac;                           // MAC 地址
      string IP;                            // IP 地址
      string NetMask;                       // 子网掩码
      string Gateway;                       // 网关
      bool DhcpEnabled;                     // 是否启用 DHCP
      string DhcpServer;                    // DHCP 服务器地址
      struct AdapterInfo* Next;             // 指向链表中下一个节点的指针
};
```

请参照注释理解各字段的含义。

一台计算机中可能包含多个网络适配器，因此在类 CLocalhost 中定义 adapterlist 变量，保存本地网络适配器列表，代码如下。

```
list<AdapterInfo> adapterList;            // 本地网络适配器的基本信息
```

CLocalhost::GetLocalAdapterInfo()函数用于获取本地计算机的网络适配器信息，并将其保存到 adapterlist 中，代码如下。

```
void CLocalhost::GetLocalAdapterInfo()
{
    // 指定获取到的网络信息结构体链表的指针
    IP_ADAPTER_INFO *pAdapterInfo;
    // 保存获取到的网络信息结构体链表的长度
    ULONG  ulOutBufLen;
    // 返回调用编码
    DWORD dwRetVal;
    // 在轮循所有网络适配器信息时使用的单个结构体变量
    PIP_ADAPTER_INFO pAdapter;

    // 为 pAdapterInfo 分配空间
    pAdapterInfo = (IP_ADAPTER_INFO *)malloc(sizeof(IP_ADAPTER_INFO));
    ulOutBufLen = sizeof(IP_ADAPTER_INFO);
    // 第 1 次调用 GetAdaptersInfo()，获取返回结果的大小到 ulOutBufLen 中
    if(GetAdaptersInfo(pAdapterInfo, &ulOutBufLen) != ERROR_SUCCESS)
    {
      free(pAdapterInfo);
      pAdapterInfo = (IP_ADAPTER_INFO *)malloc(ulOutBufLen);
    }
    // 第 2 次调用 GetAdaptersInfo()，获取本地网络信息到结构体 pAdapterInfo 中
    if((dwRetVal = GetAdaptersInfo(pAdapterInfo, &ulOutBufLen)) != ERROR_SUCCESS)
    {
      printf("GetAdaptersInfo Error! %d\n", dwRetVal);
    }
    // 从 pAdapterInfo 获取并显示本地网络信息
    pAdapter = pAdapterInfo;
    while(pAdapter)
    {
      AdapterInfo currentAdapterNode;
```

```
currentAdapterNode.Name = pAdapter->AdapterName;          // 网络适配器名
currentAdapterNode.Description = pAdapter->Description; // 网络适配器描述
char mac[4];
// MAC 地址
for(int i=0; i<pAdapter->AddressLength; i++)
{
    if(i==(pAdapter->AddressLength -1))
    {
        sprintf(mac, "%.2X\n", (int)pAdapter->Address[i]);
        currentAdapterNode.Mac += mac;
    }
    else
    {
        sprintf(mac, "%.2X-", (int)pAdapter->Address[i]);
        currentAdapterNode.Mac += mac;
    }
}
// IP 地址
currentAdapterNode.IP = pAdapter->IpAddressList.IpAddress.String;
// 子网掩码
currentAdapterNode.NetMask = pAdapter->IpAddressList.IpMask.String;
// 网关
currentAdapterNode.Gateway = pAdapter->GatewayList.IpAddress.String;
// 是否启用 DHCP
currentAdapterNode.DhcpEnabled = pAdapter->DhcpEnabled;
// DHCP 服务器
currentAdapterNode.DhcpServer = pAdapter->DhcpServer.IpAddress.String;
// 处理下一个网络适配器
pAdapter = pAdapter->Next;
this->adapterList.push_back(currentAdapterNode);
}
// 释放资源
if(pAdapterInfo)
    free(pAdapterInfo);
}
```

程序中调用 GetAdaptersInfo()函数，获取网络适配器信息，然后将其添加到 adapterList 中。将参照第 6 章理解 GetAdaptersInfo()函数的使用方法。

11.2.3 设备信息类 CDevice

设备类 CDevice 用于保存 IP 地址对应主机的基本信息，包括 IP 地址、设备名称、MAC 地址、所属工作组和在线状态等。类 CDevice 的声明代码如下。

```
class CDevice
{
public:
    string IP;                        // IP 地址
    string Name;                      // 名称
    string Mac;                       // Mac 地址
    string Workgroup;                 // 工作组
```

```
    string Status;                                    // 在线状态
public:
    CDevice(string ip);
    ~CDevice(void);
};
```

在本实例中获取到的 IP 地址对应的设备信息保存在 CDevice 对象中。

11.2.4　子网信息类 CSubnet

子网信息类 CSubnet 用于保存子网的基本数据和操作。子网数据包括网络地址、子网掩码、子网中包含的 IP 地址列表、子网中在线设备列表等，子网操作包括计算子网中包含的所有 IP 地址、对子网进行扫描、获取子网中在线设备基本信息等。

下面介绍子网类 CSubnet 的主要代码。

1．成员变量

类 CSubnet 定义的成员变量如下。

```
public:
    string NetAddr;                        // 子网地址
    string NetMask;                        // 子网掩码
    list<CDevice> DeviceList;              // 子网中包含的设备列表
    list<CDevice> ActiveDeviceList;        // 子网中包含的 Active 设备列表
    bool isLocal;                          // 标识当前子网是否为本地子网
```

2．构造函数

类 CSubnet 中定义了两个构造函数。不带参数的构造函数代码如下。

```
CSubnet::CSubnet(void)
{
    isLocal = false;
}
```

默认情况下，创建的新子网不是本地子网。所谓本地子网即本地计算机所在的子网。

另外一个构造函数中带有两个参数，分别指定子网的网络地址和子网掩码，代码如下。

```
CSubnet::CSubnet(string netaddr, string netmask)
{
    // 计算子网的网络地址
    // 将 netaddr 从网络字节顺序转换为主机字节顺序
    unsigned long _inetaddr = ntohl(inet_addr(netaddr.c_str()));
    unsigned long _inetmask = ntohl(inet_addr(netmask.c_str()));
    // 网络地址
    unsigned long first_ip = _inetaddr & _inetmask;
    in_addr IPAddr;
    IPAddr.S_un.S_addr = ntohl(first_ip);
    NetAddr = inet_ntoa(IPAddr);
    // 将子网掩码直接赋值
    NetMask = netmask;
    isLocal = false;
}
```

参数 netaddr 指定新建子网的网络地址，~~参数~~ netmask 指定新建子网的子网掩码。因为用户使用的参数 netaddr 不一定是该子网真正的网络~~地址~~（子网中包含的最小 IP 地址），所以需要在构造函数中计算出真正的网络地址，方法如下。

（1）分别将网络地址 netaddr 和子网掩~~码 netma~~sk 转换成 in_addr 类型，然后再将它们从网络字节序转换成主机字节序的无符号长整型数~~。~~

（2）将网络地址长整型数和子网掩码长~~整型数~~执行按位与运算，得到主机字节序格式的子网真正的网络地址，它的类型是无符号长整型~~数。~~

（3）将计算得到的网络地址转换成字符~~串，赋~~值到 NetAddr 变量中。

子网掩码参数不需要经过转换，直接赋值~~到 N~~etMask 变量中。

3. 计算子网中包含的所有 IP 地址

为了对子网进行扫描，首先需要根据网络~~地址~~和子网掩码计算出子网中包含的所有 IP 地址，方法如下。

（1）分别将网络地址和子网掩码从字符串转~~换成~~ in_addr 类型，然后再将它们从网络字节序转换成主机字节序的无符号长整数。

（2）将网络地址和子网掩码执行按位与操作，~~得~~到子网的网络地址（为了防止用户设置的网络地址不是该子网真正的网络地址，这里需要重~~新计~~算）；将子网掩码按位取反后，再与网络地址执行按位或操作，得到子网的广播地址（即子网~~中最~~大的 IP 地址）。

（3）将网络地址到广播地址之间的所有 IP 地~~址转~~换为字符串，并添加到 DeviceList 列表中，就得到了该子网包含的所有 IP 地址。

在类 CSubnet 中，使用 FillDevice() 函数实现该~~功~~能，代码如下。

```cpp
void CSubnet::FillDevice(void)
{
    DeviceList.clear();
    // 将网络地址和子网掩码从网络字节顺序转换为主机字节顺序
    unsigned long _inetaddr = ntohl(inet_addr(NetAddr.c_str()));
    unsigned long _inetmask = ntohl(inet_addr(NetMask.c_str()));
    // 计算网络地址和广播地址
    unsigned long first_netaddr = _inetaddr & _inetmask;
    unsigned long broadcast = _inetaddr | ~_inetmask;
    // 计算子网中包含有效 IP 地址的数量
    long num = broadcast - first_netaddr - 1;
    for(unsigned long i = first_netaddr+1; i<broadcast; i++)
    {
        // 保存 IP 地址的结构体
        in_addr IPAddr;
        IPAddr.S_un.S_addr = ntohl(i);
        // 为每个 IP 地址创建一个 CDevice 对象
        CDevice dev(inet_ntoa(IPAddr));
        DeviceList.push_back(dev);
    }
}
```

4. 执行子网扫描

所谓子网扫描就是对子网中包含的所有 IP 地址执行 ping 操作，并记录有回应的 IP 地址。

ping 操作基于 ICMP，即向目标 IP 地址发送 ICMP 请求包，并接受 ICMP 回应包。如果目标 IP 地址在线，并且没有安装防火墙或者防火墙允许对 ICMP 请求包做出回应，则程序会接收到该地址发出的 ICMP 回应包。

在第 2 章中已经介绍了 ICMP 的基本工作原理，ICMP 报文是包含在 IP 数据报中的。本实例中使用 IpHeader 结构体来定义 IP 数据报头的结构，代码如下。

```
typedef struct iphdr {
    unsigned int h_len:4;              // 包头长度
    unsigned int version:4;            // IP 版本
    unsigned char tos;                 // 服务类型(TOS)
    unsigned short total_len;          // 包的总长度
    unsigned short ident;              // 包的唯一标识
    unsigned short frag_and_flags;     // 标识
    unsigned char ttl;                 // 生存时间（TTL）
    unsigned char proto;               // 传输协议(TCP, UDP 等)
    unsigned short checksum;           // IP 校验和
    unsigned int sourceIP;
    unsigned int destIP;
}IpHeader;
```

结构体 IcmpHeader 用于定义 ICMP 数据包头的结构，代码如下。

```
typedef struct _ihdr {
    BYTE i_type;                       // 类型
    BYTE i_code;                       // 编码
    USHORT i_cksum;                    // 检验和
    USHORT i_id;                       // 编号
    USHORT i_seq;                      // 序列号
    ULONG timestamp;                   // 时间戳
}IcmpHeader;
```

结构体 PingPair 记录对指定 IP 地址执行 ping 操作的相关数据，包括目标 IP 地址、执行 ping 操作的开始和结束时间、是否已执行过 ping 操作和执行 ping 操作的用时等信息，代码如下。

```
struct PingPair
{
    unsigned long ip;                  // 执行 ping 操作的 IP 地址
    LARGE_INTEGER starttime;           // ping 操作的开始时间
    LARGE_INTEGER endtime;             // ping 操作的结束时间
    bool flag;                         // 监测是否发现 endTime
    int period;                        // ping 操作的用时

    PingPair()
      : ip(0), flag(false), period(-1)
    {
    }

    PingPair(int ipp)
      : ip(ipp), flag(false), period(-1)
```

```
        {
        }
    );
```

结构体 ThreadStruct 用于定义发送 ICMP 请求包的线程结构，包括目标 IP 地址映射表（std::map 类型）、发送 ICMP 请求包的、ping 超时时间、执行 ping 操作的线程编号、是否完成操作的标识等。IP 地址映射表的键为无符号长整数类型的 IP 地址，它的值为 PingPair 结构体对象，为对该 IP 地址执行 ping 操作做准备。ThreadStruct 结构体的定义代码如下。

```
struct ThreadStruct
{
    std::map<unsigned long, PingPair*> *ips;
    SOCKET s;
    int  timeout;
    DWORD tid;
    bool *sendCompleted;
};
```

为了对目标 IP 地址执行 ping 操作，需要设计一些基础函数。这些函数的代码在第 6 章中已经做了介绍，这里只列举这些函数的基本功能，如表 11.1 所示。

表 11.1 执行 ping 操作的基础函数

函 数 名	说 明
fill_icmp_data	将准备发送 ping 数据包的内容赋值到 icmp_data 中
checksum	计算 ICMP 数据包中的检验和
decode_resp	对收到的 IP 数据包进行解码，定位并解析 ICMP 数据
SendIcmp	向指定的目标 IP 地址发送 ICMP 请求包
CreateSocket	指定用于发送 ICMP 请求包的 Socket
changTimeOut	设置执行 ping 操作的超时时间
DestroySocket	关闭 Socket，释放资源
RecvIcmp	接收一个 ICMP 回应包
RecvThreadProc	接收所有 ICMP 回应包的线程函数

pings()函数用于执行批量 ping 操作，代码如下。

```
int CSubnet::pings(std::map<unsigned long, PingPair*> &ips, DWORD timeout)
{
    // 创建 ping 操作使用的 Socket
    SOCKET s = CreateSocket(timeout);
    if(s == INVALID_SOCKET)
      return -1;
    // 准备执行批量 ping 操作的 ThreadStruct 数据
    ThreadStruct unionStruct;
    unionStruct.ips = &ips;
    unionStruct.s = s;
    unionStruct.timeout = timeout;
    unionStruct.tid = GetCurrentThreadId();
    unionStruct.sendCompleted = new bool(false);
    // 创建接收 ICMP 的回应包
    DWORD tid;
```

```
HANDLE handle = CreateThread(NULL, 0, RecvThreadProc, &unionStruct, 0, &tid);
// 向所有目标 IP 地址发送 ICMP 请求包，并记录初始时间
std::map<unsigned long, PingPair*>::iterator itr;
for(itr = ips.begin();itr != ips.end();itr++)
{
  SendIcmp(s, itr->first);                              // 发出所有数据
  QueryPerformanceCounter( &itr->second->starttime ); // 记录初始时间
  Sleep(10);
}
//  printf("Send Once\n");
// 为了防止丢包，这里再发送一次
for(itr = ips.begin();itr != ips.end();itr++)
{
  SendIcmp(s, itr->first);                              // 发出所有数据
  Sleep(10);
}
//  printf("Send Twice\n");
// 标识发送成功
*(unionStruct.sendCompleted) = true;
// 等待接收线程返回
DWORD ret = WaitForSingleObject(handle, timeout * 3);
// 如果超时，则结束接收线程
if(ret == WAIT_TIMEOUT)
{
  printf("Kill Thread\n");
  TerminateThread(handle, 0);
}
CloseHandle(handle);                                   // 关闭线程句柄
DestroySocket(s);                                      // 释放 Socket
// 计算执行 ping 操作的用时
LARGE_INTEGER ticksPerSecond;
QueryPerformanceFrequency(&ticksPerSecond);
for(itr = ips.begin();itr != ips.end();itr++)
{
  if(itr->second->flag == true)
  {
    double elapsed = ((double)(itr->second->endtime.QuadPart - itr->second->starttime.QuadPart) / ticksPerSecond.QuadPart);
    if(elapsed <= 0)
      elapsed = 0;
    itr->second->period = (int)(elapsed*1000);
  }
}
delete unionStruct.sendCompleted;
return 0;
}
```

pings()函数有两个参数，参数 ips 指定执行 ping 操作的目标 IP 地址映射表，参数 timeout 指定 ping 操作的超时时间。

程序的执行过程如下。

- 创建 ping 操作使用的 Socket。
- 准备批量执行 ping 操作的 ThreadStruct 数据，即设置要执行 ping 操作的目标 IP 地址、发

送 ICMP 请求包的 Socket、超时时间、线程编号等。

- 创建接收 ICMP 回应包的线程，线程函数为 RecvThreadProc。
- 调用 SendIcmp()函数依次向所有目标 IP 地址发送 ICMP 请求包。为防止出现丢包、错包等情况，这里两次调用 SendIcmp()函数。
- 调用 WaitForSingleObject()函数等待接收线程返回，如果超时，则结束接收线程。
- 关闭线程句柄，释放 Socket 资源。
- 计算每个 IP 地址执行 ping 操作的用时。

在实际应用中，如果一个子网中包含的 IP 地址非常多（例如 B 类子网），在进行子网扫描时就会同时启动大量的线程向这些 IP 地址发送 ICMP 请求包。同时启动大量线程会占用大量的系统资源，最终线程会因为无法申请到系统资源而创建失败。为了解决这个问题，本实例中设计了一个可以分组执行 ping 操作的 pings()函数，在该函数中可以指定一次执行 ping 操作的 IP 地址数量，代码如下。

```
int CSubnet::pings(std::map<unsigned long,PingPair*> &allIps, DWORD timeout, int
perCount)
{
    int allCount = allIps.size();
    std::map<unsigned long, PingPair*>::iterator itr = allIps.begin();
    // 目标 IP 地址总数量除以每组
    int count = allCount / perCount;
    count += (allCount % perCount == 0)? 0 : 1;
    // 以分组为单位准备执行批量 ping 操作的 IP 地址列表
    for(int i=0;i<count;i++)
    {
      std::map<unsigned long, PingPair*> currentips;
      for(int j=0;j<perCount && itr != allIps.end();j++)
      {
         currentips[itr->first] = itr->second;
         itr++;
      }
      // 执行当前分组的批量 ping 操作
      pings(currentips, timeout);
    }

    return 0;
}
```

前面介绍的两个 pings()函数都需要用户指定执行 ping 操作的 IP 地址列表，并没有与子网相关联。下面介绍在类 CSubnet 中定义的 PingAll()函数，它的功能是对子网中包含的所有 IP 地址执行 ping 操作，代码如下。

```
void CSubnet::PingAll(DWORD timeOut, int perExcute)
{
    std::map<unsigned long, PingPair*> ipAll;      // 用来执行 ping 操作的所有 IP 地址
    timeOut = changTimeOut(timeOut, perExcute);
    // 计算当前子网中所有的 IP 地址
    if(DeviceList.size() == 0)
      this->FillDevice();

    // 将所有 IP 地址进行转换
```

```
      list<CDevice>::iterator devItr;
      for(devItr = DeviceList.begin();        Itr != DeviceList.end(); devItr++)
      {
        CDevice dev = *devItr;
        if(dev.IP.empty())                                // 如果设备 IP 地址为空，则不处理
          continue;
          unsigned int ip = ntohl(inet    dr(dev.IP.c_str()));
          PingPair *p = new PingPair(i
        ipAll[ip] = p;
      }
      // 执行 ping 操作
      pings(ipAll, timeOut, perExcute)
      // 处理结果
      ActiveDeviceList.clear();
      std::map<unsigned long, PingPair*>::iterator ipItr;
      for(ipItr=ipAll.begin();ipItr!=ipAll.end();ipItr++)
      {
        if(ipItr->second->flag)
        {
          in_addr IPAddr;
          IPAddr.S_un.S_addr = ntohl(ipItr->second->ip);
          // 为每个可以 ping 通的 IP 地址创建一个 CDevice 对象
          CDevice dev(inet_ntoa(IPAddr));
          ActiveDeviceList.push_back(dev);
        }
        delete ipItr->second;
      }
    }
```

　　程序首先计算当前子网中包含的 IP 地址列表，然后以它为参数调用 pings()函数，并将在线的 IP 地址添加到 ActiveDeviceList 列表中。

　　在扫描子网时可以调用 PingAll()。但如果需要检测子网中已发现主机的在线状态，对子网中包含的所有 IP 地址执行 ping 操作显然是不合适的。类 CSubnet 中定义了 PingActiveDeviceList() 函数，对保存在 ActiveDeviceList 列表中的设备执行 ping 操作，代码如下。

```
  void CSubnet::PingActiveDeviceList(DWORD timeOut, int perExcute)
  {
      std::map<unsigned long, PingPair*> ipAll;        // 用来执行 ping 操作的所有 IP 地址

      timeOut = changTimeOut(timeOut, perExcute);
      // 如果设备列表为空，则返回
      if(ActiveDeviceList.size() == 0)
        return;

      // 将所有 IP 地址转换成 map<unsigned long, PingPair*>，以便批量执行 ping 操作
      list<CDevice>::iterator devItr;
      for(devItr = ActiveDeviceList.begin(); devItr != ActiveDeviceList.end(); dev
  Itr++)
      {
        CDevice dev = *devItr;
        if(dev.IP.empty())                                // 如果设备 IP 地址为空，则不处理
          continue;
```

```
            unsigned long ip = ntohl(ir      dr(dev.IP.c_str()));
            PingPair *p = new PingPair(
            ipAll[ip] = p;
        }
        // 执行 ping 操作
        pings(ipAll, timeOut, perExcut
        // 处理结果，轮循所有执行 ping 操作的
        std::map<unsigned long, PingPai   ::iterator ipItr;
        for(ipItr=ipAll.begin();ipItr!=    l.end();ipItr++)
        {
            // 在 deviceList 中找到 IP 对应的设   根据 ping 的结果更新 Status 值
            for(devItr = ActiveDeviceList.   gin(); devItr != ActiveDeviceList.end();
devItr++)
            {
                CDevice dev = *devItr;
                if(dev.IP.empty())                      // 如果设备 IP 地址为空，则不处理
                    continue;
                unsigned long ip = ntohl(inet_addr(dev.IP.c_str()));
                // 找到对应的设备
                if(ipItr->second->ip==ip)
                {
                    if(ipItr->second->flag)
                        devItr->Status = "在线";
                    else
                        devItr->Status = "离线";
                }
            }
            delete ipItr->second;
        }
    }
```

5. 获取子网中计算机的基本信息

在 CSubnet 类中，可以使用 NetBIOS 协议获取子网中计算机的名字、MAC 地址和工作组信息。第 7 章中已经介绍了在 C++中使用 NetBIOS 协议的方法，这里使用到第 7 章中介绍的两个函数，如表 11.2 所示。

表 11.2　　　　　　　　使用 NetBIOS 协议获取计算机基本信息的两个函数

函　数　名	说　　　明
NetBiosRecvThreadProc	接收并解析 NetBIOS 回应包的线程函数
GetEthernetAdapter	将接收到的字节数组格式的 MAC 地址转换为字符串

在 CSubnet 类中，使用 GetHostInfo()函数实现获取子网中计算机基本信息的功能，代码如下。

```
void CSubnet::GetHostInfo(std::map<unsigned long, CDevice*> &ips, int timeout)
{
    SOCKET sock;
    struct sockaddr_in origen;
    WSADATA wsaData;
    std::map<unsigned long, CDevice*>::iterator itr;

    if(WSAStartup(MAKEWORD(2,1),&wsaData) != 0)
        return;
```

```
      // 创建一个 TCP/IP Socket
      if((sock = socket(AF_INET, SOCK_DGRAM,IPPROTO_UDP))==INVALID_SOCKET)
        return;

      // 设置超时选项
      if(setsockopt(sock,SOL_SOCKET,SO_RCVTIMEO,(char*)&timeout,sizeof(timeout))
==SOCKET_ERROR)
        //MessageBox(NULL, "Couldn't set timeout!", "ERROR", MB_OK);
        goto ErrLable;

      // 与用于响应的 Socket 绑定
      memset(&origen,0,sizeof(origen));
      origen.sin_family = AF_INET;
      origen.sin_addr.s_addr = htonl (INADDR_ANY);
      origen.sin_port = htons (0);

      if (bind (sock, (struct sockaddr *) &origen, sizeof(origen)) < 0)
      {
        goto ErrLable;
      }

      workstationNameThreadStruct unionStruct;
      unionStruct.ips = &ips;
      unionStruct.s = sock;

      // 启动线程等待接收
      DWORD pid;
      HANDLE threadHandle = CreateThread(NULL, 0, NetBiosRecvThreadProc,(void *)&un
ionStruct, 0, &pid);

      for(itr=ips.begin();itr!=ips.end();itr++)
      {
        char input[]="\x80\x94\x00\x00\x00\x01\x00\x00\x00\x00\x00\x00\x20\x43\x4b\x41\x41\x41\x41
\x41\ x41\x41\x41\x41\x41\x41\x41\x41\x41\x41\x41\x41\x41\x41\x41\x41\x41\x41\x41\x41\x
41\x41\x41\x41\x41\x41\x00\x00\x21\x00\x01";
        struct sockaddr_in dest;
        // 发送 NetBios 请求信息
        memset(&dest,0,sizeof(dest));
        dest.sin_addr.s_addr = itr->first;
        dest.sin_family = AF_INET;
        dest.sin_port = htons(137);

        sendto (sock, input, sizeof(input)-1, 0, (struct sockaddr *)&dest, sizeof (dest));
        // Sleep(10);
      }

      DWORD ret = WaitForSingleObject(threadHandle, timeout * 4);
      if(ret == WAIT_TIMEOUT)
        TerminateThread(threadHandle, 0);
      else
        printf("thread success exit\n");
      CloseHandle(threadHandle);
```

```
ErrLable:
    closesocket(sock);
    WSACleanup();

    // EnterCriticalSection(&g_cs);
    // IsGetNbtStat = false;
    // LeaveCriticalSection(&g_cs);
}
```

GetHostInfo() 函数有两个参数。参数 ips 指定要获取 NetBIOS 信息的目标 IP 地址映射表，参数 timeout 指定超时的未返回 NetBIOS 回应包的时间。

程序的运行过程如下。

- 初始化 Windows Sockets 环境。
- 创建用户监听的 TCP Socket sock。
- 调用 setsockopt() 函数设置超时时间。
- 将本地地址的端口 0 绑定到 Socket sock 上，用于监听 NetBIOS 回应包。
- 创建 workstationNameThreadStruct 结构体对象 unionStruct，将要获取 NetBIOS 信息的 IP 地址列表和 Socket sock 赋值到 unionStruct 中。
- 创建接收 NetBIOS 回应包的线程，线程函数为 NetBiosRecvThreadProc，并把前面定义的 unionStruct 结构体对象作为参数传入到线程函数。
- 依次向所有目标 IP 地址的 137 端口发送 NetBIOS 请求包，具体内容保存在字符数组 input 中。读者可以不需要理解请求包的具体内容，在程序中直接使用即可。
- 调用 WaitForSingleObject() 函数等待接收线程函数 NetBiosRecvThreadProc 结束。如果超时（即返回 WAIT_TIMEOUT），则调用 TerminateThread() 函数结束线程。
- 关闭线程句柄和 Socket 句柄，清理 Windows Sockets 环境。

CSubnet 类中还设计了一个没有参数的 GetHostInfo() 函数，它的功能是直接获取 ActiveDeviceList 列表中 IP 地址的 NetBIOS 信息，超时时间为 2 秒，代码如下。

```
void CSubnet::GetHostInfo()
{
    // 如果当前子网中没有在线设备，则直接返回
    int count = ActiveDeviceList.size();
    if(count == 0)
        return;
    int TimeOut = 2000;                          // 超时时间为秒
    map<unsigned long, CDevice*> ips;            // 保存要获取信息的主机 IP 列表
    list<CDevice>::iterator itr_dev;
    for(itr_dev=ActiveDeviceList.begin(); itr_dev!=ActiveDeviceList.end(); itr_
dev++)
    {
        unsigned long ip = inet_addr(itr_dev->IP.c_str());
        ips.insert(make_pair(ip, &(*itr_dev)));
    }
    // 获取主机信息
    GetHostInfo(ips, TimeOut);
}
```

11.3　系统主界面设计

本节介绍局域网探测器的主界面布局以及其中包含的菜单项和控件的基本属性。

11.3.1　系统主界面中包含的控件

本章介绍的局域网探测器系统的主界面对话框 ID 为 IDD_LANSCANNER_DIALOG，其界面如图 11.1 所示。

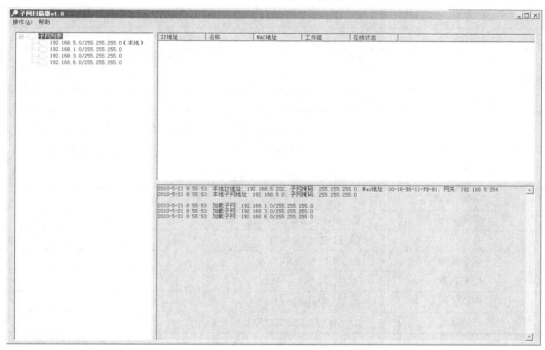

图 11.1　局域网探测器系统的主界面

主界面中包含的控件如表 11.3 所示。

表 11.3　　　　　　　　　　　　　　局域网探测器主界面中包含的控件

控 件 名	说 明
IDC_TREE1	树视图控件，用于以树状结构显示子网列表
IDC_LIST1	列表控件，用于以列表方式显示子网中发现的在线设备信息。需要将该控件的 View 属性设置为 Report
IDC_EDIT1	编辑框控件，用于显示加载和扫描子网的过程信息。需要将该控件的 Read Only 属性设置为 True，以防止用户修改编辑框中的内容

11.3.2　设计菜单项

在资源视图中添加两个菜单，IDR_MENU1 和 IDR_MENU2。

IDR_MENU1 作为主界面的主菜单，其中包含的菜单项如表 11.4 所示。

表 11.4　　　　　　　　　　　　IDR_MENU1 中包含的菜单项

菜单项文本	菜单项 ID	上级菜单项文本
操作(&A)	（无）	（无）
添加子网	ID_ADD_SUBNET	操作(&A)
修改子网	ID_EDIT_SUBNET	操作(&A)
删除子网	ID_DEL_SUBNET	操作(&A)
-（分隔符）	（无）	操作(&A)
扫描子网	ID_SCAN_SUBNET	操作(&A)
检测状态	ID_MENU_TESTSTATUS	操作(&A)
-（分隔符）	（无）	操作(&A)
退出(&X)	ID_EXIT	操作(&A)
帮助	（无）	（无）
关于(&A)	ID_ABOUT	帮助

在对话框 IDD_LANSCANNER_DIALOG 的属性窗口中将 Menu 属性设置为 IDR_MENU1。
IDR_MENU2 作为右键单击子网时弹出的快捷菜单，其中包含的菜单项如表 11.5 所示。

表 11.5　　　　　　　　　　　　IDR_MENU2 中包含的菜单项

菜单项文本	菜单项 ID
添加子网	ID_ADD_SUBNET
修改子网	ID_EDIT_SUBNET
删除子网	ID_DEL_SUBNET
-（分隔符）	（无）
扫描子网	ID_SCAN_SUBNET
检测状态	ID_MENU_TESTSTATUS

11.4　加载和退出主界面

程序运行时会自动打开主界面。主界面对应的类为 CLanScannerDlg，本节介绍加载和退出主
界面时类 CLanScannerDlg 中的代码实现。

11.4.1　加载主界面的代码实现

加载主界面时运行 CLanScannerDlg::OnInitDialog()函数，函数中会对控件进行初始化，并加
载子网信息。

1．定义对话框中控件对应的变量

为了设置对话框中控件的属性，添加、修改和删除控件中的数据，首先需要为对话框中的控
件定义对应的变量，如表 11.6 所示。

表 11.6　　　　　　　　对话框 IDD_LANSCANNER_DIALOG 中主要控件对应的变量

控　件　ID	变　量　类　型	变　量　名
IDC_TREE1	CTreeCtrl	m_TreeCtrl
IDC_LIST1	CListCtrl	m_ListCtrl
IDC_EDIT1	CEdit	m_Result

2. 用户自定义的变量

在类 CLanScannerDlg 中定义如下的变量。

```
// 子网树的根节点
HTREEITEM root;
// 获取本地网络信息
CLocalhost localhost;
// 保存所有子网信息
list<CSubnet> SubnetList;
```

OnInitDialog()函数会使用到这些变量，请参照注释理解它们的含义。

3. 设置 CImageList 变量的属性

为了使界面更加美观，在树视图控件和列表控件中显示数据时，都需要在每条记录前面显示一个对应的图标。两个图标都保存为 Bitmap 资源。子网图标　　的 ID 为 IDB_BITMAP1，计算机图标　　的 ID 为 IDB_BITMAP3。

在 LanScannerDlg.cpp 中定义两个 CImageList 类型的全局静态变量，分别用于保存树视图控件和列表控件中的图标，代码如下。

```
static CImageList imagelistTree;                     // 显示树视图中的图标列表
static CImageList imagelistList;                      // 显示列表视图中的图标列表
```

在 OnInitDialog()函数中设置上面两个 CImageList 变量属性的代码如下。

```
BOOL CLanScannerDlg::OnInitDialog()
{
    …
    // 设置 ImageList 图像列表
    imagelistTree.Create(20, 14, ILC_COLOR32, 0, 4);
    // 获取图像列表
    CBitmap bmp1, bmp2;
    bmp1.LoadBitmap(IDB_BITMAP1);              // 子网图标
    imagelistTree.Add(&bmp1, RGB(0,0,0));

    imagelistList.Create(16, 16, ILC_COLOR32, 0, 4);
    bmp2.LoadBitmap(IDB_BITMAP3);              // PC 图标
    imagelistList.Add(&bmp2, RGB(0,0,0));
    …
}
```

程序首先调用 CImageList::Create()函数创建 CImgeList 对象的图像列表。第 1 个参数指定 CImageList 对象中包含的图像的宽度；第 2 个参数指定图像的高度；第 3 个参数指定创建图像列表的类型，ILC_COLOR32 表示使用 32 位颜色；第 4 个参数指定 CImageList 对象中初始的图像数量；第 5 个参数指定当系统改变图像列表的大小时，需要增加的图像数量。

程序中定义了两个 CBitmap 变量：bmp1 和 bmp2。它们使用 LoadBitmap()函数加载资源中的图标对象。

最后将 bmp1 和 bmp2 添加到 CImageList 中。

4. 初始化列表控件

列表控件 m_ListCtrl 用于显示发现的设备信息，在 OnInitDialog()函数需要设置列表控件的列名和宽度，代码如下。

```
BOOL CLanScannerDlg::OnInitDialog()
{
    …
    // 设置设备列表的表格格式
    this->m_ListCtrl.InsertColumn(0, "IP 地址", 0, 100);
    this->m_ListCtrl.InsertColumn(1, "名称", 0, 100);
    this->m_ListCtrl.InsertColumn(2, "MAC 地址", 0, 100);
    this->m_ListCtrl.InsertColumn(3, "工作组", 0, 100);
    this->m_ListCtrl.InsertColumn(4, "在线状态", 0, 100);
    m_ListCtrl.SetImageList(&imagelistList, LVSIL_SMALL);
    …
}
```

InsertColumn()函数用于向列表控件中插入一列。第 1 个参数指定列的位置序号；第 2 个参数指定列的标题；第 3 个参数指定列的对齐方式，0 表示左对齐；第 4 个参数指定列宽。

调用 CListCtrl:SetImageList()函数可以为树视图控件设置相关联的 CImageList 对象。

5. 初始化树视图控件

树视图 m_TreeCtrl 用于显示子网信息。在 CLanScannerDlg 类中定义了一个变量 root，保存树视图的根节点，代码如下。

```
HTREEITEM root;
```

HTREEITEM 表示树节点的句柄。

初始化树视图控件的代码如下。

```
BOOL CLanScannerDlg::OnInitDialog()
{
    …
    // 添加到树控件中
    m_TreeCtrl.ModifyStyle(0, TVS_HASBUTTONS | TVS_HASLINES | TVS_LINESATROOT, 0);
    m_TreeCtrl.SetImageList(&imagelistTree, TVSIL_NORMAL);
    root = m_TreeCtrl.InsertItem("子网列表");
    …
}
```

调用 m_TreeCtrl.ModifyStyle()函数可以设置树控件的属性。TVS_HASBUTTONS 表示在父项目旁边显示 "+" 和 "−"；TVS_HASLINES 表示项目旁边显示线条；TVS_LINESATROOT 表示从树视图的根节点开始使用线条连接项目。

调用 m_TreeCtrl.SetImageList()函数可以为树视图控件设置相关联的 CImageList 对象。

调用 m_TreeCtrl.InsertItem()函数可以向树视图控件中添加根节点。这里根节点的显示文本为 "子网列表"。

6. 向树视图控件中添加本地子网

默认情况下，程序会自动获取本地 IP 地址和子网掩码，计算出本地子网，然后将其添加到树视图控件中，代码如下。

```
BOOL CLanScannerDlg::OnInitDialog()
{
    …
    // 获取本地网络信息
    localhost.GetLocalAdapterInfo();
    list<AdapterInfo>::iterator iter;
    for(iter=localhost.adapterList.begin(); iter!=localhost.adapterList.end();
iter++)
    {
      AdapterInfo adapterInfo = *iter;
      // 输出本地计算机网络信息
      CSubnet *subnet = new CSubnet(adapterInfo.IP.c_str(), adapterInfo.NetMask.
c_str());
      string str = "本地 IP 地址: " + adapterInfo.IP + "; 子网掩码: " + adapterIn
fo.NetMask
        + "; Mac 地址: " + adapterInfo.Mac + "; 网关: " + adapterInfo.Gateway;
      OutputString(str.c_str());

      char SubnetString[50];
      sprintf(SubnetString, "%s/%s（本地）", subnet->NetAddr.c_str(), subnet->Net
Mask.c_str());
      HTREEITEM treeitem;
      treeitem = m_TreeCtrl.InsertItem(SubnetString, 0, 0, root);
      // m_TreeCtrl.InsertItem(".", 0,0, treeitem);
      // delete subnet;
      subnet->isLocal = true;        // 标识为本地子网
      SubnetList.push_back(*subnet);

      // 输出本地子网信息
      str = "本地子网地址: " + subnet->NetAddr + "; 子网掩码: " + subnet->NetMask;
      OutputString(str.c_str());
    }
    m_TreeCtrl.Expand(root, TVE_EXPAND);
    …
}
```

程序首先调用 localhost.GetLocalAdapterInfo()函数，获取本地网络适配器信息到 localhost. adapterList。然后遍历 localhost.adapterList 中的元素（即 CSubnet 对象），将本地子网以下面的格式添加到树视图控件中。

<子网地址>/<子网掩码>（本地）

然后调用 m_TreeList.Expand()函数展开树视图中的子网列表。

在加载子网的过程中调用 OutputString()函数在文本编辑框控件 IDC_EDIT1 中输出描述信息。关于 OutputString()函数的具体代码将在 11.4.2 小节中介绍。

7. 读取并显示保存的子网信息

除了计算本地子网外，本实例还允许用户添加自定义的子网，并且将自定义子网保存在程序目录下的 subnetlist 文件中。下面是 subnetlist 文件内容的一个实例。

```
192.168.1.0/255.255.255.0
192.168.3.0/255.255.255.0
192.168.6.0/255.255.255.0
```

在 OnInitDialog()函数中，程序从 subnetlist 文件中读取子网信息，然后对字符串进行解析，得到网络地址和子网掩码，并将其添加到树视图控件中，代码如下。

```
BOOL CLanScannerDlg::OnInitDialog()
{
    …
    // 读取保存的子网
    string fullPath = GetSubnetFile();
    CFile file(fullPath.c_str(), CFile::modeRead);
    CArchive ar(&file,CArchive::load);
    CString fileContent;
    while(ar.ReadString(fileContent))
    {
      CSubnet *subnet = ParseSubnetString(fileContent.GetBuffer());
      string str = subnet->NetAddr + "/" + subnet->NetMask;
      HTREEITEM treeitem;
      treeitem = m_TreeCtrl.InsertItem(str.c_str(), 0, 0, root);
      subnet->isLocal = false;
      SubnetList.push_back(*subnet);

      str = "加载子网: " + str;
      OutputString(str.c_str());
    }
    ar.Close();
    file.Close();
    …
}
```

程序中调用 GetSubnetFile()函数获取 subnetlist 文件的绝对路径到变量 fullPath，该函数的代码已经在 11.2.1 小节中介绍，请参照理解。

使用 CFile 类开始操作文件，使用 CArchive 类读取文件中的内容，依次解析文件中的每一行，然后将其添加到树视图控件中，最后关闭 CArchive 对象 ar 和 CFile 对象 file。

当前加载的子网都被保存到变量 SubnetList 中。

8. 设置对话框的属性

在 OnInitDialog()函数中还要设置主对话框的属性，包括控制按钮、显示标题和显示模式等，代码如下。

```
BOOL CLanScannerDlg::OnInitDialog()
{
    …
    // 设置对话框为可变大小
    ModifyStyle(0 , WS_SIZEBOX);
    ModifyStyle(0, WS_MAXIMIZEBOX);
    ModifyStyle(0, WS_MINIMIZEBOX);
    this->SetWindowTextA("子网扫描器 v1.0");
    // 显示窗口最大化
    ShowWindow(SW_SHOWMAXIMIZED);
```

```
    ...
}
```

ModifyStyle()函数用于设置窗口或控件的属性。WS_SIZEBOX 表示显示窗口拥有可调整大小的边框，WS_MAXIMIZEBOX 表示窗口显示最大化按钮，WS_MINIMIZEBOX 表示窗口显示最小化按钮。

调用 SetWindowTextA()函数可以设置窗口和控件的显示文本。调用 ShowWindow()函数可以设置窗口的显示模式，参数 SW_SHOWMAXIMIZED 指定以最大化方式显示窗口。

11.4.2　在文本编辑框中输出描述信息

在类 CLanScannerDlg 中定义的 OutputString()函数用于向文本编辑框 IDC_EDIT1 中添加显示文本信息，代码如下。

```cpp
void CLanScannerDlg::OutputString(const char *msg)
{
    CString str;
    m_Result.GetWindowTextA(str);
    // 如果输出空行，则不显示日期和时间
    if(strcmp(msg, "") == 0)
    {
      str += "\r\n";
      m_Result.SetWindowTextA(str.GetBuffer());
      return;
    }
    // 获取当前日期和时间
    CTime t = CTime::GetCurrentTime(); // 获取系统日期
    CString outStr;
    outStr.Format("%d-%d-%d %d:%d:%d: %s\r\n", t.GetYear(), t.GetMonth(), t.GetDay(), t.GetHour(), t.GetMinute(), t.GetSecond(), msg);

    str += outStr;
    m_Result.SetWindowTextA(str.GetBuffer());
}
```

参数 msg 表示要在文本编辑框中追加显示的字符串变量。

文本编辑框 IDC_EDIT1 对应的变量为 m_Result。调用 GetWindowTextA()函数可以获取文本编辑框的当前值到变量 str 中，如果要显示的字符串内容为空，则直接调用 SetWindowTextA()函数文本编辑框中追加显示回车换行符（\r\n），然后返回；否则调用 CTime::GetCurrentTime()函数，获取当前的系统时间，然后在 msg 字符串前面添加系统日期和时间字符串，在 msg 字符串后面追加回车换行符，并调用 SetWindowTextA()函数将其设置到文本编辑框中。

在文本编辑框中显示描述信息的样式如图 11.2 所示。

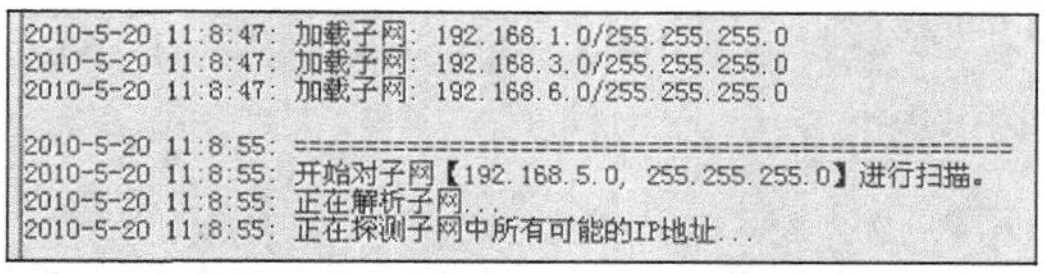

图 11.2　在文本编辑框中显示描述信息的样式

11.4.3　自动调整控件的大小

本实例中的主界面是可以调整大小的对话框，在对话框大小变化时，对话框上的控件大小也应该随着变化。为了实现该功能，需要在 OnSize()函数中添加如下代码。

```
void CLanScannerDlg::OnSize(UINT nType, int cx, int cy)
{
    CDialog::OnSize(nType, cx, cy);

    // 获取窗体的大小
    CRect rect;
    GetWindowRect( &rect );
    // 设置 Tree 控件随窗体大小而变化
    CRect treeRect;  // 保存 Tree 控件的大小
    if(IsWindow(m_TreeCtrl.GetSafeHwnd()))
    {
      m_TreeCtrl.MoveWindow(CRect(11, 11, 300, rect.bottom - rect.top - 50), TRUE);
      m_TreeCtrl.GetClientRect(&treeRect);      // 获取 Tree 控件的大小
    }
    // 设置 List 控件随窗体大小而变化
    CRect listRect;                              // 保存 List 控件的大小
    if(IsWindow(m_ListCtrl.GetSafeHwnd()))
    {
      m_ListCtrl.MoveWindow(CRect(treeRect.right + 22, 11, rect.right - rect.left
- 18, (rect.bottom - rect.top)/2 -30), TRUE);
      m_ListCtrl.GetClientRect(&listRect);
    }
    // 设置 Edit 控件随窗体大小而变化
    if(IsWindow(m_Result.GetSafeHwnd()))
    {
      m_Result.MoveWindow(CRect(treeRect.right + 22, listRect.bottom+22, rect.
right - rect.left - 18,  rect.bottom - rect.top - 50), TRUE);
    }
}
```

程序首先调用 GetWindowRect()函数获取当前窗体的大小到 rect，然后再设置各种控件的位置和大小。

11.4.4　退出系统并保存自定义子网

在菜单中选择"操作"→"退出"，可以关闭主对话框，退出系统，对应的代码如下。

```
void CLanScannerDlg::OnExit()
{
    OnOK();
}
```

在主对话框 IDD_LANSCANNER_DIALOG 关闭时，会发送 WM_DESTROY 消息，对应的处理代码如下。

```
void CLanScannerDlg::OnDestroy()
{
    CDialog::OnDestroy();

    // 以下代码用于保存当前所有子网
    string fullPath;                         // 获取可执行文件的绝对路径
    fullPath = GetSubnetFile();
    CFile file(fullPath.c_str(), CFile::modeCreate /*| CFile::modeNoTruncate */
```

```
| CFile::modeWrite);

      CArchive ar(&file,CArchive::store);
      list<CSubnet>::iterator itr_subnet;
      for(itr_subnet=SubnetList.begin(); itr_subnet!=SubnetList.end(); itr_subnet++)
      {
        if(itr_subnet->isLocal)                  // 不保存本地子网
          continue;
        string str = itr_subnet->NetAddr + "/" + itr_subnet->NetMask + "\r\n";
        ar.WriteString(str.c_str());
      }
      ar.Close();
      file.Close();
}
```

程序将 SubnetList 中的非本地子网保存到 subnetlist 文件中，以便下次启动系统后可以加载子网列表。

11.5　管 理 子 网

本实例中允许用户管理自定义子网，包括添加、修改和删除子网。可以对添加到系统中的子网进行扫描和状态检测。

11.5.1　添加和编辑子网

添加子网对话框的 ID 为 IDD_DIALOG_SUBNET_EDIT，它对应的类为 CSubnetEditDlg。该对话框即可以用来添加子网，也可以用来编辑已有子网的信息。

1．添加子网菜单的处理代码

在主菜单中选择"操作"→"添加子网"，或者右键单击子网列表，在快捷菜单中选择"添加子网"菜单项，可以打开编辑子网信息的对话框，如图 11.3 所示。

单击"添加子网"菜单项的处理函数为 CLanScannerDlg::OnAddSubnet()，代码如下。

图 11.3　编辑子网信息"对话框"

```
void CLanScannerDlg::OnAddSubnet()
{
    CSubnetEditDlg dlg;
    dlg.OriNetAddr = "";
    dlg.OriNetMask = "";
    if(dlg.DoModal() == IDOK)
    {
        // 判断指定的子网是否存在
        if(m_TreeCtrl.ItemHasChildren(root))
        {
            HTREEITEM hNextItem;
            HTREEITEM hChildItem = m_TreeCtrl.GetChildItem(root);// 获取所有子节点
            while (hChildItem != NULL)
            {
```

```
                        CString ChildText = m_TreeCtrl.GetItemText(hChildItem);
                        if(ChildText    ==    dlg.OutputText.c_str()    ||    ChildText    ==
(dlg.OutputText+ "（本地）").c_str())
                        {
                            AfxMessageBox("添加的子网已经存在。");
                            return;
                        }
                        // 获取与第个子节点相临的节点
                        hNextItem = m_TreeCtrl.GetNextItem(hChildItem, TVGN_NEXT);
                        hChildItem = hNextItem;
                    }

                    m_TreeCtrl.InsertItem(dlg.OutputText.c_str(), 0, 0, root);
                }
                // 将新建子网添加到 SubnetList 中
                CSubnet subnet(dlg.NetAddr, dlg.NetMask);
                SubnetList.push_back(subnet);
            }
        }
```

程序中首先声明一个 CSubnetEditDlg 对象 dlg，用于打开添加子网的对话框。在类 CSubnet EditDlg 中定义了下面的两个变量。

```
    std::string OriNetAddr;        // 指定要编辑的网络地址，如果为空，则说明当前是添加子网
    std::string OriNetMask;        // 指定要编辑的子网掩码
```

如果在对话框中编辑子网信息，则通过这两个变量指定子网对应的网络地址和子网掩码；如果在对话框中添加子网，则将上面两个变量设置为空。

然后调用 dlg.DoModal()函数打开添加子网的对话框。添加子网信息的代码将在稍后介绍。

如果 dlg.DoModal()函数返回 IDOK，则说明用户在对话框中单击了"确定"按钮。此时程序需要做如下处理。

- 检查树视图中是否已经存在该子网，如果存在，则提示用户并返回。
- 如果添加的子网不存在，则通过调用 m_TreeCtrl.InsertItem()函数将该子网添加到树视图中。
- 将新建的子网对象添加到 SubnetList 中。

2. 编辑子网菜单的处理代码

选中一个子网，在主菜单中选择"操作"→"编辑子网"，或者右键单击子网列表，在快捷菜单中选择"编辑子网"菜单项，可以打开编辑子网信息的对话框。

单击"编辑子网"菜单项的处理函数为 CLanScannerDlg::OnEditSubnet()，代码如下。

```
void CLanScannerDlg::OnEditSubnet()
{
    HTREEITEM item = m_TreeCtrl.GetSelectedItem();
    if(item == root || item == NULL)
    {
        AfxMessageBox("请选择要修改的子网。");
        return;
    }
    CString ItemText = m_TreeCtrl.GetItemText(item);
    int pos = ItemText.Find("本地");
```

```
   if(pos > 0 )
   {
     AfxMessageBox("不允许修改本地子网。");
     return;
   }

   // 解析节点文本中的网络地址和子网掩码
   string NetText = ItemText;
   CSubnet* subnet = ParseSubnetString(NetText);
   if(subnet == NULL)
   {
     AfxMessageBox("选择的子网格式不正确。");
     return;
   }
   CSubnetEditDlg dlg;                                    // 编辑子网的对话框
   dlg.OriNetAddr = subnet->NetAddr;
   dlg.OriNetMask = subnet->NetMask;

   if(dlg.DoModal() == IDOK)
   {
     HTREEITEM hNextItem;
     HTREEITEM hChildItem = m_TreeCtrl.GetChildItem(root);    // 获取子节点
     // 轮循子节点，判断修改后的子网是否已存在
     while (hChildItem != NULL)
     {
        CString ChildText = m_TreeCtrl.GetItemText(hChildItem);
        // 不判断当前节点
        if(hChildItem == item)
        {
          hNextItem = m_TreeCtrl.GetNextItem(hChildItem, TVGN_NEXT);
          hChildItem = hNextItem;
          continue;
        }
        if(ChildText == dlg.OutputText.c_str() || ChildText == (dlg.OutputText+
"（本地）").c_str())
        {
          AfxMessageBox("子网已经存在。");
          return;
        }
        hNextItem = m_TreeCtrl.GetNextItem(hChildItem, TVGN_NEXT);  // 获取与当前
子节点相临的节点
        hChildItem = hNextItem;
     }
     m_TreeCtrl.SetItemText(item, dlg.OutputText.c_str());

     // 修改 SubnetList 中的对应子网的值
     list<CSubnet>::iterator itr;
     for(itr=SubnetList.begin(); itr!=SubnetList.end(); itr++)
     {
        if(itr->NetAddr==subnet->NetAddr && itr->NetMask==subnet->NetMask)
        {
          itr->NetAddr = dlg.NetAddr;
```

```
            itr->NetMask = dlg.NetMask;
            break;
        }
    }
    delete subnet;
}
}
```

程序的运行过程如下。

- 如果没有选择要修改的子网，则提示用户并返回。
- 如果用户选择了本地子网，则提示用户并返回，因为不允许修改本地子网。
- 解析选择的子网文本，得到网络地址和子网掩码，并以此来构造 CSubnet 对象。
- 声明 CSubnetEditDlg 对象 dlg，用于打开编辑子网的对话框。将 dlg 对象的 oriNetAddr 和 oriNetMask 变量设置为要编辑子网的网络地址和子网掩码，然后打开该对话框。
- 如果用户在编辑子网信息后单击"确定"按钮，则判断该子网是否存在。如果子网存在，则返回；否则使用修改后的网络地址和子网掩码设置树视图中当前节点的显示文本，并更新 SubnetList 中对应的 CSubnet 对象的值。

3. 初始化 CSubnetEditDlg

在 CSubnetEditDlg::OnInitDialog()函数中，程序将预先设置的 OriNetAddr 和 OriNetMask 变量赋值到对应的文本编辑框中，显示用户要编辑的网络地址和子网掩码，代码如下。

```
BOOL CSubnetEditDlg::OnInitDialog()
{
    CDialog::OnInitDialog();

    if(OriNetAddr != "")
    {
        m_NetAddr.SetWindowTextA(OriNetAddr.c_str());
        m_NetMask.SetWindowTextA(OriNetMask.c_str());
    }
    return TRUE;                 // return TRUE unless you set the focus to a control
    // 异常: OCX 属性页应返回 FALSE
}
```

4. CSubnetEditDlg::OnBnClickedOk()

在编辑子网信息的对话框中单击"确定"按钮，执行 CSubnetEditDlg::OnBnClickedOk()函数，代码如下。

```
void CSubnetEditDlg::OnBnClickedOk()
{
    CString netaddr, netmask;
    m_NetAddr.GetWindowText(netaddr);
    m_NetMask.GetWindowText(netmask);
    if(netaddr == "0.0.0.0")
    {
        AfxMessageBox("网络地址无效。");
        m_NetAddr.SetFocus();
        return;
    }
    if(netmask == "0.0.0.0")
```

```
{
    AfxMessageBox("子网掩码无效。");
    m_NetAddr.SetFocus();
    return;
}
CSubnet *subnet = new CSubnet(netaddr.GetBuffer(), netmask.GetBuffer());
NetAddr = subnet->NetAddr;
NetMask = subnet->NetMask;
OutputText = subnet->NetAddr + "/" + subnet->NetMask;
delete subnet;
OnOK();
}
```

程序首先检查用户输入的网络地址和子网掩码是否有效。如果有效，则将该子网的信息保存在 NetAddr、NetMask 和 OutputText 变量中。在调用该对话框的类中，可以通过访问这些变量来获取添加或编辑子网的网络地址和子网掩码信息。

11.5.2　删除子网

在主菜单中选择"操作"→"删除子网"，或者右键单击子网列表，在快捷菜单中选择"删除子网"菜单项，可以弹出"确认删除"对话框，如图 11.4 所示。

单击"删除子网"菜单项的处理函数为 CLanScannerDlg::OnDelSubnet()，代码如下。

图 11.4　"确认删除"对话框

```
void CLanScannerDlg::OnDelSubnet()
{
    HTREEITEM item = m_TreeCtrl.GetSelectedItem();
    if(item == root || item == NULL)
    {
        fxMessageBox("请选择要删除的子网。");
        return;
    }
    CString ItemText = m_TreeCtrl.GetItemText(item);
    int pos = ItemText.Find("本地");
    if(pos > 0 )
    {
        AfxMessageBox("不允许删除本地子网。");
        return;
    }
    if(AfxMessageBox("是否删除当前子网?", MB_YESNO) == IDYES)
    {
        m_TreeCtrl.DeleteItem(item);
        m_ListCtrl.DeleteAllItems();
        CString msg = "删除子网" + ItemText;
        m_Result.SetWindowTextA(msg.GetBuffer());

        string NetText = ItemText.GetBuffer();
        CSubnet* subnet = ParseSubnetString(NetText);
        if(subnet == NULL)
        {
            AfxMessageBox("选择的子网格式不正确。");
```

```
        return;
    }
    // 删除 SubnetList 中的对应子网的值
    list<CSubnet>::iterator itr;
    for(itr=SubnetList.begin(); itr!=SubnetList.end(); itr++)
    {
        if(itr->NetAddr==subnet->NetAddr && itr->NetMask==subnet->NetMask)
        {
            itr = SubnetList.erase(itr);
            break;
        }
    }
    delete subnet;
    }
}
```

程序的运行过程如下。

- 判断是否选择了子网，如果没有选择，则提示用户。
- 如果选择本地子网，则提示用户，因为不允许删除本地子网。
- 弹出确认对话框，要求用户确认删除选择的子网。
- 在树视图控件 m_TreeCtrl 中删除选择的节点，清空列表控件 m_ListCtrl 中的所有记录。
- 在文本编辑控件 m_Result 中显示删除子网的信息。
- 从 SubnetList 中删除对应的 CSubnet 对象。

11.6　扫描指定的子网

本实例可以对指定子网中所有的 IP 地址批量执行 ping 操作，检测其在线状态，并将在线 IP 地址显示在列表中。本节将介绍如何实现扫描子网的功能。

11.6.1　设计执行扫描子网操作的对话框

在执行扫描子网操作时，会弹出一个对话框，提示用户正在扫描子网，如图 11.5 所示。

对话框的 ID 为 IDD_DIALOG_SUBNET_EDIT，它对应的类为 CScanSubnetDlg。

1. 变量定义

类 CScanSubnetDlg 中定义的变量如下。

图 11.5　提示扫描子网的对话框

```
public:
    CLanScannerDlg* MainDlg;            // 主对话框对象
    CSubnet* subnet;                    // 扫描的子网

    bool startScanning;                 // 标识已经开始扫描指定的网段
    bool finishScanning;                // 标识已经结束扫描指定的网段
```

为了在主界面中显示子网扫描的进度和结果，这里需要定义 CLanScannerDlg 对象 Main Dlg；subnet 对象是标识要扫描的子网。在打开 CScanSubnetDlg 对话框之前需要设置这两个变量的值。

变量 startScanning 和 finishScanning 分别用来标识是否开始扫描和结束扫描。

2．完成扫描网段操作的线程函数

在 CScanSubnetDlg 中设计了一个线程函数 ScanSubnet()用于扫描指定的子网，代码如下。

```
UINT ScanSubnet(LPVOID    pParam)
{
    CScanSubnetDlg* pDlg = (CScanSubnetDlg*)pParam;
    pDlg->startScanning = true;
    pDlg->MainDlg->m_ListCtrl.DeleteAllItems();
    // 输出过程信息
    pDlg->MainDlg->OutputString("");
    pDlg->MainDlg->OutputString("===========================================");
    string str = "开始对子网【" + pDlg->subnet->NetAddr + ", " + pDlg->subnet->NetMask
+ "】进行扫描。";
    pDlg->MainDlg->OutputString(str.c_str());
    pDlg->MainDlg->OutputString("正在解析子网...");
    pDlg->MainDlg->OutputString("正在探测子网中所有可能的 IP 地址...");

    // ping 子网中的所有设备，探测其状态
    pDlg->subnet->PingAll(100, 256);
    // 在列表中添加数据
    list<CDevice>::iterator itr;
    for(itr = pDlg->subnet->ActiveDeviceList.begin(); itr!=pDlg->subnet->Active
DeviceList.end(); itr++)
    {
      str = "发现在线设备: " + itr->IP;
      pDlg->MainDlg->OutputString(str.c_str());
    }

    // 获取设备的名称、MAC 地址和工作组
    pDlg->MainDlg->OutputString("正在获取在线设备的基本信息...");
    pDlg->subnet->GetHostInfo();

    // 标识扫描结束
    pDlg->MainDlg->OutputString("子网扫描完成。");
    pDlg->MainDlg->OutputString("===========================================");

    pDlg->finishScanning = true;
    return 1;
}
```

参数 pParam 中传递当前对话框对应的 CScanSubnetDlg 对象 pDlg。

程序的运行过程如下。

- 将对话框中的 startScanning 变量设置为 true，标识已经开始扫描网络。
- 删除主对话框中列表控件 m_ListCtrl 中的所有项目。
- 在主对话框中的文本编辑框控件 m_Result 中显示输出信息。
- 在对话框 pDlg 中，subnet 对象表示要扫描的子网。调用 subnet->PingAll()函数，可以对该子网中所有 IP 地址执行 ping 操作。第 1 个参数指定 ping 超时时间为 100 毫秒，第 2 个参数指定一次最多可以对 256 个 IP 地址执行 ping 操作。
- 在主对话框中的文本编辑框控件 m_Result 中显示发现的 IP 地址信息。

- 调用 subnet->GetHostInfo()函数获取在线 IP 地址的计算机信息，包括计算机名、MAC 地址和所属工作组等。
- 将对话框中的 finishScanning 变量设置为 true，标识已经结束扫描网络。

3. 设定计时器

在 CScanSubnetDlg 类中设置了一个计时器（即 WM_TIMER 消息的处理程序），代码如下。

```
// 开始扫描子网，并轮循判断扫描是否结束
void CScanSubnetDlg::OnTimer(UINT_PTR nIDEvent)
{
    // 结束扫描，关闭对话框
    if(finishScanning)
        OnOK();
    // 启动线程，开始扫描指定的子网
    if(!startScanning)
      AfxBeginThread(ScanSubnet, this, THREAD_PRIORITY_NORMAL);

    CDialog::OnTimer(nIDEvent);
}
```

在 OnTimer()函数中实现下面两个功能。

- 在没有开始扫描时，调用 AfxBeginThread()函数启动线程，在线程中执行 ScanSubnet()函数，线程函数的参数为当前的 CScanSubnetDlg 对象。
- 如果已经结束扫描，则调用 OnOK()函数关闭当前对话框。

4. 初始化对话框

CScanSubnetDlg::OnInitDialog()函数用于初始化对话框中的变量，并启动计时器，代码如下。

```
BOOL CScanSubnetDlg::OnInitDialog()
{
    CDialog::OnInitDialog();
    startScanning = false;
    finishScanning = false;
    // 设置时钟，定期刷新扫描是否完成，每秒钟轮循一次
    SetTimer(1, 500, NULL);
    return TRUE;  // return TRUE unless you set the focus to a control
    // 异常: OCX 属性页应返回 FALSE
}
```

程序中调用 SetTimer()函数启动计时器，第 1 个参数表示计时器的编号为 1，第 2 个参数指定计时器的周期为 500ms。

11.6.2　启动子网扫描

在主菜单中选择"操作"→"扫描子网"，或者右键单击子网列表，在快捷菜单中选择"扫描子网"菜单项，可以打开对话框 CScanSubnetDlg，开始扫描子网，代码如下。

```
void CLanScannerDlg::OnScanSubnet()
{
    HTREEITEM item = m_TreeCtrl.GetSelectedItem();
    if(item == root || item == NULL)
    {
        AfxMessageBox("请选择要扫描的子网。");
```

```
        return;
    }
    CString ItemText = m_TreeCtrl.GetItemText(item);
    // 解析节点文本中的网络地址和子网掩码
    CSubnet* subnet = ParseSubnetString(ItemText.GetBuffer());

    // 找到对应的子网
    CScanSubnetDlg dlg;
    list<CSubnet>::iterator itr;
    for(itr=SubnetList.begin(); itr!=SubnetList.end(); itr++)
    {
        if(itr->NetAddr==subnet->NetAddr && itr->NetMask==subnet->NetMask)
        {
            dlg.subnet = &(*itr);
            break;
        }
    }
    delete subnet;

    dlg.MainDlg = this;
    if(dlg.DoModal() == IDOK)
    {
        m_ListCtrl.DeleteAllItems();
        // 将在线设备添加到表格中
        list<CDevice>::iterator itr;
        int i=0;  // 用于标识图像序号
        for(itr=dlg.subnet->ActiveDeviceList.begin(); itr!=dlg.subnet->Active
DeviceList.end(); itr++)
        {
            m_ListCtrl.InsertItem(i, itr->IP.c_str(), 0);
            m_ListCtrl.SetItemText(i, 1, itr->Name.c_str());
            m_ListCtrl.SetItemText(i, 2, itr->Mac.c_str());
            m_ListCtrl.SetItemText(i, 3, itr->Workgroup.c_str());
            m_ListCtrl.SetItemText(i, 4, "在线");
            i++;
        }
    }
}
```

程序的运行过程如下。

- 判断用户是否选择了要扫描的子网。如果没有选择，则提示用户。

- 解析要扫描的子网，得到 CSubnet 对象 subnet。

- 声明 CScanSubnetDlg 对象 dlg，将 subnet 对象赋值到 dlg.subnet 中，以指定要扫描的子网；
将当前 CLanScannerDlg 对象赋值 dlg.MainDlg 中。

- 打开 CScanSubnetDlg 对话框，开始扫描子网。

- 扫描完成后，清空主窗口中列表控件的内容，并依次显示发现的在线设备的属性。

11.7　检测子网的状态

本实例可以对指定子网中所有被发现的 IP 地址批量执行 ping 操作，检测其在线状态，并在列表中显示其在线状态信息。本节将介绍如何实现扫描子网的功能。

11.7.1　设计检测子网状态的对话框

在执行扫描子网操作时，会弹出一个对话框，提示用户正在检测子网在线状态，如图 11.6 所示。

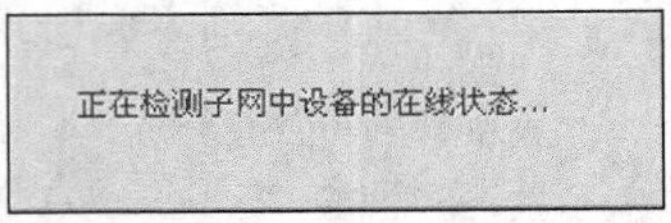

对话框的 ID 为 IDD_DIALOG_TESTSTATUS，它对应的类为 CTestStatusDlg。

正在检测子网中设备的在线状态...

图 11.6　提示检测子网在线状态的对话框

1. 变量定义

类 CTestStatusDlg 中定义的变量如下。

```
public:
    CLanScannerDlg* MainDlg;        // 主对话框指针
    bool startScanning;             // 标识已经开始扫描指定的网段
    bool finishScanning;            // 标识已经结束扫描指定的网段
    CSubnet* subnet;                // 要检测状态的子网
```

为了在主界面中显示子网扫描的进度和结果，这里需要定义 CLanScannerDlg 对象 Main Dlg；subnet 对象是标识要检测状态的子网。在打开 CTestStatusDlg 对话框之前需要设置这两个变量的值。

变量 startScanning 和 finishScanning 分别用来标识是否开始检测和结束检测。

2. 完成扫描网段操作的线程函数

在 CTestStatusDlg 中设计了一个线程函数 TestStatus()用于检测指定的子网中已发现设备的状态，代码如下。

```
UINT TestStatus(LPVOID  pParam)
{
    CTestStatusDlg* pDlg = (CTestStatusDlg*)pParam;
    pDlg->startScanning = true;
    pDlg->MainDlg->m_ListCtrl.DeleteAllItems();
    // 创建一个子网对象
    pDlg->MainDlg->OutputString("");
    pDlg->MainDlg->OutputString("=======================================");

    string str = "开始对子网【" + pDlg->subnet->NetAddr + ", " + pDlg->subnet->NetMask
+ " 】进行状态检测。";
    pDlg->MainDlg->OutputString(str.c_str());

    //  ping 子网中的所有设备，探测其状态
    pDlg->subnet->PingActiveDeviceList(100, 256);
    // 标识扫描结束
    pDlg->MainDlg->OutputString("状态检测完成。");
    pDlg->MainDlg->OutputString("=======================================");
    pDlg->finishScanning = true;
    return 1;
}
```

参数 pParam 中传递当前对话框对应的 CTestStatusDlg 对象 pDlg。

程序的运行过程如下。

- 将对话框中的 startScanning 变量设置为 true，标识已经开始检测已发现设备的状态。

- 删除主对话框中列表控件 m_ListCtrl 中的所有项目。

- 在主对话框中的文本编辑框控件 m_Result 中显示输出信息。

- 在对话框 pDlg 中，subnet 对象表示要扫描的子网。调用 subnet->PingActiveDeviceList()函数，可以对该子网中 ActiveDeviceList 中保存的 IP 地址执行 ping 操作。第 1 个参数指定 ping 超时时间为 100 毫秒，第 2 个参数指定一次最多可以对 256 个 IP 地址执行 ping 操作。

- 在主对话框中的文本编辑框控件 m_Result 中显示发现的 IP 地址信息。

- 调用 subnet->GetHostInfo()函数获取在线 IP 地址的计算机信息，包括计算机名、MAC 地址和所属工作组等。

- 将对话框中的 finishScanning 变量设置为 true，标识已经结束检测网络。

3. 设定计时器

在 CTestStatusDlg 类中设置了一个计时器（即 WM_TIMER 消息的处理程序），代码如下。

```
void CTestStatusDlg::OnTimer(UINT_PTR nIDEvent)
{
    // 结束扫描，关闭对话框
    if(finishScanning)
      OnOK();
    // 启动线程，开始对指定子网进行状态检测
    if(!startScanning)
      AfxBeginThread(TestStatus, this, THREAD_PRIORITY_NORMAL);
    CDialog::OnTimer(nIDEvent);
}
```

在 OnTimer()函数中实现下面两个功能。

- 在没有开始检测时，调用 AfxBeginThread()函数启动线程，在线程中执行 TestStatus()函数，线程函数的参数为当前的 CTestStatusDlg 对象。

- 如果已经结束扫描，则调用 OnOK()函数关闭当前对话框。

4. 初始化对话框

CTestStatusDlg::OnInitDialog()函数用于初始化对话框中的变量，并启动计时器，代码如下。

```
BOOL CTestStatusDlg::OnInitDialog()
{
    CDialog::OnInitDialog();

    startScanning = false;    // 表明尚未开始扫描
    finishScanning = false;   // 表明尚未结束扫描
    // 设置时钟，定期刷新扫描是否完成，每秒钟轮循一次
    SetTimer(1, 500, NULL);
    return TRUE;              // return TRUE unless you set the focus to a control
    // 异常：OCX 属性页应返回 FALSE
}
```

程序中调用 SetTimer()函数启动计时器，第 1 个参数表示计时器的编号为 1，第 2 个参数指定计时器的周期为 500 毫秒。

11.7.2 启动状态检测

在主菜单中选择"操作"→"检测状态"，或者右键单击子网列表，在快捷菜单中选择"检

测状态"菜单项，可以打开对话框 CTestStatusDlg，开始检测子网状态，代码如下。

```
void CLanScannerDlg::OnMenuTeststatus()
{
    HTREEITEM item = m_TreeCtrl.GetSelectedItem();
    if(item == root || item == NULL)
    {
      AfxMessageBox("请选择要检测状态的子网。");
      return;
    }
    CString ItemText = m_TreeCtrl.GetItemText(item);
    CSubnet* subnet = ParseSubnetString(ItemText.GetBuffer());
    // 找到对应的子网
    CTestStatusDlg dlg;
    list<CSubnet>::iterator itr;
    for(itr=SubnetList.begin(); itr!=SubnetList.end(); itr++)
    {
      if(itr->NetAddr==subnet->NetAddr && itr->NetMask==subnet->NetMask)
      {
        dlg.subnet = &(*itr);
        break;
      }
    }
    delete subnet;

    dlg.MainDlg = this;
    if(dlg.DoModal() == IDOK)
    {
      m_ListCtrl.DeleteAllItems();
      // 将在线设备添加到表格中
      list<CDevice>::iterator itr;
      int i=0;  // 用于标识序号
      for(itr=dlg.subnet->ActiveDeviceList.begin();itr!=dlg.subnet-> ActiveDev
iceList.end(); itr++)
      {
        m_ListCtrl.InsertItem(i, itr->IP.c_str(), 0);
        m_ListCtrl.SetItemText(i, 1, itr->Name.c_str());
        m_ListCtrl.SetItemText(i, 2, itr->Mac.c_str());
        m_ListCtrl.SetItemText(i, 3, itr->Workgroup.c_str());
        m_ListCtrl.SetItemText(i, 4, itr->Status.c_str());
        i++;
      }
    }
}
```

程序的运行过程如下。

- 判断用户是否选择了要检测状态的子网。如果没有选择，则提示用户。
- 解析要检测状态的子网，得到 CSubnet 对象 subnet。
- 声明 CTestStatusDlg 对象 dlg，将 subnet 对象赋值到 dlg.subnet 中，以指定要扫描的子网；将当前 CTestStatusDlg 对象赋值 dlg.MainDlg 中。
- 打开 CTestStatusDlg 对话框，开始检测子网状态。
- 检测状态完成后，清空主窗口中列表控件的内容，并依次显示在线设备的属性。

第 12 章
设计基于 P2P 技术的 BT 下载工具

P2P（Peer-to-Peer，点对点）是一种网络新技术，它依靠网络中众多参与者的计算能力和带宽来提高数据处理和传输能力，而在传统模式下，这些事情只能在较少的几台服务器上来完成。P2P 技术的应用很广泛，在即时通信、在线流媒体和资源下载等应用中都可以使用 P2P 技术。本章将介绍 P2P 技术的工作原理和基于 P2P 技术的 BT 下载客户端程序的实现方法。

12.1 P2P 技术的工作原理和应用

本节介绍 P2P 技术的基本工作原理及其在 Internet 中的实际应用。

12.1.1 P2P 技术的工作原理

在传统的 C/S（Client/Server，客户机/服务器）模式下，如果用户要获取 Internet 上的资源，就要连接到指定的服务器进行下载。一台服务器能够连接的客户端数量是有限的，为了提高网站的并发访问量，通常需要提供多台服务器，同时为客户端提供服务。使用传统模式下载 Internet 资源如图 12.1 所示。

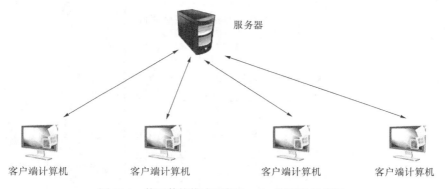

图 12.1　使用传统模式下载 Internet 资源的示意图

目前 C/S 构架依然是 Internet 上应用最为广泛的模型，大量的 Web 服务器、邮件服务器、FTP 服务器都采用这种模型。从图 12.1 中可以看到，在 C/S 架构模型中，服务器中整个网络的核心，所有繁重的数据计算和业务逻辑都在服务器上完成。这种模型存在以下的不足。

- 作为网络的核心，如果服务器出现故障，则可能导致整个服务不可用。

- 对服务器的硬件配置要求很高。因为服务器要承担所有客户端请求的计算和操作，所以要求服务器具有很高的计算能力和并发处理能力，这就会增加硬件成本的投入。

- 服务器的安全性变得尤为重要。如果攻击者集中力量对核心服务器进行攻击，则很可能导致整个网站瘫痪。

- 一个访问量很大的网站必然需要配置很多的服务器，这也大大增加了硬件成本。

- 下载速度除了受客户端计算机的带宽影响外，还受服务器负载能力和带宽等因素的影响。

造成上述问题的主要原因都集中在核心服务器上。要解决这些问题，就必须设计一个去核心化的模型。P2P 正是这样一种技术。在 P2P 网络中没有服务器和客户端的区别，每个参与的节点在获取服务的同时，也为其他节点提供服务，这从根本上改变了通过传统模式获取 Internet 资源的方法。P2P 技术具有如下的特性。

- 共享发布的资源和服务：在 P2P 网络中，每个节点都可以同时提供客户端和服务器的双重功能。也就是说，每个节点既是资源（或服务）的提供者，也是资源（或服务）的消费者（获取者）。这里所指的资源可以是信息、文件、带宽、存储或者处理器的周期等。

- 分散：P2P 网络在组织网络、使用资源和网络中节点之间互相通信时，并没有集中地协调管理机制。也就是说，没有节点可以集中控制其他节点。当然，不同的 P2P 模型在这一特性上的表现也不尽相同。纯 P2P 网络的设计原则是所有组件共享相同的权限，因此任意节点都没有整个网络的全局视图；而在混合 P2P 网络中，某些节点拥有索引和认证的功能，这种网络兼具 P2P 和 C/S 体系结构的特性。

- 自治：P2P 网络中的每个节点都可以自主决定什么时候、向什么范围的其他节点共享它的资源。

在 P2P 网络中，客户端在下载的同时，还要做主机上传。参与下载的客户端越多，下载的速度越快。使用 P2P 模式的缺点如下。

- 需要同时执行大量的读写操作，对硬盘的损伤比较大。

- 占用内存空间较大，影响整个系统的性能。

P2P 网络的层次结构如图 12.2 所示。

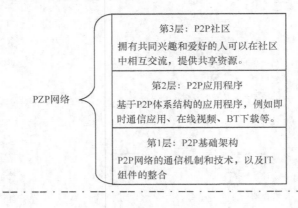

图 12.2　P2P 网络的层次结构

P2P 基础架构是指在各 IT 组件之间提供通信、整合和翻译功能的机制和技术。基础架构可以作为 P2P 服务平台为任意应用程序提供标准的 API 和中间件，从而使应用程序支持 P2P 技术。本章实例中采用 FTKernelAPI 兼容 BT 协议内核库作为 P2P 基础架构，它是需要 Tracker（握手服务器）支持的点对点分布式下载系统，使用它可以快速地实现 P2P（BT）下载应用程序。关于 FTKernelAPI 兼容 BT 协议内核库的具体情况和使用方法将在本章稍后结合实例介绍。

比较经典的 P2P 应用程序包括即时通信、文件下载、网络电视和网格计算等。本章介绍的实例是基于 P2P 技术的 BT 下载客户端。

12.1.2　P2P 网络模型

P2P 网络模型可以分为纯 P2P 模型、带有简单发现服务器的 P2P 模型、带有发现和查找服务器的 P2P 模型以及带有发现、查找和内容服务器的 P2P 模型。

1. 纯 P2P 模型

纯 P2P 模型完全依赖计算机（即 C/S 构架中的客户机）。这似乎与实际情况存在矛盾，因为所有网络模型中都同时包含服务器和客户机。但是纯 P2P 模型却并不依赖任何服务器。一旦运行 P2P 应用程序，它会在网络中动态地查找到其他连接的节点。整个通信过程都在两个连接的节点之间发生，不需要任何服务器的协助。纯 P2P 模型的工作原理如图 12.3 所示。

图 12.3　纯 P2P 模型

在纯 P2P 模型中，用户可以设置自己的规则，也可以设置自己的网络环境。而且它还在 Internet 环境中提供了类似于即插即用的功能。也就是说，当客户端连接到 Internet 后，就可以使用 P2P 的特性了。

纯 P2P 模型唯一的问题在于如何在网络中发现对端计算机。因为没有集中管理网络上对端计算机如何注册到网络中，所以用户必须自己去定位其他对端。

2. 带有简单发现服务器的 P2P 模型

这种 P2P 模型中并不真正包含传统意义上的服务器，因为这里所指的服务器的作用已经被弱化了。在此模型中，服务器仅用于接收对端登录到网络后所进行的注册，并为其提供已经连接的其他对端的名字。

与纯 P2P 模型相比，带有简单发现服务器的 P2P 模型可以为新接入的客户端提供已经连接的对端信息，这就大大提高了找到网络中其他对端的机会。在下载的过程中，客户端必须逐一地、独自连接到其他的对端，发送请求，这会浪费大量的处理时间。

带有简单发现服务器的 P2P 模型的工作原理如图 12.4 所示。

图中的虚线表示客户端向服务器了解所有已连接的对端信息，在获取到对端名字列表后，客户端会分别连接每个对端，发送请求并提供服务。

3. 带有发现和查找服务器的 P2P 模型

在带有发现和查找服务器的 P2P 模型中，服务器用于提供已连接对端的列表和每个对端的有效资源信息。因此，这种模型集合了纯 P2P 模型和带有简单发现服务器的 P2P 模型的特性，增强了服务器的能力。

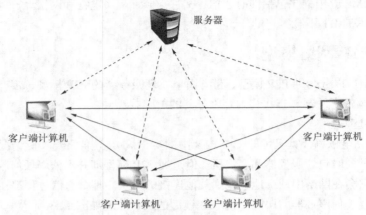

图 12.4　带有简单发现服务器的 P2P 模型

这种模型减少了对端的压力，因为在下载数据之前不需要再单独访问每个对端获取其信息了，这些信息由服务器提供。服务器用于初始化两个对端的通信，然后相连的对端建立通信、保持连接并执行各种操作。

4．带有发现、查找和内容服务器的 P2P 模型

在这种模型中，服务器占有支配地位，这一点与 C/S 构架模型相似。所有对对端请求的响应都由服务器完成，而不是像前面几个模型中那样由两个对端独自完成。对端之间不允许直接相连，所有的资源都存储在中央服务器的数据库中。如果一个对端需要请求消息，则直接向服务器提出请求。服务器处理申请，并显示数据的来源。

这种模型的主要缺点如下。

- 如果同时存在大量的请求，则服务器会变得很慢。
- 这种模型的成本很高，因为服务器需要管理存储数据，并对所有的请求做出响应。

带有发现、查找和内容服务器的 P2P 模型的工作原理如图 12.5 所示。

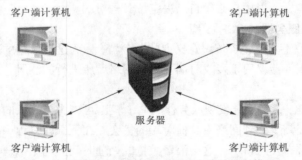

图 12.5　带有发现、查找和内容服务器的 P2P 模型

12.1.3　BT 下载

BT（BitTorrent，比特流）是 Internet 上一种新兴的 P2P 传输协议，现成已经发展成为一个具有广大开发者群体的开放式传输协议。

普通的 HTTP 或者 FTP 下载使用 TCP/IP，而 BT 下载使用 BitTorrent 协议。BitTorrent 协议位于 TCP/IP 的应用层，它是架构于 TCP/IP 之上的 P2P 传输协议。

1. BT 下载的体系结构

作为 P2P 技术的一种实现，BT 下载的体系结构具有 P2P 网络模型的特点，如图 12.6 所示。

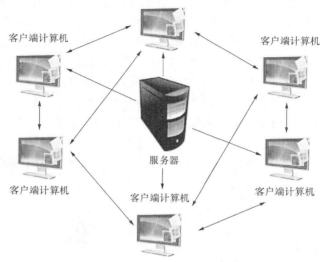

图 12.6　BT 下载的体系结构

在用户上传资源时，BT 在上传端把文件分成若干个部分。在下载时，客户端 A 在服务器上随机下载了第 N 个部分，客户端 B 在服务器上随机下载了第 M 个部分。这样，客户端 A 就可能会根据情况到客户端 B 上下载第 M 个部分，而客户端 B 也可能会根据情况到客户端 A 下载第 N 个部分。

这样不但可以减轻服务器的负担，也会加快客户端的下载速度，提高效率。假如说客户端 A 从服务器下载的速度为 100kbit/s，而客户端 B 和客户端 A 位于相近的网络中，则它们之间直接传输数据的速度将会提高很多。而且，参与下载的用户越多，每个客户端可以选择的下载源也就越多，因此下载速度也就会越快，这正是 BT 下载的优越性。每个客户端在从其他客户端下载的同时，也为其他客户端上传资源，这也体现了奉献与索取的关系，是 BT 下载高效的原因所在。

2. BT 下载的工作流程

用户可以使用 BT 软件制作和发布资源。在 BT 的发布体系中，包括发布资源信息的 torrent 文件（即通常所说的种子文件）、Tracker 服务器和 Internet 上遍布各地的 BT 软件使用者。发布者只需要使用 BT 软件为自己要发布的资源制作 torrent 文件，并将 torrent 提供给要下载该资源的文件，并保证自己的 BT 软件可以正常工作，就可以完成发布了。

torrent 文件本质上是一个文本文件，其中包含 Tracker 信息和文件信息两部分。Tracker 信息主要指 BT 下载中需要用到的 Tracker 服务器的地址和针对 Tracker 服务器的设置；文件信息是根据对目标文件的计算而生成的，计算结果根据 BitTorrent 协议中的 B 编码规则进行编码。它的主要原理是需要把提供下载的文件虚拟分成大小相等的块，块大小必须为 2KB 的整数次方（由于是虚拟分块，硬盘上并不产生各个块文件），并把每个块的索引信息和 Hash 验证码写入 torrent 文件中。因此，torrent 文件就是被下载文件的"索引"。

下载者首先通过传统方式下载得到 torrent 文件，然后使用 BT 软件打开 torrent 文件。BT 软件就会对 torrent 文件进行解析，得到 Tracker 地址，然后连接到 Tracker 服务器。Tracker 服务器回应下载者的请求，提供下载该资源的其他下载者（包括发布者）的 IP 地址。下载者再连接其他的下载者，根据 torrent 文件中定义的数据块，双方分别向对方告知自己已经有的块，并交换对方没有的块。此过程是不需要服务器参与的，因此减轻了服务器的负担。

下载者每得到一个数据块，都需要计算出下载块的 Hash 验证码，并与 torrent 文件中的验证码进行对比。如果一样，则说明下载到的数据块是正确的；如果不一样，则需要重新下载该数据块。

即使完成了下载，也建议不要立即关闭 BT 软件，或者停止 BT 软件的上传操作，因为大家的奉献对整个 BT 网络是至关重要的。当然，只靠大家的自觉性是不够的。为了避免有些人下载完成后立即关闭结束下载任务，只提供较少量的数据给其他用户，在非官方的 BitTorrent 协议中存在超级种子的算法。该算法允许文件发布者分几步分布文件，即不需要一次性提供文件的所有内容，而是慢慢开放下载内容的比例，延长下载时间。这样，下载速度快的用户因为没有下载完成，必须为其他用户提供数据。

图 12.7 演示了前面介绍的发布 torrent 文件和使用 BT 软件进行下载的流程。

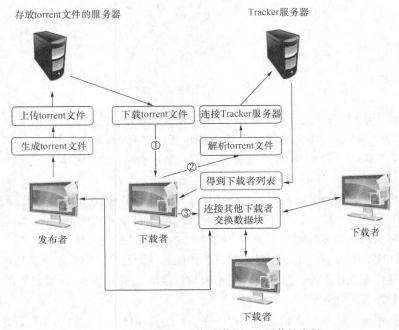

图 12.7　发布 torrent 文件和使用 BT 下载的流程

12.1.4　FTKernelAPI 兼容 BT 协议网络内核库

开发基于 P2P 技术的 BT 下载客户端程序是一件比较复杂的事情，涉及的技术细节很多。为了使读者能够快速上手，更轻松地实现 P2P 编程，本章介绍如何借助 FTKernelAPI 兼容 BT 协议网络内核库（下面简称为 FTKernelAPI）来开发 BT 下载客户端程序。

FTKernelAPI 完全兼容官方 BitTorrent 协议，并实现了强大的功能扩展，是通用的网络内核库。它提供了标准的 C 语言接口，可以使用 Visual C++ 6.0、Delphi、Visual Basic 和 Visual C#等语言调用这些开发接口。

在使用 FTKernelAPI 开发应用程序之前，首先应该准备好开发环境。本书源代码中包含

FTKernelAPI 开发包，也可以搜索、下载最新版本的 FTKernelAPI 开发包，得到 FTKernel API_SDK.zip 文件，解压缩 FTKernelAPI.zip。将 FTKernel_API 目录复制到应用程序的解决方案目录下，该目录中包含引用 FTKernelAPI 的头文件和库文件。

创建一个 MFC 应用程序项目，打开项目属性对话框，在左侧的项目列表中选择"配置属性"→"C/C++"→"常规"，在右侧的"附加包含目录"栏中输入"..\FTKernel_API"，如图 12.8 所示。

图 12.8　设置项目的附加包含目录

然后在项目属性对话框左侧的项目列表中选择"配置属性"→"链接器"→"常规"，在右侧的"附加库目录"栏中输入"...\ FTKernel_API"，如图 12.9 所示。

图 12.9　设置项目的附加库目录

再选择"配置属性"→"链接器"→"输入"，在右侧的"附加库目录"栏中输入"FTKernelAPI.lib FTKTCPxAPI.lib FTKUDPxAPI.lib"，通常在 FTKernelAPI 应用程序中会引用这 3 个库文件，如图 12.10 所示。

图 12.10　设置项目中引用的库文件

12.2　系统主界面设计

本章介绍一个基于 P2P 技术的 BT 下载工具的实现过程。本节首先介绍 BT 下载工具的主界面布局以及其中包含的工具栏和控件的基本属性。

12.2.1　系统主界面中包含的控件

本章介绍的局域网探测器系统的主界面对话框 ID 为 IDD_LANSCANNER_DIALOG，其界面如图 12.11 所示。

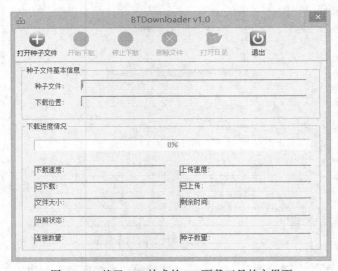

图 12.11　基于 P2P 技术的 BT 下载工具的主界面

主界面中包含的主要控件如表 12.1 所示。

表 12.1　　　　　　　　　　　　　BT 下载工具主界面中包含的主要控件

控件 ID	控 件 类 型	说　　明
IDC_EDIT_TORRENT	文本编辑框	用于显示用户选择的 torrent 文件
IDC_EDIT_PATH	文本编辑框	用于显示用户选择的保存下载文件的位置
IDC_PROGRESS1	进度条	用户显示 BT 下载的进度
IDC_DOWNSPEED	静态文本框	用于显示下载速度
IDC_UPPEED	静态文本框	用于显示上传速度
IDC_DOWNSIZE	静态文本框	用于显示已下载的数据量
IDC_UPSIZE	静态文本框	用于显示已上传的数据量
IDC_FILESIZE	静态文本框	用于显示当前下载文件的大小
IDC_LEFTTIME	静态文本框	用于显示剩余时间
IDC_STATUS	静态文本框	用于显示当前下载状态
IDC_PEERCOUNT	静态文本框	用于显示 BT 下载的连接数
IDC_SEEDCOUNT	静态文本框	用于显示 BT 下载的种子数

12.2.2　设计菜单项

在资源视图中添加菜单 IDR_MENU1，其中包含的菜单项如表 12.2 所示。

表 12.2　　　　　　　　　　　　IDR_MENU1 中包含的菜单项

菜单项文本	菜单项 ID	上级菜单项文本
文件	（无）	（无）
打开 BT 种子文件	ID_OPENTORRENT	文件
-（分隔符）	（无）	文件
退出	ID_EXIT	文件
操作	（无）	（无）
开始	ID_START	操作
暂停	ID_STOP	操作
删除	ID_DELETE	操作
-（分隔符）	（无）	操作
打开	ID_OPENDIR	操作

　　　　本例中并没有直接用到菜单 IDR_MENU1，而是将菜单项与工具栏中的项目相关联，然后通过工具栏来执行各种操作。关于工具栏的实现方法将在 12.2.3 小节中介绍。

12.2.3　设计工具栏

在本实例中，用户可以通过工具栏来实现各种操作。工具栏中包含的按钮如表 12.3 所示。

表 12.3　　　　　　　　　　　　　工具栏中包含的按钮

文 字 标 题	对应的图标 ID	对应的菜单项
打开种子文件	ID_OPENTORRENT	IDI_ICON_ADD
开始下载	IDI_ICON_START	ID_START

续表

文 字 标 题	对应的图标 ID	对应的菜单项
停止下载	IDI_ICON_STOP	ID_STOP
删除文件	IDI_ICON_DELETE	ID_DELETE
打开目录	IDI_ICON_FOLDEROPEN	ID_OPENDIR
退出	IDI_ICON_EXIT	ID_EXIT

在编写程序之前，需要在资源视图中将图标文件添加到 Icon 目录下。

1. 定义工具栏对象

在 MFC 中，使用 CToolBarCtrl 对象来定义工具栏，使用 CImageList 对象为工具栏提供图像列表。在 BTDownloaderDlg.h 中，定义工具栏对象 m_ToolBar 和 CImageList 对象 m_ImageList，代码如下。

```
public:
CImageList m_ImageList;
CToolBarCtrl m_ToolBar;
```

2. 创建图像列表和工具栏

调用 m_ImageList.Create()函数可以创建图像列表，代码如下。

```
m_ImageList.Create(32,32,ILC_COLOR24|ILC_MASK,0,0);            // 创建 Image List
```

图像的大小为 32×32，支持 24 位颜色。

创建工具栏的代码如下：

```
m_ToolBar.Create(TBSTYLE_FLAT | CCS_TOP | WS_CHILD | WS_VISIBLE | WS_BORDER, Crect
(0,0,0,0),this,IDR_TOOLBAR);                                   // 创建 Toolbar Control
```

3. 设置图像和按钮的大小

执行下面的代码可以设置工具栏中图像和按钮的大小。

```
m_ToolBar.SetBitmapSize(CSize(50, 50));
m_ToolBar.SetButtonSize(CSize(50, 50));
```

这里将图像和按钮大小均设置为 50×50。

4. 定义图标 ID、工具栏文本和菜单 ID 数组

为了更方便地定义工具栏中的按钮属性，需要定义 3 个数组，分别保存图标 ID、工具栏文本和菜单 ID，代码如下。

```
    UINT Resource[6]={IDI_ICON_ADD, IDI_ICON_START, IDI_ICON_STOP, IDI_ICON_DELETE,
IDI_ICON_FOLDEROPEN, IDI_ICON_EXIT};
    LPTSTR ButtonText[6] = {_T("打开种子文件"), _T("开始下载"), _T("停止下载"), _T("
删除文件"), _T("打开目录"), _T("退出")};
    int CommandID[6] = {ID_OPENTORRENT, ID_START, ID_STOP, ID_DELETE, ID_OPENDIR,
ID_EXIT};
```

5. 设置图像列表

在设置图像列表时，需要根据 Resource 数组中指定的图标 ID 加载图标，并将其添加到 m_ImageList 对象中，然后设置 m_ImageList 对象为工具栏 m_ToolBar 的图像列表对象，代码如下。

```
for(int i = 0; i < 6; i++)
{
    m_ImageList.Add(::LoadIcon(::AfxGetResourceHandle(),    MAKEINTRESOURCE(Resou
rce [i])));
}
m_ToolBar.SetImageList(&m_ImageList);
```

6. 设置按钮属性，并向工具栏中添加按钮

在工具栏中，按钮对应的类为 TBBUTTON。程序需要设置按钮的属性，然后将按钮添加到工具栏中代码如下。

```
TBBUTTON button[6];                             // 工具栏按钮
// 设置按钮属性
for(int i = 0; i < 6; i++)
{
    button[i].dwData = 0;
    button[i].fsState = TBSTATE_ENABLED;
    button[i].fsStyle = TBSTYLE_BUTTON;
    button[i].iBitmap = i;
    button[i].iString = (INT_PTR)ButtonText[i];
    button[i].idCommand = CommandID[i];
}
m_ToolBar.AddButtons(6, button);
m_ToolBar.AutoSize();
```

TBBUTTON 类的属性说明如下。

- fsState 属性指定按钮的状态，TBSTATE_ENABLED 表示按钮处于活动状态。
- fsStyle 属性指定按钮的样式，TBSTYLE_BUTTON 表示使用按钮样式。
- iBitmap 属性指定按钮中使用的图像序号。
- iSTring 属性指定按钮中显示的文本。
- idCommand 属性指定按钮的命令 ID。

调用 m_ToolBar.AddButtons()函数可以将数组 button[]中的按钮添加到工具栏中。调用 m_ToolBar.AutoSize()函数可以设置自动调整工具栏的大小。

7. 禁用指定的按钮

因为程序启动时还没有打开 Torrent 文件，所以不能执行开始下载、停止下载、删除文件和打开目录等操作，需要禁用工具栏上的相关按钮，代码如下。

```
m_ToolBar.EnableButton(ID_START, FALSE);
m_ToolBar.EnableButton(ID_STOP, FALSE);
m_ToolBar.EnableButton(ID_DELETE, FALSE);
m_ToolBar.EnableButton(ID_OPENDIR, FALSE);
```

12.3　加载主窗口

程序运行时会自动打开主窗口。主窗口对应的类为 CBTDownloaderDlg，本节介绍加载和退出主界面时类 CBTDownloaderDlg 中的代码实现。

12.3.1 加载主窗口的代码实现

加载主窗口时运行 CBTDownloaderDlg::OnInitDialog()函数，函数中会对控件进行初始化，并加载子网信息。

在 CBTDownloaderDlg::OnInitDialog()函数中，与设计工具栏相关的代码已经在 12.2.3 小节中做了介绍，请参照理解。下面介绍其他代码。

1. 设置主窗口的标题

加载主窗口时，将其标题设置为 BTDownloader v1.0，代码如下。

```
this->SetWindowTextA("BTDownloader v1.0");
```

2. 设置刷新下载进度的计时器

当开始下载时，程序会定时刷新下载进度和相关的数据，这就需要事先设置计时器，代码如下。

```
SetTimer(1, 1000, NULL);
```

刷新计时器的 ID 为 1，计时器的轮循周期为 1 秒钟。计时器的处理代码在 CBTDownloaderDlg::OnTimer()函数中定义，具体情况将在 12.4 节中介绍。

3. 初始化 FTKernelAPI 环境

调用自定义函数 StartContext()可以初始化 FTKernelAPI 环境，代码如下。

```
if(!StartContext())
{
   AfxMessageBox("初始化 BT 下载环境失败! ");
   return FALSE;
}
```

StartContext()函数的具体定义代码将在 12.3.2 小节中介绍。

4. 标识已经初始化 FTKernelAPI 的上下文环境

在类 CBTDownloaderDlg 使用变量 m_bInitContext 标识是否已经初始化 FTKernelAPI 的上下文环境，其声明代码如下。

```
BOOL m_bInitContext;
```

在成功调用 StartContext()函数后，需要将 m_bInitContext 设置为 True，代码如下。

```
m_bInitContext= TRUE;
```

5. 穿透内网的初始化函数

在防火墙后面的内网计算机要下载 BT 资源就要通过穿透内网，调用自定义函数 InitNatTunnel()可以完成穿透内网的初始化工作，代码如下。

```
if(!InitNatTunnel())
{
   AfxMessageBox("初始化内网穿透失败!");
}
```

InitNatTunnel()函数的具体定义代码将在 12.3.3 小节中介绍。

6. 连接内网穿透服务器

在成功调用穿透内网的初始化函数后，就可以调用 FTK_UDPX_Login()函数连接指定的内网穿透服务器了，代码如下。

```
FTK_UDPX_Login(g_strUDPServerIP, 9999, FTK_Context_GetListenPort(), FTK_TCPX_GetPort(), ( char * )FTK_Context_GetMyPeerID());
```

FTK_UDPX_Login()的函数原型如下。

```
FTKUDPXAPI_API BOOL UDPXAPI FTK_UDPX_Login(const char *pIP, unsigned short nPort,
unsigned short nTCPPort, unsigned short nTransPort, char *pUserID = NULL);
```

参数说明如下。

- pIP，指定服务器地址。
- nPort，指定通信的端口。
- nTCPPort，指定用于监听的端口号。
- nTransPort，指定实际绑定的传输端口。
- pUserID，指定用户 ID。

在本实例中，变量 g_strUDPServerIP 用于指定穿透内网辅助服务器的地址，如果不需要，则将其指定为空字符串。通信端口设置为 9999。

调用 FTK_Context_GetListenPort()函数可以获取当前的监听端口，函数原型如下。

```
FTKERNELAPI_API USHORT BTAPI FTK_Context_GetListenPort();
```

函数返回 USHORT 类型数值，表示获取到的当前的监听端口。本实例中调用该函数设置完成内网穿透操作时的监听端口。

调用 FTK_TCPX_GetPort()函数获取实际绑定的端口。在本实例中调用该函数设置完成内网穿透操作时使用的实际绑定的传输端口。

调用 FTK_Context_GetMyPeerID()函数可以获取随机生成的用户 ID。在本实例中调用该函数设置完成内网穿透操作时使用的用户 ID。

7. 强制修改内核提交 Tracker 的 IP 地址

在经过内网穿透操作后，当前计算机需要使用穿透后的公网 IP 地址与对方客户端进行通信。调用 FTK_UDPX_GetRealIP()函数可以获取到真实的 IP 地址。

调用 FTK_Context_SetForceIP()函数可以强制修改内核提交 Tracker 服务器的 IP 地址，函数原型。

```
FTKERNELAPI_API void BTAPI FTK_Context_SetForceIP( const char * lpszIP );
```

参数 lpszIP 指定 Tracker 服务器的 IP 地址。

在加载主窗口时，需要调用 FTK_Context_SetForceIP()函数强制修改内核提交 Tracker 服务器的 IP 地址，代码如下。

```
FTK_Context_SetForceIP(FTK_UDPX_GetRealIP());
```

12.3.2　在 StartContext()函数中初始化 FTKernelAPI 环境

自定义函数 StartContext()可以用于初始化 FTKernelAPI 环境，代码如下。

```
BOOL CBTDownloaderDlg::StartContext()
{
    // 设置内核库 License 的密钥
    FTK_License_Set("B38059711E93CD6C261E9F95317007D33C0FC1EFD25FA4848DD3B38476
C6195B5D598BF5BE2FCDF3A87A553175F7E229871E72D44C3358EF149F08CE4A218E38B1656C356FA7
4C3E9A1D5895F7CE16CD7077DFBE5524923AB4E2C2DB8FB29A6D5E8BEF1FA32D96883ADE5B0DD99B00
21AAD8F084F2A4EA5AE36E7B4E51F03F73" );
    // 判断是否已经初始化
    ASSERT(!FTK_Context_IsInit());
    // 获取当前路径
    CString strPath;
```

```
::GetModuleFileName(AfxGetInstanceHandle(),
    strPath.GetBuffer(_MAX_PATH), _MAX_PATH);
strPath.ReleaseBuffer();
int nPos = strPath.ReverseFind(_T('\\'));
ASSERT(-1 != nPos);
strPath = strPath.Left(nPos + 1);
// 设置被动通知的回调函数
FTK_Context_NotifyCB(ftk_callback_func);
/** 设置磁盘缓存的大小
  * 最小缓存为 6MB，最大缓存为 20MB，自动调整缓存的物理内存大小为 20MB
  */
FTK_Disk_SetCache( 6L, 20L, 20L );
/** 对环境进行初始化
  * 第 1 个参数指定内核配置文件的路径名称
  * 第 2 个参数指定是否记录日志
  */
if (!FTK_Context_Init( strPath + _T( "Config.ini" ), TRUE))
{
    return FALSE;
}
// 获取当前监听的端口号
USHORT nPort = ::FTK_Context_GetListenPort();

// 执行对于支持 UPnP 协议的 Router 进行自动的端口映射配置
if ( !FTK_Win_AddUPnPPortMapping( nPort ) )
{
    AfxMessageBox(_T("执行对于支持 UPnP 协议的 Router 进行自动的端口映射配置失败!"));
}
// 设置兼容某些常见的错误
FTK_Context_TorrentFile( FALSE, FALSE );
// 判断 FTK 内核库是否运行
ASSERT( FTK_Context_IsRunning() == FALSE );
// 运行整个环境的事件驱动引擎
FTK_Context_Run();

// 如果内核库成功运行，则返回 TRUE
return FTK_Context_IsRunning() == TRUE;
}
```

1. 设置内核库的许可证密钥

只有输入正确的许可授权代码，才能使用 FTKernelAPI 内核库中相应的 API 接口。可以调用 FTK_License_Set()函数设置许可密钥，函数原型如下。

```
FTKERNELAPI_API void BTAPI FTK_License_Set( LPCTSTR lpszLicense );
```

参数 lpszLicense 指定许可密钥。这里提供了一个免费版本的许可密钥，代码如下。

```
FTK_License_Set( "B38059711E93CD6C261E9F95317007D33C0FC1EFD25FA4848DD3B38476C6
195B5D598BF5BE2FCDF3A87A553175F7E229871E72D44C3358EF149F08CE4A218E38B1656C356FA74C
3E9A1D5895F7CE16CD7077DFBE5524923AB4E2C2DB8FB29A6D5E8BEF1FA32D96883ADE5B0DD99B0021
AAD8F084F2A4EA5AE36E7B4E51F03F73" );
```

2. 设置被动通知的回调函数

调用 FTK_Context_NotifyCB()函数可以设置被动通知的回调函数，函数原型如下：

```
FTKERNELAPI_API void BTAPI FTK_Context_NotifyCB( FTK_CALLBACK_FUNC pfn );
```

参数 pfn 是回调函数指针，当外部有新的任务请求时，系统将调用该回调函数。

FTK_CALLBACK_FUNC 是回调函数类型，其定义代码如下。

```
typedef BOOL ( BTAPI *FTK_CALLBACK_FUNC ) ( unsigned int nSocket = 0, const unsigned
char *pData = NULL );
```

参数说明如下。

- nSocket，内核库所使用的特殊通信句柄，不能等同于标准的 Socket 句柄使用。
- pData，要求执行任务的二进制 Hash 值指针，长度为 20 字节。

某些客户在做种子服务器时，会加载成百上千的种子（任务）。如果把这些种子都加载入到内存中，会消耗很多的内存空间。而这些种子中，有些可能永远没有用户下载。这对于服务器而言是极大的浪费。

调用 FTK_Context_NotifyCB()函可以实现类似 eMule 的功能，当有用户请求下载某个文件（任务）时，再加载任务，这将从很大程度上节省了服务器的内存和 CPU 资源。

本实例中设置回调函数为 ftk_callback_func，代码如下。

```
// 定义被动通知的回调函数
static BOOL BTAPI ftk_callback_func( unsigned int nSocket = 0, const unsigned char
*pData = NULL )
{
    if ( NULL != g_pBTDownloaderDlg )
    {
        g_nSocket = nSocket;
        g_pBTDownloaderDlg->PostMessage( WM_COMMAND, MAKEWPARAM( ID_START, BN_CLI
CKED ), NULL );
    }
    return TRUE;
}
```

当有用户请求下载指定的文件时，系统会自动调用 ftk_call_func()函数，在主窗口中发送单击 ID_START（开始下载）菜单项的消息。

3. 设置磁盘缓存的大小

在执行 BT 下载时，为了避免频繁访问磁盘对磁盘造成损害，通常将下载到的数据暂时保存在磁盘缓存中，并在适当的时候将缓存中的数据保存到磁盘上。

可以使用 FTK_Disk_SetCache()函数设置磁盘缓存的大小，函数原型如下。

```
FTKERNELAPI_API void BTAPI FTK_Disk_SetCache( UINT nMinCacheSize, UINT nMaxCa
cheSize, UINT nPhyMemorySize );
```

参数说明如下。

- nMinCacheSize，缓存的最小值，单位为 MB。
- nMaxCacheSize，缓存的最大值，单位是 MB。
- nPhyMemorySize，自动调整缓存的物理内存大小，当空闲的物理内存小于该值时自动进行调整，释放缓存占用的内存，保证系统正常运行。

这里设置最小磁盘缓存为 6MB，最大磁盘缓存和自动调整缓存的物理内存大小均为 20MB。

4. 对环境进行初始化

调用 FTK_Context_Init ()函数可以对环境进行初始化，函数原型如下。

```
FTKERNELAPI_API BOOL BTAPI FTK_Context_Init( LPCTSTR lpszIniFile = NULL, BOOL bLog
= TRUE );
```

参数说明如下。

- lpszIniFile，内核配置文件的路径名称，如果为 NULL，则内核使用默认设置。
- bLog，是否输出日志文件。如果等于 TRUE，则输出；如果等于 FALSE，则不输出。

在程序运行期间，只需要也只能执行一次初始化环境的操作。

5. 对支持 UPnP 协议的路由器进行自动的端口映射配置

在内网中处于路由器后面的计算机需要进行自动的端口映射配置才能进行 BT 下载。使用 FTK_Win_AddUPnPPortMapping()函数可以实现此功能，函数原型如下。

```
FTKERNELAPI_API BOOL BTAPI FTK_Win_AddUPnPPortMapping( unsigned short nPort, BYTE
nProtocol = WCXT_TCP_PORT, LPCTSTR lpszIP = NULL );
```

参数说明如下。

- nPort，指定要进行 UPnP 映射的端口号。
- nProtocol，指定要操作的端口的类型，WCXT_TCP_PORT 表示 TCP 端口，WCXT_UDP_PORT 表示 UDP 端口。
- lpszIP，指定操作时对应的本机 IP 地址。使用 NULL 表示使用缺省 IP 地址，函数内部自动判断。

如果函数执行成功，则返回 TRUE，否则返回 FALSE。失败的原因如下。

- 路由器不支持 UPnP 协议。
- 路由器没有打开对 UPnP 协议的支持。
- 路由器忙，无法处理请求。

在实际应用时，可以先调用 FTK_Context_GetListenPort()函数获取当前的监听端口，然后再以监听端口为参数调用 FTK_Win_AddUPnPPortMapping()函数进行端口映射。

6. 设置兼容某些错误的 Torrent 格式

由于现在网络上有大量不符合官方标准协议的 torrent 文件，正常情况下，按照官方的严格检查，会报告打开 Torrent 文件错误。因此，需要特殊处理。

FTKernelAPI 特别提供了 FTK_Context_TorrentFile()函数，通过设置参数，可以改变 FTKernelAPI 打开 Torrent 文件时的检查限制。FTK_Context_TorrentFile()的函数原型如下。

```
FTKERNELAPI_API void BTAPI FTK_Context_TorrentFile( BOOL bValidEof = TRUE, BOOL
bValidSort = TRUE );
```

参数说明如下。

- bValidEof，要求 Torrent 文件不能有多余的垃圾字符。如果等于 TRUE，则要求没有任何垃圾字符；否则允许存在垃圾字符，兼容网络上这种格式错误的种子。
- bValidSort，要求将目录以单个文件形式发布的 torrent 中的文件列表依据文件名升序排列。如果等于 TRUE，则要求必须是升序的；否则允许是乱序的，兼容网络上的乱序的 torrent 文件。

7. 判断 FTPKernelAPI 内核库是否已经运行

在开始执行 BT 下载之前，需要判断 FTPKernelAPI 内核库是否已经运行。调用 FTK_Context_

IsRunning()函数可以实现此功能，函数原型如下。

```
FTKERNELAPI_API BOOL BTAPI FTK_Context_IsRunning();
```

如果 FTPKernelAPI 内核库已经正常运行，则返回 TRUE；否则返回 FALSE。

8. 运行整个环境的事件驱动引擎

调用 FTK_Context_Run ()函数可以运行整个环境的事件驱动引擎，函数原型如下。

```
FTKERNELAPI_API BOOL BTAPI FTK_Context_Run();
```

在环境初始化后，一定要调用此函数来确保环境线程开始运行，处理外部的连接事件。

12.3.3　在 InitNatTunnel()函数中初始化穿透内网的操作

在防火墙后面的内网计算机想要下载 BT 资源就要穿透内网。本节介绍如何在 InitNatTunnel() 函数中初始化穿透内网的相关操作。

InitNatTunnel()函数的代码如下。

```
BOOL CBTDownloaderDlg::InitNatTunnel()
{
    // 内网穿透是否初始化
    if ( m_bInitUDP )
    {
        return TRUE;
    }
    // 初始化 TCP 辅助库，默认端口为 9999
    if ( !FTK_TCPX_Init( 9999 ) )
    {
        return FALSE;
    }
    // 设置 UDPTunnel 的 IP 地址和端口号
    FTK_Context_SetUDPTunnelInfo( "127.0.0.1", FTK_TCPX_GetPort() );
    // 初始化 UDPSocket 通信接口，默认端口号为 7590
    if ( !FTK_UDPSocket_Init( 7590 ) )
    {
        // 释放 TCP 辅助库
        FTK_TCPX_Release();
        return FALSE;
    }
    // 挂接 Socket 通信接口
    FTK_UDPX_SetUDPSocket(FTK_UDPSocket_GetUDPSocket());
    // 添加额外的通信协议标识
    unsigned char nExt = FTK_UDPSocket_AddExtProtcol(ftk_udp_extprotocol_call
back);
    FTK_UDPX_SetUDPExtProtocol(nExt);
    // 设置回调函数
    FTK_UDPX_SetCallback(ftk_udpx_error_callback, ftk_udpx_usercnt_callback, ftk_udpx_
login_ callback,ftk_udpx_nattype_callback, ftk_udpx_peercall_callback);
    // 设置记录日志
    FTK_UDPX_EnableLog(4, "UDPAPI.log");
    // 内网穿透是否初始化
    m_bInitUDP = TRUE;
```

```
            return TRUE;
    }
```

1. 初始化 TCP 辅助库

穿透内网的初始化函数为 FTK_TCPX_Init ()，函数原型如下。

```
FTKTCPXAPI_API BOOL BTAPI FTK_TCPX_Init( unsigned short nPort );
```

参数 nPort 表示默认的连接端口。如果初始化成功，则返回 TRUE；否则返回 FALSE。

2. 设置 UDP 通道的 IP 地址和端口号

调用 FTK_Context_SetUDPTunnelInfo()可以设置 UDP 通道的 IP 地址和端口号，函数原型如下。

```
FTKERNELAPI_API void BTAPI FTK_Context_SetUDPTunnelInfo( const char * lpszIP,
unsigned short nPort );
```

参数说明如下。

- lpszIP，指定 UDP 通道的 IP 地址。
- nPort，指定 UDP 通道的端口号。

3. 初始化 UDP Socket 通信端口

调用 FTK_UDPSocket_Init()函数可以初始化 UDP Socket 通信端口，函数原型如下。

```
FTKUDPXAPI_API BOOL UDPXAPI FTK_UDPSocket_Init( unsigned short nPort );
```

参数 nPort 指定 UDP Socket 通信的端口。如果初始化成功，则返回 TRUE；否则返回 FALSE。

4. 获取绑定的 UDP 套接字句柄

调用 FTK_UDPSocket_GetUDPSocket()函数可以获取与 FTKernelAPI 相绑定的 UDP 套接字句柄，函数原型如下。

```
FTKUDPXAPI_API int UDPXAPI FTK_UDPSocket_GetUDPSocket();
```

函数返回与 FTKernelAPI 相绑定的 UDP 套接字句柄。

5. 设置当前使用的 UDP 套接字句柄

调用 FTK_UDPX_SetUDPSocket()函数可以设置当前使用的 UDP 套接字句柄，函数原型如下。

```
FTKUDPXAPI_API void UDPXAPI FTK_UDPX_SetUDPSocket( int nSocket );
```

参数 nSocket 指定使用的 UDP 套接字句柄。

6. 添加额外的通信协议标识

调用 FTK_UDPSocket_AddExtProtcol()函数可以添加额外的通信协议标识，函数原型如下。

```
FTKUDPXAPI_API unsigned char UDPXAPI FTK_UDPSocket_AddExtProtcol ( FTK_UDP_EXTP
ROTOCO L_ CALLBACK cb);
```

参数 cb 是定义的回调函数，用于处理接收到的不同协议对应的 UDP 数据。

7. 设置扩展的 UDP 协议头

调用 FTK_UDPX_SetUDPExtProtocol()函数可以设置扩展的 UDP 协议头，函数原型如下。

```
FTKUDPXAPI_API void UDPXAPI FTK_UDPX_SetUDPExtProtocol( unsigned char nExt );
```

参数 nExt 指定扩展的 UDP 协议头对应的编号，通常可以是调用 FTK_UDPSocket_Add
ExtProtcol()函数的返回值。

8. 设置回调函数

调用 FTK_UDPX_SetCallback()函数可以设置内网计算机向外部通知不同事件发生的回调函数，函数原型如下。

```
FTKUDPXAPI_API void UDPXAPI FTK_UDPX_SetCallback(
```

```
                    FTK_UDPX_ERROR_CALLBACK pfnErrCB,
                    FTK_UDPX_USERCNT_CALLBACK pfnUserCntCB,
                    FTK_UDPX_LOGIN_CALLBACK pfnLoginCB,
                    FTK_UDPX_NATTYPE_CALLBACK pfnNatTypeCB,
                    FTK_UDPX_PEERCALL_CALLBACK pfnPeerCallCB );
```

参数说明如下。

- pfnErrCB，指定通知外部自己失败的回调函数，本例中使用 ftk_udpx_error_callback。
- pfnUserCntCB，指定通知外部在线人数的回调函数，本例中使用 ftk_udpx_usercnt_callback。
- pfnLoginCB，指定通知外部自己登录成功的回调函数，本例中使用 ftk_udpx_login_callback。
- pfnNatTypeCB，指定通知外部 NAT 类型发生了变化的回调函数，本例中使用 ftk_udpx _nattype_callback。
- pfnPeerCallCB，指定通知外部远程呼叫结果的函数的回调函数，本例中使用 ftk_udpx_ peercall_callback。

9. 设置记录日志的输入级别

调用 FTK_UDPX_EnableLog()函数可以设置记录日志的输入级别，函数原型如下。

```
FTKUDPXAPI_API void UDPXAPI FTK_UDPX_EnableLog( int nLevel, const char *pLog
FileName );
```

参数说明如下。

- nLevel，记录日志的输入级别。
- pLogFileName，指定记录日志的文件。

12.4　实现 BT 下载

本节介绍实现 BT 下载的具体方法，包括打开种子文件、开始下载、停止下载、删除文件和打开下载目录等。

12.4.1　打开种子文件

在本实例的主窗口中，单击工具栏中的"打开种子文件"按钮，会打开"添加种子"对话框，如图 12.12 所示。

"添加种子"对话框的 ID 为 IDD_DIALOG_OPEN_TORRENT，对应的类为 COpenTorrentDlg。打开"添加种子"对话框的代码如下。

```
void CBTDownloaderDlg::OnOpentorrent()
{
    COpenTorrentDlg dlg;
    dlg.torrentItem = &torrentItem;
    if ( IDOK != dlg.DoModal() )
    {
        return ;
    }

    GetDlgItem(IDC_EDIT_TORRENT)->SetWindowTextA(_T(dlg.torrentItem->fileName.c
_str()));
    GetDlgItem(IDC_EDIT_PATH)->SetWindowTextA(_T(dlg.torrentItem->path.
```

```
c_str()));

    // 打开文件后，激活"开始下载"按钮
    AfxEnableDlgItem(this, ID_START, TRUE);
    m_ToolBar.EnableButton(ID_START, TRUE);
}
```

图 12.12 "添加种子"对话框

在打开种子文件的对话框类 COpenTorrentDlg 中，CTorrentItem 对象 torrentItem 表示用户选择打开的种子文件的属性。这里程序首先打开 COpenTorrentDlg 对话框 dlg，如果用户在对话框中单击"确定"按钮，则根据 torrentItem 对象的 fileName 和 path 属性来设置主窗口中的"种子文件"和"下载位置"文本编辑框的内容，并启用"开始下载"按钮。

下面介绍种子文件类 CTorrentItem 和对话框类 COpenTorrentDlg 的实现方法。

1. 类 CTorrentItem

CTorrentItem 类用于保存种子文件的基本属性和下载情况，代码如下。

```
class CTorrentItem
{
public:
    CTorrentItem(void);
    ~CTorrentItem(void);

public:
    // string Title;                      // 标题
    string fileName;                      // 种子文件名
    string itemName;                      // 下载项目名
    string path;                          // 保存下载文件的目录
    TorrentItemStatus  itemStauts;        // 下载项目状态
    QWORD size;                           // 下载项目的总大小
    QWORD downloadedSize;                 // 已下载大小
    float percentage;                     // 下载进度
```

```
    float speed;                              // 下载速度，单位为 KB/s
    string resources;                         // 下载资源情况
    unsigned long LeftSecond;                 // 剩余时间，单位为秒
    unsigned long UsedSecond;                 // 已用时间，单位为秒
    string Password;                          // 密码
    int DownloadFileCount;                    // 下载文件数量
    DownloadFile *DownloadFiles;              // 下载文件数组
public:
    // 将以秒来描述的时间间隔值转换为××小时××分××秒
    string FormatDuration(unsigned long seconds);
    // 将文件大小格式化为标准格式字符串，比如 x.yGB, x.yMB, x.yKB……
    string FormatSize(long size);
    unsigned long CalculateLeftSecond();          // 计算剩余时间
};
```

枚举类型 TorrentItemStatus 用于表示种子下载的下载状态，定义代码如下。

```
enum TorrentItemStatus
{
    STARTING           = 0,                   // 开始下载
    DOWNLOADING        = 1,                   // 正在下载
    STOP               = 2,                   // 停止下载
    FINISHED           = 3,                   // 结束下载
    DELETED            = 4                    // 已删除
};
```

结构体 DownloadFile 用于记录种子文件中包含的下载文件信息，代码如下。

```
struct DownloadFile
{
    string FileName;                          // 文件名
    QWORD Size;                               // 文件大小
    QWORD Percent;                            // 百分比
    BYTE  Priority;          // 下载的优先级。-2 表示不下载，-1 表示低，0 表示一般，1 表示高
};
```

2. "打开种子"对话框中定义的控件

"打开种子"对话框中定义的主要控件如表 12.4 所示。

表 12.4　　　　　　　　　　　　　"打开种子"对话框中包含的主要控件

控件 ID	控件类型	说　　明
IDC_EDIT_SEEDDIR	文本编辑框	用于显示用户选择的种子文件
IDC_BUTTON_SELSEEDPATH	按钮	用于选择种子文件的按钮
IDC_PASSWORD	文本编辑框	用于输入种子文件的密码
IDC_EDIT_DIR	文本编辑框	用于显示下载文件保存的目录
IDC_BUTTON_SELPATH	按钮	用于选择下载文件存储路径的按钮
IDC_FILELIST	列表框	用于显示种子文件中包含的下载文件
IDC_TOTALSIZE	静态文本框	显示种子文件中包含的下载文件所需要的磁盘空间

续表

控件 ID	控 件 类 型	说 明
IDC_FREESPACE	静态文本框	显示当前选择磁盘的空闲空间
IDOK	按钮	"确定"按钮
IDCANCEL	按钮	"取消"按钮

"打开种子"对话框中控件对应的变量如表 12.5 所示。

表 12.5　　　　　　　　　　　"打开种子"对话框中控件对应的变量

控件 ID	数 据 类 型	变 量 名
IDC_EDIT_SEEDDIR	CEdit	m_SeedFile
IDC_PASSWORD	CEdit	m_Password
IDC_EDIT_DIR	CEdit	m_Path
IDC_FILELIST	CListCtrl	m_FileList
IDC_TOTALSIZE	CString	m_TotalSize
IDC_FREESPACE	CString	m_FreeSpace

3. COpenTorrentDlg 类中声明的变量

COpenTorrentDlg 类中用户声明的变量如下。

```
CTorrentItem *torrentItem;          // 当前种子文件对象
BOOL m_bEncrypt;                    // 标识种子文件是否被加密
int nFileCount ;                    // 种子中包含的文件数量
```

4. 初始化下载列表文本的标头

在初始化"打开种子"对话框时，需要设置下载文件列表框的标头格式（即列头和宽度），该功能在 InitializeHeaderControl() 函数中实现，代码如下。

```
void COpenTorrentDlg::InitializeHeaderControl()
{
    // 将列表控件设置为报表显示模式
    m_FileList.ModifyStyle( NULL, LVS_REPORT );
    // 设置整行显示、带表格线
    m_FileList.SetExtendedStyle( LVS_EX_FULLROWSELECT |
                LVS_EX_GRIDLINES | LVS_EX_FLATSB /*| LVS_EX_CHECKBOXES */);
    // 获取列表框控件的区域
    CRect rectHeader;
    m_FileList.GetDlgItem(0)->GetClientRect( rectHeader );
    // 设置列属性
    LV_COLUMN lvc;
    lvc.mask = LVCF_TEXT | LVCF_SUBITEM | LVCF_WIDTH | LVCF_FMT;
    lvc.fmt = LVCFMT_LEFT;
    // 列标题
    CString strColNames[ 3 ];
    strColNames[ 0 ] = _T( "文件名" );
    strColNames[ 1 ] = _T( "文件大小" );
    strColNames[ 2 ] = _T( "%" );
```

```
// 列序号
int i = 0;
// 设置每一列的宽度和列名
// 第 1 列
lvc.cx = rectHeader.Width() / 3 * 2;
lvc.iSubItem = i;
lvc.pszText = ( LPTSTR ) ( LPCTSTR ) strColNames[ i ];
m_FileList.InsertColumn( i++, &lvc );
// 第 2 列
lvc.cx = rectHeader.Width() / 3 * 1 / 2 ;
lvc.iSubItem = i;
lvc.pszText = ( LPTSTR ) ( LPCTSTR ) strColNames[ i ];
m_FileList.InsertColumn( i++, &lvc );
// 第 3 列
lvc.cx = rectHeader.Width() / 3 * 1 / 2;
lvc.iSubItem = i;
lvc.pszText = ( LPTSTR ) ( LPCTSTR ) strColNames[ i ];
m_FileList.InsertColumn( i++, &lvc );
// 启用列表框
m_FileList.EnableWindow(FALSE);
}
```

程序首先设置列表控件的样式为 LVS_REPORT，即报表模式；然后设置列表控件的整行选择和显示表格线等属性；最后分别设置列表控件的 3 个列的标题和宽度信息，并向列表控件中插入列。

5. 选择存储下载文件的目录

为了在"添加种子"对话框中选择存储下载文件的目录，本实例中定义了类 CSBDestination，用于选择目录。类 CSBDestination 派生自类 CBrowseForFolder。调用 CBrowseForFolder::SelectFolder()函数可以打开选择目录的对话框，要求用户选择目录。如果用户选择目录后单击"确定"按钮，则 SelectFolder()函数返回 TRUE；否则返回 FALSE。调用 CBrowseForFolder::GetSelectedFolder()函数可以获取用户选择的目录。

由于篇幅所限，这里就不对 CSBDestination 类和 CBrowseForFolder 类的代码做详细地介绍了。

在 COpenTorrentDlg 类中，单击"存储路径"文本框后面的"选择"按钮，可以打开选择目录的对话框，要求用户选择下载文件保存的路径，代码如下。

```
void COpenTorrentDlg::OnBnClickedButtonSelpath()
{
  CSBDestination SB;
  SB.SetTitle( _T("选择保存文件的目录") );
  SB.SetInitialSelection( _T("") );
  if ( TRUE == SB.SelectFolder() )
  {
    m_Path.SetWindowTextA(SB.GetSelectedFolder());
  }
  // 计算选择磁盘的剩余空间
  CString strPath = SB.GetSelectedFolder();
  CString rootPath = strPath.Left(3);
  ULARGE_INTEGER    lpuse;            // 已用空间
  ULARGE_INTEGER    lptotal;          // 总空间
  ULARGE_INTEGER    lpfree;           // 剩余空间
```

```
GetDiskFreeSpaceEx(rootPath.GetBuffer(), &lpuse, &lptotal, &lpfree);
m_FreeSpace = AfxFormatBytes((INT64)lpfree.QuadPart);
UpdateData(FALSE);
}
```

程序首先声明选择路径对话框对象 SB，然后设置对话框的标题和初始选择路径，最后调用 SB.SelectFolder()函数打开选择路径的对话框，要求用户选择路径。如果用户选择路径，并单击"确定"按钮，则将用户选择的路径显示到"添加种子"对话框的"存储路径"文本框中。

在用户选择存储路径后，程序会调用系统函数 GetDiskFreeSpaceEx()，计算该路径所在磁盘驱动器的空闲空间，并显示在"现有空闲的磁盘空间"静态文本框中。

在显示空闲磁盘空间之前，程序会调用 AfxFormatBytes()函数对数字的设置数字的显示格式。AfxFormatBytes()函数的代码如下。

```
inline CString AfxFormatBytes( INT64 nBytes )
{
  CString strResult;

  if ( nBytes >= ( INT64 ) 0x10000000000L )
  {
    strResult.Format( _T( "%-.2f TB" ), nBytes / 1099511627776.0f );
  }
  else if ( nBytes >= 0x40000000 )
  {
    strResult.Format( _T( "%-.2f GB" ), nBytes / 1073741824.0f );
  }
  else if ( nBytes >= 0x100000 )
  {
    strResult.Format( _T( "%-.2f MB" ), nBytes / 1048576.0f );
  }
  else if ( nBytes >= 0x400 )
  {
    strResult.Format( _T( "%-.2f KB" ), nBytes / 1024.0f );
  }
  else
  {
    strResult.Format( _T( "%ld Byte" ), nBytes );
  }
  return strResult;
}
```

程序将根据数字的大小将其恰当地转换为不同单位的数字，包括 TB、GB、MB、KB 和 Byte。

6. 选择种子文件

在 COpenTorrentDlg 类中，单击"种子文件"文本框后面的"选择"按钮，可以打开选择文件的对话框，要求用户选择种子文件，代码如下。

```
void COpenTorrentDlg::OnBnClickedButtonSelseedpath()
{
  // 打开选择文件对话框，选择种子文件
  CString strFilter = _T( "Torrent File(*.Torrent)|*.torrent||" );
  CFileDialog OpenDlg( TRUE, _T( "torrent" ), _T( "*.Torrent" ),
        OFN_HIDEREADONLY | OFN_OVERWRITEPROMPT | OFN_EXPLORER | OFN_FILEMUSTEXIST,
        strFilter );
```

```
        if ( IDOK == OpenDlg.DoModal() )
        {
            m_SeedFile.SetWindowTextA(OpenDlg.GetPathName());
            SetEncrypt( FTK_Torrent_IsCipherTorrent( OpenDlg.GetPathName() ) );
            if(!m_bEncrypt)
                m_Password.EnableWindow(FALSE);
            // 将种子中包含的文件添加到列表中
            InitializeListControl();
        }
    }
```

程序使用 CFileDialog 对象 OpenDlg 打开选择文件对话框。如果用户选择了种子文件，并单击"确定"按钮，则将用户选择的文件显示到"添加种子"对话框的"种子文件"文本框中。

程序会调用 FTK_Torrent_IsCipherTorrent()函数判断用户选择的种子文件是否为加密文件。如果是，则调用 SetEncrypt()函数设置该种子文件为加密文件。SetEncrypt()函数的代码如下。

```
void SetEncrypt( BOOL bEncrypt )
{
    m_bEncrypt = bEncrypt;
};
```

m_bEncrypt 是 COpenTorrentDlg 类的成员变量，用于标识当前选择的种子文件是否为加密文件。如果种子文件为加密文件，则启用"密码"文本框，要求用户输入数据。

最后程序调用 InitializeListControl()函数，显示种子文件中包含的下载文件。InitializeListControl()函数的代码如下。

```
void COpenTorrentDlg::InitializeListControl()
{
    m_FileList.DeleteAllItems();
    int TotalSize;

    try
    {
        CString strFilename, strPassword;
        m_SeedFile.GetWindowTextA(strFilename);
        m_Password.GetWindowTextA(strPassword);
        HTorrentFile hTorrentFile = FTK_Torrent_Open( strFilename.GetBuffer(),
CP_ACP, strPassword.IsEmpty() ? NULL : (LPCTSTR)strPassword, FALSE, FALSE );
        if ( NULL == hTorrentFile )
        {
            return;
        }

        if ( !FTK_Torrent_IsFile( hTorrentFile ) )
        {
            CString strSize;

            nFileCount = FTK_Torrent_GetFilesCount( hTorrentFile );  // 下载文件数量
            // 局部下载文件信息数组
            _tagFileInfo *pFileInfo = new _tagFileInfo[ nFileCount ];
            // TorrentItem 对象中保存的下载文件信息数组
            torrentItem->DownloadFiles = new DownloadFile[nFileCount];
```

```
                    // TorrentItem 对象中保存的下载文件数量
                    torrentItem->DownloadFileCount = nFileCount;
                    ASSERT( NULL != pFileInfo );
                    FTK_Torrent_GetFiles( hTorrentFile, pFileInfo );
                    TotalSize = FTK_Torrent_GetFileSize( hTorrentFile);

                    for ( register int i = 0; i < nFileCount; i++ )
                    {
                        torrentItem->DownloadFiles[i].FileName=pFileInfo[i].m_szFileName;
                        torrentItem->DownloadFiles[i].Size = pFileInfo[ i ].m_qwFileSize;
                        torrentItem->DownloadFiles[i].Percent = PERCENT(pFileInfo[ i ].m_qwFile
Size, TotalSize);
                        torrentItem->DownloadFiles[i].Priority = 0;
                        // insert the item.
                        m_FileList.InsertItem( i, torrentItem->DownloadFiles[i]. FileName.
c_str(), 0 );
                        CString strSize = AfxFormatBytes( ( INT64 )torrentItem-> DownloadFiles
[i].Size);
                        CString strPercent;
                        strPercent.Format( _T( "%lf" ), (INT64)torrentItem->DownloadFiles [i].
Percent);
                        m_FileList.SetItemText( i, 1, strSize );
                        m_FileList.SetItemText( i, 2, strPercent );
                    }
                    // 删除临时指针，释放资源
                    delete [] pFileInfo;
                    pFileInfo = NULL;
                }
                else
                {
                    // insert the item.
                    CString strName = FTK_Torrent_GetTorrentName( hTorrentFile );
                    m_FileList.InsertItem( 0, strName, 0 );

                    nFileCount = 1;
                    _tagFileInfo *pFileInfo = new _tagFileInfo[ nFileCount ];
                    // TorrentItem 对象中保存的下载文件信息数组
                    torrentItem->DownloadFiles = new DownloadFile[nFileCount];
                    // TorrentItem 对象中保存的下载文件数量
                    torrentItem->DownloadFileCount = nFileCount;
                    TotalSize = FTK_Torrent_GetFileSize( hTorrentFile);
                    ASSERT( NULL != pFileInfo );
                    pFileInfo[0].m_qwFileSize = TotalSize;
                    memcpy(pFileInfo[0].m_szFileName, strName.GetBuffer(), strName. GetLeng
th());
                    CString strSize = AfxFormatBytes( (INT64)pFileInfo[0].m_qwFileSize );
                    m_FileList.SetItemText( 0, 1, strSize );
                    m_FileList.SetItemText( 0, 2, _T( "100" ) );
                    torrentItem->DownloadFiles[0].FileName =strName.GetBuffer();
                    torrentItem->DownloadFiles[0].Size = pFileInfo[0].m_qwFileSize;
                    torrentItem->DownloadFiles[0].Percent = PERCENT(pFileInfo[0].m_qwFileSi
ze, TotalSize);
                    torrentItem->DownloadFiles[0].Priority = 0;
```

```
            // 删除临时指针，释放资源
            delete [] pFileInfo;
            pFileInfo = NULL;
        }
    }
    catch(...)
    {
        AfxMessageBox("获取种子文件信息时出现异常。");
        return;
    }
    torrentItem->size = TotalSize;
    m_TotalSize = AfxFormatBytes((INT64)TotalSize);
}
```

程序的运行过程如下。

（1）打开种子文件。

要获取种子文件中包含的信息，首先需要下载并打开种子文件，获取到 BT 下载中包含的 Tracker 信息和文件信息，然后才能执行 BT 下载。

可以调用 FTK_Torrent_Open()函数打开 Torrent 文件，函数原型如下。

```
FTKERNELAPI_API HTorrentFile BTAPI FTK_Torrent_Open( LPCTSTR lpszFileName, UINT
nCodePage = CP_ACP, LPCTSTR lpszDesKey = NULL , BOOL bValidEOF = TRUE, BOOL bValidSort
= TRUE );
```

参数说明如下。

• lpszFileName，指定种子文件的路径名称。

• nCodePage，指定种子文件的语言编码。例如，简体中文为 936，繁体中文为 950。

• lpszDesKey，如果是加密的种子文件，则指定打开文件密码。

• bValidEOF，指定是否允许种子文件结尾的非法字符。如果等于 TRUE，则表示不允许；否则表示允许，即兼容网络上的格式错误的种子。

• bValidSort，指定是否允许种子文件中的文件列表乱序。如果等于 TRUE，则表示不允许。否则表示允许，即兼容网络上的格式错误的种子。

如果成功打开种子文件，则返回 BT 下载任务句柄，类型为 HTorrentFile。如果打开种子文件失败，则返回 NULL。

如果打开文件失败，则 InitializeListControl()函数直接返回。

（2）判断种子文件中包含的下载文件是文件还是目录。

种子文件中包含的下载文件可以是单个文件，也可以是目录，目录中包含多个文件。调用 FTK_Torrent_IsFile()函数可以对上面的情况进行判断，函数原型如下。

```
FTKERNELAPI_API BOOL BTAPI FTK_Torrent_IsFile( HTorrentFile hTorrentFile );
```

参数 hTorrentFile 指定已经打开的种子文件句柄。如果种子文件中包含的下载文件为单个文件，则函数返回 TRUE；否则返回 FALSE。

（3）显示下载目录中包含的文件信息。

如果 FTK_Torrent_IsFile()函数返回 FALSE，则需要显示下载目录中包含的文件信息。程序首先调用 FTK_Torrent_GetFilesCount()函数，获取目录中包含的下载文件数量。FTK_Torrent_GetFilesCount()的函数原型如下。

```
FTKERNELAPI_API int BTAPI FTK_Torrent_GetFilesCount( HTorrentFile hTorrentFile );
```

参数 hTorrentFile 指定已经打开的种子文件句柄。函数返回种子文件中包含的文件数量。

在 FTKernelAPI 中使用_tagFileInfo 结构体来表示种子中包含的文件信息。

```
struct _tagFileInfo
{
  char m_szFileName[ 512 ];
  QWORD m_qwFileSize;
};
```

m_szFileName 表示下载文件名，m_qwFileSize 表示下载文件的大小。

pFileInfo 是_tabFileInfo 结构体数组，在上面的程序使用 pFileInfo 数组保存获取的下载文件内容。

程序中调用 FTK_Torrent_GetFiles()函数获取种子文件中包含的下载文件的信息。FTK_Torrent_ GetFiles()的函数原型如下。

```
FTKERNELAPI_API void BTAPI FTK_Torrent_GetFiles( HTorrentFile hTorrentFile,
_tagFileInfo *pFileInfo );
```

参数说明如下。

- hTorrentFile，指定打开的种子文件句柄。
- pFileInfo，保存返回的文件信息的结构体指针。

在获取下载文件信息后，程序将数组 pFileInfo 中保存的信息保存在 torrentItem 对象的 DownloadFiles 数组中，然后显示在列表控件中。

在计算一个下载文件在所有文件所占的比例时，需要获取种子文件中包含的所有下载文件的大小。调用 FTK_Torrent_GetFileSize()函数可以实现该功能，函数原型如下。

```
FTKERNELAPI_API QWORD BTAPI FTK_Torrent_GetFileSize( HTorrentFile hTorrentFile );
```

参数 hTorrentFile 指定已经打开的种子文件句柄。

（4）显示单个下载文件的基本信息。

如果 FTK_Torrent_IsFile()函数返回 TRUE，则需要显示单个下载文件的基本信息。调用 FTK_Torrent_GetTorrentName()函数可以获取指定种子文件中包含的单个文件的名称，函数原型如下。

```
FTKERNELAPI_API LPCTSTR BTAPI FTK_Torrent_GetTorrentName( HTorrentFile hTorrent
File );
```

参数 hTorrentFile 指定已经打开的种子文件句柄。

然后程序调用 FTK_Torrent_GetFileSize()函数获取文件的大小。

同样，在获取下载文件信息后，程序将数组 pFileInfo 中保存的信息保存在 torrentItem 对象的 DownloadFiles 数组中，然后显示在列表控件中。

（5）设置和显示文件总大小。

最后程序将下载文件的总大小设置到 torrentItem 对象的 size 属性中，然后调用 AfxFormat Bytes()函数对文件总大小进行格式化，并显示在"添加种子"对话框中的"所需要的磁盘空间"静态文本框中。

12.4.2　开始下载

当用户打开种子文件后，程序会自动启用工具栏上的"开始下载"按钮。单击"开始下载"按钮，程序会开始下载打开种子中的文件，代码如下。

```
void CBTDownloaderDlg::OnStart()
{
    UpdateData(TRUE);
    if ( m_TorrentFile.IsEmpty() )
    {
        AfxMessageBox(_T("请选择种子文件!") );
        return;
    }
    m_ToolBar.EnableButton(ID_OPENTORRENT, FALSE);
    m_ToolBar.EnableButton(ID_START, FALSE);
    m_ToolBar.EnableButton(ID_STOP, TRUE);
    m_ToolBar.EnableButton(ID_DELETE, FALSE);
    m_ToolBar.EnableButton(ID_OPENDIR, TRUE);
    BOOL bDownload = FALSE;
    bDownload = StartDownload();

    if ( !bDownload )
    {
        AfxMessageBox( _T("下载失败") );
        return;
    }
}
```

程序会禁用"打开种子"、"开始下载"和"删除文件"按钮，启用"停止下载"和"打开目录"按钮。然后调用 StartDownload()函数开始下载，StartDownload()函数的代码如下。

```
BOOL CBTDownloaderDlg::StartDownload()
{
    ASSERT( NULL == m_hDownloader );
    // 获取当前文件名
    CString strPath;
    ::GetModuleFileName( AfxGetInstanceHandle(),
                    strPath.GetBuffer( _MAX_PATH ), _MAX_PATH );
    strPath.ReleaseBuffer();
    int nPos = strPath.ReverseFind( _T('\\') );
    ASSERT( -1 != nPos );
    CString strStartupPath = strPath.Left( nPos + 1 );
    // 打开种子文件
    HTorrentFile hTorrentFile = FTK_Torrent_Open( m_TorrentFile, CP_ACP, torrent
Item. Password == "" ? NULL : torrentItem.Password.c_str(), FALSE, FALSE );
    if ( NULL == hTorrentFile )
    {
        return FALSE;
    }
    // 定义和初始化保存下载数据的字节数组
    CByteArray arryPreAllocFile;
    arryPreAllocFile.SetSize( FTK_Torrent_GetFilesCount( hTorrentFile ) );
    memset( arryPreAllocFile.GetData(), 0x01, arryPreAllocFile.GetSize() );

    nPos = m_TorrentFile.ReverseFind( _T('\\') );
    ASSERT( -1 != nPos );
    CString strDestPath = m_TorrentFile.Left( nPos + 1 );
    m_strKeyValue = FTK_Torrent_GetHexInfoHash( hTorrentFile );
    m_strKeyValue.Replace( _T("%"), _T("") );
```

```
        m_hDownloader = FTK_Downloader_Open();
        // 外部设置内网连接通知回调函数的指针
        FTK_Downloader_SetNatPeerCB( m_hDownloader, ftk_nat_peer_callback );
        // 外部设置任务开始前通知回调函数的指针
        FTK_Downloader_SetBeforeDownCB( m_hDownloader, ftk_before_down_callback );
        // 外部设置任务下载完毕后通知回调函数的指针
        FTK_Downloader_SetOnComleteCB( m_hDownloader, ftk_on_complete_callback );
        // 初始化下载对象
        BOOL bRet = FALSE;
        char DestFile[1000];
        sprintf(DestFile, "%s\\%s", this->torrentItem.path.c_str(), FTK_Torrent_Get
TorrentName ( hTorrentFile ));
        bRet = FTK_Downloader_Init(
            m_hDownloader,
            m_TorrentFile,
            arryPreAllocFile.GetData(),
            arryPreAllocFile.GetSize(),
            FALSE,
            DestFile,
            strStartupPath + _T( "Config.INI" ),
            strStartupPath + _T( "Log\\" ) + _T( "Downloader.log" ),
            strStartupPath + m_strKeyValue + _T( ".status" ),
            FALSE,                          // 如果想快速做种子，将此设置为 TRUE
            this->torrentItem.Password.empty() ? NULL : this->torrentItem.Password.
c_str(),CP_ACP );
        // 如果初始化失败，则关闭句柄
        if (FALSE == bRet )
        {
          FTK_Downloader_Close( m_hDownloader );
          m_hDownloader = NULL;

          return FALSE;
        }
        // 执行下载线程
        bRet = FTK_Downloader_Execute( m_hDownloader );
        if (FALSE == bRet )
        {
          FTK_Downloader_Close( m_hDownloader );
          m_hDownloader = NULL;

          return FALSE;
        }
        // 主动要求限制自己的下载速度
        FTK_Downloader_SetSeedMaxUPSpeed( m_hDownloader, 50 );
        // 将种子文件的 SHA1 值加入队列
        FTK_GlobalVar_AddTorrentSHA1( m_strKeyValue, m_hDownloader );
        // 获取文件大小
        m_qwTotalFileSize   = FTK_Torrent_GetFileSize( hTorrentFile );
        // 文件中 Piece 块的大小
        m_dwPieceCount   = FTK_Torrent_GetPieceCount( hTorrentFile );
```

```
// 关闭种子文件，释放资源
FTK_Torrent_Close( hTorrentFile );
hTorrentFile = NULL;
return TRUE;
}
```

程序的运行过程如下。

（1）调用 GetModuleFileName()函数获取当前运行文件的文件名（包含绝对路径），然后获取到当前程序所在的路径。

（2）调用 FTK_Torrent_Open()函数打开种子文件。

（3）定义字节数组 arrPreAllocFile 保存下载的数据。

（4）调用 FTK_Torrent_GetHexInfoHash()函数获取种子文件中包含的十六进制 InfoHash 值。种子文件中都包含一个十六进制的 InfoHash 值，用于标识容量很大的一段数据，以验证它的完整性。还可以使用 InfoHash 值作为区分不同下载文件的标识。

调用 FTK_Torrent_GetHexInfoHash()函数可以获取种子文件中的 InfoHash 值，函数原型如下。

```
FTKERNELAPI_API LPCTSTR BTAPI FTK_Torrent_GetHexInfoHash( HTorrentFile hTorrent
File );
```

参数 hTorrentFile 指定要获取 InfoHash 值的已经打开的种子文件句柄。函数返回种子文件中 InfoHash 值的十六进制编码，以字符串的形式表示。

初始化 BT 下载时需要提供种子文件的 InfoHash 值，因此需要提前获取该值。

（5）打开下载句柄。

调用 FTK_Downloader_Open()函数可以打开当前种子文件的下载句柄，可以使用该句柄下载 BT 文件。

（6）设置内网连接通知回调函数的指针。

在 NAT 环境中，调用 FTK_Downloader_SetNatPeerCB()函数可以设置内网连接通知回调函数的指针。当外网计算机与内网计算机建立连接后，会自动调用设置回调函数。FTK_Downloader_SetNatPeerCB()的函数原型如下。

```
FTKERNELAPI_API void BTAPI FTK_Downloader_SetNatPeerCB( HDownloader hDownloader,
FTK_NAT_PEER_CALLBACK fnNatPeerCB );
```

参数 hDownloader 前面打开的下载句柄，参数 fnNatPeerCB 指定回调函数的指针。回调函数会发送一个自定义消息 WM_MSG_TUNNEL，并返回对端的连接信息。由于篇幅所限，这里就不介绍回调函数的具体代码了。

（7）设置任务开始前通知回调函数的指针。

调用 FTK_Downloader_SetBeforeDownCB()可以设置下载任务开始之前的通知回调函数指针。FTK_Downloader_SetBeforeDownCB()的函数原型如下。

```
FTKERNELAPI_API void BTAPI FTK_Downloader_SetBeforeDownCB( HDownloader hDown
loader, FTK_BEFORE_DOWN_CALLBACK fnBeforeDown );
```

参数 hDownloader 前面打开的下载句柄，参数 fnBeforeDown 指定回调函数的指针。可以在开始下载时记录日志，也可以不处理该回调函数。

（8）设置任务下载完毕后通知回调函数的指针。

调用 FTK_Downloader_SetOnComleteCB()可以设置下载完毕后的通知回调函数指针。

FTK_Downloader_SetOnComleteCB()的函数原型如下。

```
    FTKERNELAPI_API void BTAPI FTK_Downloader_SetOnComleteCB(HDownloader hDownloader,
FTK_ON_COMPLETE_CALLBACK fnOnComlete);
```

参数 hDownloader 前面打开的下载句柄，参数 fnOnComlete 指定回调函数的指针。可以在完成下载时记录日志，也可以不处理该回调函数。

（9）初始化下载对象。

调用 FTK_Downloader_Init()函数可以初始化下载对象，函数原型如下。

```
FTKERNELAPI_API BOOL BTAPI FTK_Downloader_Init(
            HDownloader hDownloader,
            LPCTSTR lpszTorrentFileName,
            BYTE *pPreAllocFile, int nPreAllocFileLen,
            BOOL bOnlyCheckFile = FALSE,
            LPCTSTR lpszDestFileName = NULL,
            LPCTSTR lpszConfig = NULL,
            LPCTSTR lpszLogFileName = NULL,
            LPCTSTR lpszStatusFileName = NULL,
            BOOL bQuicklySeed = FALSE,
            LPCTSTR lpszDesKey = NULL,
            UINT nCodePage = CP_ACP );
```

参数说明如下。

* hDownloader，指定下载任务句柄。
* lpszTorrentFileName，指定一个要下载的种子文件的路径和名称。
* pPreAllocFile，指定一个字节数组，个数为种子文件中的文件的个数，每个字节为 0 标识对应的文件不预先分配磁盘空间，为 1 标识预先分配磁盘空间。
* nPreAllocFileLen，指定字节数组的长度。
* bOnlyCheckFile，指定是否仅执行文件完整性检测，检测完毕后停止任务，不执行下载操作。
* lpszDestFileName，指定下载的目的文件或者目录的名称。
* lpszConfig，指定内核的配置文件。如果为 NULL，则内部使用默认值。
* lpszLogFileName，指定日志名称。如果为 NULL，表示不输出日志文件。
* lpszStatusFileName，指定下载中保存断点续传状态的文件。如果为 NULL，表示不保存断点续传状态。
* bQuicklySeed，指定是否快速做种。快速做种可以跳过检测文件完整性。但是也存在风险，即当文件丢失时，如果没有检测，则不会发现；因此会导致上传时出错，或者将错误的数据上传给其他人。
* lpszDesKey，指定 DES-EDE2 的密码。如果要使用的种子文件为加密文件，则要输入密码，否则会打开任务失败。
* nCodePage，指定种子文件对应的语言编码值。例如简体为 935，繁体为 950。

（10）如果初始化下载任务失败，则关闭下载任务。

如果调用 FTK_Downloader_Init()函数返回 FALSE，则需要调用 FTK_Downloader_Close()函数关闭下载任务。FTK_Downloader_Close()的函数原型如下。

```
    FTKERNELAPI_API void BTAPI FTK_Downloader_Close( HDownloader hDownloader );
```

参数 hDownloader 为打开的下载任务句柄。

（11）执行下载线程。

调用 FTK_Downloader_Execute()函数可以执行下载线程，对指定的种子文件进行下载，函数原型如下。

```
FTKERNELAPI_API BOOL BTAPI FTK_Downloader_Execute( HDownloader hDownloader );
```

参数 hDownloader 为打开的下载任务句柄。

（12）主动限制下载速度。

为了防止特定的用户占用过多的系统资源，可以调用 FTK_Downloader_SetSeedMaxUPSpeed()函数，主动限制指定的种子服务器给自己的最大上传率。FTK_Downloader_SetSeedMaxUPSpeed()函数的原型如下。

```
FTKERNELAPI_API void BTAPI FTK_Downloader_SetSeedMaxUPSpeed( HDownloader hDown
loader, unsigned short nSpeed = 0 );
```

参数 hDownloader 为打开的下载任务句柄，参数 nSpeed 为限制下载的速度，单位为 KB。

（13）将种子文件的 SHA1 值加入队列。

调用 FTK_GlobalVar_AddTorrentSHA1()函数可以将指定种子文件的 SHA1 值添加到队列中，函数原型如下。

```
FTKERNELAPI_API void BTAPI FTK_GlobalVar_AddTorrentSHA1(LPCTSTR lpszSHA1, HDown
loader hDownloader );
```

参数 lpszSHA1 是从种子文件中获取的 InfoHash 值的十六进制编码字符串；参数 hDownloader 为打开的下载任务句柄。

（14）获取文件大小。

调用 FTK_Torrent_GetFileSize()函数可以获取下载文件的大小到变量 m_qwTotalFileSize 中，以便后面将该数据显示在界面上。

（15）获取文件中下载块的大小。

调用 FTK_Torrent_GetPieceCount()函数可以获取文件中包含的下载块的大小，函数原型如下。

```
FTKERNELAPI_API DWORD BTAPI FTK_Torrent_GetPieceCount( HTorrentFile hTorrent
File );
```

参数 hTorrentFile 指定打开的种子文件句柄。

（16）关闭种子文件句柄。

最后，程序调用 FTK_Torrent_Close()函数关闭种子文件句柄，并将该句柄设置为 NULL。

12.4.3　停止下载

当用户开始 BT 下载后，程序会自动启用工具栏上的"停止下载"按钮。单击"停止下载"按钮对应的代码如下。

```
void CBTDownloaderDlg::OnStop()
{
  if (m_TorrentFile.IsEmpty())
  {
    AfxMessageBox(_T("请选择种子文件!"));
    return;
  }

  m_ToolBar.EnableButton(ID_OPENTORRENT, TRUE);
```

```
  m_ToolBar.EnableButton(ID_START, TRUE);
  m_ToolBar.EnableButton(ID_STOP, FALSE);
  m_ToolBar.EnableButton(ID_DELETE, TRUE);
  m_ToolBar.EnableButton(ID_OPENDIR, TRUE);

  StopDownload();
}
```

程序会禁用"停止下载"按钮，启用"打开种子"、"开始下载"、"删除文件"和"打开目录"按钮。然后调用 StopDownload()函数停止下载，代码如下。

```
BOOL CBTDownloaderDlg::StopDownload()
{
  ASSERT( NULL != m_hDownloader );
  // 将当前种子文件的 SHA1 值从队列中删除
  FTK_GlobalVar_RemoveTorrentSHA1( m_strKeyValue );
  // 释放下载对象
  FTK_Downloader_Release( m_hDownloader );
  // 释放下载句柄
  FTK_Downloader_Close( m_hDownloader );
  m_hDownloader = NULL;
  return TRUE;
}
```

程序的运行过程如下。

（1）调用 FTK_GlobalVar_RemoveTorrentSHA1()函数将当前种子文件的 SHA1 值从队伍中删除。FTK_GlobalVar_RemoveTorrentSHA1()的函数原型如下。

```
FTKERNELAPI_API void BTAPI FTK_GlobalVar_RemoveTorrentSHA1( LPCTSTR lpszSHA1 );
```

参数 lpszSHA1 指定从种子文件中获取的 InfoHash 值的十六进制编码字符串。

（2）释放下载对象。

在执行 FTK_Downloader_Close()函数关闭句柄之前，应该首先调用 FTK_Downloader_Release()函数释放句柄对应的内存资源和线程资源。FTK_Downloader_Release()的函数原型如下。

```
FTKERNELAPI_API BOOL BTAPI FTK_Downloader_Release( HDownloader hDownloader );
```

参数 hDownloader 指定要释放的下载任务对象句柄。

（3）关闭下载对象。

程序在最后调用 FTK_Downloader_Close()函数关闭下载对象，并将其设置为 NULL。

在退出本实例程序时也会调用 StopDownload()函数停止下载，代码如下。

```
void CBTDownloaderDlg::OnExit()
{
  if ( NULL != m_hDownloader )
  {
    StopDownload();
  }
  CDialog::OnOK();
}
```

12.4.4 显示下载进度

程序在 OnInitDialog()函数中设置了一个计时器，每秒钟调用一次 OnTimer()函数，刷新主窗口中的下载进度信息。

1. 如果还没有开始下载，则只显示标题

如果下载任务句柄 m_hDownloader 等于 NULL，则程序只显示各下载进度信息的标题，代码如下。

```
if(m_hDownloader == NULL)
{
    // 初始化显示信息
    SetDlgItemText(IDC_STATUS, _T("当前状态: "));
    SetDlgItemText( IDC_DOWNSPEED, _T("下载速度: "));
    SetDlgItemText( IDC_UPPEED, _T("上传速度: "));
    SetDlgItemText( IDC_LEFTTIME, _T("剩余时间: "));
    SetDlgItemText(IDC_SEEDCOUNT, _T("种子数量: "));
    SetDlgItemText(IDC_PEERCOUNT, _T("连接数量: "));
    SetWindowText(_T("BTDownloader v1.0"));
    CDialog::OnTimer(nIDEvent);
    return;
}
```

2. 显示状态信息

OnTimer()函数中显示状态信息的代码如下。

```
#pragma region 设置状态信息
        CString strValue;    // 输出的信息
        if (FTK_Downloader_GetState( m_hDownloader ) == DLSTATE_CHECKING )
        {
            strValue = _T("当前状态: 检查文件...");
        }
        else if ( FTK_Downloader_GetState( m_hDownloader ) == DLSTATE_DOWNLOAD )
        {
            strValue = _T("当前状态: 正在下载...");
        }
        else if ( FTK_Downloader_GetState( m_hDownloader ) == DLSTATE_FETALERR )
        {
            strValue = _T("当前状态: 出现错误...");
        }
        else if ( FTK_Downloader_GetState( m_hDownloader ) == DLSTATE_TERMINATE )
        {
            strValue = _T("当前状态: 正在终止...");
        }
        SetDlgItemText(IDC_STATUS, strValue);
#pragma endregion
```

FTK_Downloader_GetState()函数可以获取当前下载任务的阶段状态，函数原型如下。

```
FTKERNELAPI_API UINT BTAPI FTK_Downloader_GetState( HDownloader hDownloader );
```

参数 hDownloader 为打开的下载任务句柄。函数返回表示当前下载任务阶段状态的 UINT 值，取值如下。

- DLSTATE_CHECKING 表示正在检查文件。
- DLSTATE_DOWNLOAD 表示正在下载。

- DLSTATE_FETALERR 表示出现错误。
- DLSTAT_TERMINATE 表示正在终止。

3. 显示文件大小

OnTimer()函数中显示文件大小的代码如下。

```
#pragma region 设置文件大小
    strValue = "文件大小: " + AfxFormatBytes(m_qwTotalFileSize);
    SetDlgItemText(IDC_FILESIZE, strValue);
#pragma endregion
```

在打开种子文件时，已经将下载文件的大小保存在 m_qwTotalFileSize 变量中。

4. 显示进度条

本实例中使用 CTextProgressCtrl 类来定义一个特殊的进度条控件，在该控件上可以文字和图形两种方式显示进度信息。由于篇幅所限，这里不对进度条控件的具体实现方法进行介绍。

OnTimer()函数中显示进度条的代码如下。

```
#pragma region 进度条
        // 获取下载任务目前的阶段状态，如果为正在检查文件，则初始化进度条
        if(FTK_Downloader_GetState(m_hDownloader) == DLSTATE_CHECKING)
        {
            // 获取当前检查的块数占总块数的百分比
            int nPos = PERCENT((INT64)FTK_Stat_GetCheckPieceCount(m_hDownloader),
(INT64)m_ dwPieceCount);
            // 显示百分比
            strValue.Format( _T("%s %ld%%"), nPos < 100 ? _T("Checking") : _T("Chec
ked") , nPos );
            // 设置控件属性
            m_pgrDownload.SetForeColour( ::GetSysColor( RGB( 200, 200, 255 ) ) );
            m_pgrDownload.SetBkColour( RGB( 50, 50, 255 ) );
            m_pgrDownload.SetTextForeColour( RGB( 255, 255, 255 ) );
            m_pgrDownload.SetTextBkColour( RGB( 255, 255, 255 ) );
            // 显示百分比
            m_pgrDownload.SetWindowText( strValue );
            // 显示位置
            m_pgrDownload.SetPos( nPos );
        }
        // 如果正在下载或出现问题，则返回
        if (FTK_Downloader_GetState( m_hDownloader ) < DLSTATE_DOWNLOAD ||
            FTK_Downloader_GetState( m_hDownloader ) >= DLSTATE_FETALERR)
        {
            CDialog::OnTimer(nIDEvent);
            return;
        }
        // 连接指定的用户
        if (g_nSocket > 0)
        {
            FTK_Downloader_AddSourceExt(m_hDownloader, g_nSocket);
            g_nSocket = 0;
        }
```

```
#pragma region 得到已经获取文件大小，然后计算并显示百分比
    QWORD qwTotalFileHaveSize = FTK_Stat_GetTotalFileHaveSize(m_hDownloader);
    int nPos = PERCENT((INT64)qwTotalFileHaveSize, (INT64)m_qwTotalFileSize);
    strValue.Format(_T("%s %ld%%"), nPos < 100 ? _T("Downloading") : _T("Downloaded"), nPos);

    m_pgrDownload.SetForeColour(::GetSysColor( COLOR_HIGHLIGHT));
    m_pgrDownload.SetBkColour(::GetSysColor( COLOR_WINDOW));
    m_pgrDownload.SetTextForeColour(::GetSysColor(COLOR_HIGHLIGHT));
    m_pgrDownload.SetTextBkColour(::GetSysColor(COLOR_WINDOW));

    m_pgrDownload.SetWindowText(strValue);
    m_pgrDownload.SetPos(nPos);
#pragma endregion
#pragma endregion
```

程序调用 FTK_Downloader_GetState()函数获取当前的下载状态，并根据不同的下载状态设置不同的进度值。

（1）如果当前下载状态为"正在检查"，则程序调用 FTK_Stat_GetCheckPieceCount()函数，获取当前已经检查的块数，并将该值与下载文件总块数 m_dwPiecesCount 之比作为进度值。

（2）如果当前状态不为正在下载，则返回。因为其他状态下不需要设置进度。

（3）变量 g_nSocket 表示一个新连接的套接字。如果该值大于 0，则调用 FTK_Downloader_AddSource()函数连接到指定的对端。FTK_Downloader_AddSource()的函数原型如下。

```
FTKERNELAPI_API void BTAPI FTK_Downloader_AddSource(HDownloader hDownloader,
const char *pchIP, unsigned short nPort, const BYTE *pPeerID = NULL);
```

参数说明如下。

- hDownloader，指定 BT 下载句柄。
- pchIP：指定对方客户端的 IP 地址。
- nPort：指定对方客户端的端口号。
- pPeerID：指定对方客户端的标识，默认为 NULL。

可以调用此函数为 BT 下载任务主动加入已知的某些客户端。

（4）获取已经下载的文件大小，然后计算百分比。

调用 FTK_Stat_GetTotalFileHaveSize()函数可以获取已经下载的文件的百分比，而变量 m_qwTotalFileSize 中保存了下载文件的总大小，使用它们之比可以作为进度条的值。

5. 显示下载速度和上传速度

OnTimer()函数中显示下载和上传速度的代码如下。

```
#pragma region              // 下载速度
    strValue = AfxFormatBytes(FTK_Stat_GetDownloadRate( m_hDownloader));
    SetDlgItemText(IDC_DOWNSPEED,_T("下载速度:") + strValue + _T("/s"));
#pragma endregion
#pragma region              // 上传速度
    strValue = AfxFormatBytes(FTK_Stat_GetUploadRate( m_hDownloader));
    SetDlgItemText(IDC_UPPEED,_T("上传速度:") + strValue + _T("/s"));
#pragma endregion
```

调用 FTK_Stat_GetDownloadRate()函数可以获取当前的下载速度，调用 FTK_Stat_GetUpload Rate()函数可以获取当前的上传速度。通过调用这两个函数可以分别设置下载速度和上传速度值。

6. 显示剩余时间

OnTimer()函数中显示剩余下载时间的代码如下。

```
#pragma region                    // 剩余时间
    strValue.Format(_T("%ld %s %ld %s %ld %s"),
    (UINT32) FTK_Stat_GetLeftTime(m_hDownloader)/(60 * 60),_T("时"),
    ((UINT32) FTK_Stat_GetLeftTime(m_hDownloader) % (60 * 60))/60,
    _T("分"),((UINT32) FTK_Stat_GetLeftTime(m_hDownloader) % (60 * 60)) % 60,
    _T("秒"));
    SetDlgItemText(IDC_LEFTTIME,_T("剩余时间:") + strValue );
#pragma endregion
```

调用 FTK_Stat_GetLeftTime()函数可以获取当前剩余的下载时间，单位为秒。可以根据该值显示剩余的下载时间。

7. 显示已下载和已上传的数据量

OnTimer()函数中显示已下载和已上传数据量的代码如下。

```
#pragma region                     // 已下载
     strValue = AfxFormatBytes(qwTotalFileHaveSize);
     SetDlgItemText(IDC_DOWNSIZE, _T("已下载:") + strValue);
#pragma endregion
#pragma region                     // 已上传
     strValue = AfxFormatBytes(FTK_Stat_GetUploaded(m_hDownloader));
     SetDlgItemText(IDC_UPSIZE, _T("已上传:") + strValue);
#pragma endregion
```

在本节第 4 步中已经获取了已下载的数据量，并保存在变量 qwTotalFileHaveSize。这里可以使用该值来显示已下载的数据量。

调用 FTK_Stat_GetUploaded()函数可以获取当前已经上传的数据量。

8. 显示种子数量和连接数量

OnTimer()函数中显示种子数量和连接数量的代码如下。

```
#pragma region                 // 种子数量
     int nSeedCnt = FTK_Stat_GetSeedCount(m_hDownloader);
     strValue.Format("%d", nSeedCnt);
     SetDlgItemText(IDC_SEEDCOUNT, _T("种子数量:") + strValue);
#pragma endregion
#pragma region
     int nTotalPeerCnt = FTK_Stat_GetTotalPeerCount(m_hDownloader);
     strValue.Format("%d", nTotalPeerCnt);
     SetDlgItemText(IDC_PEERCOUNT, _T("连接数量:") + strValue);
#pragma endregion
     BOOL bTrackerOK = FTK_Stat_IsAnyTrackerOK(m_hDownloader);
     strValue.Format(_T("种子数量: %ld, 连接数量: %ld"),
        nSeedCnt, nTotalPeerCnt);
     SetWindowText(strValue);
```

调用 FTK_Stat_GetSeedCount()函数可以获取已经连接的种子数量。调用 FTK_Stat_GetTotal
PeerCoun()函数可以获取当前的连接总数。

9. 如果越界，则显示完成下载

变量 nPos 表示当前的下载进度。如果 nPos 大于或等于 100，则显示当前状态为下载成功，
代码如下。

```
if (nPos >= 100)
{
    strValue = _T("当前状态：下载成功...");
    SetDlgItemText(IDC_STATUS, strValue);
}
```

12.4.5　删除文件

在工具栏中单击"删除文件"按钮，可以删除当前下载的文件。只有在打开种子文件、并且
停止下载的状态下才能删除已经下载的文件。删除文件的代码如下。

```
void CBTDownloaderDlg::OnDelete()
{
    if(torrentItem.DownloadFileCount <= 0)
    {
        MessageBox("没找到下载文件");
        return;
    }

    if(MessageBox("是否删除下载的文件?", "请确认", MB_YESNO|MB_ICONQUESTION) == IDYES)
    {
        for(int i=0; i<torrentItem.DownloadFileCount; i++)
        {
            char filename[1000];
            sprintf(filename, "%s\\%s", torrentItem.path.c_str(), torrentItem.Download
Files [i].FileName.c_str());
            CFile::Remove(filename);
        }
        // 初始化 torrentItem 对象
        torrentItem.downloadedSize = 0;
        torrentItem.DownloadFileCount = 0;
        torrentItem.fileName = "";
        torrentItem.itemName = "";
        torrentItem.itemStauts = TorrentItemStatus::DELETED;
        torrentItem.LeftSecond = 0;
        torrentItem.Password = "";
        torrentItem.path = "";
        torrentItem.percentage = 0;
        torrentItem.resources = "";
        torrentItem.size = 0;
        torrentItem.speed = 0;
        torrentItem.UsedSecond = 0;

        SetDlgItemText(IDC_EDIT_TORRENT, _T(""));
        SetDlgItemText(IDC_EDIT_PATH, _T(""));
        m_pgrDownload.SetPos(0);
```

```
        SetDlgItemText(IDC_FILESIZE, _T("文件大小:"));
        SetDlgItemText(IDC_DOWNSIZE, _T("已下载:"));
        SetDlgItemText(IDC_UPSIZE, _T("已上传:"));

        m_ToolBar.EnableButton(ID_START, FALSE);
        m_ToolBar.EnableButton(ID_STOP, FALSE);
        m_ToolBar.EnableButton(ID_OPENDIR, FALSE);
        m_ToolBar.EnableButton(ID_DELETE, FALSE);
    }
}
```

torrentItem 对象中保存着当前的 BT 下载信息。DownloadFileCount 属性表示当前下载文件的数量，如果该数量等于或等于 0，则没有要删除的下载文件。

在删除文件之前，程序会调用 MessageBox() 函数弹出对话框，要求用户确认删除文件的操作。如果用户单击"是"按钮，则程序使用 for 语句依次删除 torrentItem.DownloadFiles[]数组中保存的所有文件。然后，程序会初始化 torrentItem 对象中的每个属性，并初始化下载进度等信息。最后禁用工具栏上的"开始下载"、"停止下载"、"打开目录"和"删除文件"等按钮。

12.4.6　打开目录

在工具栏中单击"打开目录"按钮，可以打开当前下载文件所在的目录，代码如下。

```
void CBTDownloaderDlg::OnOpendir()
{
    char cmd[1000];
    sprintf(cmd, "explorer.exe %s", torrentItem.path.c_str());
    WinExec(cmd, SW_SHOW);
}
```

程序运行 explorer.exe，用资源管理器打开保存下载文件的文件夹（torrentItem.path）。